現代の球関数

現代の球関数

竹内　勝著

岩波書店

まえがき

球関数論は18世紀のLegendre, Laplace以来，多くの数学者によって研究されてきたが，20世紀に入って，E. Cartanはコンパクト Lie 群の表現論の立場からこれを扱い，一般的なコンパクト対称空間上の球関数に関する非常に美しい定理を証明した．さらに，1950年代にSelbergは対称空間を含む，弱対称空間とよばれる空間を定義して，その上の球関数論を展開し，多くの応用を生んだ．

本書は，Cartan-Selbergの立場に立って筆者がおこなった，大阪大学における球関数論の講義にもとづいて，おもにコンパクト対称空間の球関数について解説をしたものである．

本書を読むには，多様体とLie群論の基礎的事項についての予備知識があることが望ましい．そのほかに，コンパクト位相群の表現論，半単純Lie代数の根系および表現の理論，Riemann幾何学などの初等的知識を多少仮定することがある．これらをいちいちその場で説明することは，よくご存知の読者にはかえってわずらわしいと思われるので，巻末の附録に，必要な用語と概念の説明，これらに関するおもな性質，参考書などをまとめて記した．この方面の予備知識の少ない読者も，附録を参照されながら読まれれば内容を理解されることと思う．

おわりに，本書の執筆をおすすめいただいた岩堀長慶先生，村上信吾先生，原稿を通読されて有益なご意見を寄せられた尾関英樹先生に，ここに深い感謝の意を表します．また出版にあたりいろいろお世話になった岩波書店荒井秀男氏にも厚くお礼を申しあげます．

1974年10月　　　　著　者

重版に際して

本重版においては，初版において説明不足と思われる点をできる限り書き直して，分りやすくした．また本書の英訳[31]の発行に際しては，訳者名倉利信氏がいくつかの定式化と証明の改良を示唆してくださり，[31]のその部分はそのように書き直した．興味ある読者は[31]を参照されたい．

2000 年 7 月　　　　竹　内　　勝

目　　次

序　　論

はじめに，本書で扱う問題の背景と，本書のおもな内容について説明しよう．

コンパクトな空間 M において，その上の(複素数値)関数の系 $\{\varphi_n\}$ を定めて，M 上の関数 f をこれによって展開する，すなわち

$$f=\sum_n c_n\varphi_n \qquad c_n\in \boldsymbol{C}$$

の形に表わす，という問題を考えよう．もっとも簡単な場合は，M が単位円周

$$S^1=\{\exp(\sqrt{-1}\theta)\,;\theta\in \boldsymbol{R}\}$$

の場合である．S^1 については，この問題は Fourier にはじまる Fourier 級数論によって深く研究されている．すなわち，$m\in \boldsymbol{Z}$ に対して S^1 上の関数 ω_m を

$$\omega_m(\exp(\sqrt{-1}\theta))=\exp(-\sqrt{-1}m\theta) \qquad \theta\in \boldsymbol{R}$$

によって定義する．S^1 上の関数 f に対して

$$c_m=\frac{1}{2\pi}\int_0^{2\pi}f(\exp(\sqrt{-1}\theta))\exp(\sqrt{-1}m\theta)\,d\theta \qquad m\in \boldsymbol{Z}$$

と定めたとき，級数

$$\sum_{m\in \boldsymbol{Z}}c_m\omega_m$$

がいわゆる f の Fourier 展開である．古くから知られているように，f が連続な関数ならば，f は ω_m の有限 1 次結合

$$\sum_{|m|\leqq N}a_m\omega_m \qquad a_m\in \boldsymbol{C}$$

によっていくらでも近く一様に近似されて，f が滑らかな関数ならば，f の

Fourier 展開は絶対一様収束して，その和は f に一致する.

また，M が球面

$$S^2 = \left\{ \begin{pmatrix} x_1 \\ x_2 \\ x_3 \end{pmatrix} \in \boldsymbol{R}^3 \,;\, {x_1}^2+{x_2}^2+{x_3}^2 = 1 \right\}$$

である場合にも，このような関数系 $\{\varphi_n\}$ が存在することが Laplace 以来知られている．関数系 $\{\varphi_n\}$ は以下のようにして構成される．S^2 上に

$$\begin{cases} x_1 = \cos\theta_1 \\ x_2 = \sin\theta_1 \cos\theta_2 \\ x_3 = \sin\theta_1 \sin\theta_2 \end{cases}$$

によって極座標 (θ_1, θ_2) を導入する．非負整数 l に対して，Legendre の球関数とよばれる関数 $P_l(x)$ が

$$P_l(x) = \frac{1}{2^l l!}\frac{d^l}{dx^l}(x^2-1)^l \qquad x \in \boldsymbol{R}$$

によって定義される．l, m を $l \geqq |m|$ をみたす整数とする．Legendre の同伴関数とよばれる関数 ${P_l}^m(x)$ が

$${P_l}^m(x) = (1-x^2)^{|m|/2}\frac{d^{|m|}}{dx^{|m|}}P_l(x) \qquad |x| \leqq 1$$

によって定義される．これを用いて S^2 上の関数 $Y_{l,m}$ が

$$Y_{l,m}(\theta_1, \theta_2) = \sqrt{\frac{(l-|m|)!\,(2l+1)}{(l+|m|)!}}{P_l}^m(\cos\theta_1)\exp(-\sqrt{-1}m\theta_2)$$

によって定義される．これらは Laplace の球関数とよばれる．S^2 上の関数 f に対して

$$c_{l,m} = \frac{1}{4\pi}\int_0^{2\pi}\int_0^{\pi} f(\theta_1, \theta_2)\overline{Y_{l,m}(\theta_1, \theta_2)}\sin\theta_1 d\theta_1 d\theta_2$$

と定めて，級数

$$\sum_{|m|\leqq l} c_{l,m} Y_{l,m}$$

を f の Fourier 展開とよぼう．単位円周 S^1 の場合と同様に，f が連続な関数ならば，f は $Y_{l,m}$ の有限 1 次結合でいくらでも近く一様に近似され，f が滑

らかな関数ならば，f の Fourier 展開は絶対一様収束して，その和は f に一致する．

このような関数系 $\{\varphi_n\}$ が物理学および解析学において非常に重要な役割を果すことは古くから知られている．実際，S^1 の Fourier 展開は熱伝導の方程式を解くために Fourier によって導入され，S^2 の Laplace の球関数は，例えば，ポテンシャル論の境界値問題を解く過程において，有効に用いられた．ここでは，ポテンシャル論の問題についてそのあらましを説明しよう．

$$\boldsymbol{\Delta} = \frac{\partial^2}{\partial {x_1}^2} + \frac{\partial^2}{\partial {x_2}^2} + \frac{\partial^2}{\partial {x_3}^2}$$

を $\boldsymbol{R}^3$ の Laplace-Beltrami 作用素とする．問題は，球面 S^2 上に滑らかな関数 f が与えられていたとき，球体

$$D^3 = \left\{ \begin{pmatrix} x_1 \\ x_2 \\ x_3 \end{pmatrix} \in \boldsymbol{R}^3 \,;\, {x_1}^2 + {x_2}^2 + {x_3}^2 \leqq 1 \right\}$$

の上の関数 u で微分方程式

$$\boldsymbol{\Delta} u = 0$$

をみたして，境界 S^2 上で f に一致するようなものを求めることである．まず，S^2 の Laplace-Beltrami 作用素を

$$\varDelta = \frac{\partial^2}{\partial {\theta_1}^2} + \frac{\cos\theta_1}{\sin\theta_1}\frac{\partial}{\partial\theta_1} + \frac{1}{\sin^2\theta_1}\frac{\partial^2}{\partial {\theta_2}^2}$$

とし，$\boldsymbol{R}^3$ の極座標 (r, θ_1, θ_2) を

$$\begin{cases} x_1 = r\cos\theta_1 \\ x_2 = r\sin\theta_1\cos\theta_2 \\ x_3 = r\sin\theta_1\sin\theta_2 \end{cases}$$

とすれば，$\boldsymbol{R}^3$ の Laplace-Beltrami 作用素 $\boldsymbol{\Delta}$ は

$$\boldsymbol{\Delta} = \frac{\partial^2}{\partial r^2} + \frac{2}{r}\frac{\partial}{\partial r} + \frac{1}{r^2}\varDelta$$

と表わされることに注意しよう．われわれはまず

$$u(r, \theta_1, \theta_2) = v(r)\,Y(\theta_1, \theta_2)$$

なる形の関数のなかから $\Delta u=0$ をみたすものを求めることを考える．このような関数 u に対しては，上の Δ と $\varDelta$ の関係式より，微分方程式 $\Delta u=0$ は微分方程式

$$\frac{d}{dr}\left(r^2\frac{dv}{dr}\right)\cdot Y+v\cdot\varDelta Y=0$$

に帰着される．したがって，もしある数 $\lambda\in\boldsymbol{C}$ が存在して

$$\varDelta Y=\lambda Y,\qquad \frac{d}{dr}\left(r^2\frac{dv}{dr}\right)=-\lambda v$$

をみたすならば，$u=vY$ は微分方程式 $\Delta u=0$ をみたす．ところが，S^2 の Laplace-Beltrami 作用素 $\varDelta$ の固有値は

$$a_l=-l(l+1),\qquad l \text{ は非負整数}$$

だけであって，a_l に属する $\varDelta$ の固有空間 V_l の次元は $2l+1$ で，

$$\{Y_{l,m}\,;|m|\leqq l\}$$

がその1つの基底になっている．また，例えば $v=r^l$ は常微分方程式

$$\frac{d}{dr}\left(r^2\frac{dv}{dr}\right)=-a_lv$$

をみたす．したがって

$$u=r^lY_{l,m}$$

とおけば，u は微分方程式 $\Delta u=0$ の1つの解である．じつは，これらはすべて $\boldsymbol{R}^3$ 上の l 次の同次多項式である．

そこで，f の Fourier 展開

$$f=\sum_{|m|\leqq l}c_{l,m}Y_{l,m}$$

を用いて，

$$u=\sum_{|m|\leqq l}c_{l,m}r^lY_{l,m}$$

とおけば，右辺の和は収束して球体 D^3 上の関数 u を定める．u が境界 S^2 上で f に一致することは明らかであるが，項別微分が可能であることが確かめられて，方程式 $\Delta u=0$ もみたされる．

Laplace の球関数 $Y_{l,m}$ は S^2 の Laplace-Beltrami 作用素の固有関数であ

ったが，$M=S^1$ の場合にも関数 ω_m は S^1 の微分作用素 $\dfrac{d}{d\theta}$ の固有値 $-\sqrt{-1}m$ に属する固有関数である．そして，$\dfrac{d}{d\theta}$ の固有関数は定数倍を除いてこれらの ω_m だけである．したがって，S^1 の Laplace-Beltrami 作用素

$$\varDelta = \frac{d^2}{d\theta^2}$$

に関しては

$$\varDelta\omega_m = -m^2\omega_m \qquad m \in \boldsymbol{Z}$$

がなりたつ．

さて，われわれの関数系 $\{\varphi_n\}$ は以下に述べる意味で，M 上の L_2 空間 $L_2(M)$ の完全正規直交系になっている：M の Riemann 測度に適当な正数を掛けて M の全体積が 1 になるように正規化したものを dx で表わす．すなわち

$$dx = \begin{cases} \dfrac{1}{2\pi}d\theta & M=S^1 \quad \text{のとき} \\ \\ \dfrac{1}{4\pi}\sin\theta_1 d\theta_1 d\theta_2 & M=S^2 \quad \text{のとき} \end{cases}$$

とする．M 上の関数 f, g に対して

$$\langle f, g\rangle = \int_M f(x)\overline{g(x)}dx$$

と定める．測度 dx に関して 2 乗可積分な関数 f，すなわち，可測な関数であって，

$$\|f\|_2 = \left(\int_M |f(x)|^2 dx\right)^{1/2} = \langle f, f\rangle^{1/2}$$

が有限であるようなものの全体（正確にいえば $\|f-g\|_2=0$ となる f と g は同一視して）を $L_2(M)$ で表わす．このとき，

$$\langle\varphi_n, \varphi_{n'}\rangle = \delta_{nn'}$$

であって，すべての関数 $f \in L_2(M)$ は平均収束の意味で

$$f = \sum_n \langle f, \varphi_n\rangle\varphi_n$$

と展開される．すなわち，右辺の項の十分多くの有限和をとれば，この和と f との差の絶対値の 2 乗の積分をいくらでも小さくできる．

そこでわれわれはつぎの問題を考えよう：

S^1, S^2 を含むような，ある空間の類を定めて，この類に属する空間に対しては，このような関数系を一般的に構成できるようにすることは可能であろうか．

われわれは第1章において，この問題をなるべく一般的な立場から論ずる．

上の問題に対して，本書で扱う第1の接近方法は，われわれの M にはある群 G が可移的に作用していることに注目して，この作用が M 上の関数空間に引きおこす作用から得られる，関数空間の G 空間としての構造を調べることである．例えば，関係 $z=x+\sqrt{-1}y$ によって

$$S^1=\left\{\begin{pmatrix}x\\y\end{pmatrix}\in \boldsymbol{R}^2\,;\,x^2+y^2=1\right\}$$

とみなせば，S^1 には特殊直交群 $G=SO(2)$ が自然な仕方で単純可移的に作用している．S^2 には特殊直交群 $G=SO(3)$ が自然な仕方で可移的に作用している．点

$$o=\begin{pmatrix}1\\0\\0\end{pmatrix}\in S^2$$

を固定する $g\in G$ 全体のなす部分群 K は $SO(3)$ の部分群 $SO(2)$ に一致して，S^2 は商多様体 G/K と同一視される．（S^1 の場合は $K=\{e\}$ として，$S^1=G/K$ と同一視される．）以下，S^2 の場合を例にとって説明しよう．G は G/K 上の連続関数全体の空間 $C(G/K)$ 上に

$$(gf)(x)=f(g^{-1}x)\qquad g\in G,\ f\in C(G/K),\ x\in G/K$$

によって作用する．G は $S^2=G/K$ 上に等長変換として作用しているから，各 $g\in G$ の作用は Laplace-Beltrami 作用素 $\varDelta$ と可換である．したがって，$\varDelta$ の固有空間 V_l は G の作用で不変であるから，V_l を表現空間とする，G の(連続な有限次元複素)表現 ρ_l が定義される．じつは各 ρ_l は既約で，これらはたがいに同値でない．さらに，表現空間 V_l は，定数倍を除いてただ1つの K 不変元をもつ．実際，Laplace の球関数 $Y_{l,0}\in V_l$ は θ_1 だけの関数で，K は角 θ_2 の回転として S^2 に作用しているから，$Y_{l,0}$ が K 不変元のなす部分空間

の基底である．このように K 不変元をもつ G の既約表現を球表現とよんで，その同値類全体を $\mathcal{D}(G,K)$ で表わす．このとき，$\mathcal{D}(G,K)$ の元はわれわれの ρ_l によってすべて得られる．（じつはわれわれの場合は特殊な場合で，G の既約表現はすべて K 不変元をもつのであるが，一般にはそうでない．）そして，$C(G/K)$ の有限次元既約 G 部分空間もこれらの V_l によってすべて得られる．

逆に，ρ_l に同値な G の既約表現

$$\rho : G \to GL(V)$$

を任意にとり，V 上の G 不変な内積 $(,)$ を1つ定める．この内積に関する，V の正規直交基底 $\{u_1, \cdots, u_{d_l}\}$ $(d_l=2l+1)$ を u_1 が K 不変であるようにとって，G/K 上の関数 φ_i $(1 \leqq i \leqq d_l)$ を行列要素

$$\varphi_i(go) = \sqrt{d_l}\,(\rho(g)u_i, u_1) \qquad g \in G$$

によって定義する．このとき，各 φ_i は V_l に属し，$\{\varphi_i\,;1 \leqq i \leqq d_l\}$ は V_l の1つの基底になる．このように，各 V_l が各球表現から構成される．さらに，$\{\varphi_i\,;1 \leqq i \leqq d_l\}$ は，$L_2(G/K)$ の内積 $\langle , \rangle$ に関する，V_l の正規直交基底にもなっている．

これらの事情は，じつは一般にコンパクト位相群 G とその閉部分群 K から定まる等質空間 G/K の場合にも生じて(一般には G の既約表現の表現空間のなかの K 不変元のなす部分空間の次元が高々1であるとは限らないので，議論にいくらかの修正を要するが)，各球表現から得られる関数 $\{\varphi_i\}$ を合わせて，$L_2(G/K)$ の完全正規直交系を構成することができる．そして，この関数系に関して‘連続関数の近似定理’もなりたつ．これらについては第1節で詳しく議論される．この節で中心的役割を果すのは Peter-Weyl の近似定理である．

さきの問題に対する第2の接近方法は，われわれの M の関数系 $\{\varphi_n\}$ のおのおのは微分作用素 $\dfrac{d}{d\theta}$ または Laplace-Beltrami 作用素 Δ の固有関数であることに注目して，微分作用素の固有関数の系がどういう場合に望ましい性質をもつか調べることである．一般に Lie 群 G の等質空間 G/K を考える．第1の接近方法の場合のように G/K 上の関数空間への G の作用と関連づけて議論するためには，考える微分作用素としては不変微分作用素，すなわち，G の

関数空間への作用と可換な微分作用素をとることが，問題を簡明にするであろう．そして，不変微分作用素全体の同時固有関数を(もしそれが‘十分多く’存在するならば)考えることは有用であろう．それは，ただ1つの微分作用素による固有空間分解よりもより細かい分解を与え，ポテンシャル論の例からもわかるように，とくに不変微分作用素を扱うときには役に立つからである．

われわれの例の $G/K=S^1$ または S^2 の場合には，微分作用素 $\dfrac{d}{d\theta}$ および $\varDelta$ はともに不変微分作用素で，そのほかの不変微分作用素はこれの多項式で表わされる．したがって，われわれの G/K の関数系 $\{\varphi_n\}$ のそれぞれは不変微分作用素の同時固有関数になっている．さらに，これらの固有関数系 $\{\varphi_n\}$ に関する展開定理がなりたつという意味で，われわれの G/K 上には同時固有関数が‘十分多く’存在する．

われわれは第2,3,4節において，かなり一般的な条件のもとで，等質空間 G/K 上の不変微分作用素の同時固有関数について議論する．第2節では多様体上の微分作用素について一般的な解説をし，第3節では等質空間 G/K 上の不変微分作用素のなす代数の構造を調べる．第4節では不変微分作用素の同時固有関数について議論し，とくに G がコンパクト連結 Lie 群で，

(*)　G の各既約表現の表現空間のなかの K 不変元のなす部分空間の次元は高々1である，

という条件のもとでは，G/K 上の不変微分作用素の同時固有関数の空間の基底として，第1節で構成した関数系 $\{\varphi_i\}$ をとれること，したがって，不変微分作用素の同時固有関数が‘十分多く’存在することを証明する．

固有関数による展開定理として古くから知られているものには，微分作用素に関するもののほかに，ある種の積分作用素の固有関数による展開定理がある．そこで，さきの問題に対する第3の接近方法として，等質空間 G/K 上の不変積分作用素の同時固有関数を調べることを考える．ここで，積分作用素を定義する G/K の測度 dx に扱いよい性質をもたせるために，G はユニモジュラーで，K はコンパクトであると仮定して，G の Haar 測度から引きおこされる G/K の測度を dx として採用する．積分作用素としては，$G/K\times G/K$ 上の関

数 $\varphi(x, y)$ で，一方の変数を固定したとき他方の変数に関しては台がコンパクトであるものをとって，これを核とする積分作用素

$$(I_\varphi f)(x) = \int_{G/K} \varphi(x, y) f(y) dy$$

を考える．さらに，I_φ が不変である，すなわち，I_φ が G の関数空間への作用と可換であるようにするために，各 $g \in G$ に対して

$$\varphi(gx, gy) = \varphi(x, y) \qquad x, y \in G/K$$

をみたすことを要求する．

われわれは第4節でこのような不変積分作用素の同時固有関数の性質を調べ，じつは，不変積分作用素の同時固有関数とは，さきにのべた不変微分作用素の同時固有関数にほかならないことを示す．したがって，等質多様体 G/K に対しては，第3の方法によっては何も新しいものは得られないのであるが，第3の方法は，G がユニモジュラー局所コンパクト位相群で，K がそのコンパクト部分群であれば，微分構造をもたない等質空間 G/K にも適用されるので，いろいろの応用がある．第4節の記述はおもに Selberg [22] および 1962/63 年に玉河恒夫氏が東京大学でおこなった講義にしたがった．

第2章では，さきの条件(＊)をみたす対 (G, K) の典型的な例としてのコンパクト対称対を扱う．われわれの例の対 (G, K) はいずれもコンパクト対称対である．また，一般次元の球面，複素射影空間もあるコンパクト対称対 (G, K) によって G/K と表わされる．コンパクト対称対 (G, K) に対して第1節の方法を適用する場合，球表現の同値類の全体 $\mathcal{D}(G, K)$ を知る必要があるが，われわれは第8節において，$\mathcal{D}(G, K)$ を与える Cartan-Helgason [2], [10] の定理の証明を与える．第5, 6, 7節はそのための準備である．第5節では Riemann 対称対の定義とその基本的性質を述べ，第6節ではコンパクト対称対の極大輪環群の不変指標を扱う．第7節ではコンパクト対称空間上の Weyl-Harish-Chandra の積分公式を証明し，これを用いて，コンパクト Lie 群の表現論で基本的な Cartan-Weyl の定理を証明する．第9節では，コンパクト対称空間の基本群に関する Cartan の結果の証明が与えられる．

さて，コンパクト対称対 (G, K) に対して $\mathcal{D}(G, K)$ がわかったとしても，行列要素 $\{\varphi_{l}\}$ を具体的に求めることは一般には容易でない．そこで，これを不変微分作用素の同時固有関数として求めることが考えられるが，この問題は一般的にはまだ解決されていない．ただ，K 不変な固有関数を求めるにはいくらか方法がある．$G/K=S^2$ を例にとって説明しよう．この場合，K 不変な関数とは，θ_1 だけによって θ_2 にはよらない関数のことである．はじめに記した，S^2 の Laplace-Beltrami 作用素 $\varDelta$ の形からわかるように，$\varDelta$ の K 不変な固有関数 $\varphi(\theta_1)$ は常微分方程式

$$\frac{d^2\varphi}{d{\theta_1}^2}+\frac{\cos\theta_1}{\sin\theta_1}\frac{d\varphi}{d\theta_1}=\lambda\varphi$$

の有界な解でなければならない．この方程式は $\lambda=a_l=-l(l+1)$ (l は非負整数)のときだけ有界な解をもち，それは定数倍を除いて $P_l{}^0(\cos\theta_1)$ に等しい．1 変数の微分作用素

$$\mathring{\varDelta}=\frac{d^2}{d{\theta_1}^2}+\frac{\cos\theta_1}{\sin\theta_1}\frac{d}{d\theta_1}$$

は $\varDelta$ の動径部分といわれる．一般に，G/K 上の不変微分作用素 D に対して，その動径部分といわれる，対称対 (G, K) の階数だけの変数の微分作用素 $\mathring{D}$ が存在して，D の K 不変な固有関数を求めることが，$\mathring{D}$ の固有関数を求めることに帰着される．第 10 節では動径部分の定義を与え，Berezin [1] の方法にしたがって，Laplace-Beltrami 作用素の動径部分の形を決定する．

第 3 章では，第 1 章と第 2 章の議論を球面と複素射影空間に適用して，さまざまな古典的結果を再現する．第 11 節は第 12, 13 節で用いられる Gegenbauer の関数と Jacobi の関数の解説である．Gegenbauer の関数は特別の場合として Legendre の関数を含む．第 12 節では Orihara [20] の方法にしたがって，一般次元の球面上の完全正規直交系を求める．とくに S^2 の場合にこれを適用すれば，Laplace の球関数が自然な仕方で現れてくる．第 13 節では複素射影空間上の K 不変な固有関数を，Laplace-Beltrami 作用素 $\varDelta$ の動径部分 $\mathring{\varDelta}$ の固有関数を求める方法によって求める．

ポテンシャル論の境界値問題の説明のところで述べたように，S^2 上の完全正規直交系は，$\boldsymbol{R}^3$ 上の多項式 u で $\Delta u=0$ をみたすもの(これは調和多項式とよばれる)を S^2 に制限したものによって得られる．これはじつは一般次元の球面についてもなりたつ．また，複素射影空間上の完全正規直交系も，類似した仕方である多項式系から得られる．第14節ではこれらの事実の証明を与える．

おわりに，紙数の関係で本書で触れられなかった二，三の話題について述べておこう．

考えている空間 M がコンパクトでない場合には，望ましい性質をもつ関数系が可算であるとは限らないので，M 上の関数 f を‘展開する’には，和をとる代りに‘積分する’必要が生じる．もっとも典型的な例は，Euclid 空間 $\boldsymbol{R}^n$ 上の Fourier 変換に関する反転公式

$$f(x)=\frac{1}{(2\pi)^n}\int_{\boldsymbol{R}^n}\hat{f}(\xi)\exp(\sqrt{-1}\langle\xi,x\rangle)d\xi$$

である．とくに，M が非コンパクト型対称空間である場合には，この問題は Harish-Chandra によって精力的に研究されている．これについては Warner [28] を参照されたい．

等質空間 G/K がコンパクトでない場合でも，G のある離散部分群 Γ が存在して，$M=\Gamma\backslash G/K$ がコンパクトになる場合には，M 上の望ましい関数系は可算である．この場合の理論は保形形式などに適用されて，応用が広い．これと，不変積分作用素の同時固有関数が‘十分多く’存在する空間の例としての弱対称空間などについては Selberg [22] を参照されたい．

最後に，本書を通じて用いられる記法や用語について述べよう．

$\boldsymbol{Z}, \boldsymbol{R}, \boldsymbol{C}$ は通常のようにそれぞれ整数，実数，複素数全体を表わす．位相群，多様体はつねに Hausdorff 空間で開集合の可算基底をもつものとする．$\boldsymbol{R}$ または $\boldsymbol{C}$ 上の線形空間 V 上の内積$(\ ,\ )$とは，$\boldsymbol{R}$ 上の線形空間の場合には，$V\times V$ から $\boldsymbol{R}$ への正定値対称双1次写像を意味し，$\boldsymbol{C}$ 上の線形空間の場合には，いわゆるエルミート内積を意味するものとする．すなわち，$V\times V$ から $\boldsymbol{C}$ への写像で，第1の変数に関して線形で，

$$(x, y) = \overline{(y, x)},$$
$$(x, x) = 0 \quad \text{ならば} \quad x = 0$$

をみたすものを意味するものとする．線形空間 V に対して，V の線形自己準同形全体のなす線形空間に，写像の合成によって代数の構造を導入したものを $\mathrm{End}\, V$ で表わす．線形空間 V に群 G が線形に作用しているとき，V を G 空間とよぶ．有限次元の $\boldsymbol{R}$ または $\boldsymbol{C}$ 上の線形空間 V に対して，V の線形自己同形全体のなす Lie 群を $GL(V)$ で表わし，V の線形自己準同形全体に

$$[X, Y] = XY - YX$$

によって Lie 代数の構造を導入したものを $\mathfrak{gl}(V)$ で表わす．位相群 G の表現というときは，断らない限り，有限次元の連続な複素表現，すなわち，G からある有限次元の $\boldsymbol{C}$ 上の線形空間 V の $GL(V)$ への連続な準同形を意味するものとする．$\boldsymbol{R}$ 上の Lie 代数 $\mathfrak{g}$ の表現というときは，断らない限り，有限次元の複素表現，すなわち，$\mathfrak{g}$ からある有限次元の $\boldsymbol{C}$ 上の線形空間 V の $\mathfrak{gl}(V)$ への（$\mathfrak{gl}(V)$ を $\boldsymbol{R}$ 上の Lie 代数とみなしての）準同形を意味するものとする．$\boldsymbol{R}$ 上の線形空間 V に対して，その複素化を $V^{\boldsymbol{C}}$ で表わす．

第1章　球　関　数

§1　コンパクト位相群の球関数

この節では，コンパクト位相群の調和解析において重要な役割りを果たす Peter-Weyl の定理を述べて，これによってコンパクト位相群 G の等質空間 G/K に対する Peter–Weyl の定理を証明する．この定理は G/K 上の連続関数のなす Banach 代数と G/K 上の L_2 空間の G 空間としての構造を記述する．この定理にもとづいて，等質空間 G/K の球関数が定義される．

G をコンパクト位相群とする．dx を G 上の両側不変 Haar 測度で

$$\int_G dx = 1$$

と正規化したものとする．このような Haar 測度を以後コンパクト位相群の**正規化された両側不変 Haar 測度**とよぶ．

G 上の複素数値連続関数全体のなす，複素数体 $\boldsymbol{C}$ 上の可換代数を $C(G)$ で表わす．$x \in G$, $f \in C(G)$ に対して

$$(L_x f)(y) = f(x^{-1}y) \qquad y \in G$$

$$(R_x f)(y) = f(yx) \qquad y \in G$$

とおくと $L_x f$, $R_x f \in C(G)$ であって，対応 $x \mapsto L_x$ および $x \mapsto R_x$ によって線形空間 $C(G)$ は G 空間となる．ただし，以後 $C(G)$ を G 空間と考えるときは，とくに断らない限り対応 $x \mapsto L_x$ によって G 空間とみなすことにする．$C(G)$ は絶対値の最大値によるノルム

$$\|f\|_\infty = \max_{x \in G} |f(x)| \qquad f \in C(G)$$

に関して Banach 代数になる.

G 上の複素数値可測関数 f で

$$\|f\|_2=\left(\int_G |f(x)|^2dx\right)^{1/2}$$

が有限であるもの全体を $L_2(G)$ で表わす. $L_2(G)$ は内積

$$\langle f,g\rangle=\int_G f(x)\overline{g(x)}dx \qquad f,g\in L_2(G)$$

に関して複素 Hilbert 空間になる. $C(G)$ は $L_2(G)$ のノルム $\|\ \|_2$ に関して稠密な部分空間である. したがって, すべての $x\in G$ に対して L_x, R_x は $L_2(G)$ の線形作用素に一意的に拡張される. これらも同じ記号 L_x, R_x で表わす. 測度 dx が両側不変であるから L_x, R_x は $L_2(G)$ のユニタリ作用素である. $L_2(G)$ を対応 $x\mapsto L_x$ によって G 空間とみなす. $C(G)$ は $L_2(G)$ の G 部分空間である. $C(G)$ の任意の有限次元 G 部分空間の上に, G は連続に作用する.

$f\in C(G)$ に対して, 集合 $\{L_xf\,;x\in G\}$ で $\boldsymbol{C}$ 上張られる $C(G)$ の部分空間を C_f で表わす. C_f が有限次元であるような $f\in C(G)$ の全体を $\mathfrak{o}(G)$ で表わす. 容易にわかるように $\mathfrak{o}(G)$ は $C(G)$ の部分代数である. $\mathfrak{o}(G)$ を G の**表現代数**とよぶ. この言葉の意味は以下の定理1.1(Peter-Weyl の定理)において明らかになるであろう. $\mathfrak{o}(G)$ は $C(G)$ の G 部分空間である.

コンパクト位相群 G の既約表現の同値類全体を $\mathcal{D}(G)$ で表わす. G の表現 ρ または $\rho\in\mathcal{D}(G)$ に対してその指標を χ_ρ, その次数を d_ρ で表わす. G の既約表現 ρ に対して ρ を含む同値類を $[\rho]$ で表わす. G の既約表現

$$\rho: G\to GL(V)$$

に対して, G 空間 V と G 同形な $C(G)$ の G 部分空間全体で $\boldsymbol{C}$ 上張られる $C(G)$ の G 部分空間は ρ の同値類 $[\rho]$ のみによる. この空間を $\mathfrak{o}_{[\rho]}(G)$ で表わそう. $\mathfrak{o}_{[\rho]}(G)$ は $\mathfrak{o}(G)$ の G 部分空間である. V の双対空間を V^* とすると, テンソル積 $V\otimes V^*$ は表現 ρ と V^* 上の自明な表現1とのテンソル積 $\rho\otimes 1$ によって G 空間になる. $V\otimes V^*$ は G 空間として d_ρ 個の V の直和に同形である. $V\otimes V^*$ から $C(G)$ への線形写像 Φ^ρ を

$$\Phi^\rho(v\otimes\xi)(x)=\xi(\rho(x)^{-1}v) \qquad v\in V,\ \xi\in V^*,\ x\in G$$

によって定義する．

コンパクト位相群の調和解析においてはつぎの定理が基本的である．

定理 1.1(コンパクト位相群に対する Peter-Weyl の定理) G をコンパクト位相群とする．

(1) G の任意の既約表現

$$\rho : G\to GL(V)$$

に対して Φ^ρ は $V\otimes V^*$ から $\mathfrak{o}_{[\rho]}(G)$ の上への G 同形を与える．したがって，G 空間 $\mathfrak{o}_{[\rho]}(G)$ は V の d_ρ 個の直和に G 同形である．V 上の G 不変な内積 $\langle\ ,\ \rangle$ (すなわち，任意の $v,v'\in V$, $x\in G$ に対して $\langle\rho(x)v,\rho(x)v'\rangle=\langle v,v'\rangle$ がなりたつもの．G はコンパクトであるからこのような内積はつねに存在する．)に関する V の正規直交基底 $\{u_1,\cdots,u_{d_\rho}\}$ を1つとり，これから定まる表現 ρ の行列要素を

$$\rho_j{}^i(x)=\langle\rho(x)u_j,u_i\rangle \qquad x\in G \quad (1\leqq i,j\leqq d_\rho)$$

とすれば

$$\{\sqrt{d_\rho}\,\bar{\rho}_j{}^i\,;\ 1\leqq i,j\leqq d_\rho\}$$

は $\mathfrak{o}_{[\rho]}(G)$ の $L_2(G)$ の内積に関する正規直交基底である．ρ と ρ' を同値でない G の既約表現とすれば，$\mathfrak{o}_{[\rho]}(G)$ と $\mathfrak{o}_{[\rho']}(G)$ は $L_2(G)$ の内積に関して直交している．

(2) $\mathfrak{o}(G)$ は $C(G)$ のノルム $\|\ \|_\infty$ に関して稠密な部分空間であって

$$\mathfrak{o}(G)=\sum_{\rho\in\mathcal{D}(G)}\mathfrak{o}_\rho(G) \qquad (\text{代数的直和})$$

がなりたつ．したがって

$$L_2(G)=\sum_{\rho\in\mathcal{D}(G)}\oplus\,\mathfrak{o}_\rho(G) \qquad (\text{Hilbert 空間としての直和})$$

がなりたつ．

証明 (1)はのちにもっと一般的な仮定のもとに証明する(定理1.3)．(2)は連続な対称核をもつ積分作用素に関する Hilbert-Schmidt の定理を用いて証明される．例えば Chevalley [3], Hochschild [11] をみられたい．Yosida

[30]にも証明がある．

つぎに K を G の閉部分群としよう．K 上の正規化された両側不変 Haar 測度を dk で表わす．各 $k\in K$ に対して $R_k f=f$ をみたす $f\in C(G)$ の全体を $C(G/K)$ で表わす．$C(G/K)$ は Banach 代数 $C(G)$ の閉部分代数である．$C(G/K)$ は自然な仕方で等質空間 G/K 上の複素数値(商位相に関する)連続関数全体のなす代数と同一視されることに注意しておこう．すべての $x, y\in G$ に対して $C(G)$ の自己同形 L_x, R_y は可換であるから $C(G/K)$ は $C(G)$ の G 部分空間である．同様に，各 $k\in K$ に対して $R_k f=f$ をみたす $f\in L_2(G)$ の全体を $L_2(G/K)$ で表わす．$L_2(G/K)$ は Hilbert 空間 $L_2(G)$ の閉部分空間であり，ユニタリ作用素 $L_x (x\in G)$ で不変である．$C(G/K)$ は $L_2(G/K)$ のノルム $\| \|_2$ に関して稠密な部分空間である．

部分空間 C_f が有限次元であるような $f\in C(G/K)$ の全体を $\mathfrak{o}(G/K)$ で表わす．$\mathfrak{o}(G/K)$ は $C(G/K)$ の部分代数である．$\mathfrak{o}(G/K)$ を対 (G, K) **の(左)表現代数**，または等質空間 G/K **の表現代数**という．$\mathfrak{o}(G/K)$ は $C(G/K)$ の G 部分空間であって

$$\mathfrak{o}(G/K)=\mathfrak{o}(G)\cap C(G/K)$$

がなりたつ．$\mathfrak{o}(G/K)$ の元を対 (G, K) **の広義の(左)球関数**，または等質空間 G/K **の広義の球関数**という．

$$\rho: G\to GL(V)$$

を G の表現とする．各 $k\in K$ に対して $\rho(k)w=w$ をみたす $w\in V$ 全体のなす V の部分空間を V_K で表わす．ρ が既約で $V_K\neq\{0\}$ であるとき，表現 ρ を閉部分群 K **に関する球表現**，または対 (G, K) **の球表現**とよぶ．このとき V_K の次元 $\dim V_K$ は ρ の同値類 $[\rho]$ のみによる．$\dim V_K$ を ρ または $[\rho]$ の**重複度**とよぶ．この言葉の意味はのちに明らかになるであろう(定理1.3)．G の K に関する球表現の同値類全体を $\mathcal{D}(G, K)$ で表わす．$\mathcal{D}(G, K)$ は $\mathcal{D}(G)$ の部分集合である．球表現 ρ または $\rho\in\mathcal{D}(G, K)$ の重複度を m_ρ で表わす．

定理 1.2(Frobenius の相互律)　G をコンパクト位相群，K をその閉部分群，

$$\rho: G\to GL(V),$$

$$\sigma : K \to GL(U)$$

を G および K の表現とする．G から U への連続写像 f で

$$f(xk) = \sigma(k)^{-1} f(x) \qquad x \in G, k \in K$$

をみたすもの全体のなす複素線形空間を $C(G\,;U)_K$ で表わす．

(1) $x \in G$, $f \in C(G\,;U)_K$ に対して

$$(L_x f)(y) = f(x^{-1}y) \qquad y \in G$$

とおくと，$L_x f \in C(G\,;U)_K$ であって，対応 $x \mapsto L_x$ によって $C(G\,;U)_K$ は G 空間となる．

(2) V から $C(G\,;U)_K$ への G 準同形全体のなす複素線形空間を $\mathrm{Hom}_G(V, C(G\,;U)_K)$ で表わし，V から U への K 準同形(ここで V は ρ の K への制限によって K 空間とみなす)全体のなす複素線形空間を $\mathrm{Hom}_K(V, U)$ で表わすと，$\mathrm{Hom}_G(V, C(G\,;U)_K)$ と $\mathrm{Hom}_K(V, U)$ は標準的な仕方で同形になる．

証明 (1) 定義から容易に確かめられる．

(2) 任意に $\Phi \in \mathrm{Hom}_G(V, C(G\,;U)_K)$ をとる．Φ に対して V から U への線形写像 φ を

$$\varphi(v) = \Phi(v)(e) \qquad v \in V$$

によって定義する(e は G の単位元を表わす)．$k \in K$, $v \in V$ に対して

$$\begin{aligned}\varphi(\rho(k)v) &= \Phi(\rho(k)v)(e) = (L_k\Phi(v))(e) = \Phi(v)(k^{-1}e) = \sigma(k)(\Phi(v)(e)) \\ &= \sigma(k)\varphi(v)\end{aligned}$$

がなりたつから，$\varphi \in \mathrm{Hom}_K(V, U)$ である．容易にわかるように対応 $\Phi \mapsto \varphi$ は $\mathrm{Hom}(V, C(G\,;U)_K)$ から $\mathrm{Hom}_K(V, U)$ への線形写像である．

逆に，$\varphi \in \mathrm{Hom}_K(V, U)$, $v \in V$ に対して G から U への連続写像 $\Phi(v)$ を

$$\Phi(v)(x) = \varphi(\rho(x)^{-1}v) \qquad x \in G$$

によって定義する．$x \in G$, $k \in K$ に対して

$$\Phi(v)(xk) = \varphi(\rho(k)^{-1}\rho(x)^{-1}v) = \sigma(k)^{-1}\varphi(\rho(x)^{-1}v) = \sigma(k)^{-1}(\Phi(v)(x))$$

がなりたつから，$\Phi(v) \in C(G\,;U)_K$ である．したがって V から $C(G\,;U)_K$ への線形写像 Φ が定まる．$x, y \in G$, $v \in V$ に対して

$$\Phi(\rho(y)v)(x) = \varphi(\rho(x)^{-1}\rho(y)v) = \Phi(v)(y^{-1}x) = (L_y\Phi(v))(x)$$

がなりたつから，V から $C(G;U)_K$ への線形写像として

$$\Phi\rho(y) = L_y\Phi \qquad y \in G$$

となる．すなわち $\Phi \in \mathrm{Hom}_G(V, C(G;U)_K)$ である．

対応 $\Phi \mapsto \varphi$, $\varphi \mapsto \Phi$ がたがいに逆対応になっていることを確かめよう．$\Phi \in \mathrm{Hom}_G(V, C(G;U)_K)$ に $\varphi \in \mathrm{Hom}_K(V, U)$ が対応し，φ に $\Phi' \in \mathrm{Hom}_G(V, C(G;U)_K)$ が対応しているとしよう．$v \in V$, $x \in G$ に対して

$$\Phi'(v)(x) = \varphi(\rho(x)^{-1}v) = \Phi(\rho(x)^{-1}v)(e) = (L_{x^{-1}}\Phi(v))(e) = \Phi(v)(x)$$

だから，$\Phi'=\Phi$ である．逆に $\varphi \in \mathrm{Hom}_K(V, U)$ に $\Phi \in \mathrm{Hom}_G(V, C(G;U)_K)$ が対応し，Φ に $\varphi' \in \mathrm{Hom}_K(V, U)$ が対応しているとしよう．$v \in V$ に対して

$$\varphi'(v) = \Phi(v)(e) = \varphi(\rho(e)^{-1}v) = \varphi(v)$$

であるから，$\varphi'=\varphi$ である．以上で証明ができた．▌

系

$$\rho: G \to GL(V)$$

を G の表現，V から $C(G/K)$ への G 準同形全体のなす複素線形空間を $\mathrm{Hom}_G(V, C(G/K))$ とする．$\langle\ ,\ \rangle$ を V 上の G 不変な内積とし，$w \in V_K$ に対して V から $C(G)$ への線形写像 $\Phi_w{}^\rho$ を

$$\Phi_w{}^\rho(v)(x) = \langle v, \rho(x)w\rangle \qquad v \in V,\ x \in G$$

によって定義する．このとき，$\Phi_w{}^\rho \in \mathrm{Hom}_G(V, C(G/K))$ であって対応 $w \mapsto \Phi_w{}^\rho$ は V_K から $\mathrm{Hom}_G(V, C(G/K))$ の上への半線形同形を与える(複素線形空間 V_1, V_2 の間の写像 $\varphi: V_1 \to V_2$ は $\varphi(u+v)=\varphi(u)+\varphi(v)$ $(u, v \in V_1)$, $\varphi(au)=\bar{a}\varphi(u)$ $(a \in \boldsymbol{C},\ u \in V_1)$ をみたすとき半線形であるといわれる)．とくに ρ が既約であるとき，$\Phi_w{}^\rho$ が単射であるための必要十分条件は

$$w \neq 0$$

で与えられ，$\langle w, w\rangle=1$ ならば $\sqrt{d_\rho}\Phi_w{}^\rho$ は V から $L_2(G/K)$ の中への等長写像である．

証明 V の双対空間 V^* の元 ξ に対して $v_\xi \in V$ を

$$\xi(v) = \langle v, v_\xi\rangle \qquad v \in V$$

をみたすものとして定義すると，対応 $\xi \mapsto v_\xi$ は V^* から V への半線形同形を与え，さらに V^* を ρ の反傾表現 ρ^* によって G 空間とみなしたときこの対

応は G 同形であることに注意しよう．

さて，定理1.2を K の単位表現

$$\sigma : K \to GL(\boldsymbol{C}) = \{z \in \boldsymbol{C} ; z \neq 0\},$$

$$\sigma(k) = 1 \qquad k \in K$$

に適用しよう．この場合，群 G の作用を込めて

$$C(G ; \boldsymbol{C})_K = C(G/K)$$

となり，上の注意から $\mathrm{Hom}_K(V, \boldsymbol{C}) = (V^*)_K$ は V_K と半線形同形になる．したがって，定理1.2より V_K は $\mathrm{Hom}_G(V, C(G/K))$ と半線形同形になる．定理1.2の同形対応を見れば，対応 $w \mapsto \Phi_w{}^\rho$ がこの同形対応を与えることがわかる．

つぎに ρ は既約であるとしよう．$w=0$ ならば $\Phi_w{}^\rho=0$ だから $\Phi_w{}^\rho$ は単射でない．$w \neq 0$ であるとしよう．$v \in V$ に対して $\Phi_w{}^\rho(v)=0$ とする．ρ が既約だから集合 $\{\rho(x)w ; x \in G\}$ は V 全体を張るから $v=0$ でなければならない．したがって $\Phi_w{}^\rho$ は単射である．さらに $\langle w, w \rangle = 1$ としよう．V と $L_2(G/K)$ の内積はともに G 不変であって ρ は既約だから，Schur の補題より $\Phi_w{}^\rho$ は相似写像でなければならない．すなわち，正の実数 a が存在して

$$\langle \Phi_w{}^\rho(v), \Phi_w{}^\rho(v') \rangle = a \langle v, v' \rangle \qquad v, v' \in V$$

がなりたつ．とくに $v=v'=w$ ととれば，行列要素の直交関係から $1/d_\rho = a$ を得る．したがって $\sqrt{d_\rho}\Phi_w{}^\rho$ は等長写像である．∎

$$\rho : G \to GL(V)$$

を G の既約表現とする．系より ρ が K に関する球表現であるための必要十分条件は

$$\mathfrak{o}_{[\rho]}(G) \cap C(G/K) \neq \{0\}$$

である．そこで ρ が球表現であるとき

$$\mathfrak{o}_{[\rho]}(G/K) = \mathfrak{o}_{[\rho]}(G) \cap C(G/K)$$

とおこう．$\mathfrak{o}_{[\rho]}(G/K)$ は G 空間 V と G 同形な $C(G/K)$ の G 部分空間全体で $\boldsymbol{C}$ 上張られる $C(G/K)$ の G 部分空間と一致する．$\mathfrak{o}_{[\rho]}(G/K)$ は $\mathfrak{o}(G/K)$ の G 部分空間である．$\rho \in \mathcal{D}(G, K)$ に対して，$\mathfrak{o}_\rho(G/K)$ の元を ρ **に付属する広義の**

球関数という．

$$\rho : G \to GL(V)$$

を K に関する球表現とする．V の双対空間 V^* の(V^* を反傾表現によって G 空間とみなしたときの) K 不変元全体のなす部分空間 $(V^*)_K$ と V とのテンソル積 $V \otimes (V^*)_K$ は定理1.1で定義した G 空間 $V \otimes V^*$ の G 部分空間である．$V \otimes (V^*)_K$ は G 空間として V の m_ρ 個の直和に同形である．$V \otimes (V^*)_K$ から $C(G)$ への線形写像 Φ^ρ を，定理1.1で定義した $V \otimes V^*$ から $C(G)$ への写像 Φ^ρ の $V \otimes (V^*)_K$ への制限として定義する．すなわち

$$\Phi^\rho(v \otimes \xi)(x) = \xi(\rho(x)^{-1}v) \qquad v \in V,\ \xi \in (V^*)_K,\ x \in G$$

とする．すると定理1.1の拡張としてつぎの定理がなりたつ．

定理 1.3(コンパクト等質空間に対する Peter-Weyl の定理) G をコンパクト位相群，K をその閉部分群とする．

(1) G の K に関する球表現

$$\rho : G \to GL(V)$$

に対して，Φ^ρ は $V \otimes (V^*)_K$ から $\mathfrak{o}_{[\rho]}(G/K)$ の上への G 同形を与える．したがって，G 空間 $\mathfrak{o}_{[\rho]}(G/K)$ は V の m_ρ 個の直和に G 同形である．V 上の G 不変な内積 $\langle\ ,\ \rangle$ に関する V の1つの正規直交基底 $\{u_1, \cdots, u_{d_\rho}\}$ を $\{u_1, \cdots, u_{m_\rho}\}$ が V_K の基底になるようにとり，これから定まる ρ の行列要素を

$$\rho_j{}^i(x) = \langle \rho(x)u_j, u_i \rangle \qquad x \in G \quad (1 \leqq i, j \leqq d_\rho)$$

とすれば

$$\{\sqrt{d_\rho}\,\bar{\rho}_j{}^i;\ 1 \leqq i \leqq d_\rho,\ 1 \leqq j \leqq m_\rho\}$$

は $\mathfrak{o}_{[\rho]}(G/K)$ の $L_2(G/K)$ の内積に関する正規直交基底である．ρ と ρ' を同値でない球表現とすれば，$\mathfrak{o}_{[\rho]}(G/K)$ と $\mathfrak{o}_{[\rho']}(G/K)$ は $L_2(G/K)$ の内積に関して直交している．

(2) $\mathfrak{o}(G/K)$ は $C(G/K)$ のノルム $\|\ \|_\infty$ に関して稠密な部分空間であって

$$\mathfrak{o}(G/K) = \sum_{\rho \in \mathcal{D}(G,K)} \mathfrak{o}_\rho(G/K) \qquad \text{(代数的直和)}$$

がなりたつ．したがって

$$L_2(G/K)=\sum_{\rho\in\mathcal{D}(G,K)}\oplus\,\mathfrak{o}_\rho(G/K)\qquad\text{(Hilbert 空間としての直和)}$$

がなりたつ.

証明　(1)　$v\in V$, $\xi\in(V^*)_K$ に対して

$$\begin{aligned}\Phi^\rho(v\otimes\xi)(xk)&=\xi(\rho(k)^{-1}\rho(x)^{-1}v)=(\rho^*(k)\xi)(\rho(x)^{-1}v)=\xi(\rho(x)^{-1}v)\\&=\Phi^\rho(v\otimes\xi)(x)\qquad x\in G,\ k\in K\end{aligned}$$

であるから, $\Phi^\rho(v\otimes\xi)\in C(G/K)$ である. さらに

$$\begin{aligned}\Phi^\rho(\rho(y)v\otimes\xi)(x)&=\xi(\rho(x)^{-1}\rho(y)v)=\xi(\rho(y^{-1}x)^{-1}v)=\Phi^\rho(v\otimes\xi)(y^{-1}x)\\&=(L_y\Phi^\rho(v\otimes\xi))(x)\qquad x,y\in G\end{aligned}$$

であるから, Φ^ρ は $V\otimes(V^*)_K$ から $C(G/K)$ への G 準同形である. したがって, $\Phi^\rho(V\otimes(V^*)_K)\subset\mathfrak{o}_{[\rho]}(G/K)$ である.

内積 $\langle\,,\rangle$ によって $(V^*)_K$ と V_K を同一視して Φ^ρ を $V\otimes V_K$ から $\mathfrak{o}_{[\rho]}(G/K)$ への写像とみなすと

$$\Phi^\rho(v\otimes w)(x)=\langle v,\rho(x)w\rangle=\Phi_w{}^\rho(v)(x)\qquad v\in V,\ w\in V_K,\ x\in G$$

となるから, 定理1.2, 系より Φ^ρ の像は $\mathfrak{o}_{[\rho]}(G/K)$ に一致する. とくに

$$\Phi^\rho(u_i\otimes u_j)=\bar{\rho}_j{}^i\qquad(1\leqq i\leqq d_\rho,\ 1\leqq j\leqq m_\rho)$$

となるから, 行列要素の直交関係から $\{\Phi^\rho(u_i\otimes u_j)\,;1\leqq i\leqq d_\rho, 1\leqq j\leqq m_\rho\}$ は1次独立である. したがって, Φ^ρ は $\mathfrak{o}_{[\rho]}(G/K)$ の上への同形を与え, $\{\bar{\rho}_j{}^i\,;1\leqq i\leqq d_\rho, 1\leqq j\leqq m_\rho\}$ は $\mathfrak{o}_{[\rho]}(G/K)$ の基底となる. 行列要素の直交関係から

$$\{\sqrt{d_\rho}\,\bar{\rho}_j{}^i\,;1\leqq i\leqq d_\rho,1\leqq j\leqq m_\rho\}$$

は $\mathfrak{o}_{[\rho]}(G/K)$ の $L_2(G/K)$ の内積に関する正規直交基底である. したがって, ρ と ρ' が同値でなければ, ふたたび行列要素の直交関係から $\mathfrak{o}_{[\rho]}(G/K)$ と $\mathfrak{o}_{[\rho]}(G/K)$ が直交していることがわかる. これで(1)が証明できた. とくに $K=\{e\}$ ととれば定理1.1, (1)が得られる.

(2)　定理1.1, (1)より $\mathfrak{o}_\rho(G)$ は $R_k(k\in K)$ によって不変である. したがって

$$\mathfrak{o}(G)\cap C(G/K)=\sum_{\rho\in\mathcal{D}(G)}(\mathfrak{o}_\rho(G)\cap C(G/K))$$

となるから, $\mathfrak{o}(G/K)$ の求める直和分解を得る.

$\mathfrak{o}(G/K)$ が $C(G/K)$ の中で稠密であることを証明しよう．$f \in C(G/K)$ を任意にとる．定理1.1より任意の正の実数 ε に対して $g \in \mathfrak{o}(G)$ が存在して

$$\|f-g\|_\infty < \varepsilon$$

となる．

$$g^0(x) = \int_K g(xk)\,dk \qquad x \in G$$

と定義すれば，$g^0 \in C(G/K)$ であって

$$\|f-g^0\|_\infty \leqq \varepsilon$$

をみたすから，$g^0 \in \mathfrak{o}(G/K)$ であることを確かめればよい．上に述べたようにおのおのの $\mathfrak{o}_\rho(G)$ は $R_k\,(k \in K)$ で不変であるから，$\{L_x R_k g\,;\, x \in G, k \in K\}$ で張られる $C(G)$ の部分空間は有限次元である．したがって，$\{L_x g^0\,;\, x \in G\}$ で張られる $C(G)$ の部分空間 C_{g^0} も有限次元であり，$g^0 \in \mathfrak{o}(G/K)$ が証明できた．▌

注意　コンパクト C^∞ Lie 群 G の表現代数 $\mathfrak{o}(G)$ は有限生成であって，実数体 $\boldsymbol{R}$ 上で定義された複素線形代数群 $G^{\boldsymbol{C}}$ でつぎの性質をもつものが一意的に存在する：

(1)　$G^{\boldsymbol{C}}$ 上の多項式関数全体の代数は $\mathfrak{o}(G)$ に一致する．

(2)　$G^{\boldsymbol{C}}$ の $\boldsymbol{R}$ 有理点全体は C^∞ Lie 群として G に一致する．

さらに，$x \in G$ と G の Lie 代数 $\mathfrak{g}$ の元 X に対して $x \exp\sqrt{-1}X \in G^{\boldsymbol{C}}$ を対応させることによって，$G \times \mathfrak{g}$ は $G^{\boldsymbol{C}}$ と C^∞ 同相になる．

同様に，コンパクト C^∞ Lie 群 G とその閉部分群 K の対 (G, K) の表現代数 $\mathfrak{o}(G/K)$ は有限生成であって，$\boldsymbol{R}$ 上で定義された複素アフィン代数多様体 $(G/K)^{\boldsymbol{C}}$ でつぎの性質をもつものが一意的に存在する：

(1)′　$(G/K)^{\boldsymbol{C}}$ 上の多項式関数全体の代数は $\mathfrak{o}(G/K)$ に一致する．

(2)′　$(G/K)^{\boldsymbol{C}}$ の $\boldsymbol{R}$ 有理点全体は C^∞ 多様体として商多様体 G/K に一致する．

(3)′　$\boldsymbol{R}$ 上で定義されたいたるところ正則な有理写像

$$G^{\boldsymbol{C}} \times (G/K)^{\boldsymbol{C}} \to (G/K)^{\boldsymbol{C}}$$

で群 G^C の $(G/K)^C$ への可移的作用を与えるものが存在して，これが((2), (2)′から)引きおこす作用

$$G\times G/K \to G/K$$

はもとの作用に一致する．さらに，G/K の原点 o における G^C の等方性部分群(すなわち，o を固定する G^C の元全体のなす部分群)は K^C と同一視される．

G^C および $(G/K)^C$ をそれぞれ G および G/K の**複素化**とよぶ．これらの事実の証明(といろいろな用語の意味)は例えば Chevalley [3]，Iwahori-Sugiura [12] を見られたい．

つぎに，各 $k\in K$ に対し $L_kf=f$ をみたす $f\in C(G/K)$ 全体を $C(G,K)$ で表わす．$C(G,K)$ は Banach 代数 $C(G/K)$ の閉部分代数である．同様に各 $k\in K$ に対して $L_kf=f$ をみたす $f\in L_2(G/K)$ の全体を $L_2(G,K)$ で表わす．$L_2(G,K)$ は Hilbert 空間 $L_2(G/K)$ の閉部分空間で，$C(G,K)$ は $L_2(G,K)$ のノルム $\|\ \|_2$ に関して稠密な部分空間である．

$$\mathfrak{o}(G,K)=\mathfrak{o}(G/K)\cap C(G,K)$$

とおく．さらに $\rho\in\mathcal{D}(G,K)$ に対して

$$\mathfrak{o}_\rho(G,K)=\mathfrak{o}_\rho(G/K)\cap C(G,K)$$

とおく．$\mathfrak{o}_\rho(G,K)$ の元を ρ **に付属する広義の帯球関数**という．これらに対して定理 1.3 と同様の定理がなりたつ．

定理 1.4　G をコンパクト位相群，K をその閉部分群とする．

(1)　G の K に関する球表現

$$\rho: G\to GL(V)$$

に対して，$V\otimes(V^*)_K$ から $\mathfrak{o}_{[\rho]}(G/K)$ の上への G 同形 Φ^ρ は $V_K\otimes(V^*)_K$ から $\mathfrak{o}_{[\rho]}(G,K)$ の上への線形同形を引きおこす．V 上の G 不変な内積 $\langle,\rangle$ に関する V_K の正規直交基底 $\{u_1,\cdots,u_{m_\rho}\}$ を1つとって，これから定まる ρ の行列要素を

$$\rho_j{}^i(x)=\langle\rho(x)u_j,u_i\rangle \qquad x\in G\quad (1\leqq i,j\leqq m_\rho)$$

とすれば

$$\{\sqrt{d_\rho}\,\bar{\rho}_j{}^i;1\leqq i,j\leqq m_\rho\}$$

は $\mathfrak{D}_{[\rho]}(G,K)$ の $L_2(G,K)$ の内積に関する正規直交基底である．ρ と ρ' を同値でない球表現とすれば，$\mathfrak{D}_{[\rho]}(G,K)$ と $\mathfrak{D}_{[\rho']}(G,K)$ は $L_2(G,K)$ の内積に関して直交している．

(2) $\mathfrak{D}(G,K)$ は $C(G,K)$ のノルム $\|\ \|_\infty$ に関して稠密な部分空間であって

$$\mathfrak{D}(G,K)=\sum_{\rho\in\mathcal{D}(G,K)}\mathfrak{D}_\rho(G,K) \qquad \text{(代数的直和)}$$

がなりたつ．したがって

$$L_2(G,K)=\sum_{\rho\in\mathcal{D}(G,K)}\oplus\,\mathfrak{D}_\rho(G,K) \qquad \text{(Hilbert 空間としての直和)}$$

がなりたつ．

証明 Φ^ρ は G 同形だからとくに K 同形である．したがって，$V_K\otimes(V^*)_K$ を $\mathfrak{D}_{[\rho]}(G,K)$ に移す．そのほかは定理 1.3 と同様にして証明される．∎

$\rho\in\mathcal{D}(G,K)$ に対して，'ρ の重複度 m_ρ は 1 に等しい' という条件を考えよう．定理 1.3 と定理 1.4 より，この条件は '$\mathfrak{D}_\rho(G/K)$ は既約 G 空間である' または '$\mathfrak{D}_\rho(G,K)$ は 1 次元である' という条件と同値である．以下において，'各 $\rho\in\mathcal{D}(G,K)$ に対して ρ の重複度 m_ρ は 1 に等しい' 場合を考えよう．このとき，$\mathfrak{D}(G/K)$ の元を対 (G,K) **の(左)球関数**，または等質空間 G/K **の球関数**といい，$\mathfrak{D}_\rho(G/K)$ の元を ρ **に付属する球関数**という．

G の K に関する球表現

$$\rho: G\to GL(V)$$

に対して，V 上の G 不変な内積 $\langle\,,\rangle$ と $\langle w,w\rangle=1$ をみたす $w\in V_K$ を用いて

$$\omega_\rho(x)=\langle w,\rho(x)w\rangle \qquad x\in G$$

と定義すれば，定理 1.4 より ω_ρ は $\mathfrak{D}_{[\rho]}(G,K)$ の基底になり，$[\rho]$ に付属する球関数の空間 $\mathfrak{D}_{[\rho]}(G/K)$ は

$$\mathfrak{D}_{[\rho]}(G/K)=\{\Phi_w{}^\rho(v)\,;\,v\in V\}$$

で与えられる．ここで $\Phi_w{}^\rho(v)$ は定理 1.2，系で定義した関数

$$\Phi_w{}^\rho(v)(x)=\langle v,\rho(x)w\rangle \qquad x\in G$$

である．ω_ρ は $\mathfrak{D}_{[\rho]}(G/K)$ に属する関数で

$$L_k\omega_\rho = \omega_\rho \qquad k \in K,$$
$$\omega_\rho(e) = 1$$

の2つをみたすものとして特徴づけられる．したがって ω_ρ は ρ の同値類 $[\rho]$ のみによって，$\rho, \langle , \rangle$ および w のとり方によらない．そこで $\omega_{[\rho]} = \omega_\rho$ と書くことにしよう．

$\rho \in \mathcal{D}(G, K)$ が与えられたとき，ρ に付属する球関数の空間 $\mathfrak{o}_\rho(G/K)$ は集合 $\{L_x\omega_\rho ; x \in G\}$ で張られる $C(G/K)$ の G 部分空間 C_{ω_ρ} として ω_ρ から再構成される．定理1.4より

$$\langle \omega_\rho, \omega_{\rho'} \rangle = \frac{1}{d_\rho}\delta_{\rho\rho'} \qquad \rho, \rho' \in \mathcal{D}(G, K)$$

がなりたつことに注意しておこう．

$$\Omega(G, K) = \{\omega_\rho ; \rho \in \mathcal{D}(G, K)\}$$

と定義する．$\Omega(G, K)$ の元を対 (G, K) の**帯球関数**とよぶ．$\rho \in \mathcal{D}(G, K)$ に対して，ω_ρ を ρ **に付属する帯球関数**とよぶ．定理1.4より容易にわかるように，$\Omega(G, K)$ は $\mathfrak{o}(G, K)$ の基底であって，

$$\{\sqrt{d_\rho}\,\omega_\rho ; \omega_\rho \in \Omega(G, K)\}$$

は $L_2(G, K)$ の完全正規直交系である．

$\varphi \in L_2(G, K)$ に対して，$\Omega(G, K)$ 上の複素数値関数 $\hat{\varphi}$ を

$$\hat{\varphi}(\omega) = \int_G \varphi(x)\overline{\omega(x)}\,dx = \langle \varphi, \omega \rangle \qquad \omega \in \Omega(G, K)$$

によって定義して，$\hat{\varphi}$ を φ の **Fourier 変換**，$\hat{\varphi}(\omega)$ を φ の ω における **Fourier 係数**とよぶ．

例1　G が1次元輪環群

$$T = \{\exp(\sqrt{-1}\theta) ; \theta \in \boldsymbol{R}\}$$

である場合を考えよう．T の正規化された両側不変 Haar 測度 dx は

$$dx = \frac{1}{2\pi}d\theta$$

で与えられる．閉部分群 K として $K = \{1\}$ をとる．$m \in \boldsymbol{Z}$ に対して，T の1

次元既約表現 χ_m を

$$\chi_m(\exp(\sqrt{-1}\theta)) = \exp(\sqrt{-1}m\theta) \qquad \theta \in \boldsymbol{R}$$

によって定義すると

$$\mathscr{D}(T) = \mathscr{D}(T, \{1\}) = \{\chi_m\,;\, m \in \boldsymbol{Z}\},$$

$$\omega_{\chi_m} = \chi_{-m} \qquad m \in \boldsymbol{Z}$$

となる．したがって

$$\Omega(T, \{1\}) = \{\chi_m\,;\, m \in \boldsymbol{Z}\}$$

となる．$\Omega(T, \{1\})$ が $L_2(T) = L_2(T, \{1\})$ の完全正規直交系になることは周知である．$\varphi \in L_2(T)$ に対して，χ_m における Fourier 係数

$$\hat{\varphi}(\chi_m) = \frac{1}{2\pi}\int_0^{2\pi} \varphi(\exp(\sqrt{-1}\theta))\exp(-\sqrt{-1}m\theta)\,d\theta \qquad m \in \boldsymbol{Z}$$

は古典的周期関数論における Fourier 係数にほかならない．

定理 1.5　G をコンパクト位相群，K をその閉部分群，さらに，すべての $\rho \in \mathscr{D}(G, K)$ に対して $m_\rho = 1$ であるとする．

(1)　$\rho \in \mathscr{D}(G, K)$ に対して

$$\omega_\rho(x) = \int_K \chi_\rho(x^{-1}k)\,dk \qquad x \in G$$

がなりたつ．

(2) (Plancherel の公式)　$\Omega(G, K)$ 上の測度 $d\mu(\omega)$ を点 $\omega_\rho(\rho \in \mathscr{D}(G, K))$ に点測度 d_ρ を与えることによって定義する．このとき，任意の $\varphi \in L_2(G, K)$ に対して

$$\int_G |\varphi(x)|^2 dx = \int_{\Omega(G,K)} |\hat{\varphi}(\omega)|^2 d\mu(\omega) = \sum_{\rho \in \mathscr{D}(G,K)} |\hat{\varphi}(\omega_\rho)|^2 d_\rho$$

がなりたつ．

証明　(1)　同値類 ρ に属する球表現を 1 つとって，それも簡単のために同じ記号

$$\rho : G \to GL(V)$$

で表わそう．V 上の G 不変な内積 $\langle\,,\rangle$ をとって，この内積に関する V の正

規直交基底 $\{u_1, \cdots, u_{d_\rho}\}$ を u_1 が V_K を張るようにとる．V の自己準同形 P を

$$\langle Pv, v'\rangle = \int_K \langle \rho(k)v, v'\rangle dk \qquad v, v' \in V$$

をみたすものとして定義する．Haar 測度 dk が K の変換 $k \mapsto k^{-1}$ で不変であることから，P は V から V_K の上への射影子であることがわかる．したがって

$$\langle Pu_i, u_j\rangle = \begin{cases} 1 & i=j=1 \text{ のとき} \\ 0 & \text{それ以外のとき} \end{cases}$$

がなりたつ．さて

$$\chi_\rho(x^{-1}k) = \sum_{i=1}^{d_\rho} \langle \rho(x^{-1}k)u_i, u_i\rangle = \sum_{i,j=1}^{d_\rho} \langle \rho(x^{-1})u_j, u_i\rangle \langle \rho(k)u_i, u_j\rangle$$

であるから，上の式より

$$\int_K \chi_\rho(x^{-1}k)\, dk = \langle \rho(x)^{-1}u_1, u_1\rangle = \langle u_1, \rho(x)u_1\rangle = \omega_\rho(x)$$

を得る．

(2) $$\{\sqrt{d_\rho}\,\omega_\rho\,;\, \rho \in \mathscr{D}(G, K)\}$$

は $L_2(G, K)$ の完全正規直交系であったから

$$\int_G |\varphi(x)|^2 dx = \|\varphi\|_2{}^2 = \sum_{\rho \in \mathscr{D}(G,K)} |\langle \varphi, \sqrt{d_\rho}\,\omega_\rho\rangle|^2 = \sum_\rho |\sqrt{d_\rho}\,\hat{\varphi}(\omega_\rho)|^2$$
$$= \sum_\rho d_\rho |\hat{\varphi}(\omega_\rho)|^2$$

を得る．▮

例 2 M をコンパクト位相群とする．

$$G = M \times M,$$

K を G の対角線のなす部分群，すなわち

$$K = \{(x, x)\,;\, x \in M\}$$

とする．このとき商空間 G/K と M は対応 $(x, y)K \mapsto xy^{-1}$ によって位相を込めて同一視される．したがって $C(G/K)$ は $C(M)$ と同一視され，また $L_2(G/K)$ は $L_2(M)$ と内積を込めて同一視される．ただし，G の $C(G/K)$（または

$L_2(G/K)$) への作用から引きおこされる $G=M\times M$ の $C(M)$ (または $L_2(M)$) への作用 T は，$x, y\in M$ に対して

$$(T_{(x,y)}f)(z)=f(x^{-1}zy) \qquad z\in M$$

によって与えられる．したがって，上の同一視のもとで，$C(G,K)$ (または $L_2(G,K)$) の関数には M の共役類上で一定の値をとる M 上の関数が対応する．このような M 上の関数は**類関数**とよばれる．すなわち，M 上の複素数値連続類関数(または2乗可積分可測類関数)全体のなす空間を $K(M)$ (または $K_2(M)$) で表わせば，上の同一視のもとで $C(G,K)$ (または $L_2(G,K)$) は $K(M)$ (または $K_2(M)$) に移る．以下，$C(M)$ (または $L_2(M)$) を対応 $(x,y)\mapsto T_{(x,y)}$ によって G 空間とみなす．

$\mathcal{D}(G,K)$ を調べよう．一般に，G の既約表現 ρ が球表現であることと，それを K へ制限して得られる K の表現が自明な部分表現を含むこととは同値である．したがって，指標の直交関係から，このことは条件

$$\int_K \chi_\rho(k)\,dk>0$$

と同値であり，このとき，この積分は ρ の重複度 m_ρ に等しい．さて，$\mathcal{D}(G)=\mathcal{D}(M\times M)$ の任意の元は $\rho,\sigma\in\mathcal{D}(M)$ によって外部テンソル積 $\rho\boxtimes\sigma$ の形に一意的に表わされる．上の注意から，$\rho\boxtimes\sigma$ が $\mathcal{D}(G,K)$ に属することと条件

$$\int_M \chi_\rho(x)\chi_\sigma(x)\,dx=\int_M \chi_\rho(x)\overline{\chi_{\sigma^*}(x)}\,dx>0$$

とは同値である．ここで σ^* は σ の反傾表現，dx は M 上の正規化された両側不変 Haar 測度を表わす．指標の直交関係から，これは $\sigma=\rho^*$ の場合に限られ，このとき，球表現 $\rho\boxtimes\rho^*$ の重複度 $m_{\rho\boxtimes\rho^*}$ は1に等しい．したがって

$$\mathcal{D}(G,K)=\{\rho\boxtimes\rho^*\,;\,\rho\in\mathcal{D}(M)\}$$

が得られ，すべての $\rho\in\mathcal{D}(M)$ に対して $\mathfrak{o}_{\rho\boxtimes\rho^*}(G/K)$ は既約 G 空間であることもわかった．

さきの同一視のもとで，すべての $\rho\in\mathcal{D}(M)$ に対して，$\mathfrak{o}_{\rho\boxtimes\rho^*}(G/K)$ には $\mathfrak{o}_\rho(M)$ が対応する．さらに詳しく，定理1.3の G 同形 $\Phi^{\rho\boxtimes\rho^*}$ には標準的な仕

方で定理1.1の M 同形 Φ^ρ が対応する．このことを確かめるために，まず，M の表現

$$\rho : M \to GL(V),$$

V の基底 $\{u_1, \cdots, u_{d_\rho}\}$，その双対基底 $\{\eta^1, \cdots, \eta^{d_\rho}\}$ に対して

$$\xi(\rho(xy)v) = \sum_{i=1}^{d_\rho} \xi(\rho(x)u_i)\eta^i(\rho(y)v) \qquad v \in V,\ \xi \in V^*,\ x, y \in M$$

がなりたつことに注意しよう．さて，ρ は M の既約表現であるとする．G の球表現 $\rho \boxtimes \rho^*$ の表現空間 $V \otimes V^*$ の双対空間$(V \otimes V^*)^*$ の 0 でない元 χ を

$$\chi(v \otimes \xi) = \sum_{i=1}^{d_\rho} \xi(u_i)\eta^i(v) \qquad v \in V,\ \xi \in V^*$$

によって定義する．上の注意から容易に $\chi \in [(V \otimes V^*)^*]_K$ であることがわかる．$x, y \in M$, $v \in V$, $\xi \in V^*$ に対して

$$\chi[((\rho \boxtimes \rho^*)(x, y))^{-1}(v \otimes \xi)] = \chi(\rho(x)^{-1}v \otimes \rho^*(y)^{-1}\xi)$$
$$= \sum_{i=1}^{d_\rho} \xi(\rho(y)u_i)\eta^i(\rho(x)^{-1}v) = \xi(\rho(y)\rho(x)^{-1}v) = \xi(\rho(xy^{-1})^{-1}v)$$

がなりたつ．したがって，元 χ のテンソル積による $V \otimes V^* \otimes [(V \otimes V^*)^*]_K$ と $V \otimes V^*$ の同一視のもとで $\Phi^{\rho \boxtimes \rho^*}$ には Φ^ρ が対応し，定理1.1と定理1.3より $\mathfrak{o}_{\rho \boxtimes \rho^*}(G/K)$ には $\mathfrak{o}_\rho(M)$ が対応することがわかる．

したがって，$\mathfrak{o}_\rho(M)$ は $C(M)$ の既約 G 部分空間であり，$\mathfrak{o}(G/K)$ には $\mathfrak{o}(M)$ が対応する．このことから，コンパクト位相群 G に対する定理1.1, (2) の分解は $G \times G$ 空間 $\mathfrak{o}(G)$ (または $L_2(G)$) の既約成分への分解を与えているものとみなすことができる．

$\rho \boxtimes \rho^*$ に付属する帯球関数 $\omega_{\rho \boxtimes \rho^*}$ に対応する $\mathfrak{o}_\rho(M)$ の関数は $d_\rho^{-1}\bar{\chi}_\rho$ である．これは，$\bar{\chi}_\rho \in \mathfrak{o}_\rho(M) \cap K(M)$ であることと

$$(d_\rho^{-1}\bar{\chi}_\rho)(e) = 1$$

とより明らかである．したがって，定理1.4より，

$$\{\bar{\chi}_\rho ; \rho \in \mathcal{D}(M)\}$$

で張られる $K(M)$ の部分空間は $K(M)$ のノルム $\| \ \|_\infty$ に関して稠密であって，

上の集合は $K_2(M)$ の完全正規直交系をなす.

定理1.5, (2) より, $K_2(M)$ に対する Plancherel の公式をつぎのように書くことができる:

$\varphi \in Z_2(M)$, $\rho \in \mathscr{D}(M)$ に対して

$$\hat{\varphi}(\rho) = \frac{1}{d_\rho}\int_M \varphi(x)\chi_\rho(x)\,dx$$

とおくと, 任意の $\varphi \in K_2(M)$ に対して

$$\int_M |\varphi(x)|^2 dx = \sum_{\rho \in \mathscr{D}(M)} |\hat{\varphi}(\rho)|^2 d_\rho^{\,2}$$

がなりたつ.

とくに M がコンパクト連結 C^∞ Lie 群であるときは, のちに証明するように, Cartan-Weyl の古典的理論から $\mathscr{D}(M)$ を数えあげることができ, 既約表現の指標と次数は Weyl の公式によって具体的に書きあげることができるので, 対 (G,K) の帯球関数はすべてわかるといってよいであろう.

§2 微分作用素

この節では, C^∞ 多様体 M 上の微分作用素を定義し, その表象の概念を説明する. さらに, M の高次の接空間を定義し, これを用いて微分作用素の1つの特徴づけを与える.

M を C^∞ 多様体とする. M 上の複素数値 C^∞ 関数全体のなす $\boldsymbol{C}$ 上の代数を $C^\infty(M)$ で表わす. $f \in C^\infty(M)$ に対して f の台を $\mathrm{supp}\, f$ で表わす. $\mathrm{supp}\, f$ がコンパクトである $f \in C^\infty(M)$ 全体のなす $C^\infty(M)$ の部分代数を $L^\infty(M)$ で表わす. k を非負整数とする. $C^\infty(M)$ の線形自己準同形

$$D : C^\infty(M) \to C^\infty(M)$$

はつぎの条件をみたすとき, M 上の**次数高々 k の微分作用素**とよばれる: M の任意の座標近傍 U に対してつぎの2つがなりたつ.

(1) $\mathrm{supp}\, f \subset U$ である任意の $f \in L^\infty(M)$ に対して $\mathrm{supp}\, Df \subset U$.

(2) U の局所座標を $(x^1, \cdots, x^n)$ とし，n 個の非負整数よりなる多重指数 $\alpha = (\alpha_1, \cdots, \alpha_n)$ に対して

$$D_\alpha = \left(\frac{\partial}{\partial x^1}\right)^{\alpha_1} \cdots \left(\frac{\partial}{\partial x^n}\right)^{\alpha_n}, \qquad |\alpha| = \alpha_1 + \cdots + \alpha_n$$

と表わすとき，$a^\alpha \in C^\infty(U)\ (|\alpha| \leqq k)$ が存在して，$\mathrm{supp}\, f \subset U$ である任意の $f \in L^\infty(M)$ に対して Df の U への制限 $Df|U$ は

$$Df|U = \sum_{|\alpha| \leqq k} a^\alpha D_\alpha f$$

と表わされる.

上式は D の**局所表示**とよばれ，a^α は局所表示の**係数**とよばれる. 次数高々 k の微分作用素全体のなす $\mathrm{End}(C^\infty(M))$ の部分空間を $\mathrm{Diff}_k(M)$ で表わす.

$$\mathrm{Diff}_k(M) \subset \mathrm{Diff}_l(M) \qquad 0 \leqq k \leqq l$$

がなりたつ.

$$\mathrm{Diff}(M) = \bigcup_{k \geqq 0} \mathrm{Diff}_k(M)$$

とおく. $\mathrm{Diff}(M)$ は $\mathrm{End}(C^\infty(M))$ の部分代数で

$$\mathrm{Diff}_k(M)\mathrm{Diff}_l(M) \subset \mathrm{Diff}_{k+l}(M) \qquad k, l \geqq 0$$

をみたす. すなわち，$\mathrm{Diff}(M)$ はフィルターづけられた $\boldsymbol{C}$ 上の代数である. $\mathrm{Diff}(M)$ の元 D を M 上の**微分作用素**といい，$D \in \mathrm{Diff}_k(M)$ である最小の k を D の**次数**とよぶ. $D \in \mathrm{Diff}(M)$ は実数値 C^∞ 関数を実数値 C^∞ 関数に移すとき，**実**であるといわれる. $D \in \mathrm{Diff}(M)$ が実であることと，D の局所表示の係数 $a^\alpha \in C^\infty(U)$ がすべて実数値をとるということとは同値である. M 上の実微分作用素全体のなす $\boldsymbol{R}$ 上の代数を $\mathrm{Diff}_{\boldsymbol{R}}(M)$ で表わす. $\mathrm{Diff}_{\boldsymbol{R}}(M)$ の複素化 $\mathrm{Diff}_{\boldsymbol{R}}(M)^{\boldsymbol{C}}$ は $\mathrm{Diff}(M)$ に一致する.

M 上の測度 $d\mu(x)$ はつぎの条件をみたすとき**正値 C^∞ 測度**とよばれる：M の任意の座標近傍 U に対して，いたるところ正の実数値をとる U 上の C^∞ 関数 ρ が存在して，$\mathrm{supp}\, f \subset U$ である任意の $f \in L^\infty(M)$ に対して

$$\int_M f(x)\,d\mu(x) = \int_U f(x)\rho(x)\,dx^1\cdots dx^n$$

がなりたつ．ここで $(x^1, \cdots, x^n)$ は U の局所座標である．

上式を記号的に

$$d\mu(x) = \rho(x)\,dx^1\cdots dx^n$$

と書いて，これを正値 C^∞ 測度 $d\mu(x)$ の**局所表示**とよぶ．

C^∞ 多様体 M はつねに正値 C^∞ 測度をもつ．例えば，M 上の C^∞ 擬 Riemann 計量 g の体積要素から定義される，いわゆる擬 Riemann 測度 $d\mu(x)$ は局所表示

$$d\mu(x) = \sqrt{\boldsymbol{g}}\,dx^1\cdots dx^n, \qquad \boldsymbol{g} = \left|\det\left(g\left(\frac{\partial}{\partial x^i}, \frac{\partial}{\partial x^j}\right)\right)_{1\le i,\, j\le n}\right|$$

をもつから正値 C^∞ 測度であるが，周知のように M はつねに C^∞ Riemann 計量をもつからである．以下，M 上の正値 C^∞ 測度 $d\mu(x)$ を1つとって，これを固定する．

$f, g \in C^\infty(M)$ に対して，どちらか一方は $L^\infty(M)$ に属するとき

$$\langle f, g\rangle = \int_M f(x)\overline{g(x)}\,d\mu(x)$$

と定義する．

定理 2.1 任意の $D \in \mathrm{Diff}(M)$ に対して

(2.1) $$\langle Df, g\rangle = \langle f, D^*g\rangle \qquad f, g \in L^\infty(M)$$

をみたすような $D^* \in \mathrm{Diff}(M)$ が一意的に存在する．とくに，$D \in \mathrm{Diff}_k(M)$ のときは $D^* \in \mathrm{Diff}_k(M)$ である．D が実のときは D^* も実である．

証明 一意性は正値 C^∞ 測度の定義から明らかであるから，存在を証明しよう．$D \in \mathrm{Diff}_k(M)$ を任意にとる．(2.1)をみたす $D^* \in \mathrm{Diff}_k(M)$ の存在を示せば十分である．

(i) まず，U を M の座標近傍とするとき，$\mathrm{supp}\, f \subset U$ である $f \in L^\infty(M)$ に対して，$\mathrm{supp}\, D^*f \subset U$ である $D^*f \in L^\infty(M)$ を定義しよう．U の局所座標を $(x^1, \cdots, x^n)$，D の局所表示を

$$Df|U=\sum_{|\alpha|\leqq k}a^\alpha D_\alpha f \qquad a^\alpha\in C^\infty(U),$$

$d\mu(x)$ の局所表示を

$$d\mu(x)=\rho(x)dx^1\cdots dx^n$$

とする．このとき，$\mathrm{supp}\, f\subset U$ である $f\in L^\infty(M)$ に対して

$$D^*f\mid U=\sum_{|\alpha|\leqq k}(-1)^{|\alpha|}\frac{1}{\rho}D_\alpha(\rho\bar{a}^\alpha f) \tag{2.2}$$

と定義し，U のそとでは D^*f の値は 0 であると定義しよう．部分積分をくり返しておこなうことによって

$$\langle Dg,f\rangle=\langle g,D^*f\rangle \qquad g\in C^\infty(M)$$

であることが確かめられる．この式から D^*f が局所座標のとり方によらないことがわかる．

(ii) つぎに，一般の $f\in C^\infty(M)$ に対して $D^*f\in C^\infty(M)$ を定義しよう．$\{U_i\}_{i\in I}$ を各 U_i が座標近傍であるような M の局所有限開被覆,

$$\{\varphi_i\}_{i\in I} \qquad \varphi_i\in L^\infty(M),\ \mathrm{supp}\,\varphi_i\subset U_i,\ \sum_{i\in I}\varphi_i=1$$

をこの開被覆に付属する単位の分割とする．

$$f_i=\varphi_i f \qquad i\in I$$

とおけば，各 $i\in I$ に対して $f_i\in L^\infty(M)$, $\mathrm{supp}\, f_i\subset U_i$ であって

$$f=\sum_{i\in I}f_i$$

と表わすことができる．各 f_i に対して (i) で定義した D^*f_i を用いて

$$D^*f=\sum_{i\in I}D^*f_i$$

と定義しよう．D^*f が開被覆 $\{U_i\}_{i\in I}$ と単位の分割 $\{\varphi_i\}_{i\in I}$ のとり方によらないことを確かめよう．$\{U_j'\}_{j\in J}$ と $\{\varphi_j'\}_{j\in J}$ をもう 1 組の開被覆と単位の分割,

$$f_j'=\varphi_j'f \qquad j\in J$$

とする．

$$f_{ij}''=\varphi_i\varphi_j'f \qquad (i,j)\in I\times J$$

とおくと，各 $i\in I$ に対して

$$f_i = \sum_{j \in J} f_{ij}''$$

と表わされる．この和は U_i 上で本質的に有限和であり，supp $f_i \subset U_i$, 各 $j \in J$ に対して supp $f_{ij}'' \subset U_i$ であるから

$$D^* f_i = \sum_{j \in J} D^* f_{ij}''$$

を得る．したがって

$$\sum_{i \in I} D^* f_i = \sum_{(i,j) \in I \times J} D^* f_{ij}''$$

となる．同様にして

$$\sum_{j \in J} D^* f_j' = \sum_{(i,j) \in I \times J} D^* f_{ij}''$$

を得るから，求める関係

$$\sum_{i \in I} D^* f_i = \sum_{j \in J} D^* f_j'$$

が得られた．

(iii)　(ii) より定義される $D^* \in \mathrm{End}(C^\infty(M))$ が $D^* \in \mathrm{Diff}_k(M)$ であって (2.1) をみたすことが容易に確かめられる．

残りの主張は (2.2) より明らかである．▌

$D \in \mathrm{Diff}(M)$ に対して定理 2.1 で定まった $D^* \in \mathrm{Diff}(M)$ を D の**形式的随伴作用素**とよぶ．定義からただちに

$$(D_1 D_2)^* = D_2^* D_1^* \qquad D_1, D_2 \in \mathrm{Diff}(M)$$
$$(D^*)^* = D \qquad D \in \mathrm{Diff}(M)$$

が得られる．$D^* = D$ をみたす $D \in \mathrm{Diff}(M)$ は**自己随伴**であるといわれる．

例 1　g を M 上の C^∞ 擬 Riemann 計量，$d\mu(x)$ を g の体積要素から定義される擬 Riemann 測度，Δ を g から定義される **Laplace-Beltrami 作用素**，すなわち

$$\Delta f = \mathrm{div}\,\mathrm{grad}\, f \qquad f \in C^\infty(M)$$

とする．Δ は 2 次の実微分作用素で，局所表示

$$\Delta f = \frac{1}{\sqrt{\boldsymbol{g}}} \sum_{i,j=1}^{n} \frac{\partial}{\partial x^i}\left(g^{ij} \sqrt{\boldsymbol{g}}\, \frac{\partial f}{\partial x^j} \right)$$

をもつ．ここで，$\boldsymbol{g}$ は行列 $\left(g\left(\dfrac{\partial}{\partial x^i}, \dfrac{\partial}{\partial x^j}\right)\right)_{1\leq i, j\leq n}$ の行列式の絶対値，$(g^{ij})_{1\leq i, j\leq n}$ はこの行列の逆行列である．周知のように Δ は正値 C^∞ 測度 $d\mu(x)$ に関して自己随伴である．

記法を固定するために，ここで対称積代数について説明しよう．$\boldsymbol{F}$ を標数 0 の体とし，V を $\boldsymbol{F}$ 上の n 次元線形空間とする．

$$T(V) = \sum_{k\geq 0} \otimes^k V$$

を V 上のテンソル代数とする．$\mathfrak{S} \in \mathrm{End}(T(V))$ を

$$\mathfrak{S}(v_1 \otimes \cdots \otimes v_k) = \frac{1}{k!} \sum_{s\in\mathfrak{S}_k} v_{s(1)} \otimes \cdots \otimes v_{s(k)} \qquad v_1, \cdots, v_k \in V$$

によって定義する．ここで $\mathfrak{S}_k$ は k 文字の対称群を表わす．$\mathfrak{S}$ および $\mathfrak{S}-1$ (1 は $T(V)$ の恒等自己同形を表わす) の核をそれぞれ I_S および $S(V)$ で表わす．$S(V)$ は V 上の反変対称テンソル全体のなす空間にほかならない．各非負整数 k に対して

$$S_k(V) = S(V) \cap \otimes^k V$$

とおいて，これを V の k **次の対称積**とよぶ．

$$S(V) = \sum_{k\geq 0} S_k(V) \qquad (\text{直和})$$

がなりたつ．I_S はテンソル代数 $T(V)$ の両側イデアルである．さらに，直和分解

$$T(V) = S(V) + I_S$$

が存在するから，標準的線形同形

$$S(V) \cong T(V)/I_S$$

が得られる．右辺の商代数の構造によって $S(V)$ に代数の構造を導入して，これを V 上の**対称積代数**とよぶ．$p, q \in S(V)$ に対して，その積を $p\cdot q$ で表わす．すると

$$p\cdot q = \mathfrak{S}(p \otimes q) \qquad p, q \in S(V)$$

がなりたつ．$S(V)$ は $\boldsymbol{F}$ 上の可換な代数である．$S(V)$ は部分空間 $S_k(V)$ によって次数つき代数となる．すなわち

$$S_k(V)\cdot S_l(V)\subset S_{k+l}(V)\qquad k,l\geqq 0$$

がなりたつ．$S(V)$ の元 p は $p\in S_k(V)$ であるとき k **次同次**であるといわれる．$S(V)$ はまたフィルターづけられた代数の構造ももつ．すなわち，各非負整数 k に対して

$$S_{(k)}(V)=\sum_{0\leqq m\leqq k}S_k(V)$$

とおくと，$S(V)$ は部分空間 $S_{(k)}(V)$ によってフィルターづけられていて

$$S_{(k)}(V)\cdot S_{(l)}(V)\subset S_{(k+l)}(V)\qquad k,l\geqq 0$$

がなりたつ．$S(V)$ の元 p に対して，$p\in S_{(k)}(V)$ である最小の k を p の**次数**とよぶ．

対称積代数 $S(V)$ は n 変数の $\boldsymbol{F}$ 係数多項式全体の代数 $\boldsymbol{F}[X_1,\cdots,X_n]$ と次数つき代数として同形である．同形対応は例えばつぎのようにして与えられる：V の基底 $\{u_1,\cdots,u_n\}$ を1つとる．1から n までの整数の k 個の組 $(i_1,\cdots,i_k)$ に対して，$i_1,\cdots,i_k$ のうち1が α_1 個，$\cdots$，n が α_n 個であるとき

$$\{i_1,\cdots,i_k\}=\{1^{\alpha_1},\cdots,n^{\alpha_n}\}$$

と書くことにし，多重指数 $\alpha=(\alpha_1,\cdots,\alpha_n)$ に対して

$$\alpha!=\alpha_1!\cdots\alpha_n!$$

と定義しよう．すると，対応

$$u_1^{\alpha_1}\cdot\cdots\cdot u_n^{\alpha_n}=\frac{\alpha!}{|\alpha|!}\sum u_{i_1}\otimes\cdots\otimes u_{i_k}\mapsto X_1^{\alpha_1}\cdots X_n^{\alpha_n}\tag{2.3}$$

は $S(V)$ から $\boldsymbol{F}[X_1,\cdots,X_n]$ の上への代数同形を与える．ただし，左辺の和は $\{i_1,\cdots,i_k\}=\{1^{\alpha_1},\cdots,n^{\alpha_n}\}$ となる $(i_1,\cdots,i_k)$ すべてにわたる．

さて，M の接束を $T(M)$，その複素化を $T(M)^{\boldsymbol{C}}$ で表わそう．$S_k(T(M)^{\boldsymbol{C}})$ を $T(M)^{\boldsymbol{C}}$ の k 次の対称積とする．すなわち，$x\in M$ における接空間 $T_x(M)$ の複素化 $T_x(M)^{\boldsymbol{C}}$ の k 次対称積 $S_k(T_x(M)^{\boldsymbol{C}})$ の合併

$$S_k(T(M)^{\boldsymbol{C}})=\bigcup_{x\in M}S_k(T_x(M)^{\boldsymbol{C}})$$

に，M 上の C^∞ 複素ベクトル束の構造を自然に導入したものとする．

$C^\infty(S_k(T(M)^{\boldsymbol{C}}))$ でベクトル束 $S_k(T(M)^{\boldsymbol{C}})$ の C^∞ 断面全体のなす複素線形

空間を表わす．これは M 上の $C^\infty k$ 次複素反変対称テンソル場全体のなす空間にほかならない．**表象写像**とよばれる線形写像

$$\sigma_k : \mathrm{Diff}_k(M) \to C^\infty(S_k(T(M)^C))$$

を以下のように定義する．$D \in \mathrm{Diff}_k(M)$ の座標近傍 U における局所表示が，局所座標 $(x^1, \cdots, x^n)$ に関して

$$Df = \sum_{|\alpha| \leqq k} a^\alpha D_\alpha f \qquad a^\alpha \in C^\infty(U)$$

であるとしよう．$1 \leqq i_1, \cdots, i_k \leqq n$ に対して $a^{i_1 \cdots i_k} \in C^\infty(U)$ を

$$a^{i_1 \cdots i_k} = \frac{\alpha!}{|\alpha|!} a^\alpha \qquad \{i_1, \cdots, i_k\} = \{1^{\alpha_1}, \cdots, n^{\alpha_n}\}$$

によって定義すると，Df の k 次の項は

$$\sum_{1 \leqq i_1, \cdots, i_k \leqq n} a^{i_1 \cdots i_k} \frac{\partial^k f}{\partial x^{i_1} \cdots \partial x^{i_k}}$$

と表わせる．もう1つの局所座標 $(\bar{x}^1, \cdots, \bar{x}^n)$ を考えよう．この座標に関しては

$$Df = \sum_{\substack{1 \leqq i_1, \cdots, i_k \leqq n \\ 1 \leqq j_1, \cdots, j_k \leqq n}} a^{i_1 \cdots i_k} \frac{\partial \bar{x}^{j_1}}{\partial x^{i_1}} \cdots \frac{\partial \bar{x}^{j_k}}{\partial x^{i_k}} \frac{\partial^k f}{\partial \bar{x}^{j_1} \cdots \partial \bar{x}^{j_k}} + (\text{低次の項})$$

となるから，$(\bar{x}^1, \cdots, \bar{x}^n)$ から同様に定義される関数 $\bar{a}^{j_1 \cdots j_k}$ は

$$\bar{a}^{j_1 \cdots j_k} = \sum_{1 \leqq i_1, \cdots, i_k \leqq n} \frac{\partial \bar{x}^{j_1}}{\partial x^{i_1}} \cdots \frac{\partial \bar{x}^{j_k}}{\partial x^{i_k}} a^{i_1 \cdots i_k} \qquad 1 \leqq j_1, \cdots, j_k \leqq n \tag{2.4}$$

をみたす．したがって，$\{a^{i_1 \cdots i_k}\}$ はある $C^\infty k$ 次複素反変対称テンソル場の成分となる．このテンソル場を $\sigma_k(D)$ で表わし，これを $D \in \mathrm{Diff}_k(M)$ の**表象**とよぶ．D が実ならば表象 $\sigma_k(D)$ は実テンソル場である．

表象写像 σ_k は

$$\sigma_k(D^*) = (-1)^k \overline{\sigma_k(D)} \qquad D \in \mathrm{Diff}_k(M)$$

$$\sigma_k(D_1) \cdot \sigma_l(D_2) = \sigma_{k+l}(D_1 D_2) \qquad D_1 \in \mathrm{Diff}_k(M), D_2 \in \mathrm{Diff}_l(M)$$

$$\sigma_k(D) = 0 \qquad D \in \mathrm{Diff}_{k-1}(M)$$

をみたす．ここで，第2式の左辺の積は対称積代数の積から引きおこされるテンソル場の積を意味するものとする．第1式は(2.2)より明らかである．第2

式は(2.3)が代数同形であることから容易に得られる．第3式は定義から明らかである．

$D \in \mathrm{Diff}_k(M)$ とする．各点 $x \in M$ において，接空間 $T_x(M)$ の双対空間 $T_x(M)^*$ の0でない任意の元 ξ に対して

$$\langle \sigma_k(D), \otimes^k \xi \rangle \neq 0$$

(ここで，$\otimes^k \xi$ は $\underbrace{\xi \otimes \cdots \otimes \xi}_{k} \in \otimes^k T_x(M)^*$ を，$\langle , \rangle$ はテンソルの縮約を表わす)であるとき，D は**楕円型**であるといわれる．

例2 (1) M 上の C^∞ 複素ベクトル場 X は，それを代数 $C^\infty(M)$ の微分とみなしたとき $X \in \mathrm{Diff}_1(M)$ である．その表象 $\sigma_1(X)$ は X 自身に等しい．

(2) 例1の Laplace-Beltrami 作用素 $\Delta \in \mathrm{Diff}_2(M)$ を考えよう．擬 Riemann 計量 g はもう1つの局所座標 $(\bar{x}^1, \cdots, \bar{x}^n)$ に対して変換則

$$\bar{g}_{ij} = \sum_{1 \leqq k, l \leqq n} \frac{\partial x^k}{\partial \bar{x}^i} \frac{\partial x^l}{\partial \bar{x}^j} g_{kl}$$

をみたすから

$$\bar{g}^{ij} = \sum_{1 \leqq k, l \leqq n} \frac{\partial \bar{x}^i}{\partial x^k} \frac{\partial \bar{x}^j}{\partial x^l} g^{kl}$$

がなりたつ．したがって，$\{g^{ij}\}$ はある反変テンソル場 g^{-1} の成分である．このとき，Δ の表象 $\sigma_2(\Delta)$ は g^{-1} に等しい．とくに，g が Riemann 計量であるときは Δ は楕円型である．

つぎに，M の高次の接空間を定義しよう．$x_0 \in M$ を固定する．

$$I_{x_0}(M) = \{f \in C^\infty(M) ; f(x_0) = 0\}$$

とおく．$I_{x_0}(M)$ は代数 $C^\infty(M)$ のイデアルである．非負整数 k に対して，$C^\infty(M)$ のイデアル $Z_{x_0}{}^k(M)$ を

$$Z_{x_0}{}^k(M) = I_{x_0}(M)^{k+1} C^\infty(M)$$

によって定義する．

$$Z_{x_0}{}^k(M) \supset Z_{x_0}{}^l(M) \qquad 0 \leqq k \leqq l$$

がなりたつ．x_0 の近傍の局所座標 $(x^1, \cdots, x^n)$ を用いれば，$Z_{x_0}{}^k(M)$ は

$$(D_\alpha f)(x_0) = 0 \qquad |\alpha| \leqq k$$

をみたす $f \in C^\infty(M)$ 全体のなす空間であるといってもよい．$C^\infty(M)$ の双対空間 $C^\infty(M)^*$ の元 ξ で，ある非負整数 k が存在して

$$\xi(Z_{x_0}{}^k(M)) = \{0\}$$

となるもの全体のなす $C^\infty(M)^*$ の部分空間を $\mathcal{T}_{x_0}(M)$ で表わす．$\mathcal{T}_{x_0}(M)$ の元 ξ はつぎの意味で局所的作用素である：$f, f' \in C^\infty(M)$ が x_0 のある近傍で一致していれば $\xi(f)=\xi(f')$ となる．$\mathcal{T}_{x_0}(M)$ の元を M の x_0 における**局所微分作用素**とよぶことがある．非負整数 k に対して，$\mathcal{T}_{x_0}(M)$ の部分空間 $T_{x_0}{}^k(M)$ を

$$T_{x_0}{}^k(M) = \{\xi \in \mathcal{T}_{x_0}(M)\,;\, \xi(Z_{x_0}{}^k(M)) = \{0\}\}$$

によって定義する．$T_{x_0}{}^k(M)$ の元を M の x_0 における**高々 k 次の複素接ベクトル**とよぶ．

$$T_{x_0}{}^k(M) \subset T_{x_0}{}^l(M) \qquad 0 \leqq k \leqq l$$

がなりたち，$\mathcal{T}_{x_0}(M)$ は部分空間 $T_{x_0}{}^k(M)$ によってフィルターづけられている．

x_0 の近傍の局所座標 $(x^1, \cdots, x^n)$ を定めると，フィルターづけを保つ線形同形

$$\mu_{x_0} : S(T_{x_0}(M)^C) \to \mathcal{T}_{x_0}(M)$$

が構成される．ここで，$T_{x_0}(M)^C$ は M の x_0 における接空間 $T_{x_0}(M)$ の複素化を表わす．この同形を構成するために，$|\alpha| \leqq k$ である多重指数 α に対して，$(D_\alpha)_{x_0} \in T_{x_0}{}^k(M)$ を

$$(D_\alpha)_{x_0}(f) = (D_\alpha f)(x_0) \qquad f \in C^\infty(M)$$

によって定義する．さらに n 個の数の組 $y=(y^1, \cdots, y^n)$ に対して記号

$$y^\alpha = (y^1)^{\alpha_1} \cdots (y^n)^{\alpha_n}$$

を導入して，点 x_0 の座標 $x_0=(x_0{}^1, \cdots, x_0{}^n)$ と x_0 の近傍の点 x の座標 $x=(x^1, \cdots, x^n)$ の差 $x-x_0=(x^1-x_0{}^1, \cdots, x^n-x_0{}^n)$ に適用すると，任意の $f \in C^\infty(M)$ は x_0 の近傍で

$$(2.5) \qquad f(x) \equiv \sum_{|\alpha| \leqq k} \frac{1}{\alpha!}(x-x_0)^\alpha (D_\alpha f)(x_0) \mod Z_{x_0}{}^k(M)$$

と表わされる．(正確には，考えている近傍 U' を用いて $\mathrm{mod}\, Z_{x_0}{}^k(U')$ とすべきであろうが，簡単のためにこのように表わした．以後にもこういう記法を用いるであろう．) さて $\xi \in T_{x_0}{}^k(M)$ を f に作用させれば

$$\xi(f) = \sum_{|\alpha| \leqq k} \xi^\alpha (D_\alpha)_{x_0}(f), \qquad \xi^\alpha = \xi\left(\frac{(x-x_0)^\alpha}{\alpha!}\right)$$

を得る．したがって

$$\xi = \sum_{|\alpha| \leqq k} \xi^\alpha (D_\alpha)_{x_0}, \qquad \xi^\alpha = \xi\left(\frac{(x-\alpha_0)^\alpha}{\alpha!}\right)$$

となった．このことから，$\{(D_\alpha)_{x_0};\, |\alpha| \leqq k\}$ が $T_{x_0}{}^k(M)$ の基底になることがわかる．したがって，対応

$$\left(\frac{\partial}{\partial x^1}\right)_{x_0}^{\alpha_1} \cdots\cdots \left(\frac{\partial}{\partial x^n}\right)_{x_0}^{\alpha_n} \mapsto (D_\alpha)_{x_0}$$

が求める線形同形を与える．

いま構成した同形対応 μ_{x_0} は局所座標のとり方によるので，一般的には標準的でないことを注意しておこう．

上の $(D_\alpha)_{x_0}$ の定義のようにして，かならずしも微分作用素でない $C^\infty(M)$ の線形自己準同形 D に対しても，双対空間 $C^\infty(M)^*$ の元 D_{x_0} が

$$D_{x_0}(f) = (Df)(x_0) \qquad f \in C^\infty(M)$$

によって定義される．すると，つぎの定理がなりたつ．

定理 2.2　$D \in \mathrm{End}(C^\infty(M))$ に対して，$D \in \mathrm{Diff}_k(M)$ であるための必要十分条件は，M の各点 x_0 に対して $D_{x_0} \in T_{x_0}{}^k(M)$ となること，すなわち，各点 x_0 に対して

$$(2.6) \qquad D_{x_0}(Z_{x_0}{}^k(M)) = \{0\}$$

となることである．

証明　$D \in \mathrm{Diff}_k(M)$ ならば (2.6) をみたすことは $Z_{x_0}{}^k(M)$ の定義から明らかである．逆に D が (2.6) をみたすとしよう．すると

$$\mathrm{supp}\, Df \subset \mathrm{supp}\, f \qquad f \in C^\infty(M)$$

がなりたつ．したがって，$f, f' \in C^\infty(M)$ がある開集合 U で一致していれば，

Df, Df' も U 上で一致することに注意しよう．さて，U を座標近傍，$(x^1, \cdots, x^n)$ を U 上の局所座標とする．(2.5) と上の注意と仮定 (2.6) より，$\operatorname{supp} f \subset U$ である $f \in L^\infty(M)$ に対して，U の各点 x において

$$(Df)(x) = \sum_{|\alpha| \leq k} a^\alpha(x)(D_\alpha f)(x) \qquad a^\alpha(x) \in \boldsymbol{C}$$

と書き表わされる．任意の $x_0 \in U$ に対して，とくに x_0 の近傍で $(x-x_0)^\alpha/\alpha!$ に一致している f をとれば

$$(Df)(x_0) = a^\alpha(x_0)$$

を得る．$Df \in C^\infty(M)$ であったから，各 α に対して $a^\alpha \in C^\infty(U)$ となる．したがって，$D \in \mathrm{Diff}_k(M)$ である．∎

最後に，M が 2 つの C^∞ 多様体 M_1, M_2 の直積 $M = M_1 \times M_2$ である場合には，自然な仕方で

$$\mathrm{Diff}(M_1) \subset \mathrm{Diff}(M), \qquad \mathrm{Diff}(M_2) \subset \mathrm{Diff}(M)$$

とみなせることに注意しておこう．実際，$D \in \mathrm{Diff}(M_1)$ としよう．$f \in C^\infty(M)$, $y \in M_2$ に対して，$f_y \in C^\infty(M_1)$ を

$$f_y(x) = f(x, y) \qquad x \in M_1$$

によって定義して

$$(D'f)(x, y) = (Df_y)(x) \qquad x \in M_1, \ y \in M_2$$

とおくと，$D' \in \mathrm{Diff}(M)$ である．このとき，対応 $D \mapsto D'$ は $\mathrm{Diff}(M_1)$ から $\mathrm{Diff}(M)$ のなかへのフィルターづけを保つ単射代数準同形である．したがって，$\mathrm{Diff}(M_1) \subset \mathrm{Diff}(M)$ とみなせる．M_2 についても同様である．

§3　不変微分作用素

この節では，C^∞ Lie 群 G の等質空間 G/K 上の不変微分作用素のなす代数 $\mathcal{L}(G/K)$ の構造を調べる．不変微分作用素は，その不変性より，G/K の原点のまわりの行動で定まることが示される．その結果，対 (G, K) が簡約可能である場合に，原点の複素接空間上の対称積代数の K 不変元のなす部分代数から $\mathcal{L}(G/K)$ の上への線形同形（対称化写像とよばれる）が構成される．

G を C^∞ Lie 群とする．第1節と同様に，$x\in G$ に対して $C^\infty(G)$ の自己同形 L_x, R_x が

$$(L_xf)(y)=f(x^{-1}y),\ (R_xf)(y)=f(yx)\qquad f\in C^\infty(G),\ y\in G$$

によって定義される．さらに

$$\mathrm{Ad}\,x=L_xR_x\qquad x\in G$$

と定義しよう．

つぎに，K を G の閉部分群とする．G の K による右商多様体を G/K で表わす．第1節と同様に，各 $k\in K$ に対して $R_kf=f$ をみたす $f\in C^\infty(G)$ 全体のなす $C^\infty(G)$ の部分代数を $C^\infty(G/K)$ で表わす．$C^\infty(G/K)$ は自然な仕方で多様体 G/K 上の複素数値 C^∞ 関数全体のなす代数と同一視されるから，この記法は第2節における記法と矛盾しない．以後しばしばこの両者を同一視する．$L_x(x\in G)$ は $C^\infty(G/K)$ を不変にする．以後，対応 $x\mapsto L_x$ によって $C^\infty(G)$ および $C^\infty(G/K)$ を G 空間とみなす．

$x\in G$, $p=yK\in G/K$ に対して G/K の点 xp を

$$xp=(xy)K$$

によって定義すると，周知のように $x\in G$ に対して

$$\tau_x(p)=xp\qquad p\in G/K$$

によって定義される G/K から G/K への写像 τ_x は C^∞ 同相で，対応 $x\mapsto\tau_x$ によって G は G/K に作用する．したがって，τ_x の微分 $d\tau_x$ の引きおこす線形同形

$$(\otimes^r(d\tau_x))\otimes(\otimes^s(d\tau_x)^*):(\otimes^rT_p(G/K))\otimes(\otimes^sT_p(G/K)^*)$$
$$\to(\otimes^rT_{\tau_xp}(G/K))\otimes(\otimes^sT_{\tau_xp}(G/K)^*)$$

(ここで，$(d\tau_x)^*:T_p(G/K)^*\to T_{\tau_xp}(G/K)^*$ は $d\tau_x:T_p(G/K)\to T_{\tau_xp}(G/K)$ の転置写像 $T_{\tau_xp}(G/K)^*\to T_p(G/K)^*$ の逆写像を表わす) の $\boldsymbol{C}$ 線形な拡張によって，G は G/K 上の C^∞ 複素テンソル場全体のなす線形空間に作用する．この作用も簡単のために $x\mapsto\tau_x$ で表わすことにしよう．すると，とくに $C^\infty(G/K)$ への作用として L_x と τ_x とは等しい．G/K 上のテンソル場は，すべての $x\in G$ に対して τ_x で固定されるとき，G **不変**，または単に，**不変**であるとい

われる．

商多様体 G/K の剰余類 K に対応する点を o で表わす．$k\in K$ に対して，k から定義される G/K の C^∞ 同相 τ_k の微分は，G/K の原点 o における接空間 $T_o(G/K)$ を不変にし，$T_o(G/K)$ の線形自己同形 $\lambda(k)$ を引きおこす．準同形

$$\lambda: K\to GL(T_o(G/K))$$

を K の**線形等方性表現**という．K は λ により $T_o(G/K)$ の複素化 $T_o(G/K)^C$ 上の対称積代数 $S(T_o(G/K)^C)$（または k 次の対称積 $S_k(T_o(G/K)^C)$）に自然に作用する．この作用による $S(T_o(G/K)^C)$（または $S_k(T_o(G/K)^C)$）の K 不変元全体のなす部分空間を $S(T_o(G/K)^C)_K$（または $S_k(T_o(G/K)^C)_K$）で表わす．すると，$S(T_o(G/K)^C)_K$（または $S_k(T_o(G/K)^C)_K$）は G/K 上の（k 次）不変複素反変対称テンソル場全体のなす線形空間と自然な仕方で同一視される．実際，（k 次）不変複素反変対称テンソル場 S に対して，S の原点 o における値 S_o は $S(T_o(G/K)^C)_K$（または $S_k(T_o(G/K)^C)_K$）に属し，対応 $S\mapsto S_o$ が求める同一視を与える．以上の議論は G に対しても全く同様であって（$K=\{e\}$ の場合に相当する），G 上の（左）不変複素テンソル場の概念が定義され，$S(T_e(G)^C)$（または $S_k(T_e(G)^C)$）は G 上の（k 次）（左）不変複素反変対称テンソル場全体のなす線形空間と同形である．

$D\in \mathrm{Diff}(G)$（または $D\in \mathrm{Diff}(G/K)$）で，各 $x\in G$ に対して $L_xD=DL_x$ をみたすもの全体のなす $\boldsymbol{C}$ 上の代数を $\mathcal{L}(G)$（または $\mathcal{L}(G/K)$）で表わす．$\mathcal{L}(G)$（または $\mathcal{L}(G/K)$）の元を G 上の（または G/K 上の）**不変微分作用素**または **Laplace 作用素**という．非負整数 k に対して

$$\mathcal{L}_k(G)=\mathrm{Diff}_k(G)\cap\mathcal{L}(G),$$
$$\mathcal{L}_k(G/K)=\mathrm{Diff}_k(G/K)\cap\mathcal{L}(G/K)$$

とおく．$\mathcal{L}(G)$（または $\mathcal{L}(G/K)$）は部分空間 $\mathcal{L}_k(G)$（または $\mathcal{L}_k(G/K)$）によってフィルターづけられていて，$\boldsymbol{C}$ 上のフィルターづけられた代数になる．例えば，G 上の（左）不変ベクトル場は G 上の不変微分作用素であり，G/K 上の不変擬 Riemann 計量から定義される Laplace-Beltrami 作用素は G/K 上の不変微分作用素である．G/K 上に G 不変正値 C^∞ 測度 $d\mu(x)$ が存在する場合，

$D\in\mathcal{L}(G/K)$ に対して，D の $d\mu(x)$ に関する形式的随伴作用素 D^* も $D^*\in\mathcal{L}(G/K)$ である．実際，任意の $x\in G$ に対して

$$\langle f, L_xD^*L_x{}^{-1}g\rangle = \langle L_x{}^{-1}f, D^*L_x{}^{-1}g\rangle = \langle DL_x{}^{-1}f, L_x{}^{-1}g\rangle$$
$$= \langle L_x{}^{-1}Df, L_x{}^{-1}g\rangle = \langle Df, g\rangle \qquad f, g\in L^\infty(G/K)$$

がなりたち，$L_xD^*L_x{}^{-1}=D^*$ を得るからである．$D\in\mathcal{L}_k(G/K)$ に対して，その表象 $\sigma_k(D)$ は G/K 上の不変複素テンソル場である．それは表象の変換則(2.4)から明らかである．したがって，$\mathcal{L}_k(G/K)$ 上の表象写像は線形写像

$$\sigma_k : \mathcal{L}_k(G/K) \to S_k(T_o(G/K)^C)_K$$

とみなされる．

各非負整数 k に対して，$Z_o{}^k(G/K)$ の定義から容易にわかるように

$$L_l(Z_o{}^k(G/K)) = Z_o{}^k(G/K) \qquad l\in K$$

がなりたつ．したがって，作用 $l\mapsto L_l$ の反傾作用によって K は $\mathcal{T}_o(G/K)$ に作用し，しかも K は各部分空間 $T_o{}^k(G/K)$ を不変にする．この K の作用を単に

$$\xi\mapsto k\xi \qquad \xi\in\mathcal{T}_o(G/K),\ k\in K$$

によって表わすことにしよう．この K の作用によって固定される $\mathcal{T}_o(G/K)$（または $T_o{}^k(G/K)$）の元全体のなす部分空間を $\mathcal{T}_o(G/K)_K$（または $T_o{}^k(G/K)_K$）で表わす．$\mathcal{T}_o(G/K)_K$ の部分空間 $T_o{}^k(G/K)_K$ は線形空間 $\mathcal{T}_o(G/K)_K$ のフィルターづけを与える．$\mathcal{T}_o(G/K)_K$ の元を，G/K の原点 o における**局所不変微分作用素**とよぶことがある．その意味はつぎの定理から明らかになるであろう．

定理 3.1 $D\in\mathcal{L}(G/K)$ に対して（定理 2.2 で定義した）$D_o\in\mathcal{T}_o(G/K)$ を対応させて得られる線形写像

$$\hat{\rho} : \mathcal{L}(G/K) \to \mathcal{T}_o(G/K)$$

は，フィルターづけを保つ線形同形

$$\hat{\rho} : \mathcal{L}(G/K) \to \mathcal{T}_o(G/K)_K$$

を引きおこす．同形 $\hat{\rho}$ を原点 o への**制限写像**とよぶ．

とくに，$K=\{e\}$ の場合に適用すれば：

$D\in\mathcal{L}(G)$ に対して $D_e\in\mathcal{T}_e(G)$ を対応させて得られる線形写像

$$\rho : \mathcal{L}(G) \to \mathcal{T}_e(G)$$

はフィルターづけを保つ線形同形である.

証明 $D \in \mathcal{L}_k(G/K)$ とする. $k \in K, f \in C^\infty(G/K)$ に対して

$$(kD_o)(f) = D_o(L_k{}^{-1}f) = (DL_k{}^{-1}f)(o) = (L_k{}^{-1}Df)(o)$$
$$= (Df)(ko) = (Df)(o) = D_o(f)$$

であるから, $D_o \in T_o{}^k(G/K)_K$ である.

$x \in G$, $f \in C^\infty(G/K)$ に対して

$$(Df)(xo) = (L_x{}^{-1}Df)(o) = (DL_x{}^{-1}f)(o) = D_o(L_x{}^{-1}f)$$

であるから, Df は D_o だけで定まる. したがって, $\hat{\rho}$ は単射である.

つぎに, 任意に $\xi \in T_o{}^k(G/K)_K$ をとる. $D \in \mathrm{End}(C^\infty(G/K))$ が

$$(Df)(xo) = \xi(L_x{}^{-1}f) \qquad x \in G,\ f \in C^\infty(G/K)$$

によって定義される: ξ が K 不変であるから Df の値は矛盾なく定義され, $L_x{}^{-1}f$ が $x \in G$ に関して C^∞ 関数であるから $Df \in C^\infty(G/K)$ である. また

$$L_x{}^{-1}Z_{xo}{}^k(G/K) = Z_o{}^k(G/K) \qquad x \in G$$

がなりたつから, すべての $x \in G$ に対して

$$D_{xo}(f) = (Df)(xo) = \xi(L_x{}^{-1}f) = 0 \qquad f \in Z_{xo}{}^k(G/K)$$

を得る. したがって, 定理2.2より $D \in \mathrm{Diff}_k(G/K)$ となる. D の定義から $D \in \mathcal{L}_k(G/K)$ であって, $D_o = \xi$ であることがわかる.

以上によって証明ができた. ▌

いまの証明を見ればつぎのこともわかるので, 系として記しておこう.

系 $D \in \mathrm{End}(C^\infty(G/K))$ に対して, $D \in \mathcal{L}_k(G/K)$ となるための必要十分条件は

$$L_xD = DL_x \qquad x \in G,$$
$$D_o(Z_o{}^k(G/K)) = \{0\}$$

の2つをみたすことである.

つぎに, G の Lie 代数の包絡代数と不変微分作用素との関係を調べよう. $\mathfrak{g}$ を G の Lie 代数, すなわち G 上の(左)不変ベクトル場全体のなす Lie 代数とする. $x, y \in \mathfrak{g}$ の積を $[x, y]$ で表わす. $\mathfrak{g}$ 上のテンソル代数を

$$T(\mathfrak{g}) = \sum_{k \geqq 0} \otimes^k \mathfrak{g}$$

とし，集合 $\{x \otimes y - y \otimes x - [x, y]\,;\, x, y \in \mathfrak{g}\}$ で生成された $T(\mathfrak{g})$ の両側イデアルを I_U とする．商代数

$$U(\mathfrak{g}) = T(\mathfrak{g})/I_U$$

を $\mathfrak{g}$ の**包絡代数**という．$D, E \in U(\mathfrak{g})$ の積を DE で表わす．$T(\mathfrak{g})$ から $U(\mathfrak{g})$ の上への標準的射影準同形を

$$\pi : T(\mathfrak{g}) \to U(\mathfrak{g})$$

で表わし，非負整数 k に対して

$$U_k(\mathfrak{g}) = \pi(\sum_{0 \leqq m \leqq k} \otimes^m \mathfrak{g})$$

と定義する．$U(\mathfrak{g})$ は部分空間 $U_k(\mathfrak{g})$ によってフィルターづけられていて，フィルターづけられた実数体 $\boldsymbol{R}$ 上の代数となる．$\{X_1, \cdots, X_n\}$ を $\mathfrak{g}$ の1つの基底とすれば，Birkhoff-Witt の定理(例えば松島 [17] を見られたい)によって

$$\{X_1^{\alpha_1} \cdots X_n^{\alpha_n}\,;\, \alpha_1, \cdots, \alpha_n \text{ は非負整数を動く}\}$$

は $U(\mathfrak{g})$ の基底になる．さらに詳しく，$\{X_1^{\alpha_1} \cdots X_n^{\alpha_n}\,;\, |\alpha| \leqq k\}$ が $U_k(\mathfrak{g})$ の基底になる．とくに，$\mathfrak{g} \subset U(\mathfrak{g})$ とみなされる．

G の**随伴表現**を

$$\mathrm{Ad} : G \to GL(\mathfrak{g})$$

とする．すなわち，$x \in G$ に対して，G の内部自己同形

$$y \mapsto xyx^{-1} \qquad y \in G$$

の微分より定義される $\mathfrak{g}$ の自己同形を $\mathrm{Ad}x$ とする．随伴表現 Ad はテンソル代数 $T(\mathfrak{g})$ に拡張されて，両側イデアル I_U および $\mathfrak{g}$ 上の対称積代数 $S(\mathfrak{g})$ を不変にする．したがって，G は $U(\mathfrak{g})$ および $S(\mathfrak{g})$ に作用する．この作用も同じ記号 Ad で表わし，以後，$U(\mathfrak{g})$ および $S(\mathfrak{g})$（あるいはその複素化 $U(\mathfrak{g})^C$ および $S(\mathfrak{g})^C$）を作用 Ad によって G 空間とみなす．各 k に対して $U_k(\mathfrak{g})$ および $S_k(\mathfrak{g})$（したがって $S_{(k)}(\mathfrak{g})$ も）は G 部分空間である．

$T(\mathfrak{g})$ から $U(\mathfrak{g})$ への射影 π を $S(\mathfrak{g})$ に制限して得られる G 準同形写像

$$\lambda : S(\mathfrak{g}) \to U(\mathfrak{g})$$

を G の**対称化写像**という．対称化写像はフィルターづけを保つ G 同形である．これを確かめるには，$\{X_1, \cdots, X_n\}$ を $\mathfrak{g}$ の基底とするとき，$S_k(\mathfrak{g})$ の基底 $\{X_1^{\alpha_1}\cdot\cdots\cdot X_n^{\alpha_n};|\alpha|=k\}$ に対して

$$\lambda(X_1^{\alpha_1}\cdot\cdots\cdot X_n^{\alpha_n}) = \frac{\alpha!}{|\alpha|!}\sum X_{i_1}\cdots X_{i_k}$$
$$\equiv X_1^{\alpha_1}\cdots X_n^{\alpha_n} \quad \mathrm{mod}\, U_{k-1}(\mathfrak{g})$$

(ここで和は(2.3)と同じ範囲にわたる)がなりたつことと，Birkhoff-Witt の定理に注意すればよい．λ の複素化への拡張も同じ文字

$$\lambda: S(\mathfrak{g})^C \to U(\mathfrak{g})^C$$

で表わす．

$x\in G$ に対して，対応

$$D\mapsto R_x D R_x^{-1} \qquad D\in\mathcal{L}(G)$$

は $\mathcal{L}(G)$ の自己同形で，この仕方で G は $\mathcal{L}(G)$ に作用する．以後，$\mathcal{L}(G)$ をこの作用で G 空間とみなす．また

$$\mathrm{Ad}x Z_e^k(G) = Z_e^k(G) \qquad x\in G$$

であるから，$\mathcal{T}_o(G/K)$ の場合と同様に G は $\mathcal{T}_e(G)$ に作用し，各 $T_e^k(G)$ を不変にする．この G の $\mathcal{T}_e(G)$ への作用をやはり Ad で表わすことにしよう．以後，$\mathcal{T}_e(G)$ を作用 Ad で G 空間とみなす．このとき，定理 3.1 の制限写像

$$\rho: \mathcal{L}(G)\to\mathcal{T}_e(G)$$

は G 同形である．実際，$x\in G$, $D\in\mathcal{L}(G)$, $f\in C^\infty(G)$ に対して

$$\rho(R_x D R_x^{-1})(f) = (R_x D R_x^{-1}f)(e) = (DR_x^{-1}f)(x) = (L_x^{-1}DR_x^{-1}f)(e)$$
$$= (DL_x^{-1}R_x^{-1}f)(e) = (D\mathrm{Ad}x^{-1}f)(e) = D_e(\mathrm{Ad}x^{-1}f)$$
$$= (\mathrm{Ad}x\rho(D))(f)$$

がなりたつからである．

$\mathfrak{g}$ の複素化を $\mathfrak{g}^C$ とするとき，前に注意したように $\mathfrak{g}^C\subset\mathcal{L}(G)$ とみなされる．この包含写像を ι で表わすと

$$\iota([X, Y]) = \iota(X)\iota(Y)-\iota(Y)\iota(X) \qquad X, Y\in\mathfrak{g}$$

がなりたつから，ι はフィルターづけを保つ代数準同形

$$\iota : U(\mathfrak{g})^C \to \mathscr{L}(G)$$

に一意的に拡張される．これを**自然な準同形写像**とよぼう．容易にわかるように ι は G 準同形である．簡単のために

$$\iota(D)f = Df \qquad D \in U(\mathfrak{g})^C,\ f \in C^\infty(G)$$

と書くことにしよう．じつは ι は同形写像である．すなわち

定理 3.2　自然な準同形写像

$$\iota : U(\mathfrak{g})^C \to \mathscr{L}(G)$$

は G 同形である．さらに詳しく，フィルターづけを保つ G 同形写像

$$\mu : S(\mathfrak{g})^C \to \mathscr{T}_e(G)$$

が存在して

$$\begin{array}{ccc} U(\mathfrak{g})^C & \xrightarrow{\ \iota\ } & \mathscr{L}(G) \\ {\scriptstyle\lambda}\uparrow & & \downarrow{\scriptstyle\rho} \\ S(\mathfrak{g})^C & \xrightarrow[\mu]{} & \mathscr{T}_e(G) \end{array}$$

はフィルターづけを保つ G 同形写像よりなる可換図式となる．

この定理を証明するために補題を1つ準備する．

補題　$x_0 \in G$ を固定する．$\{X_1, \cdots, X_n\}$ を $\mathfrak{g}$ の基底とする．多重指数 $\alpha = (\alpha_1, \cdots, \alpha_n)$ に対して

$$D_\alpha = \left(\frac{\partial}{\partial x^1}\right)^{\alpha_1} \cdots \left(\frac{\partial}{\partial x^n}\right)^{\alpha_n}$$

とする．このとき，任意の $f \in C^\infty(G)$ に対してつぎのことがなりたつ．

(1)　$f(x_0 \exp X)$ を $\mathfrak{g}$ の 0 の近傍での X の関数とみて

$$f(x_0 \exp X) \equiv \sum_{0 \leqq m \leqq k} \frac{1}{m!}(X^m f)(x_0) \quad \mathrm{mod}\ Z_0{}^k(\mathfrak{g}).$$

(2)　任意の多重指数 $\alpha = (\alpha_1, \cdots, \alpha_n)$ に対して

$$[\lambda(X_1{}^{\alpha_1} \cdot \cdots \cdot X_n{}^{\alpha_n})f](x_0) = \left[D_\alpha f\left(x_0 \exp \sum_{i=1}^n x^i X_i\right)\right](0).$$

したがって，任意の n 変数複素係数多項式 P に対して

$$[\lambda(P(X_1, \cdots, X_n))f](x_0) = \left[P\left(\frac{\partial}{\partial x^1}, \cdots, \frac{\partial}{\partial x^n}\right)f\left(x_0 \exp \sum_{i=1}^{n} x^i X_i\right)\right](0).$$

ここで，左辺の $P(X_1, \cdots, X_n)$ は対称積代数 $S(\mathfrak{g})^C$ の中で P に $X_1, \cdots, X_n$ を代入したものを表わし，上の2つの式の右辺においては $f\left(x_0 \exp \sum_{i=1}^{n} x^i X_i\right)$ を $(x^1, \cdots, x^n)$ の関数とみなしている．

証明 (1) $\mathfrak{g}\times\boldsymbol{R}$ 上の関数 F を

$$F(X, t) = f(x_0 \exp tX) \qquad X \in \mathfrak{g},\ t \in \boldsymbol{R}$$

によって定義する．まず

$$(X^m f)(x_0 \exp tX) = \frac{\partial^m}{\partial t^m}F(X, t) \qquad X \in \mathfrak{g},\ t \in \boldsymbol{R}$$

がなりたつことに注意しよう．つぎに，$\mathfrak{g}$ 上の関数 F_1 を

$$F_1(X) = F(X, 1) = f(x_0 \exp X) \qquad X \in \mathfrak{g}$$

によって定義する．$X = \sum_{i=1}^{n} x^i X_i \in \mathfrak{g}$ に $(x^1, \cdots, x^n)$ を対応させて多様体 $\mathfrak{g}$ に局所座標を導入すれば，0 のある近傍 $U \subset \mathfrak{g}$ において

$$F_1(X) \equiv \sum_{|\alpha| \leqq k} \frac{1}{\alpha!} x^\alpha (D_\alpha F_1)(0) \quad \mathrm{mod}\ I_0(\mathfrak{g})^{k+1} C^\infty(\mathfrak{g})$$

と表わせる．したがって

$$\begin{aligned} F(X, t) &= F_1(tX) \\ &\equiv \sum_{|\alpha| \leqq k} \frac{1}{\alpha!} t^{|\alpha|} x^\alpha (D_\alpha F_1)(0) \quad \mathrm{mod}\ I_0(\mathfrak{g})^{k+1} I_0(\boldsymbol{R})^{k+1} C^\infty(\mathfrak{g}\times\boldsymbol{R}) \end{aligned}$$

と表わせる．ここで，$I_0(\mathfrak{g}), I_0(\boldsymbol{R})$ は自然な仕方で $C^\infty(\mathfrak{g}\times\boldsymbol{R})$ の部分空間とみなした．したがって

$$F(X, t) \equiv \sum_{0 \leqq m \leqq k} \frac{1}{m!} a_m(X) t^m \quad \mathrm{mod}\ I_0(\mathfrak{g})^{k+1} I_0(\boldsymbol{R})^{k+1} C^\infty(\mathfrak{g}\times\boldsymbol{R}),$$

$$a_m \in C^\infty(\mathfrak{g})$$

と表わされる．ところが最初の注意より

$$a_m(X) = \left[\frac{\partial^m}{\partial t^m}F(X, t)\right](X, 0) = (X^m f)(x_0)$$

であるから，結局，$U\times\boldsymbol{R}$ で

$$F(X,t) \equiv \sum_{0 \leqq m \leqq k} \frac{1}{m!}(X^m f)(x_0)t^m \mod I_0(\mathfrak{g})^{k+1} I_0(\boldsymbol{R})^{k+1} C^\infty(\mathfrak{g} \times \boldsymbol{R})$$

と表わせる．したがって，U において

$$f(x_0 \exp X) = F(X,1) \equiv \sum_{0 \leqq m \leqq k} \frac{1}{m!}(X^m f)(x_0) \mod Z_0{}^k(\mathfrak{g})$$

となる．

(2) (1) より $\mathfrak{g}$ の 0 の近傍で

$$f\left(x_0 \exp \sum_{i=1}^n x^i X_i\right) \equiv \sum_{0 \leqq m \leqq k} \frac{1}{m!}\left[\left(\sum_{i=1}^n x^i X_i\right)^m f\right](x_0) \mod Z_0{}^k(\mathfrak{g})$$

$$\equiv \sum_{|\alpha| \leqq k} \frac{1}{\alpha!} x^\alpha [\lambda(X_1{}^{\alpha_1} \cdot \cdots \cdot X_n{}^{\alpha_n}) f](x_0) \mod Z_0{}^k(\mathfrak{g})$$

と書ける．一方，上式の左辺は

$$\equiv \sum_{|\alpha| \leqq k} \frac{1}{\alpha!} x^\alpha (D_\alpha F_1)(0) \mod Z_0{}^k(\mathfrak{g})$$

とも書けるから，両者を比較して(2)を得る．▌

定理 3.2 の証明 $\mu = \rho \circ \iota \circ \lambda$ と定義する．一方，$\{X_1, \cdots, X_n\}$ を $\mathfrak{g}$ の 1 つの基底として，G の単位元 e の近傍の局所座標を，点

$$\exp\left(\sum_{i=1}^n x^i X_i\right)$$

に $(x^1, \cdots, x^n)$ を対応させることによって定義する．この局所座標によって第 2 節で説明したようにフィルターづけを保つ線形同形

$$\mu_e : S(\mathfrak{g})^{\boldsymbol{C}} \to \mathcal{T}_e(G), \qquad \mu_e(X_1{}^{\alpha_1} \cdot \cdots \cdot X_n{}^{\alpha_n}) = (D_\alpha)_e$$

が構成できる．$x_0 = e$ における補題の (2) は $\mu = \mu_e$ であることを示している．λ, ρ はともに同形写像であったから，ι も同形写像である．λ, ι, ρ はすべて G 同形であるから，μ も G 同形である．▌

以後，G 同形写像 ι によって $U(\mathfrak{g})^{\boldsymbol{C}}$ と $\mathcal{L}(G)$ を同一視する．

系 $$\mathrm{Ad}\, x p = p \qquad x \in G$$

をみたす $p \in S(\mathfrak{g})^{\boldsymbol{C}}$ 全体のなす $S(\mathfrak{g})^{\boldsymbol{C}}$ の部分代数を $S(\mathfrak{g})_G{}^{\boldsymbol{C}}$ で表わし*)，

---

*) $S(\mathfrak{g})_G{}^{\boldsymbol{C}}$ は $S(\mathfrak{g})$ の作用 Ad に関する G 不変元全体 $S(\mathfrak{g})_G$ の複素化に一致するから，このような記法が許されよう．以後にもこのような記法を用いる．

$$DL_x = L_x D,\ \ DR_x = R_x D \qquad x \in G$$

をみたす $D \in \mathrm{Diff}(G)$ 全体のなす $\mathcal{L}(G)$ の部分代数を $\mathcal{Z}(G)$ で表わす. $(S(\mathfrak{g})_G{}^C$ は $S(\mathfrak{g})^C$ から引きおこされた次数づけ，フィルターづけをもち，$\mathcal{Z}(G)$ は $\mathcal{L}(G)$ から引きおこされたフィルターづけをもつ.）このとき，対称化写像はフィルターづけを保つ線形同形

$$\lambda: S(\mathfrak{g})_G{}^C \to \mathcal{Z}(G)$$

を引きおこす.

例 1　B を $\mathfrak{g}$ 上の非退化対称双 1 次形式で G 不変のもの，すなわち

$$B(\mathrm{Ad}xX, \mathrm{Ad}xY) = B(X, Y) \qquad x \in G,\ X, Y \in \mathfrak{g}$$

をみたすものとする. $\{X_1, \cdots, X_n\}$ を $\mathfrak{g}$ の基底とし，行列 $(B(X_i, X_j))_{1 \leq i, j \leq n}$ の逆行列を $(b^{ij})_{1 \leq i, j \leq n}$ とする. $b \in S_2(\mathfrak{g})^C$ を

$$b = \sum_{i,j=1}^{n} b^{ij} X_i \otimes X_j$$

によって定義すると，b は B のみによって，基底 $\{X_1, \cdots X_n\}$ のとり方によらない. さらに，B の G 不変性より，$b \in S_2(\mathfrak{g})_G{}^C$ を得る.

$$C = \lambda(b) = \sum_{i,j=1}^{n} b^{ij} X_i X_j \in \mathcal{Z}_2(G)$$

を **G の B に付属する Casimir 作用素**とよぶ.

$X \in \mathfrak{g}$ に対して，$\tilde{X}$ によって，G 上の右不変ベクトル場でその単位元 e における値 $\tilde{X}_e$ が X の単位元における値 X_e に等しいものを表わすことにすると，Casimir 作用素 C は

$$C = \sum_{i,j=1}^{n} b^{ij} \tilde{X}_i \tilde{X}_j$$

とも表わされる. 実際，上式の右辺も $\mathcal{Z}(G)$ に属し，これが制限写像 ρ によって $e \in G$ で引きおこす局所微分作用素は C のそれと一致するからである.

B は G 上の両側不変擬 Riemann 計量 g を定義するが，C は g から定義される Laplace-Beltrami 作用素 Δ と一致する. 実際，のちに第 6 節で証明するように，$\exp(\sum x^i X_i)$ に $(x^1, \cdots, x^n)$ を対応させて得られる G の e の近傍の

局所座標は，g から定まる Levi-Civita の接続に関する正規座標である．したがって

$$g_{ij}=g\left(\frac{\partial}{\partial x^i},\frac{\partial}{\partial x^j}\right)\quad とするとき\quad \frac{\partial g_{ij}}{\partial x^k}(0)=0\quad (1\leqq i,j,k\leqq n)$$

をみたす．よって，第2節，例1の $\varDelta$ の局所表示から，$f\in C^\infty(G)$ に対して

$$(\varDelta f)(e)=\sum_{i,j=1}^{n}g^{ij}(0)\frac{\partial^2 f}{\partial x^i\partial x^j}(0)=\left(\sum_{i,j=1}^{n}b^{ij}\frac{\partial^2 f}{\partial x^i\partial x^j}\right)(0)=(Cf)(e)$$

がなりたつからである．

つぎに，$\mathscr{L}(G/K)$ について考えよう．各 $k\in K$ に対して $DR_k=R_kD$ をみたす $D\in\mathscr{L}(G)$ 全体のなす $\mathscr{L}(G)$ の部分代数を $\mathscr{L}(G)_K$ で表わす．各 $k\in K$ に対して $\mathrm{Ad}k\xi=\xi$ をみたす $\xi\in\mathscr{T}_e(G)$ 全体のなす $\mathscr{T}_e(G)$ の部分空間を $\mathscr{T}_e(G)_K$ で表わす．同様に，各 $k\in K$ に対して $\mathrm{Ad}kp=p$ をみたす $p\in S(\mathfrak{g})^C$ 全体のなす $S(\mathfrak{g})^C$ の部分代数を $S(\mathfrak{g})_K{}^C$ で表わす．非負整数 k に対して

$$\mathscr{L}_k(G)_K=\mathscr{L}(G)_K\cap\mathscr{L}_k(G),$$
$$T_e{}^k(G)_K=\mathscr{T}_e(G)_K\cap T_e{}^k(G),$$
$$S_k(\mathfrak{g})_K{}^C=S(\mathfrak{g})_K{}^C\cap S_k(\mathfrak{g})^C,$$
$$S_{(k)}(\mathfrak{g})_K{}^C=S(\mathfrak{g})_K{}^C\cap S_{(k)}(\mathfrak{g})^C$$

とおく．$\mathscr{L}(G)_K$, $\mathscr{T}_e(G)_K$, $S(\mathfrak{g})_K{}^C$ はそれぞれ部分空間 $\mathscr{L}_k(G)_K$, $T_e{}^k(G)_K$, $S_{(k)}(\mathfrak{g})_K{}^C$ によってフィルターづけられている．とくに，$\mathscr{L}(G)_K$ はフィルターづけられた代数の構造をもつ．定理3.2より，λ,μ,ρ は可換図式

$$\begin{array}{ccc} & \mathscr{L}(G)_K & \\ {}^{\lambda}\nearrow & & \searrow^{\rho} \\ S(\mathfrak{g})_K{}^C & \xrightarrow[\mu]{} & \mathscr{T}_e(G)_K \end{array}$$

を引きおこして，各写像はフィルターづけを保つ線形同形となる．

$D\in\mathscr{L}(G)_K$ をとる．$\mathscr{L}(G)_K$ の定義より D は $C^\infty(G/K)$ を不変にする．D を $C^\infty(G/K)$ へ制限して得られる $\mathrm{End}(C^\infty(G/K))$ の元を $\varpi(D)$ で表わす．この対応によって，フィルターづけを保つ代数準同形写像

$$\varpi : \mathscr{L}(G)_K \to \mathscr{L}(G/K)$$

が定義される．実際，$I_o(G/K) \subset I_e(G)$ であるから

$$I_o(G/K)^{k+1}C^\infty(G/K) \subset I_e(G)^{k+1}C^\infty(G) \qquad k \geqq 0,$$

すなわち

$$(3.1) \qquad Z_o^k(G/K) \subset Z_e^k(G) \qquad k \geqq 0$$

がなりたつ．したがって，定理 3.1，系より，$D \in \mathscr{L}_k(G)_K$ であれば $\varpi(D) \in \mathscr{L}_k(G/K)$ となるからである．また，(3.1) よりフィルターづけを保つ線形写像

$$\varpi_e : \mathscr{T}_e(G) \to \mathscr{T}_o(G/K)$$

が自然に定義される．容易にわかるように ϖ_e は K 準同形であるから，フィルターづけを保つ線形写像

$$\varpi_e : \mathscr{T}_e(G)_K \to \mathscr{T}_o(G/K)_K$$

が引きおこされる．このとき，定義から容易にわかるように

$$\begin{array}{ccc} \mathscr{L}(G)_K & \xrightarrow{\rho} & \mathscr{T}_e(G)_K \\ {\scriptstyle\varpi}\downarrow & & \downarrow{\scriptstyle\varpi_e} \\ \mathscr{L}(G/K) & \xrightarrow[\hat{\rho}]{} & \mathscr{T}_o(G/K)_K \end{array}$$

は可換図式である．

さて，われわれは $\mathscr{L}(G)$ の対称化写像 λ と同様な写像を $\mathscr{L}(G/K)$ に対しても構成したいのであるが，そのために対 (G, K) に少し条件をつけ加える．対 (G, K) が**簡約可能**であるとは，$\mathfrak{g}$ の部分空間 $\mathfrak{m}$ が存在してつぎの 2 つの条件をみたすことをいう：

$$\mathfrak{g} = \mathfrak{k} + \mathfrak{m} \qquad (\text{線形空間としての直和}),$$

$$\mathrm{Ad}k\,\mathfrak{m} = \mathfrak{m} \qquad k \in K.$$

ここで，$\mathfrak{k}$ は K の Lie 代数を表わす．例えば，K がコンパクトならば (G, K) は簡約可能である．以後，(G, K) は簡約可能であるとし，部分空間 $\mathfrak{m}$ を固定する．第 2 の仮定より，Ad による K の $S(\mathfrak{g})$ への作用は $S(\mathfrak{g})$ の部分代数 $S(\mathfrak{m})$ を不変にする．以後，Ad によって $S(\mathfrak{m})$（またはその複素化 $S(\mathfrak{m})^C$）を K 空間とみなす．各 $k \in K$ に対して $\mathrm{Ad}kp = p$ をみたす $p \in S(\mathfrak{m})$ 全体のなす

$S(\mathfrak{m})$ の部分代数を $S(\mathfrak{m})_K$ で表わす．非負整数 k に対して

$$S_k(\mathfrak{m})_K = S_k(\mathfrak{m}) \cap S(\mathfrak{m})_K,$$
$$S_{(k)}(\mathfrak{m})_K = S_{(k)}(\mathfrak{m}) \cap S(\mathfrak{m})_K$$

とおく．$S(\mathfrak{m})_K$ は部分空間 $S_{(k)}(\mathfrak{m})_K$ によってフィルターづけられている．$\mathfrak{m}$ と G/K の原点 o における接空間 $T_o(G/K)$ との同一視によって，$S_k(\mathfrak{m})^C$ は $S_k(T_o(G/K)^C)$ と K 空間として同一視される．したがって，$S_k(\mathfrak{m})_K{}^C$ は $S_k(T_o(G/K)^C)_K$ と同一視され，G/K 上の k 次不変複素反変対称テンソル場全体の空間とも同一視される．$S(\mathfrak{m})_K{}^C$ は $S(\mathfrak{g})_K{}^C$ に含まれることに注意しておこう．

定理 3.3　対 (G, K) が簡約可能であるならば

$$\varpi : \mathscr{L}(G)_K \to \mathscr{L}(G/K)$$

は全射である．さらに詳しく，フィルターづけを保つ線形同形写像

$$\hat{\lambda} : S(\mathfrak{m})_K{}^C \to \mathscr{L}(G/K),$$
$$\hat{\mu} : S(\mathfrak{m})_K{}^C \to \mathscr{T}_o(G/K)_K$$

が存在してつぎのことがなりたつ．

(1)

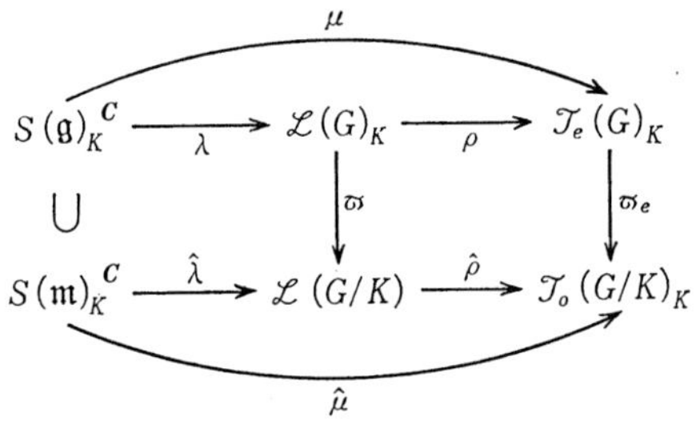

はフィルターづけを保つ線形写像よりなる可換図式である．水平の写像はすべて同形写像で，ϖ および ϖ_e は全射である．$\hat{\lambda}$ を G/K の**対称化写像**とよぶ．

(2)　$\{X_1, \cdots, X_n\}$ を $\mathfrak{m}$ の基底とすると，任意の $P(X_1, \cdots, X_n) \in S(\mathfrak{m})_K{}^C$, $f \in C^\infty(G/K)$, $x_0 \in G$ に対して

$$[\hat{\lambda}(P(X_1, \cdots, X_n))f](x_0 o) = \left[P\left(\frac{\partial}{\partial x^1}, \cdots, \frac{\partial}{\partial x^n}\right) f\left(\left(x_0 \exp \sum_{i=1}^n x^i X_i\right) o\right)\right](0)$$

がなりたつ．

証明　(1)　$\hat{\lambda}(p) = \varpi(\lambda(p)) \qquad p \in S(\mathfrak{m})_K{}^C$

とおく．また

$$\hat{\mu}(p) = \varpi_e(\mu(p)) \qquad p \in S(\mathfrak{m})^C$$

によって線形写像

$$\hat{\mu} : S(\mathfrak{m})^C \to \mathcal{T}_o(G/K) \tag{3.2}$$

を定義すると，$\hat{\mu}$ は K 準同形であるから線形写像

$$\hat{\mu} : S(\mathfrak{m})_K{}^C \to \mathcal{T}_o(G/K)_K \tag{3.3}$$

が引きおこされる．これらの $\hat{\lambda}, \hat{\mu}$ が求めるものであることを示そう．$\hat{\lambda}, \hat{\mu}$ の定義から図式が可換になることは明らかである．$\hat{\rho}$ は同形写像であるから，(3.3) の写像 $\hat{\mu}$ が同形写像であることを示せばよい．(3.3) が同形であることを示すには (3.2) が同形であることを示せばよい．

$\{X_1, \cdots, X_n, X_{n+1}, \cdots, X_r\}$ を $\mathfrak{g}$ の基底で，$\{X_1, \cdots, X_n\}$ が $\mathfrak{m}$ の基底であり，$\{X_{n+1}, \cdots, X_r\}$ が $\mathfrak{k}$ の基底であるものとする．G/K の点

$$\left(\exp \sum_{i=1}^{n} x^i X_i\right) o$$

に対して $(x^1, \cdots, x^n)$ を対応させることによって，G/K の原点 o の近傍の局所座標が定義される．任意の $f \in C^\infty(G/K)$ に対して，さきの補題を用いて

$$\begin{aligned}
\hat{\mu}(X_1{}^{\alpha_1}\bullet\cdots\bullet X_n{}^{\alpha_n})(f) &= [\varpi_e(\mu(X_1{}^{\alpha_1}\bullet\cdots\bullet X_n{}^{\alpha_n}))](f) = [\rho(\lambda(X_1{}^{\alpha_1}\bullet\cdots\bullet X_n{}^{\alpha_n}))](f) \\
&= [\lambda(X_1{}^{\alpha_1}\bullet\cdots\bullet X_n{}^{\alpha_n})f](e) = \left[\left(\frac{\partial}{\partial x^1}\right)^{\alpha_1}\cdots\left(\frac{\partial}{\partial x^n}\right)^{\alpha_n} f\left(\exp\sum_{i=1}^{r} x^i X_i\right)\right](0) \\
&= \left[\left(\frac{\partial}{\partial x^1}\right)^{\alpha_1}\cdots\left(\frac{\partial}{\partial x^n}\right)^{\alpha_n} f\left(\exp\sum_{i=1}^{n} x^i X_i\right)\right](0) \\
&= \left[\left(\frac{\partial}{\partial x^1}\right)^{\alpha_1}\cdots\left(\frac{\partial}{\partial x^n}\right)^{\alpha_n} f\left(\left(\exp\sum_{i=1}^{n} x^i X_i\right)o\right)\right](0) \\
&= (D_\alpha)_o(f)
\end{aligned}$$

を得る．したがって

$$\hat{\mu}(X_1{}^{\alpha_1}\bullet\cdots\bullet X_n{}^{\alpha_n}) = (D_\alpha)_o$$

であるから，(3.2) の $\hat{\mu}$ は局所座標 $(x^1, \cdots, x^n)$ から第2節で述べた仕方で定義される $S(\mathfrak{m})^C$ から $\mathcal{T}_o(G/K)$ の上への線形同形と一致する．したがって同

形である.

(2) 上と同様の議論を $x_0 o$ においておこなえばよい. ▌

例2 例1と同様に, B を $\mathfrak{m}$ 上の K 不変非退化対称双1次形式とし, $\mathfrak{m}$ の基底 $\{X_1, \cdots, X_n\}$ に関する B の行列の逆行列 $(b^{ij})_{1\leq i, j\leq n}$ によって定義される不変微分作用素

$$C = \hat{\lambda}\left(\sum_{i,j=1}^{n} b^{ij} X_i \otimes X_j\right) \in \mathscr{L}_2(G/K)$$

を **B に付属する G/K の Casimir 作用素**という. B は G/K 上の G 不変擬 Riemann 計量 g を定義する. 例1と同様に, $(\exp \sum x^i X_i)o$ に $(x^1, \cdots, x^n)$ を対応させて得られる G/K の o の近傍の局所座標が $\dfrac{\partial g_{ij}}{\partial x^k}(o)=0$ をみたすならば, C は g から定義される Laplace-Beltrami 作用素 Δ と一致する.

注意 (1) 対称化写像 $\hat{\lambda}$ は一般には代数としての同形ではない.

(2) $\mathscr{L}(G)_K$ から $\mathscr{L}(G/K)$ の上への代数準同形 ϖ の核は $\mathscr{L}(G)\mathfrak{k}^C \cap \mathscr{L}(G)_K$ であることが知られている (例えば Helgason [9] を参照されたい).

系1 (1) $p \in S_{(k)}(\mathfrak{m})_K{}^C$ の k 次同次成分を p_k で表わすと, $S_k(\mathfrak{m})_K{}^C$ と G/K 上の不変複素 k 次反変対称テンソル場の空間との同一視のもとで

$$\sigma_k(D) = (\hat{\lambda}^{-1}(D))_k \qquad D \in \mathscr{L}_k(G/K)$$

がなりたつ.

(2)
$$0 \to \mathscr{L}_{k-1}(G/K) \to \mathscr{L}_k(G/K) \xrightarrow{\sigma_k} S_k(\mathfrak{m})_K{}^C \to 0$$

は分裂する完全系列で, 対称化写像

$$\hat{\lambda} : S_k(\mathfrak{m})_K{}^C \to \mathscr{L}_k(G/K)$$

が分裂写像を与える. すなわち, $\sigma_k \circ \hat{\lambda}$ は $S_k(\mathfrak{m})_K{}^C$ の恒等自己同形である.

証明 (1) 定理より k 次の多項式 P が一意的に存在して

$$D = \hat{\lambda}(P(X_1, \cdots, X_n))$$

と書けるから, 定理の(2)より明らかである.

(2) 任意の $p \in S_k(\mathfrak{m})_K{}^C$ に対して, (1)より

$$\sigma_k(\hat{\lambda}(p)) = [\hat{\lambda}^{-1}(\hat{\lambda}(p))]_k = p_k = p$$

がなりたつからである. または定理の(2)からも明らかであろう. ▌

注意 系1, (2) の分裂写像は，かならずしも簡約可能ではない一般の対 (G, K) に対しても存在する場合がある．∇ を G/K 上の線形接続で G 不変なもの，すなわち，任意の G/K 上の C^∞ 複素テンソル場 p に対して

$$\tau_x(\nabla p) = \nabla(\tau_x p) \qquad x \in G$$

をみたすものとする．これを用いて，G/K 上の不変な複素 k 次反変対称テンソル場 $p \in S_k(T_o(G/K)^C)_K$ に対して，$D_\nabla(p) \in \mathscr{L}_k(G/K)$ をつぎのように定義する．

$$D_\nabla(p)(f) = \langle p, \nabla^k f\rangle \qquad f \in C^\infty(G/K).$$

ここで，$\langle , \rangle$ はテンソルの縮約を表わす．このとき

$$D_\nabla : S(T_o(G/K)^C)_K \to \mathscr{L}(G/K)$$

はフィルターづけを保つ線形写像で，これも系列

$$0 \to \mathscr{L}_{k-1}(G/K) \to \mathscr{L}_k(G/K) \xrightarrow{\sigma_k} S_k(T_o(G/K)^C)_K \to 0$$

の分裂写像を与える．

これは例えば接続の局所表示を用いれば容易に確かめられる．

例えば，g を G/K 上の不変擬 Riemann 計量，g から定義される Laplace-Beltrami 作用素，Levi-Civita の接続をそれぞれ Δ, ∇ とすれば

$$D_\nabla(g^{-1}) = \Delta$$

である．

系2 代数 $S(\mathfrak{m})_K{}^C$ が有限個の元 $p_1, \cdots, p_l$ で生成されているならば，代数 $\mathscr{L}(G/K)$ は有限個の元 $\hat{\lambda}(p_1), \cdots, \hat{\lambda}(p_l)$ で生成される．

証明 $D \in \mathscr{L}(G/K)$ の次数，すなわち $D \in \mathscr{L}_k(G/K)$ である最小の k，を $d(D)$ で表わすと

$$d(\hat{\lambda}(p\cdot q) - \hat{\lambda}(p)\hat{\lambda}(q)) < d(\hat{\lambda}(p)) + d(\hat{\lambda}(q)) \qquad p, q \in S(\mathfrak{m})_K{}^C$$

がなりたつことに注意しよう．さて，$D \in \mathscr{L}(G/K)$ を任意にとる．定理より，$p \in S(\mathfrak{m})_K{}^C$ が存在して $D = \hat{\lambda}(p)$ と書ける．仮定より

$$p = \sum_\alpha a_\alpha p_1{}^{\alpha_1} \cdot \cdots \cdot p_l{}^{\alpha_l} \qquad a_\alpha \in C$$

と表わされる．そこで，$D' \in \mathscr{L}(G/K)$ を

$$D' = D - \sum_{\alpha} a_\alpha \hat{\lambda}(p_1)^{\alpha_1} \cdots \hat{\lambda}(p_l)^{\alpha_l}$$

によって定義すれば，上の注意より $d(D') < d(D)$ となる．したがって，$d(D)$ に関する帰納法で系2が証明される．▮

注意 上の証明は $\hat{\lambda}$ の代りにさきの注意で述べた D_∇ を用いてもまったく同様におこなえるので，G 不変線形接続が存在する場合には $S(T_o(G/K)^C)_K$ が有限生成の代数ならば $\mathcal{L}(G/K)$ は有限生成の代数となる．

ここで，$S(\mathfrak{m})_K{}^C$ が有限生成であるための十分条件を1つ与えておこう．

定理 3.4 K をコンパクト位相群，V を実数体 $\boldsymbol{R}$ または複素数体 $\boldsymbol{C}$ 上の有限次元線形空間，

$$\varphi: K \to GL(V)$$

を連続な準同形とする．φ の $GL(S(V))$ への拡張も φ で表わし，各 $k \in K$ に対して $\varphi(k)p = p$ をみたす $p \in S(V)$ 全体のなす $S(V)$ の部分代数を $S(V)_K$ で表わす．このとき，代数 $S(V)_K$ は有限生成である．

証明 0次同次の成分が0である $p \in S(V)_K$ の全体を $S^+(V)_K$ で表わし，$S^+(V)_K$ で生成される $S(V)$ のイデアルを J とする．$S(V)$ は多項式代数に同形であるから，Hilbert の基底定理より，J は有限個のイデアル基底をもつ．すなわち，同次元 $p_1, \cdots, p_l \in S^+(V)_K$ でつぎの性質をもつものが存在する：任意の同次元 $p \in S^+(V)_K$ に対して，適当な同次元 $q_1, \cdots, q_l \in S(V)$ が存在して

$$p = p_1 \cdot q_1 + \cdots + p_l \cdot q_l$$

となる．

$S(V)_K$ が $p_1, \cdots, p_l$ で生成されることを証明しよう．$S(V)_K$ の元の各同次成分はまた $S(V)_K$ に属すから，$S(V)_K$ の任意の同次元が $p_1, \cdots, p_l$ で生成された部分代数に属することを示せばよい．任意の同次元 $p \in S^+(V)_K$ をとる．p に対する上の $q_1, \cdots, q_l$ をとって

$${}^0q_i = \int_K \varphi(k) q_i dk \qquad (1 \leqq i \leqq l)$$

（ここで，dk は K の正規化された両側不変 Haar 測度を表わす）と定義すると，各 ${}^0q_i$ はその次数が p の次数より小さい $S(V)_K$ の同次元であって

$$p = p_1 \cdot {}^0q_1 + \cdots + p_l \cdot {}^0q_l$$

がなりたつ．したがって，p の次数に関する帰納法によって求める主張が証明される．▌

定理 3.3，系 2 と合わせて，つぎの系が得られる．

系 K がコンパクトならば，代数 $\mathcal{L}(G/K)$ は有限生成である．

注意 この節の議論は実不変微分作用素の代数

$$\mathcal{L}_{\boldsymbol{R}}(G/K) = \mathcal{L}(G/K) \cap \mathrm{Diff}_{\boldsymbol{R}}(G/K)$$

についてもまったく同様になりたつ．$\mathcal{L}_{\boldsymbol{R}}(G/K)$ の複素化代数 $\mathcal{L}_{\boldsymbol{R}}(G/K)^C$ は $\mathcal{L}(G/K)$ に等しい．

§4 ユニモジュラー Lie 群の球関数

この節では，ユニモジュラー Lie 群の球関数を不変積分作用素の同時固有関数として定義する．球関数は不変微分作用素の同時固有関数として特徴づけられることが示される．さらに，ユニモジュラー Lie 群の類と第 1 節で扱ったコンパクト位相群の類の共通部分であるコンパクト Lie 群に対しては，第 1 節の球関数の定義とこの節の定義とは一致することが示される．

この節では，G をユニモジュラー C^∞ Lie 群（一般に局所コンパクト位相群はその左不変 Haar 測度が右不変でもあるとき，ユニモジュラーといわれる），K をそのコンパクト部分群とする．例えば，コンパクト C^∞ Lie 群，巾零または半単純な連結 C^∞ Lie 群 G とそのコンパクト部分群 K は条件をみたす．G の Haar 測度 dx を 1 つとって固定する．ただし G がコンパクトのときは正規化された両側不変 Haar 測度 dx をとる．dk を K の正規化された両側不変 Haar 測度とする．

第 2 節と第 3 節で $C^\infty(G)$，$L^\infty(G)$，$C^\infty(G/K)$ を定義したが，さらに第 1 節のように，各 $k \in K$ に対し $L_k f = f$ をみたす $f \in C^\infty(G/K)$ の全体を $C^\infty(G, K)$ で表わして，

$$L^\infty(G, K) = L^\infty(G) \cap C^\infty(G, K)$$

とおく．さらに

$$L^\infty(G/K) = L^\infty(G) \cap C^\infty(G/K)$$

とおく．$L^\infty(G/K)$ は自然な仕方で，商多様体 G/K 上の台がコンパクトな複素数値 C^∞ 関数全体のなす空間と同一視されるから，この記法は第2節の記法と矛盾しない．第1節とまったく同様に $L_2(G)$, $L_2(G/K)$, $L_2(G,K)$ も定義される．$f, g \in C^\infty(G)$ に対して，どちらか一方は $L^\infty(G)$ に属しているとき，f と g の**たたみこみ** $f*g \in C^\infty(G)$ を

$$(f*g)(x) = \int_G f(xy^{-1})g(y)dy \qquad x \in G$$

によって定義する．測度 dx が両側不変で，G の変換 $x \mapsto x^{-1}$ によっても不変であることから

$$(f*g)(x) = \int_G f(xy)g(y^{-1})dy = \int_G f(y)g(y^{-1}x)dy = \int_G f(y^{-1})g(yx)dy$$

とも書ける．たたみこみの積によって $L^\infty(G)$ は $\boldsymbol{C}$ 上の代数になる．この代数 $L^\infty(G)$ を G の**群代数**とよぶ．$f \in C^\infty(G)$ に対して $f^* \in C^\infty(G)$ を

$$f^*(x) = \overline{f(x^{-1})} \qquad x \in G$$

によって定義する．

$$(f^*)^* = f \qquad f \in C^\infty(G)$$

がなりたち，f, g の一方が $L^\infty(G)$ に属するとき

$$(f*g)^* = g^* * f^* \qquad f, g \in C^\infty(G)$$

がなりたつ．$L^\infty(G)$ および $L^\infty(G,K)$ は $C^\infty(G)$ の半線形自己同形 $f \mapsto f^*$ で不変である．$f \in C^\infty(G)$, $g \in C^\infty(G/K)$ に対して，どちらか一方は $L^\infty(G)$ に属しているとき

$$(4.1) \qquad (f*g)(kxk') = \int_G f(kxy^{-1})g(y)dy \qquad x \in G,\ k, k' \in K$$

がなりたつ．実際

$$左辺 = \int_G f(kxk'y^{-1})g(y)dy \qquad (y' = yk'^{-1} \text{ と変数変換して})$$

$$= \int_G f(kxy'^{-1})g(y'k')dy' = \int_G f(kxy^{-1})g(y)dy$$

となるからである．したがって，$L^\infty(G/K)$ および $L^\infty(G,K)$ はともに群代数 $L^\infty(G)$ の部分代数である．たたみこみに関する代数 $L^\infty(G,K)$ を対 (G,K) の **Hecke 代数**とよぶ．

(4.1) より，$f \in C^\infty(G/K)$，$\varphi \in L^\infty(G,K)$ に対して $f*\varphi \in C^\infty(G/K)$ となる．そこで，$\varphi \in L^\infty(G,K)$ に対して $I_\varphi \in \mathrm{End}(C^\infty(G/K))$ を

$$I_\varphi f = f*\varphi \qquad f \in C^\infty(G/K)$$

によって定義しよう．たたみこみの結合性から

(4.2) $$I_{\varphi*\psi} = I_\psi I_\varphi \qquad \varphi, \psi \in L^\infty(G,K)$$

がなりたつ．さらに

$$L_x I_\varphi = I_\varphi L_x \qquad \varphi \in L^\infty(G,K),\ x \in G$$

がなりたつ．実際，$f \in C^\infty(G/K)$，$y \in G$ に対して

$$(L_x I_\varphi f)(y) = (I_\varphi f)(x^{-1}y) = \int_G f(x^{-1}yz)\varphi(z^{-1})dz = \int_G (L_x f)(yz)\varphi(z^{-1})dz$$

$$= (I_\varphi L_x f)(y)$$

となるからである．

$$\mathcal{I}^\infty(G,K) = \{I_\varphi \,;\, \varphi \in L^\infty(G,K)\}$$

とおく．(4.2) より $\mathcal{I}^\infty(G,K)$ は代数 $\mathrm{End}(C^\infty(G/K))$ の部分代数で，対応 $\varphi \mapsto I_\varphi$ は $L^\infty(G,K)$ から $\mathcal{I}^\infty(G,K)$ の上への線形同形を与える．$\mathcal{I}^\infty(G,K)$ の元を対 (G,K) の**不変積分作用素**という．

実際，$I_\varphi \in \mathcal{I}^\infty(G,K)$ は通常の意味での，滑らかな核をもつ G/K 上の積分作用素になっている．このことを確かめるために，$\varphi \in L^\infty(G,K)$ に対して $\tilde{\varphi} \in C^\infty(G/K \times G/K)$ を

$$\tilde{\varphi}(xo, yo) = \varphi(y^{-1}x) \qquad x, y \in G$$

によって定義すると，$\tilde{\varphi}$ は 1 つの変数を固定すれば他の変数に関して台がコン

パクトであって

$$\tilde{\varphi}(xp, xq) = \tilde{\varphi}(p, q) \qquad x \in G,\ \ p, q \in G/K$$

をみたす．$f \in C^\infty(G/K)$ に対して

$$(I_\varphi f)(x) = (f * \varphi)(x) = \int_G f(y)\varphi(y^{-1}x)\,dy$$
$$= \int_G \tilde{\varphi}(xo, yo) f(yo)\,dy \qquad x \in G$$

となるから，I_φ は $\tilde{\varphi}$ を核にもつ G/K 上の積分作用素である．

微分作用素の場合のように，不変積分作用素は形式的随伴作用素をもつ．すなわち，$f, g \in C^\infty(G/K)$ に対して，その一方が $L^\infty(G/K)$ に属するとき

$$\langle f, g\rangle = \int_G f(x)\overline{g(x)}\,dx = (f * g^*)(e)$$

と定義すると，つぎの定理がなりたつ．

定理 4.1 任意の $I \in \mathscr{I}^\infty(G, K)$ に対して一意的に $I^* \in \mathscr{I}^\infty(G, K)$ が存在して

$$\langle If, g\rangle = \langle f, I^* g\rangle \qquad f, g \in L^\infty(G/K)$$

がなりたつ．実際 I^* は

$$I_\varphi{}^* = I_{\varphi^*} \qquad \varphi \in L^\infty(G, K) \tag{4.3}$$

によって与えられる．

証明 一意性は明らかだから (4.3) を証明しよう．$f, g \in L^\infty(G, K)$ に対して

$$\langle I_\varphi f, g\rangle = [(I_\varphi f) * g^*](e) = [(f * \varphi) * g^*](e) = [f * (\varphi * g^*)](e)$$
$$= [f * (g * \varphi^*)^*](e) = [f * (I_{\varphi^*} g)^*](e) = \langle f, I_{\varphi^*} g\rangle$$

がなりたつから，(4.3)を得る．∎

$f \in C^\infty(G/K)$, $f \neq 0$ とする．任意の $\varphi \in L^\infty(G, K)$ に対して $\lambda(\varphi) \in \boldsymbol{C}$ が存在して

$$I_\varphi f = \lambda(\varphi) f$$

がなりたつとき，f を $\mathscr{I}^\infty(G, K)$ の**同時固有関数**という．このとき，対応 $\varphi \mapsto \lambda(\varphi)$ で定義される Hecke 代数 $L^\infty(G, K)$ から $\boldsymbol{C}$ への線形写像 λ は (4.2) より

代数準同形になる．この準同形 λ を f **に付属する準同形**とよぶ．

さて，$\mathscr{I}^\infty(G,K)$ の同時固有関数全体で $\boldsymbol{C}$ 上張られる $C^\infty(G/K)$ の部分空間を $S(G/K)$ で表わし，$S(G/K)$ の元を対 (G,K) **の**（**左**）**球関数**，または等質空間 G/K **の球関数**とよぶ．$I\in\mathscr{I}^\infty(G,K)$ は $L_x(x\in G)$ と可換だから，$S(G/K)$ は $C^\infty(G/K)$ の G 部分空間である．

つぎに帯球関数を定義しよう．G 上の複素数値関数 ω はつぎの2つの条件をみたすとき，対 (G,K) の**帯球関数**とよばれる．

(1)　$\omega\in C^\infty(G,K)$.

(2)　$\hat{\omega}(\varphi)=\displaystyle\int_G\varphi(x^{-1})\omega(x)\,dx\qquad\varphi\in L^\infty(G,K)$

とおくとき，$\hat{\omega}$ は Hecke 代数 $L^\infty(G,K)$ から $\boldsymbol{C}$ の上への代数準同形である．

帯球関数 ω は，$\hat{\omega}$ が上への準同形であることから，つねに $\omega\neq0$ である．対 (G,K) の帯球関数の全体を $\Omega(G,K)$ で表わす．$\omega\in\Omega(G,K)$ に対して，$\mathscr{I}^\infty(G,K)$ の同時固有関数 $f\in C^\infty(G/K)$ で，f に付属する $L^\infty(G,K)$ から $\boldsymbol{C}$ への準同形が $\hat{\omega}$ に一致するようなもの全体に $\{0\}$ を加えたものを $S_\omega(G/K)$ と書く．$\mathscr{I}^\infty(G,K)$ の各元は $L_x(x\in G)$ と可換であるから，$S_\omega(G/K)$ は $S(G/K)$ の G 部分空間である．$S_\omega(G/K)$ の元を ω **に付属する球関数**とよぶ．

帯球関数はさきに定義した意味の球関数なのであるが，その証明のためにまずつぎの補題を証明する．

補題 1　$\omega\in\Omega(G,K)$, $f\in C^\infty(G,K)$, $a\in\boldsymbol{C}$ に対して

$$\int_G\varphi(x^{-1})f(x)\,dx=a\hat{\omega}(\varphi)\qquad\varphi\in L^\infty(G,K)$$

がなりたつならば，$f=a\omega$ となる．

証明　まず，$f\in C^\infty(G,K)$ に対して

$$\int_G\varphi(x^{-1})f(x)\,dx=0\qquad\varphi\in L^\infty(G,K)$$

ならば $f=0$ であることを証明しよう．$g\in L^\infty(G)$ に対して

$$^0g^0(x) = \int_K\int_K g(kxk')\,dkdk' \qquad x \in G$$

とおくと，$^0g^0 \in L^\infty(G, K)$ であって，$f \in C^\infty(G, K)$ より

$$\int_G g(x^{-1})f(x)\,dx = \int_G {}^0g^0(x^{-1})f(x)\,dx = 0$$

を得る．g は任意にとれるから，$f=0$ となる．

さて，補題の ω, f, a に対して，$f-a\omega \in C^\infty(G, K)$ であって

$$\int_G \varphi(x^{-1})(f-a\omega)(x)\,dx = a\hat{\omega}(\varphi)-a\hat{\omega}(\varphi) = 0$$

をみたすから，いま示したことから $f-a\omega=0$ となる．∎

定理 4.2 $\omega \in \Omega(G, K)$ ならば

$$\varphi*\omega = \omega*\varphi = \hat{\omega}(\varphi)\omega \qquad \varphi \in L^\infty(G, K)$$

がなりたつ．したがって，$\omega \in S_\omega(G/K)$ である．

証明 (4.1) より $\varphi*\omega \in C^\infty(G, K)$ である．任意の $\psi \in L^\infty(G, K)$ に対して

$$\begin{aligned}\int_G \psi(x^{-1})(\varphi*\omega)(x)\,dx &= \int_G \psi(x^{-1})\left(\int_G \varphi(xy^{-1})\,\omega(y)\,dy\right)dx \\ &= \int_G\left(\int_G \psi(x^{-1})\,\varphi(xy^{-1})\,dx\right)\omega(y)\,dy \\ &= \int_G (\psi*\varphi)(y^{-1})\,\omega(y)\,dy = \hat{\omega}(\psi*\varphi) \\ &= \hat{\omega}(\psi)\hat{\omega}(\varphi)\end{aligned}$$

がなりたつ．したがって，補題1より $\varphi*\omega=\hat{\omega}(\varphi)\omega$ を得る．

同様に，$\omega*\varphi \in C^\infty(G, K)$ であって，任意の $\psi \in L^\infty(G, K)$ に対して

$$\begin{aligned}\int_G \psi(x^{-1})(\omega*\varphi)(x)\,dx &= \int_G \psi(x^{-1})\left(\int_G \omega(y)\,\varphi(y^{-1}x)\,dy\right)dx \\ &= \int_G\left(\int_G \varphi(y^{-1}x)\,\psi(x^{-1})\,dx\right)\omega(y)\,dy \\ &= \int_G (\varphi*\psi)(y^{-1})\,\omega(y)\,dy = \hat{\omega}(\varphi*\psi) \\ &= \hat{\omega}(\varphi)\hat{\omega}(\psi)\end{aligned}$$

を得るから，補題1より $\omega*\varphi=\hat{\omega}(\varphi)\omega$ を得る．∎

注意　$\omega\in\Omega(G,K)$ は対応する Hecke 代数 $L^\infty(G,K)$ から $\boldsymbol{C}$ への準同形 $\hat{\omega}$ で一意的にきまる．これは補題1で $a=1$ とおくことによって得られる．容易にわかるように，$\hat{\omega}$ はつぎの意味で連続である：$\varphi_n\in L^\infty(G,K)\ (n=1,2,\cdots)$ の台がある共通のコンパクトな集合に含まれ，$\|\varphi_n\|_\infty\to 0\ (n\to\infty)$ であるならば，$\hat{\omega}(\varphi_n)\to 0\ (n\to\infty)$ となる．逆に，この意味で連続な $L^\infty(G,K)$ から $\boldsymbol{C}$ の上への準同形はある $\omega\in\Omega(G,K)$ から得られることが証明される．したがって，$\Omega(G,K)$ は Hecke 代数 $L^\infty(G,K)$ から $\boldsymbol{C}$ の上への連続な準同形全体と1対1に対応している．

定理 4.3（加法公式）　$\omega\in\Omega(G,K)$ に対して

$$\int_K \omega(xky)\,dk=\omega(x)\omega(y)\qquad x,y\in G$$

がなりたつ．

証明　任意の $\varphi\in L^\infty(G,K)$ に対して，定理 4.2 より

$$\int_G \varphi(x^{-1})\omega(xy)\,dx=(\varphi*\omega)(y)=\hat{\omega}(\varphi)\omega(y)\qquad y\in G$$

がなりたつ．一方，$\varphi\in L^\infty(G,K)$ を用いて

$$\text{左辺}=\int_K\left(\int_G \varphi(k^{-1}x^{-1})\omega(xky)\,dx\right)dk=\int_G\varphi(x^{-1})\left(\int_K\omega(xky)\,dk\right)dx$$

を得る．したがって，$y\in G$ を固定して $f_y\in C^\infty(G,K)$ を

$$f_y(x)=\int_K\omega(xky)\,dk\qquad x\in G$$

によって定義すれば

$$\int_G\varphi(x^{-1})f_y(x)\,dx=\omega(y)\hat{\omega}(\varphi)$$

となる．したがって，補題1より $f_y=\omega(y)\omega$ を得る．これが求める公式である．∎

系　$\omega\in\Omega(G,K)$ ならば，$\omega(e)=1$ である．

証明　定理より

$$\omega(y) = \int_K \omega(eky)\,dk = \omega(e)\omega(y) \qquad y \in G$$

がなりたつが，$\omega \neq 0$ であるから $\omega(e)=1$ を得る．▮

定理 4.4 $f \in C^\infty(G,K)$ が $\mathcal{I}^\infty(G,K)$ の同時固有関数であるならば，$f(e) \neq 0$ であって

$$\omega(x) = f(e)^{-1}f(x) \qquad x \in G$$

によって定義される関数 ω は $\omega \in \Omega(G,K)$ である．

証明 λ を f に付属する $L^\infty(G,K)$ から $\boldsymbol{C}$ への準同形とする．

$$(f*\varphi)(e) = \int_G \varphi(x^{-1})f(x)\,dx \qquad \varphi \in L^\infty(G,K)$$

であるから，補題1の証明の前半でみたように，ある $\varphi_0 \in L^\infty(G,K)$ が存在して $(f*\varphi_0)(e) \neq 0$，すなわち，$\lambda(\varphi_0)f(e) \neq 0$ となる．したがって

$$\lambda(\varphi_0) \neq 0, \qquad f(e) \neq 0 \tag{4.4}$$

を得る．定義から，$\omega(e)=1$, $\omega \in C^\infty(G,K)$ であって

$$\omega * \varphi = \lambda(\varphi)\omega \qquad \varphi \in L^\infty(G,K)$$

がなりたつ．さて，任意の $\varphi, \psi \in L^\infty(G,K)$ に対して

$$\begin{aligned}
\hat{\omega}(\varphi*\psi) &= \int_G (\varphi*\psi)(x^{-1})\omega(x)\,dx = \int_G\left(\int_G \varphi(x^{-1}y)\psi(y^{-1})\,dy\right)\omega(x)\,dx \\
&= \int_G \psi(y^{-1})\left(\int_G \omega(x)\varphi(x^{-1}y)\,dx\right)dy = \int_G \psi(y^{-1})(\omega*\varphi)(y)\,dy \\
&= \lambda(\varphi)\int_G \psi(y^{-1})\omega(y)\,dy = \lambda(\varphi)(\omega*\psi)(e) = \lambda(\varphi)\lambda(\psi)\omega(e) \\
&= \lambda(\varphi)\lambda(\psi)
\end{aligned}$$

を得る．ところが一般に

$$\lambda(\varphi) = \omega(e)^{-1}(\omega*\varphi)(e) = \int_G \varphi(x^{-1})\omega(x)\,dx = \hat{\omega}(\varphi) \qquad \varphi \in L^\infty(G,K)$$

であるから，$\hat{\omega}(\varphi*\psi)=\hat{\omega}(\varphi)\hat{\omega}(\psi)$ を得る．(4.4) より $\hat{\omega}(\varphi_0)=\lambda(\varphi_0)\neq 0$ であるから，$\hat{\omega}$ は $L^\infty(G,K)$ から $\boldsymbol{C}$ の上への準同形である．▮

系1 G 上の複素数値関数 ω に対して，$\omega \in \Omega(G,K)$ であるための必要十分

条件はつぎの 2 つをみたすことである.

(1) $\omega \in C^\infty(G, K)$.

(2)′ ω は $\omega(e)=1$ をみたす $\mathcal{I}^\infty(G, K)$ の同時固有関数である.

証明 $\omega \in \Omega(G, K)$ ならば, 定理 4.2 と定理 4.3, 系より ω は (1), (2)′ をみたす. 逆に, ω が (1), (2)′ をみたせば, 定理より $\omega \in \Omega(G, K)$ となる. ▮

系 2 G 上の複素数値関数 ω に対して, $\omega \in \Omega(G, K)$ であるための必要十分条件はつぎの 2 つをみたすことである.

(1)′ $\omega \in C^\infty(G)$.

(2)″ $\omega \neq 0$ であって, 加法公式

$$\int_K \omega(xky)\,dk = \omega(x)\omega(y) \qquad x, y \in G$$

をみたす.

証明 $\omega \in \Omega(G, K)$ ならば, 定理 4.3 より ω は (1)′, (2)″ をみたす. 逆に, ω が (1)′, (2)″ をみたすとする. (2)″ より, $\omega(x_0) \neq 0$ となる $x_0 \in G$ が存在する. $k \in K$, $x \in G$ に対して

$$\omega(xk)\omega(x_0) = \int_K \omega(xkk'x_0)\,dk' = \int_K \omega(xk'x_0)\,dk' = \omega(x)\omega(x_0),$$

$$\omega(x_0)\omega(kx) = \int_K \omega(x_0k'kx)\,dk' = \int_K \omega(x_0k'x)\,dk' = \omega(x_0)\omega(x)$$

より $\omega(xk)=\omega(kx)=\omega(x)$ を得るから, $\omega \in C^\infty(G, K)$ となる. また, (2)″ より定理 4.3, 系のようにして $\omega(e)=1$ を得る. したがって, ω が $\mathcal{I}^\infty(G, K)$ の同時固有関数であることを示せば, 系 1 より $\omega \in \Omega(G, K)$ を得る. これを示すために, $\varphi \in L^\infty(G, K)$ に対して

$$\lambda(\varphi) = \int_G \varphi(x^{-1})\omega(x)\,dx$$

とおくと, $\omega * \varphi = \lambda(\varphi)\omega$ がなりたつことを証明しよう. $x \in G$, $k \in K$ に対して

$$(\omega * \varphi)(x) = \int_G \omega(xy)\varphi(y^{-1})dy \qquad (y=ky' \text{ と変数変換して})$$
$$= \int_G \omega(xky')\varphi(y'^{-1}k^{-1})dy' = \int_G \omega(xky)\varphi(y^{-1})dy$$

となる．したがって

$$(\omega * \varphi)(x) = \int_K\left(\int_G \omega(xky)\varphi(y^{-1})dy\right)dk = \int_G\left(\int_K \omega(xky)dk\right)\varphi(y^{-1})dy$$
$$= \int_G \omega(x)\omega(y)\varphi(y^{-1})dy = \lambda(\varphi)\omega(x) \qquad x \in G$$

が得られた．▌

例1 χ を G の**指標**，すなわち，G から0でない複素数全体のなす乗法群 $\boldsymbol{C}^*$ への C^∞ 準同形とする．χ が各 $k \in K$ に対して $\chi(k)=1$ をみたせば，(1)′，(2)″ をみたすから，χ は対 (G, K) の帯球関数である．とくに，G 上いたるところ値1をとる関数1は帯球関数である．G が可換ならば，帯球関数はすべてこのような指標として得られる．

定理4.5 (1) $\omega \in \Omega(G, K)$ に対して，$S_\omega(G/K) \cap \Omega(G, K)$ はただ1つの関数 ω よりなる．ω は $S_\omega(G/K)$ のなかで

$$L_k\omega = \omega \qquad k \in K,$$
$$\omega(e) = 1$$

の2つをみたすものとして特徴づけられる．

(2)
$$S(G/K) = \sum_{\omega \in \Omega(G, K)} S_\omega(G/K) \qquad (\text{直和})$$

がなりたつ．

証明 (1) 定理4.2の後の注意から

$$S_\omega(G/K) \cap S_{\omega'}(G/K) = \{0\} \qquad \omega, \omega' \in \Omega(G, K), \ \omega \neq \omega'$$

となるから，定理4.2と定理4.4，系1より(1)を得る．

(2) $\mathscr{I}^\infty(G, K)$ の同時固有関数 $f \in C^\infty(G/K)$ を任意にとったとき，$f \in S_\omega(G/K)$ をみたす $\omega \in \Omega(G, K)$ が存在することを示せばよい．λ を f に付属する $L^\infty(G, K)$ から $\boldsymbol{C}$ への準同形とする．$f(x_0) \neq 0$ をみたす $x_0 \in G$ をとって

$$\omega(x)=f(x_0)^{-1}\int_K f(x_0kx)\,dk \qquad x\in G$$

と定義する．容易に，$\omega\in C^\infty(G,K)$，$\omega(e)=1$ であることがわかるから，

$$\omega*\varphi=\lambda(\varphi)\omega \qquad \varphi\in L^\infty(G,K)$$

を示せば，定理 4.4，系 1 より $\omega\in\Omega(G,K)$ となり，定理 4.2 より $f\in S_\omega(G/K)$ となる．$x\in G$ に対して

$$\begin{aligned}(\omega*\varphi)(x)&=f(x_0)^{-1}\int_G\left(\int_K f(x_0kxy^{-1})\,dk\right)\varphi(y)\,dy\\&=f(x_0)^{-1}\int_K\left(\int_G f(x_0kxy^{-1})\varphi(y)\,dy\right)dk\\&=f(x_0)^{-1}\int_K(f*\varphi)(x_0kx)\,dk=f(x_0)^{-1}\lambda(\varphi)\int_K f(x_0kx)\,dk\\&=\lambda(\varphi)\omega(x)\end{aligned}$$

となるから，上式が示された．∎

$\omega\in\Omega(G,K)$ に対応する準同形 $\hat{\omega}$ はつねに $\boldsymbol{C}$ の上への準同形であるから，つぎの系を得る．

系 $\mathcal{I}^\infty(G,K)$ の同時固有関数 $f\in C^\infty(G/K)$ に付属する，Hecke 代数 $L^\infty(G,K)$ から $\boldsymbol{C}$ への準同形は上への準同形である．

注意 これまでの議論は，G をユニモジュラー局所コンパクト位相群とし，C^∞ 関数の代りにすべて連続関数を用いても，まったく同様になりたつ．この意味での局所コンパクト位相群の球関数論は $\mathfrak{p}$ 進体上の代数群などに適用されている．

さらに，G がユニモジュラー C^∞ Lie 群であるとき，われわれの意味での球関数または帯球関数と，局所コンパクト位相群の球関数論の意味での球関数または帯球関数とは一致する．この事実の証明を与えておこう．

局所コンパクト位相群の球関数論における関数空間，不変積分作用素代数などは記号 ∞ を除いて表わす．$L(G,K)$ に位相を定理 4.2 の後の注意のようにして導入しておく．まず，G の単位元 e の相対コンパクトな近傍系の基底 $\{U_n;\ n=1,2,\cdots\}$ をとって，G 上の非負実数値 C^∞ 関数 $f_n(n=1,2,\cdots)$ で

$$\operatorname{supp} f_n \subset U_n, \qquad \int_G f_n(x)\,dx = 1 \qquad (n = 1, 2, \cdots)$$

をみたすものをとり，$\varphi_n \in L^\infty(G, K)$ $(n=1, 2, \cdots)$ を

$$\varphi_n(x) = \int_K \int_K f_n(kxk')\,dk\,dk' \qquad x \in G \qquad (n = 1, 2, \cdots)$$

によって定義すると，任意の $\varphi \in L(G, K)$ に対して $\varphi * \varphi_n \in L^\infty(G, K)$ $(n=1, 2, \cdots)$ であって，$\varphi * \varphi_n \to \varphi$ $(n \to \infty)$ となることに注意しよう．さて，上の事実を証明するには，$f \in C(G/K)$ に対して，f が $\mathcal{I}(G, K)$ の同時固有関数であることと，$f \in C^\infty(G/K)$ で $\mathcal{I}^\infty(G, K)$ の同時固有関数であることとが同値であることを証明すればよい．そうすれば，球関数は一致し，定理4.4，系1より帯球関数が一致することもわかるからである．まず，$f \in C(G/K)$ が $\mathcal{I}(G, K)$ の同時固有関数であるとしよう．定理4.5，系より，f に付属する $L(G, K)$ から $\boldsymbol{C}$ への連続な準同形 λ は上への準同形であり，また $L^\infty(G, K)$ は $L(G, K)$ のなかで稠密であるから，$\lambda(\varphi_0) \neq 0$ をみたす $\varphi_0 \in L^\infty(G, K)$ が存在する．したがって，$f = \lambda(\varphi_0)^{-1} f * \varphi_0$ は $C^\infty(G/K)$ に属する．f が $\mathcal{I}^\infty(G, K)$ の同時固有関数であることは自明である．逆に，$f \in C^\infty(G/K)$ が $\mathcal{I}^\infty(G, K)$ の同時固有関数であるとしよう．$f(x_0) \neq 0$ となる $x_0 \in G$ をとる．f に付属する $L^\infty(G, K)$ から $\boldsymbol{C}$ への準同形を λ とし，これを $L(G, K)$ から $\boldsymbol{C}$ への連続写像 λ に

$$\lambda(\varphi) = f(x_0)^{-1} \int_G f(x_0 x^{-1}) \varphi(x)\,dx \qquad \varphi \in L(G, K)$$

によって拡張する．$\varphi \in L(G, K)$ に対して，上に述べた $\varphi_n \in L^\infty(G, K)$ $(n=1, 2, \cdots)$ をとれば，$\varphi * \varphi_n \in L^\infty(G, K)$ $(n=1, 2, \cdots)$ であるから

$$f * \varphi * \varphi_n = \lambda(\varphi * \varphi_n) f \qquad (n = 1, 2, \cdots)$$

を得る．$n \to \infty$ のときの両辺の極限を考えれば

$$f * \varphi = \lambda(\varphi) f \qquad \varphi \in L(G, K)$$

を得る．したがって，f は $\mathcal{I}(G, K)$ の同時固有関数である．∎

G/K 上には G 不変な正値 C^∞ 測度 $d\mu(x)$ で

$$\int_{G/K} f(x)\,d\mu(x) = \int_G f(x)\,dx \qquad f \in L^\infty(G/K) \subset L^\infty(G)$$

をみたすものがただ1つ存在する．$d\mu(x)$ を G の **Haar 測度 dx から引きおこされた測度**とよび，簡単のためにこれも dx で表わそう．とくに G がコンパクトである場合，G の正規化された Haar 測度から引きおこされた G/K 上の測度は全体積が1である G 不変な正値 C^∞ 測度である．このような G/K 上の測度は，ただ1つしかないから，これを単に**正規化された不変正値 C^∞ 測度**とよぶことがある．以後，$D \in \mathscr{L}(G/K)$ の形式的随伴作用素 D^* はこの測度に関するものとする．第3節で注意したように $D^* \in \mathscr{L}(G/K)$ である．部分群 K はコンパクトだから，対 (G, K) は簡約可能である．定理3.4，系より $\mathscr{L}(G/K)$ は有限生成の代数である．K がコンパクトだから，G/K 上に G 不変な Riemann 計量 g が存在する．これを1つとって固定しておく．g から定義される G/K 上の Riemann 測度は正の定数倍を除いて dx に等しい．g から定義される Laplace-Beltrami 作用素を $\Delta \in \mathscr{L}_2(G/K)$ とする．Δ は自己随伴楕円型微分作用素である．

$f \in C^\infty(G/K)$，$f \neq 0$ とする．任意の $D \in \mathscr{L}(G/K)$ に対して $\lambda(D) \in \boldsymbol{C}$ が存在して

$$Df = \lambda(D) f$$

がなりたつとき，f を $\mathscr{L}(G/K)$ の**同時固有関数**という．このとき，対応 $D \mapsto \lambda(D)$ で定義される $\mathscr{L}(G/K)$ から $\boldsymbol{C}$ への代数準同形 λ を **f に付属する準同形**という．$\mathscr{L}(G/K)$ から $\boldsymbol{C}$ への代数準同形 λ に対して，$\mathscr{L}(G/K)$ の同時固有関数 $f \in C^\infty(G/K)$ で，f に付属する準同形が λ に一致するようなもの全体に $\{0\}$ を加えたものを $S_\lambda(G/K)$ と書く．$\mathscr{L}(G/K)$ の各元が $L_x\ (x \in G)$ と可換であるから，$S_\lambda(G/K)$ は $C^\infty(G/K)$ の G 部分空間である．$\mathscr{L}(G/K)$ から $\boldsymbol{C}$ への代数準同形 λ で $S_\lambda(G/K) \neq \{0\}$ であるもの全体を $\mathscr{S}(G/K)$ で表わす．$\lambda \in \mathscr{S}(G/K)$ に対して，$S_\lambda(G/K)$ が有限次元であるとき $\dim S_\lambda(G/K)$ を λ の**重複度**という．

$$S_\lambda(G/K) \cap S_{\lambda'}(G/K) = \{0\} \qquad \lambda, \lambda' \in \mathscr{S}(G/K),\ \lambda \neq \lambda'$$

がなりたつ．

われわれは帯球関数 ω が $C^\infty(G,K)$ のなかで，$\omega(e)=1$ をみたす $\mathcal{L}(G/K)$ の同時固有関数として特徴づけられることを示したいのであるが，そのためにつぎの補題を準備する．

補題2 代数 $\mathrm{End}(C^\infty(G/K))$ のなかで

$$\mathcal{L}(G/K)\mathcal{I}^\infty(G,K) = \mathcal{I}^\infty(G,K)\mathcal{L}(G/K) = \mathcal{I}^\infty(G,K)$$

がなりたつ．さらに詳しく，$\mathcal{L}(G/K)L^\infty(G,K)\subset L^\infty(G,K)$ であって

$$(4.5)\qquad DI_\varphi = I_{D\varphi},\ \ I_\varphi D = I_{(D^*\varphi^*)^*}\qquad D\in\mathcal{L}(G/K),\ \ \varphi\in L^\infty(G,K)$$

がなりたつ．

証明 $D\in\mathcal{L}(G/K)$, $\varphi\in L^\infty(G,K)$ に対して，$D\varphi\in L^\infty(G/K)$ は明らかであるが，

$$L_k D\varphi = DL_k\varphi = D\varphi \qquad k\in K$$

より，$D\varphi\in L^\infty(G,K)$ を得る．後は (4.5) の第1式だけ示せばよい．実際，(4.5)の第1式の両辺の形式的随伴作用素をとれば第2式が得られる．第1式より $\mathcal{L}(G/K)\mathcal{I}^\infty(G,K)\subset\mathcal{I}^\infty(G,K)$ を得るが，$\mathcal{L}(G/K)$ は $C^\infty(G/K)$ の恒等自己同形1を含むから，$\mathcal{L}(G/K)\mathcal{I}^\infty(G,K)=\mathcal{I}^\infty(G,K)$ となる．この両辺の形式的随伴作用素をとれば，$\mathcal{I}^\infty(G,K)\mathcal{L}(G/K)=\mathcal{I}^\infty(G,K)$ を得るからである．

さて，$D\in\mathcal{L}(G/K)$, $\varphi\in L^\infty(G,K)$, $f\in C^\infty(G/K)$, $x\in G$ に対して

$$\begin{aligned}(DI_\varphi f)(x) &= \int_G f(y)(DL_y\varphi)(x)\,dy = \int_G f(y)(L_yD\varphi)(x)\,dy\\ &= (f*D\varphi)(x) = (I_{D\varphi}f)(x)\end{aligned}$$

であるから，(4.5)の第1式が得られた．∎

定理4.6 G/K は連結であるとする．G 上の複素数値関数 ω に対して，$\omega\in\Omega(G,K)$ であるための必要十分条件は ω がつぎの2つをみたすことである．

(1) $\omega\in C^\infty(G,K)$.

(2)‴ ω は $\omega(e)=1$ をみたす $\mathcal{L}(G/K)$ の同時固有関数である．

証明 $\omega\in\Omega(G,K)$ とする．$\hat{\omega}$ は $L^\infty(G,K)$ から $\boldsymbol{C}$ の上への準同形であるから，$\hat{\omega}(\varphi_0)\neq 0$ をみたす $\varphi_0\in L^\infty(G,K)$ が存在する．定理4.2より得られる

等式 $I_{\varphi_0}\omega=\hat{\omega}(\varphi_0)\omega$ に $D\in\mathcal{L}(G/K)$ を働かせれば

$$DI_{\varphi_0}\omega = \hat{\omega}(\varphi_0)D\omega$$

を得る．補題2より $DI_{\varphi_0}=I_{D\varphi_0}$ であるから，左辺は定理4.2より $\hat{\omega}(D\varphi_0)\omega$ に等しい．したがって

$$D\omega = \hat{\omega}(\varphi_0)^{-1}\hat{\omega}(D\varphi_0)\omega \qquad D\in\mathcal{L}(G/K)$$

が得られたから，ω は (1), (2)‴ をみたす．

逆に，ω が (1), (2)‴ をみたすとしよう．λ を ω に付属する $\mathcal{L}(G/K)$ から $\boldsymbol{C}$ への準同形とする．周知のように，C^∞ Lie 群 G にはその C^∞ Lie 群の構造と矛盾しない実解析 Lie 群の構造が一意的に導入される．したがって，G/K は自然な実解析多様体の構造をもち，その構造に関して Laplace-Beltrami 作用素 Δ は実解析的微分作用素である．すなわち，Δ の局所表示における係数 a^α がすべて実解析的である．ω は Δ の固有関数であるから，周知の楕円型方程式の正則性定理 (例えば John [13], de Rham [5] を参照)から，ω は実解析的である．さて，以下でわれわれは ω に対する加法公式を証明しよう．そうすれば，定理4.4，系2より $\omega\in\Omega(G,K)$ となるからである．そのために，$y\in G$ を固定して，$f_0, f_1\in C^\infty(G,K)$ を

$$f_0(x) = \int_K \omega(ykx)\,dk \qquad x\in G,$$

$$f_1(x) = f_0(x)-f_0(e)\omega(x) = \int_K \omega(ykx)\,dk-\omega(y)\omega(x) \qquad x\in G$$

によって定義する．われわれが証明すべきことは $f_1=0$ である．ω が実解析的であるから，f_1 も実解析的である．G/K は連結だから，単位元 $e\in G$ における f_1 の Taylor 展開の各係数が 0 ならば $f_1=0$ が得られる．そのためには，第3節，補題より，各 $D\in\mathcal{L}(G)$ に対して

$$(Df_1)(e) = 0$$

がなりたつことを示せば十分である．

各 $D\in\mathcal{L}(G)$ に対して，$D^0\in\mathcal{L}(G)_K$ を

$$(D^0 f)(x) = \int_K (R_k D R_k^{-1} f)(x)\,dk \qquad f \in C^\infty(G),\ \ x \in G$$

によって定義すると

$$(4.6) \qquad (Df)(e) = (D^0 f)(e) \qquad f \in C^\infty(G, K)$$

がなりたつ．実際

$$\text{右辺} = \int_K (R_k D R_k^{-1} f)(e)\,dk = \int_K (R_k Df)(e)\,dk = \int_K (Df)(k)\,dk$$
$$= \int_K (L_k^{-1} Df)(e)\,dk = \int_K (D L_k^{-1} f)(e)\,dk = \int_K (Df)(e)\,dk = (Df)(e)$$

となるからである．また，$x \in G$ に対して

$$(D^0 f_0)(x) = \int_K (D^0 \omega)(ykx)dk = \lambda(\varpi(D^0)) \int_K \omega(ykx)dk = \lambda(\varpi(D^0)) f_0(x)$$

(ここで，$\varpi(D^0) \in \mathscr{L}(G/K)$ は $D^0 \in \mathscr{L}(G)_K$ の $C^\infty(G/K)$ への制限である)であるから，とくに

$$(D^0 f_0)(e) = \lambda(\varpi(D^0)) f_0(e)$$

を得る．この式と(4.6)から

$$(Df_1)(e) = (D^0 f_1)(e) = (D^0 f_0)(e) - f_0(e)\lambda(\varpi(D^0))\omega(e)$$
$$= \lambda(\varpi(D^0)) f_0(e) - f_0(e)\lambda(\varpi(D^0)) = 0$$

が得られる．▌

いまの証明をみればつぎのこともわかるので，ここに系として記しておく．

系 G/K は連結であるとする．$f \in C^\infty(G, K)$ が $\mathscr{L}(G/K)$ の同時固有関数ならば $f(e) \neq 0$ である．

定理 4.7 G/K は連結であるとする．

(1) $\lambda \in \mathscr{S}(G/K)$ に対して，$S_\lambda(G/K) \cap \Omega(G, K)$ はただ1つの関数(これを ω_λ で表わす)よりなる．

(2) $$S_\lambda(G/K) = S_{\omega_\lambda}(G/K) \qquad \lambda \in \mathscr{S}(G/K)$$

がなりたち，対応 $\lambda \mapsto \omega_\lambda$ は $\mathscr{S}(G/K)$ と $\Omega(G, K)$ の間の1対1の対応を与える．

$$S(G/K) = \sum_{\lambda \in \mathscr{S}(G/K)} S_\lambda(G/K) \qquad (\text{直和})$$

がなりたつ．G/K の自然な実解析的構造に関し，すべての球関数 $f\in S(G/K)$ は実解析的である．

証明 (1) $f\in S_\lambda(G/K)$, $f\neq 0$ を1つとる．$f(x_0)\neq 0$ をみたす $x_0\in G$ をとる．定理4.5の証明と同様に，$\omega_\lambda(e)=1$ をみたす $\omega_\lambda\in C^\infty(G,K)$ を

$$\omega_\lambda(x)=f(x_0)^{-1}\int_K f(x_0kx)\,dk \qquad x\in G$$

によって定義する．$D\in\mathcal{L}(G/K)$, $x\in G$ に対して

$$(D\omega_\lambda)(x)=f(x_0)^{-1}\int_K (Df)(x_0kx)\,dk=f(x_0)^{-1}\lambda(D)\int_K f(x_0kx)\,dx$$
$$=\lambda(D)\,\omega_\lambda(x)$$

となるから，定理4.6より $\omega_\lambda\in S_\lambda(G/K)\cap\Omega(G,K)$ である．ω_λ のほかには $S_\lambda(G/K)\cap\Omega(G,K)$ の元は存在しない．実際，$\omega\neq\omega_\lambda$ である $\omega\in S_\lambda(G/K)\cap\Omega(G,K)$ が存在したとすると，$f=\omega-\omega_\lambda\in C^\infty(G,K)$ は $\mathcal{L}(G/K)$ の同時固有関数であるが，$f(e)=0$ である．これは定理4.6，系に矛盾するからである．

ここで，定理4.6から，ω_λ は $S_\lambda(G/K)$ のなかで

$$L_k\omega_\lambda=\omega_\lambda \qquad k\in K, \tag{4.7}$$
$$\omega_\lambda(e)=1$$

の2つをみたすものとして特徴づけられることに注意しておこう．

(2) $f\in C^\infty(G/K)$, $x\in G$ に対し，f の x **のまわりの平均** $M^xf\in C^\infty(G/K)$ を

$$(M^xf)(y)=\int_{xKx^{-1}}(L_lf)(y)\,dl=\int_K f(xk^{-1}x^{-1}y)\,dk \qquad y\in G$$

によって定義する．つぎの性質が容易に確かめられる．

(i) $M^xI_\varphi=I_\varphi M^x \qquad x\in G,\ \varphi\in L^\infty(G,K)$,

(ii) $M^xD=DM^x \qquad x\in G,\ D\in\mathcal{L}(G/K)$,

(iii) $L_{x^{-1}}M^xf\in C^\infty(G,K) \qquad x\in G,\ f\in C^\infty(G/K)$,

(iv) $(M^xf)(x)=f(x) \qquad x\in G,\ f\in C^\infty(G/K)$.

例えば，(i) はつぎのようにして得られる：

$$(M^x I_\varphi f)(y) = \int_K (I_\varphi f)(xk^{-1}x^{-1}y)\,dk = \int_K \left(\int_G f(xk^{-1}x^{-1}yz^{-1})\varphi(z)\,dz \right) dk$$
$$= \int_G \left(\int_K f(xk^{-1}x^{-1}yz^{-1})\,dk \right) \varphi(z)\,dz = \int_G (M^x f)(yz^{-1})\varphi(z)\,dz$$
$$= (I_\varphi M^x f)(y) \qquad y \in G,\ f \in C^\infty(G/K).$$

$C^\infty(G/K)$ の作用素 M^x を用いて

$$\text{(A)} \qquad S_\lambda(G/K) \subset S_{\omega_\lambda}(G/K) \qquad \lambda \in \mathcal{S}(G/K)$$

を証明しよう．$f \in S_\lambda(G/K)$ を任意にとる．まず

$$\text{(4.8)} \qquad L_{x^{-1}} M^x f = f(x)\,\omega_\lambda \qquad x \in G$$

がなりたつことを示そう．(ii) より

$$DM^x f = M^x Df = \lambda(D) M^x f \qquad D \in \mathcal{L}(G/K)$$

であるから，$M^x f \in S_\lambda(G/K)$，したがって $L_{x^{-1}} M^x f \in S_\lambda(G/K)$ である．(iii) より $L_{x^{-1}} M^x f \in C^\infty(G, K)$ であって，(iv) より

$$(L_{x^{-1}} M^x f)(e) = (M^x f)(x) = f(x)$$

であるから，ω_λ の特徴づけ (4.7) より (4.8) を得る．さて，各 $\varphi \in L^\infty(G, K)$，$x \in G$ に対して，(i) と (4.8) より

$$M^x I_\varphi f = I_\varphi M^x f = f(x) I_\varphi L_x \omega_\lambda = f(x) L_x I_\varphi \omega_\lambda = f(x)\hat{\omega}_\lambda(\varphi) L_x \omega_\lambda$$

であるから，(iv) より

$$(I_\varphi f)(x) = (M^x I_\varphi f)(x) = f(x)\hat{\omega}_\lambda(\varphi)\omega_\lambda(e) = \hat{\omega}_\lambda(\varphi) f(x)$$

を得る．したがって $f \in S_{\omega_\lambda}(G/K)$ となった．

逆に，$\omega \in \Omega(G, K)$ が与えられたとする．$\hat{\omega}(\varphi_0) \neq 0$ をみたす $\varphi_0 \in L^\infty(G, K)$ をとって

$$\lambda_\omega(D) = \hat{\omega}(\varphi_0)^{-1}\hat{\omega}(D\varphi_0) \qquad D \in \mathcal{L}(G/K)$$

とおけば，$\lambda_\omega \in \mathcal{S}(G/K)$ であって φ_0 のとり方によらず，

$$\text{(B)} \qquad S_\omega(G/K) \subset S_{\lambda_\omega}(G/K) \qquad \omega \in \Omega(G/K)$$

がなりたつ．これは定理 4.6 の証明の前半とまったく同様にして証明される．

(A) と (B) より容易に (2) のはじめの部分を得る．(2) の残りの主張は定理 4.5, (2) と定理 4.6 の証明のなかの議論より明らかである．▌

注意 代数 $\mathcal{L}(G/K)$ の1つの生成系を $\{D_1, \cdots, D_l\}$ とするとき，$\mathcal{L}(G/K)$ から $\boldsymbol{C}$ への準同形 λ は $(\lambda(D_1), \cdots, \lambda(D_l)) \in \boldsymbol{C}^l$ によって定まるから，対応 $\lambda \mapsto (\lambda(D_1), \cdots, \lambda(D_l))$ は $\mathcal{S}(G/K)$ から $\boldsymbol{C}^l$ のなかへの単射を定義する．また，定理で $\omega \in \Omega(G, K)$ に対応する $\mathcal{S}(G/K)$ の元を λ_ω で表わせば，対応 $\omega \mapsto (\lambda_\omega(D_1), \cdots, \lambda_\omega(D_l))$ は $\Omega(G, K)$ から $\boldsymbol{C}^l$ のなかへの単射になる．これらの対応で $\mathcal{S}(G/K) \subset \boldsymbol{C}^l$ または $\Omega(G, K) \subset \boldsymbol{C}^l$ と同一視することがある．

定理 4.8 G をコンパクト C^∞ Lie 群，K をその閉部分群とする．さらに各 $\rho \in \mathcal{D}(G, K)$ に対してその重複度 m_ρ は1であるとする．このとき

(1) この節の意味の対 (G, K) の帯球関数全体は第1節の意味の帯球関数全体 $\{\omega_\rho ; \rho \in \mathcal{D}(G, K)\}$ と一致する．この節の意味の G/K の球関数全体の空間 $S(G/K)$ は第1節の意味の球関数全体の空間 $\mathfrak{o}(G/K)$ と一致する．さらに詳しく

$$S_{\omega_\rho}(G/K) = \mathfrak{o}_\rho(G/K) \qquad \rho \in \mathcal{D}(G, K)$$

がなりたつ．空間 $S(G/K)$ は $C(G/K)$ のなかでノルム $\| \ \|_\infty$ に関して稠密である．

(2) G/K は連結であるとする．任意の $\lambda \in \mathcal{S}(G/K)$ に対して，ただ1つの $\rho_\lambda \in \mathcal{D}(G, K)$ が存在して

$$S_\lambda(G/K) = \mathfrak{o}_{\rho_\lambda}(G/K)$$

となる．対応 $\lambda \mapsto \rho_\lambda$ は $\mathcal{S}(G/K)$ と $\mathcal{D}(G, K)$ の間の1対1対応を与える．$\mathcal{L}(G/K)$ の同時固有関数全体で $\boldsymbol{C}$ 上張られる部分空間は $C(G/K)$ のなかでノルム $\| \ \|_\infty$ に関して稠密である．

証明 (1) 周知のように C^∞ Lie 群の間の連続な準同形は C^∞ 準同形であるから，$\mathfrak{o}(G/K) \subset C^\infty(G/K)$ であることをまず注意しておこう．

$\rho \in \mathcal{D}(G, K)$ を任意にとる．$f \in \mathfrak{o}(G/K)$, $I \in \mathcal{I}^\infty(G, K)$ に対して，I は L_x $(x \in G)$ と可換だから，$\{L_x I f ; x \in G\}$ で張られる $C(G/K)$ の部分空間の次元は有限である．すなわち，任意の $I \in \mathcal{I}^\infty(G, K)$ は $\mathfrak{o}(G/K)$ を不変にする．I が G の $\mathfrak{o}(G/K)$ への作用 $L_x (x \in G)$ と可換であることをふたたび用いれば，I は $\mathfrak{o}_\rho(G/K)$ を不変にすることがわかる．仮定と定理1.4より $\mathfrak{o}_\rho(G/K)$ は既約

G 空間であるから，Schur の補題より I は $\mathfrak{o}_\rho(G/K)$ 上でスカラー作用素である．したがって，ある(この節の意味の)帯球関数 ω が存在して $\mathfrak{o}_\rho(G/K)\subset S_\omega(G/K)$ となる．定理4.5, (1) と第1節で述べた $\omega_\rho\in\mathfrak{o}_\rho(G/K)$ の特徴づけから，$\omega=\omega_\rho$ を得る．したがって，ω_ρ は(この節の意味の)帯球関数で

(A) $$\mathfrak{o}_\rho(G/K)\subset S_{\omega_\rho}(G/K)$$

であることがわかった．

逆に，(この節の意味の)帯球関数 ω を任意にとる．$\hat{\omega}(\varphi_0)\neq 0$ をみたす $\varphi_0\in L^\infty(G,K)$ をとる．$C(G/K)$ の G 部分空間 $S_\omega(G/K)$ は Banach 空間 $C(G/K)$ のコンパクト作用素 I_{φ_0} の 0 でない固有値 $\hat{\omega}(\varphi_0)$ に属する固有空間に含まれるから，周知の定理より有限次元である．したがって $S_\omega(G/K)\subset\mathfrak{o}(G/K)$ となる．さらに，ある $\rho\in\mathcal{D}(G,K)$ が存在して

(B) $$S_\omega(G/K)\subset\mathfrak{o}_\rho(G/K),\qquad \omega=\omega_\rho$$

がなりたつ．実際，さきに述べたように各 $\mathfrak{o}_\rho(G/K)$ は既約 G 空間だから，有限個の $\rho_1,\cdots,\rho_r\in\mathcal{D}(G,K)$ が存在して

$$S_\omega(G/K)=\mathfrak{o}_{\rho_1}(G/K)+\cdots+\mathfrak{o}_{\rho_r}(G/K)$$

と表わされるが，定理4.5, (1) より $r=1$, $\omega=\omega_{\rho_1}$ でなければならないからである．

(1) の主張は最後の主張を除いて (A), (B) から容易に得られる．最後の主張は定理1.3から得られる．

(2) 定理4.7と(1)より明らかである．▮

各 $\mathfrak{o}_\rho(G/K)$ は既約 G 空間であったから，つぎの系を得る．

系 対 (G,K) が定理4.8と同じ仮定をみたすならば

(1) 各 $\omega\in\Omega(G,K)$ に対して $S_\omega(G/K)$ は既約 G 空間である．

(2) G/K が連結であるとき，各 $\lambda\in\mathcal{S}(G/K)$ に対して $S_\lambda(G/K)$ は既約 G 空間である．

注意 (1) 証明をみればわかるように，定理の(1)と系の(1)は G がコンパクト位相群の場合でも，局所コンパクト位相群の球関数論の意味でなりたつ．

(2) 定理よりわかるように，G/K が連結ならば，Hilbert 空間 $L_2(G/K)$ は

$\mathscr{L}(G/K)$ の同時固有関数よりなる完全正規直交系 $\{\varphi_i\}$ をもち，すべての $f\in L_2(G/K)$ は

$$f=\sum_i \langle f, \varphi_i\rangle \varphi_i$$

と Fourier 展開される．すなわち，右辺の和は $L_2(G/K)$ のノルム $\| \ \|_2$ に関して収束して f に一致する(このことは $\mathscr{I}^\infty(G,K)$ についても同じである)．じつは，とくに $f\in C^\infty(G/K)$ ならば，右辺の和は G/K 上で絶対一様収束して f に一致する．これは，コンパクト C^∞ Riemann 多様体 M の Laplace-Beltrami 作用素 Δ の Green 作用素の ($[\dim M/2]+1$)乗は連続な対称核をもつ積分作用素である(de Rham [5] を参照)ことと，このような作用素に関する Hilbert-Schmidt の定理を用いて証明される．

対 (G,K) が定理 4.8 の仮定をみたしているならば，注意(2)で述べたように，Hilbert 空間 $L_2(G/K)$ のなかで球関数の空間 $S(G/K)$ は稠密である．われわれの球関数論が豊富な内容をもつためには，この場合のように‘十分多く’の球関数が存在することが必要であろう．それでは，一般にどのような場合に十分多くの球関数が存在するであろうか．定理 4.8 の‘十分多く’をいいなおしてみると

(I)　$L_2(G/K)$ は $\mathscr{I}^\infty(G,K)$ または $\mathscr{L}(G/K)$ の同時固有関数よりなる完全正規直交系をもつ．

といってもよいであろう．$\mathscr{I}^\infty(G,K)$ と $\mathscr{L}(G/K)$ はともに形式的随伴作用素をとる操作に関して閉じていることに注意して，この問題の有限次元の類似を考えると，つぎのようになる：V を内積の与えられた有限次元複素線形空間とし，End V の部分代数 $\mathscr{L}$ で随伴作用素をとる操作に関して閉じているものが与えられているとする．このとき，どのような場合に V は $\mathscr{L}$ の同時固有ベクトルからなる正規直交基底をもつか？　周知のように，例えば $\mathscr{L}$ が可換ならば V はそのような基底をもつ．そこで

(P)　Hecke 代数 $L^\infty(G,K)$ または不変微分作用素の代数 $\mathscr{L}(G/K)$ が可換ならば，対 (G,K) の球関数は‘十分多く’存在するか？

という問題が生ずる．この問題は以下に説明する意味において肯定的に解かれ

ている．

$\varphi \in L^\infty(G,K)$ に対して，$\Omega(G,K)$ 上の複素数値関数 $\hat{\varphi}$ を

$$\hat{\varphi}(\omega)=\hat{\omega}(\varphi) \qquad \omega \in \Omega(G,K)$$

によって定義し，$\hat{\varphi}$ を φ の **Fourier 変換**とよぶ．$\Omega(G,K)$ に，各 $\hat{\varphi}$ が連続関数になるような最も弱い位相を導入する．正定値な $\omega \in \Omega(G,K)$ の全体を $\Omega^+(G,K)$ で表わし，これに $\Omega(G,K)$ の位相から引きおこされた位相を導入する．（一般に，G 上の複素数値連続関数 f が**正定値**であるとは，任意の有限個の $x_1,\cdots,x_n \in G$ と $a_1,\cdots,a_n \in \boldsymbol{C}$ に対してつねに

$$\sum_{i,j=1}^{n} f(x_i^{-1}x_j)a_i\bar{a}_j \geqq 0$$

がみたされることをいう．）例えば，G がコンパクトならば $\Omega^+(G,K)$ は $\Omega(G,K)$ と一致する．G が可換ならば，$\Omega^+(G,K)$ は G のユニタリ指標 χ（すなわち，すべての $x \in G$ に対して $|\chi(x)|=1$ をみたす指標）で，各 $k \in K$ に対して $\chi(k)=1$ をみたすもの全体と一致する．このとき，つぎの定理がなりたつ．

定理 4.9（Plancherel の公式） Hecke 代数 $L^\infty(G,K)$ が可換であるならば，$\Omega^+(G,K)$ は局所コンパクトで，以下の性質をもつ $\Omega^+(G,K)$ 上の Radon 測度 $d\mu(\omega)$ が一意的に存在する．（ここで，$\Omega^+(G,K)$ 上の測度 $d\mu(\omega)$ が **Radon 測度**であるとは，$\Omega^+(G,K)$ 上の台がコンパクトな複素数値連続関数 f に対して

$$\mu(f)=\int_{\Omega^+(G,K)} f(\omega)\,d\mu(\omega)$$

とおくとき，(i) f がいたるところ非負実数値をとるならば $\mu(f)\geqq 0$ をみたし，(ii) 各 f_n の台がある共通のコンパクト集合に含まれるような関数列 f_n $(n=1,2,\cdots)$ が一様に 0 に収束するならば $\mu(f_n)$ は 0 に収束する，ことをいう．）

(1) $\Omega^+(G,K)$ 上の $d\mu(\omega)$ に関する複素数値 2 乗可積分可測関数全体のなす複素 Hilbert 空間を $L_2(\Omega^+(G,K))$ で表わすと，任意の $\varphi \in L^\infty(G,K)$ に対して，$\hat{\varphi} \in L_2(\Omega^+(G,K))$ であって

$$\int_G |\varphi(x)|^2 dx = \int_{\Omega^+(G,K)} |\hat{\varphi}(\omega)|^2 d\mu(\omega)$$

がなりたつ.

(2) 対応 $\varphi \mapsto \hat{\varphi}$ は $L_2(G, K)$ から $L_2(\Omega^+(G, K))$ への複素 Hilbert 空間としての同形写像に一意的に拡張される.

この定理は局所コンパクト位相群の球関数論の意味でもなりたつ. 例えば, G が可換群ならば $L(G, K)$ は可換であり, また第1節, 例2の場合, $K(M)$ は $L(M)$ の可換部分代数で $L(G, K)$ と同形になるから, この定理が適用される. G がコンパクト群の場合, のちに示すように, $L(G, K)$ が可換ならば各 $\rho \in \mathcal{D}(G, K)$ に対して $m_\rho = 1$ となるから, この場合の定理4.9は定理1.5, (2) にほかならない. 一般の場合の証明は Godement [6] をみられたい.

例2 $G = \boldsymbol{R}^n, K = \{0\}$ とする. Hecke 代数 $L^\infty(\boldsymbol{R}^n, \{0\})$ は可換である. $\boldsymbol{R}^n$ の標準的測度を dx, 標準的内積を $\langle , \rangle$ で表わす. $\xi \in \boldsymbol{R}^n$ に対して, $\boldsymbol{R}^n$ のユニタリ指標 ω_ξ を

$$\omega_\xi(x) = \exp(\sqrt{-1}\langle \xi, x \rangle) \qquad x \in \boldsymbol{R}^n$$

によって定義すると, 対応 $\xi \mapsto \omega_\xi$ によって $\boldsymbol{R}^n$ は $\Omega^+(\boldsymbol{R}^n, \{0\})$ と同一視される. $\varphi \in L^\infty(\boldsymbol{R}^n) = L^\infty(\boldsymbol{R}^n, \{0\})$ に対して, その Fourier 変換 $\hat{\varphi} \in L_2(\boldsymbol{R}^n)$ は

$$\hat{\varphi}(\xi) = \int_{\boldsymbol{R}^n} \varphi(x) \exp(-\sqrt{-1}\langle \xi, x \rangle) dx \qquad \xi \in \boldsymbol{R}^n$$

であって,

$$d\mu(\xi) = \frac{1}{(2\pi)^n} d\xi$$

によって Plancherel の公式(1)がなりたつ. これは $\boldsymbol{R}^n$ 上の古典的調和解析における Plancherel の公式にほかならない.

さて, G がコンパクトであるとき, 定理1.4から容易にわかるように, 条件(I)はつぎの条件

(II) $\Omega(G, K)$ は $L_2(G, K)$ の完全直交系である.

と同値である. (II)をいいかえて

(II)′　$L_2(G,K)$ の各元は $\Omega^+(G,K)$ によって‘展開される’.

とすれば，これはもう一般の G について意味をもつ命題であって，球関数が‘十分多く’存在することを意味する命題であるといってよいであろう．Plancherel の公式は命題(II)′ を意味しているものと理解すれば，定理4.9は問題(P)の解答を与えていることになる.

以上の理由で，われわれのような定式化で球関数論を展開するときには，Hecke 代数 $L^\infty(G,K)$ または不変微分作用素の代数 $\mathscr{L}(G/K)$ の可換性を仮定することが多い．じつは，$L^\infty(G,K)$ の可換性から $\mathscr{L}(G/K)$ の可換性が導かれるので，ここにその証明を与えておく.

定理 4.10　Hecke 代数 $L^\infty(G,K)$ が可換ならば $\mathscr{L}(G/K)$ も可換である.

証明　まず，$\mathscr{I}^\infty(G,K)$ の $C^\infty(G/K)$ への作用は0以外に‘固定元’をもたない，すなわち，$f\in C^\infty(G/K)$ が

$$I_\varphi f=0 \qquad \varphi\in L^\infty(G,K)$$

をみたすならば $f=0$ であることに注意しよう．実際，定理4.5の後の注意のなかで構成した $L^\infty(G,K)$ の関数列 $\varphi_n\ (n=1,2,\cdots)$ をとると，$f\in C^\infty(G/K)$ に対して，$C^\infty(G/K)$ の関数列 $f*\varphi_n\ (n=1,2,\cdots)$ は f に広義一様収束するからである．つぎに

$$I_\varphi D=DI_\varphi \qquad \varphi\in L^\infty(G,K),\ D\in\mathscr{L}(G/K) \tag{4.9}$$

を証明しよう．$\psi\in L^\infty(G,K)$ を任意にとる．補題2より $I_\varphi D, DI_\psi, DI_\varphi$ はすべて $\mathscr{I}^\infty(G,K)$ に属するから

$$I_\psi(I_\varphi D)=(I_\varphi D)I_\psi=I_\varphi(DI_\psi)=(DI_\psi)I_\varphi=(DI_\varphi)I_\psi=I_\psi(DI_\varphi)$$

を得る．したがって，上の注意より(4.9)を得る.

さて，$D_1,D_2\in\mathscr{L}(G/K)$ とする．$\varphi\in L^\infty(G,K)$ を任意にとる．補題2より $I_\varphi D_2\in\mathscr{I}^\infty(G,K)$ であるから，(4.9)を2度用いて

$$I_\varphi(D_1D_2)=(I_\varphi D_1)D_2=(D_1I_\varphi)D_2=D_1(I_\varphi D_2)=(I_\varphi D_2)D_1=I_\varphi(D_2D_1)$$

を得る．したがって，上の注意より $D_1D_2=D_2D_1$ を得る．▌

注意　局所コンパクト位相群の球関数論の意味の Hecke 代数 $L(G,K)$ が可換であることと $L^\infty(G,K)$ が可換であることとは同値である.

第2章　コンパクト対称対

§5　Riemann 対称対

この節では Riemann 対称対 (G, K) を定義し，対 (G, K) は第4節の意味での‘十分多く’の球関数をもつことを証明する．つぎに，G がコンパクトである Riemann 対称対 (G, K) の性質を調べ，その佐武図形を定義する．さらに，このような対 (G, K) は第1節で扱った条件‘各 $\rho\in\mathcal{D}(G, K)$ に対して $m_\rho=1$’をみたすことを示す．

G を連結 C^∞ Lie 群，K を G のコンパクト部分群とする．対 (G, K) はつぎの条件をみたすとき **Riemann 対称対**といわれる：G の位数2の C^∞ 自己同形 θ が存在して，

$$G_\theta = \{x\in G\,;\theta(x) = x\},$$

G_θ の単位元 e を含む連結成分を $G_\theta{}^0$ とするとき，$G_\theta{}^0\subset K\subset G_\theta$ となる．

このとき，G の自己同形 θ を微分して得られる G の Lie 代数 $\mathfrak{g}$ の自己同形も θ で表わすと，K の Lie 代数 $\mathfrak{k}$ は

$$\mathfrak{k} = \{X\in\mathfrak{g}\,;\theta(X) = X\}$$

となる．

$$\mathfrak{m} = \{X\in\mathfrak{g}\,;\theta(X) = -X\}$$

とおけば，$\mathfrak{g}$ の線形空間としての直和分解

$$\mathfrak{g} = \mathfrak{k}+\mathfrak{m}$$

が得られて，この分解に関して対 (G, K) は簡約可能である．$\mathfrak{m}$ を対 (G, K)（または対 $(\mathfrak{g}, \mathfrak{k})$）の**標準補空間**とよぶ．以下，簡約可能性を与える補空間 $\mathfrak{m}$ は

つねに標準補空間を用いることにする．θ が $\mathfrak{g}$ の自己同形であることから

$$(5.1) \qquad [\mathfrak{k}, \mathfrak{k}] \subset \mathfrak{k}, \qquad [\mathfrak{k}, \mathfrak{m}] \subset \mathfrak{m}, \qquad [\mathfrak{m}, \mathfrak{m}] \subset \mathfrak{k}$$

が得られる．

(G, K), (G', K') を2つの Riemann 対称対とし，θ, θ' をそれぞれの位数2の C^∞ 自己同形とする．G から G' の上への C^∞ 同形写像 α で $\alpha(K)=K'$, $\alpha\circ\theta=\theta'\circ\alpha$ をみたすものが存在するとき，(G, K) と (G', K') は**同形**であるという．(G, K), (G', K') に対応する Lie 代数の対をそれぞれ $(\mathfrak{g}, \mathfrak{k})$, $(\mathfrak{g}', \mathfrak{k}')$ とする．$\mathfrak{g}$ から $\mathfrak{g}'$ の上への Lie 代数としての同形写像 α で $\alpha\circ\theta=\theta'\circ\alpha$ をみたすものが存在するとき，対 $(\mathfrak{g}, \mathfrak{k})$ と $(\mathfrak{g}', \mathfrak{k}')$ は**同形**であるといわれる．このとき，(G, K) と (G', K') は**局所同形**であるという．

(G, K) が Riemann 対称対であるとき，G はユニモジュラーである．したがって，対 (G, K) は第4節で仮定した条件をみたし，第4節の議論がすべて適用される．このことを証明しよう．このためには $\mathfrak{g}$ の**随伴表現**

$$\mathrm{ad} : \mathfrak{g} \to \mathfrak{gl}(\mathfrak{g}),$$
$$(\mathrm{ad}X)Y = [X, Y] \qquad X, Y \in \mathfrak{g}$$

に対して

$$(5.2) \qquad \mathrm{tr}\,\mathrm{ad}X = 0 \qquad X \in \mathfrak{g}$$

(ここで tr はトレースを表わす)がなりたつことを示せばよい．$X \in \mathfrak{m}$ のときは(5.1)より

$$\mathrm{ad}X\,\mathfrak{k} \subset \mathfrak{m}, \qquad \mathrm{ad}X\,\mathfrak{m} \subset \mathfrak{k}$$

であるから(5.2)がなりたつ．また，K はコンパクトであるから $\mathfrak{k}$ の $\mathfrak{g}$ 上の随伴表現で不変な $\mathfrak{g}$ 上の内積 $\langle\ ,\ \rangle$，すなわち

$$\langle (\mathrm{ad}X)Y, Z\rangle + \langle Y, (\mathrm{ad}X)Z\rangle = 0 \qquad X \in \mathfrak{k}, \quad Y, Z \in \mathfrak{g}$$

をみたすものが存在する．したがって，$X \in \mathfrak{k}$ に対しては，$\mathrm{ad}X$ は内積 $\langle\ ,\ \rangle$ に関して歪対称であるからやはり(5.2)がなりたつ．以上で(5.2)が確かめられた．

(G, K) を Riemann 対称対とするとき，K がコンパクトであるから，標準補空間 $\mathfrak{m}$ 上に K の随伴作用で不変な内積 B' が存在する．B' は G/K 上の G 不変 Riemann 計量 g を定める．G/K 上の G 不変 Riemann 計量はすべてこ

のようにして得られる．このような1つの G 不変 Riemann 計量 g を定めたとき，等質空間 G/K を **Riemann 対称空間**という．ここで，G の G/K への作用は効果的であるとは仮定しないことに注意されたい．G/K 上には，G 不変な線形接続 ∇ であって，(i) 捩率テンソル場が0である；(ii) 原点 o を通り，o における接ベクトルが $X\in\mathfrak{m}=T_o(G/K)$ である測地線は $\{(\exp tX)o;\ t\in\boldsymbol{R}\}$ で与えられる，ようなものがただ1つ存在する．これを G/K の**標準接続**とよぶ．例えば，G/K 上の G 不変 Riemann 計量 g から定義される Levi-Civita の接続 ∇ はこの性質をもつ．本書では標準接続の一意性は用いないので，ここでは Levi-Civita の接続 ∇ が標準接続であることだけを確かめておこう．

$X\in\mathfrak{g}$ から生成される G/K 上のベクトル場を $\tilde{X}$ とする．すなわち，$\tilde{X}$ の $xo\,(x\in G)$ における値 $\tilde{X}_{xo}$ を

$$\tilde{X}_{xo}=\left[\frac{d}{dt}(\exp tX)\,xo\right]_{t=0}$$

とする．

$$g(\nabla_{\tilde{X}}\tilde{X},\tilde{Y})(\exp tXo)=0 \qquad X\in\mathfrak{m},\ \ Y\in\mathfrak{g},\ \ t\in\boldsymbol{R}$$

を示せば十分である．周知のように，Levi-Civita 接続 ∇ は G/K 上の任意の C^∞ ベクトル場 X, Y, Z に対して

$$\begin{aligned}2g(\nabla_XY,Z)&=Xg(Y,Z)+Yg(X,Z)-Zg(X,Y)\\&\quad+g([X,Y],Z)+g([Z,X],Y)+g(X,[Z,Y])\end{aligned}$$

をみたす．g が G 不変であるから

$$g([\tilde{Y},\tilde{X}],\tilde{X})+g(\tilde{X},[\tilde{Y},\tilde{X}])=\tilde{Y}g(\tilde{X},\tilde{X})$$

であることに注意すれば

$$2g(\nabla_{\tilde{X}}\tilde{X},\tilde{Y})=2\tilde{X}g(\tilde{X},\tilde{Y})$$

を得る．G の単位元 e における接空間 $T_e(G)$ を $\mathfrak{g}$ と同一視し，$Z\in\mathfrak{g}$ に対して，その(分解 $\mathfrak{g}=\mathfrak{k}+\mathfrak{m}$ に関する) $\mathfrak{m}$ 成分を $Z_\mathfrak{m}$ で表わす．

$$\pi_G: G\to G/K,\qquad \pi_G(x)=xo\qquad x\in G$$

を標準的射影とする．すると，g の G 不変性を用いて

$$\tilde{X}g(\tilde{X}, \tilde{Y})(\exp tXo) = \left[\frac{d}{ds}g(\tilde{X}_{\exp sX \exp tXo}, \tilde{Y}_{\exp sX \exp tXo})\right]_{s=0}$$

$$= \left[\frac{d}{ds}g(d\pi_G \mathrm{Ad}(\exp tX)^{-1}\mathrm{Ad}(\exp sX)^{-1}X,\right.$$

$$\left. d\pi_G \mathrm{Ad}(\exp tX)^{-1}\mathrm{Ad}(\exp sX)^{-1}Y)\right]_{s=0}$$

$$= \left[\frac{d}{ds}B'(X, (\mathrm{Ad}(\exp sX)^{-1}\mathrm{Ad}(\exp tX)^{-1}Y)_{\mathfrak{m}})\right]_{s=0}$$

$$= -B'(X, [X, \mathrm{Ad}(\exp tX)^{-1}Y]_{\mathfrak{m}})$$

を得る．$Y'=\mathrm{Ad}(\exp tX)^{-1}Y$ とするとき，$Y'\in\mathfrak{k}$ ならば B' の K 不変性より

$$B'(X, [X, Y']_{\mathfrak{m}}) = B'(X, [X, Y']) = -B'([X, Y'], X)$$

となるから，$B'(X, [X, Y']_{\mathfrak{m}})=0$ である．$Y'\in\mathfrak{m}$ ならば (5.1) より $[X, Y']_{\mathfrak{m}}=0$ であるから，やはり $B'(X, [X, Y']_{\mathfrak{m}})=0$ となる．したがって

$$\tilde{X}g(\tilde{X}, \tilde{Y})(\exp tXo) = 0$$

を得るから，求める結果が得られた．

定理 5.1　(G, K) が Riemann 対称対ならば，Hecke 代数 $L^\infty(G, K)$ および不変微分作用素の代数 $\mathcal{L}(G/K)$ は可換である．

証明　定理 4.10 より $L^\infty(G, K)$ が可換であることを示せばよい．G の反自己同形 κ (すなわち $\kappa(xy)=\kappa(y)\kappa(x)$ をみたす G の C^∞ 同相) を

$$\kappa(x) = \theta(x)^{-1} = \theta(x^{-1}) \qquad x\in G$$

によって定義する．κ は G の Haar 測度 dx を不変にすることに注意されたい．さらに，$C^\infty(G)$ の線形自己同形 κ を

$$\kappa(f)(x) = f(\kappa(x)) \qquad f\in C^\infty(G),\ x\in G$$

によって定義する．κ は $L^\infty(G, K)$ を不変にし，Hecke 代数 $L^\infty(G, K)$ の反自己同形を引きおこす．すなわち，$\varphi, \psi\in L^\infty(G, K)$ に対して $\kappa(\varphi*\psi)=\kappa(\psi)*\kappa(\varphi)$ をみたす．実際

$$\kappa(\varphi*\psi)(x)=(\varphi*\psi)(\kappa(x))=\int_G\varphi(\kappa(x)y^{-1})\psi(y)\,dy$$

($y'=\kappa(y^{-1})x$ と変数変換して)

$$=\int_G\varphi(\kappa(y'))\psi(\kappa(y')^{-1}\kappa(x))\,dy'=\int_G\psi(\kappa(xy^{-1})\varphi(\kappa(y))\,dy$$

$$=(\kappa(\psi)*\kappa(\varphi))(x)\qquad x\in G$$

となるからである．一方，Riemann 対称空間 G/K には等長変換の群 G が可移的に作用しているから，G/K は完備な Riemann 多様体である．したがって，G/K の任意の点と原点 o とを測地線で結ぶことができる．ところが測地線は標準接続の定義の (ii) の形をしているから，

$$G=K\exp\mathfrak{m}\tag{5.3}$$

がなりたつ．したがって，G の任意の元 x は $x=k\exp X$ $(k\in K, X\in\mathfrak{m})$ と書けて，$\varphi\in L^\infty(G,K)$ に対して

$$\kappa(\varphi)(x)=\varphi(\kappa(x))=\varphi(\theta(k\exp X)^{-1})=\varphi(\exp Xk^{-1})=\varphi(\exp X)$$
$$=\varphi(k\exp X)=\varphi(x)$$

となる．すなわち，κ は $L^\infty(G,K)$ の上で恒等写像である．κ は Hecke 代数 $L^\infty(G,K)$ の反同形であったから，$L^\infty(G,K)$ は可換である．∎

定理 5.2 (G,K) を Riemann 対称対，B' を標準補空間 $\mathfrak{m}$ 上の K(の随伴作用で)不変な内積，g を B' から定まる G/K 上の G 不変 Riemann 計量とする．このとき，B' に付属する G/K の Casimir 作用素 $C_{G/K}$ は g から定義される G/K 上の Laplace-Beltrami 作用素 Δ に等しい．さらに，B' が G(の随伴作用)と自己同形 θ で不変な $\mathfrak{g}$ 上の非退化対称双 1 次形式 B に拡張されているときは，B に付属する G の Casimir 作用素 C_G は $\mathcal{L}(G)_K$ に属し，

$$\varpi(C_G)=C_{G/K}$$

がなりたつ．

証明 g から定まる Levi-Civita の接続が標準接続であることから，$\mathfrak{m}$ の基底 $\{X_1,\cdots,X_n\}$ をとって

$$\left(\exp\sum_{i=1}^n x^iX_i\right)o$$

に $(x^1, \cdots, x^n)$ を対応させて得られる G/K の原点 o の近傍の局所座標は，$\mathfrak{g}$ に関する正規座標であることがわかる．したがって，第3節，例2より $C_{G/K}=\Delta$ を得る．さらに，定理のような仕方で B' が $\mathfrak{g}$ 上の B に拡張されているとする．B が θ で不変なことから，$\mathfrak{k}$ と $\mathfrak{m}$ は B に関して直交していることがわかる．したがって，$\mathfrak{k}$ の基底 $\{X_{n+1}, \cdots, X_r\}$ をとって，$\mathfrak{g}$ の基底 $\{X_1, \cdots, X_r\}$ に関する B の行列の逆行列を $(b^{ij})_{1\le i, j\le r}$ とすれば

$$C_G = \sum_{i,j=1}^{r} b^{ij}X_iX_j = \sum_{i,j=1}^{n} b^{ij}X_iX_j + \sum_{i,j=n+1}^{r} b^{ij}X_iX_j$$

となる．$C_G \in \mathcal{Z}(G)$ であるから $C_G \in \mathcal{L}(G)_K$ であって，$f \in C^\infty(G/K)$ に対して

$$\varpi(C_G)f = C_G f = \left(\sum_{i,j=1}^{n} b^{ij}X_iX_j\right)f = C_{G/K}f$$

がなりたつ．すなわち，$\varpi(C_G)=C_{G/K}$ が得られた．▌

(G, K) を Riemann 対称対とする．標準補空間 $\mathfrak{m}$ に含まれる極大可換部分代数を対 (G, K) の **Cartan 部分代数**という．Cartan 部分代数で生成される G の連結 Lie 部分群を対 (G, K) の **Cartan 部分群**という．Cartan 部分代数の極大性より，Cartan 部分群は G の閉部分群である．Cartan 部分代数は K の $\mathfrak{m}$ 上の随伴作用に関してたがいに共役であることが知られている (Helgason [9] を参照)．本書でおもに扱う G がコンパクトである場合のこの事実の証明はのちに与える．したがって Cartan 部分代数の次元は一定である．(G, K) の Cartan 部分代数の次元を Riemann 対称対 (G, K) の**階数**，または Riemann 対称空間 G/K の**階数**とよぶ．

Riemann 対称対 (G, K) は，G がコンパクトであるとき，**コンパクト対称対**といわれる．等質空間 G/K は1つの G 不変 Riemann 計量を定めたとき，**コンパクト対称空間**といわれる．

注意　(G, K) がコンパクト対称対であるとき

$$\mathfrak{g}^* = \mathfrak{k}+\mathfrak{m}^* \subset \mathfrak{g}^C, \qquad ここで \quad \mathfrak{m}^* = \sqrt{-1}\,\mathfrak{m}$$

とおくと，(5.1) より $\mathfrak{g}^*$ は $\mathfrak{g}^C$ の実部分代数で，しかも $\mathfrak{g}^C$ の1つの実形である．すなわち，$\mathfrak{g}^*$ の複素化は $\mathfrak{g}^C$ に等しい．$\mathfrak{g}^*$ は**簡約可能**な実 Lie 代数である．

すなわち，$\mathfrak{g}^{\#}$ はその中心と半単純イデアルとの直和である．$\mathfrak{g}^{C}$ の半線形自己同形 τ を

$$\tau(X+\sqrt{-1}\,Y) = X-\sqrt{-1}\,Y \qquad X, Y \in \mathfrak{g}$$

によって定義すると，τ は $\mathfrak{g}^{\#}$ を不変にして，$\mathfrak{g}^{\#}$ 上に位数 2 の自己同形を引きおこす．さらに

$$\mathfrak{k} = \{X \in \mathfrak{g}^{\#}\,;\, \tau X = X\}$$

がなりたつ．

以下，この節では，コンパクト対称対について一般的な事柄を述べるが，これらのほとんどすべては，上に述べた対応を用いて $\mathfrak{g}$ が簡約可能な Lie 代数である場合にも証明される．しかし，以後本書ではおもにコンパクト対称対について議論するので，簡約可能の場合についてはいちいち言及しないことにする．

(G, K) をコンパクト対称対とする．(G, K) の Cartan 部分代数 $\mathfrak{a}$ を 1 つとって固定する．$\mathfrak{a}$ で生成される Cartan 部分群を A とする．K の単位元 e を含む連結成分を K^0 で表わすと

(5.4) $$K = K^0(K \cap A)$$

がなりたつ．実際，(G, K^0) も Riemann 対称対だから (5.3) より

$$G = K^0 \exp \mathfrak{m}$$

である．したがって，任意の $k \in K$ は $k=k_1 \exp X$ $(k_1 \in K^0, X \in \mathfrak{m})$ と書ける．Cartan 部分代数の K^0 に関する共役性から，ある $k_2 \in K^0$ と $H \in \mathfrak{a}$ によって，$X=\mathrm{Ad}\,k_2 H$ と書ける．したがって，$k=k_1k_2 \exp H k_2^{-1}$ となるから $\exp H \in K \cap A$ である．K^0 は K の正規部分群であるから，ある $k_3 \in K^0$ によって，$\exp H k_2^{-1} = k_3 \exp H$ と書ける．したがって

$$k = k_1k_2k_3 \exp H \qquad k_1k_2k_3 \in K^0,\ \exp H \in K \cap A$$

となって，(5.4) が証明できた．証明からわかるように，(5.4) は G がかならずしもコンパクトでない一般の Riemann 対称対についてなりたち，これによって，いろいろの事実の証明が G が半単純で K が連結である場合に帰着される．以後，参照文献をあげるとき，G が半単純で K が連結の場合の定理しか

述べられていないものを引用することがあるが，これは(5.4)から一般の場合にも容易にわかるからである．

さて，$\mathfrak{g}$ 上の G および θ で不変な内積(,)を1つとって固定する．θ の位数は2であるから，このような内積はつねに存在する．以後一般に，$\mathfrak{g}$ の部分空間 $\mathfrak{h}$ に対して，内積(,)に関する $\mathfrak{h}$ の直交変換全体のなす群を $O(\mathfrak{h})$ で表わそう．定理5.2の証明のなかで注意したように，$\mathfrak{k}$ と $\mathfrak{m}$ は内積(,)に関して直交している．

K における A の正規化群を $N_K(A)$ で表わす．すなわち

$$N_K(A) = \{k \in K\,;\, kAk^{-1} = A\}$$

とする．$N_K(A)$ は K における $\mathfrak{a}$ の正規化群

$$N_K(\mathfrak{a}) = \{k \in K\,;\, \mathrm{Ad}k\mathfrak{a} = \mathfrak{a}\}$$

と一致する．また，$Z_K(A)$ で K における A の中心化群，すなわち，各 $a \in A$ に対して $kak^{-1}=a$ をみたす $k \in K$ 全体のなす K の部分群を表わす．$Z_K(A)$ は K における $\mathfrak{a}$ の中心化群 $Z_K(\mathfrak{a})$，すなわち，各 $H \in \mathfrak{a}$ に対して $\mathrm{Ad}kH=H$ をみたす $k \in K$ 全体のなす K の部分群に一致する．商群

$$W(G, K) = N_K(A)/Z_K(A) = N_K(\mathfrak{a})/Z_K(\mathfrak{a})$$

を対 (G, K) の ($\mathfrak{a}$ に関する) **Weyl 群**という．Cartan 部分代数の共役性から，Weyl 群の同形類は $\mathfrak{a}$ のとり方によらないので，$W(G, K)$ という記法が許されるであろう．以後にもこういう記法を用いるが，いちいち断らないであろう．Weyl 群 $W(G, K)$ は随伴表現 Ad を通じて $O(\mathfrak{a})$ の部分群とみなすことができる．われわれはしばしばこの同一視をおこない，$W(G, K)$ の $\mathfrak{a}$ への作用(またはその $\mathfrak{a}$ の複素化 $\mathfrak{a}^C$ への C 線形な拡張)を

$$H \mapsto sH \qquad H \in \mathfrak{a}\ (\text{または}\ H \in \mathfrak{a}^C),\ \ s \in W(G, K)$$

で表わす．$W(G, K)$ の $\mathfrak{a}$ への作用は $\mathfrak{a}$ 上の対称積代数 $S(\mathfrak{a})$ に自然に拡張される．この作用も単に

$$p \mapsto sp \qquad p \in S(\mathfrak{a}),\ \ s \in W(G, K)$$

で表わそう．各 $s \in W(G, K)$ に対して $sp=p$ をみたす $p \in S(\mathfrak{a})$ 全体のなす $S(\mathfrak{a})$ の部分代数を $S(\mathfrak{a})_{W(G,K)}$ で表わす．$S(\mathfrak{a})_{W(G,K)}$ は部分空間

$$S_k(\mathfrak{a})_{W(G,K)} = S(\mathfrak{a})_{W(G,K)} \cap S_k(\mathfrak{a}) \qquad k \geqq 0$$

によって次数づけられている．

内積$(\ ,\ )$に関する，$\mathfrak{m}$ から $\mathfrak{a}$ の上への直交射影を q で表わし，q を $S(\mathfrak{m})$ から $S(\mathfrak{a})$ の上への代数準同形に拡張したものも

$$q: S(\mathfrak{m}) \to S(\mathfrak{a})$$

で表わす．これは $N_K(\mathfrak{a})$ の両辺への自然な作用と可換であるから，次数を保つ代数準同形

$$q: S(\mathfrak{m})_K \to S(\mathfrak{a})_{W(G,K)}$$

が引きおこされる．これらに関してつぎの事実が知られている．

定理 5.3 階数 l のコンパクト対称対 (G, K) に対して，

(1) $q: S(\mathfrak{m})_K \to S(\mathfrak{a})_{W(G,K)}$ は次数を保つ代数同形である．

(2) 代数 $S(\mathfrak{a})_{W(G,K)}$ は代数的に独立な l 個の同次元によって生成される．

系 不変微分作用素の代数 $\mathscr{L}(G/K)$ は l 個の不変微分作用素によって生成される．

(1)の証明は Helgason [9] を参照されたい．

(2)の証明は Chevalley [4] で与えられている．系は(1), (2)と定理 3.3，系 2 より明らかである．∎

G の Lie 代数 $\mathfrak{g}$ の中心を $\mathfrak{c}$，交換子代数 $[\mathfrak{g}, \mathfrak{g}]$ を $\mathfrak{g}'$ とする．このとき $\mathfrak{g}$ は

$$\mathfrak{g} = \mathfrak{c} \oplus \mathfrak{g}'$$

とイデアルの直和に分解され，$\mathfrak{g}'$ は半単純である（すなわち $\mathfrak{g}$ は簡約可能である）ことを示そう．コンパクト群 G の随伴表現 Ad は完全可約であるから，$\mathfrak{g}$ の任意のイデアル $\mathfrak{g}_1$ に対してイデアル $\mathfrak{g}_2$ が存在して $\mathfrak{g}$ は $\mathfrak{g}_1$ と $\mathfrak{g}_2$ の直和になる．したがって，$\mathfrak{g}$ は，$\{0\}$ と自身以外のイデアルを含まないようなイデアル $\mathfrak{g}_i$ $(1 \leqq i \leqq n)$ の直和

$$\mathfrak{g} = \mathfrak{g}_1 \oplus \cdots \oplus \mathfrak{g}_n$$

に分解される．$\dim \mathfrak{g}_i = 1$ $(1 \leqq i \leqq m)$，$\dim \mathfrak{g}_j > 1$ $(m+1 \leqq j \leqq n)$ とすれば，$\mathfrak{g}_j$ $(m+1 \leqq j \leqq n)$ は単純，したがって $[\mathfrak{g}_j, \mathfrak{g}_j] = \mathfrak{g}_j$ であるから

$$\mathfrak{c} = \mathfrak{g}_1 \oplus \cdots \oplus \mathfrak{g}_m,$$

$$\mathfrak{g}' = \mathfrak{g}_{m+1} \oplus \cdots \oplus \mathfrak{g}_n$$

となる．$\mathfrak{g}'$ は単純イデアルの直和だから半単純である．

$\mathfrak{g}$ の自己同形 θ は $\mathfrak{c}$ および $\mathfrak{g}'$ を不変にするから，以下のような分解が得られる．

$$\mathfrak{g} = \mathfrak{c} \oplus \mathfrak{g}', \quad (\mathfrak{c}, \mathfrak{g}') = \{0\},$$
$$\mathfrak{c} = \mathfrak{c}_{\mathfrak{k}} \oplus \mathfrak{c}_{\mathfrak{m}} \quad \text{ここで} \quad \mathfrak{c}_{\mathfrak{k}} = \mathfrak{c} \cap \mathfrak{k}, \ \mathfrak{c}_{\mathfrak{m}} = \mathfrak{c} \cap \mathfrak{m},$$
$$\mathfrak{g}' = \mathfrak{k}' + \mathfrak{m}' \quad \text{ここで} \quad \mathfrak{k}' = \mathfrak{g}' \cap \mathfrak{k}, \ \mathfrak{m}' = \mathfrak{g}' \cap \mathfrak{m},$$
$$\mathfrak{k} = \mathfrak{c}_{\mathfrak{k}} \oplus \mathfrak{k}',$$
$$\mathfrak{m} = \mathfrak{c}_{\mathfrak{m}} + \mathfrak{m}', \quad [\mathfrak{c}_{\mathfrak{m}}, \mathfrak{m}'] = \{0\},$$
$$\mathfrak{a} = \mathfrak{c}_{\mathfrak{m}} \oplus \mathfrak{a}' \quad \text{ここで} \quad \mathfrak{a}' = \mathfrak{a} \cap \mathfrak{m}'.$$

(ここで，Lie 代数としての直和には $\oplus$ を，線形空間としての直和には $+$ を用いた.）$\mathfrak{g}'$ で生成される G の連結 Lie 部分群を G' とし，

$$K' = G' \cap K$$

とおく．G' は G の自己同形 θ で不変で，θ の G' への制限 θ' によって対 (G', K') はコンパクト対称対になる．$\mathfrak{k}'$ は K' の Lie 代数，$\mathfrak{m}'$ は (G', K') の標準補空間，$\mathfrak{a}'$ は (G', K') の1つの Cartan 部分代数である．

つぎに，$\mathfrak{a}$ を含む $\mathfrak{g}$ の極大可換部分代数 $\mathfrak{t}$ を1つとってこれを固定する．このとき，直和分解

$$\mathfrak{t} = \mathfrak{b} \oplus \mathfrak{a} = \mathfrak{c} \oplus \mathfrak{t}' \quad \text{ここで} \quad \mathfrak{b} = \mathfrak{t} \cap \mathfrak{k}, \ \mathfrak{t}' = \mathfrak{t} \cap \mathfrak{g}',$$
$$\mathfrak{b} = \mathfrak{c}_{\mathfrak{k}} \oplus \mathfrak{b}' \quad \text{ここで} \quad \mathfrak{b}' = \mathfrak{b} \cap \mathfrak{k}',$$
$$\mathfrak{t}' = \mathfrak{b}' \oplus \mathfrak{a}'$$

が得られる．分解: $\mathfrak{t} = \mathfrak{b} \oplus \mathfrak{a}$ 以外は明らかだから，この分解の証明だけを与えよう．それには，任意の $H \in \mathfrak{t}$ を $H = H_1 + H_2$ $(H_1 \in \mathfrak{k}, H_2 \in \mathfrak{m})$ と分解したとき，$H_1 \in \mathfrak{b}$, $H_2 \in \mathfrak{a}$ であることを示せばよい．$[H, \mathfrak{a}] = \{0\}$ であるから，(5.1) より $[H_2, \mathfrak{a}] = \{0\}$ を得る．$\mathfrak{a}$ の極大性より $H_2 \in \mathfrak{a}$ となる．したがって，$H_1 = H - H_2 \in \mathfrak{t} \cap \mathfrak{k} = \mathfrak{b}$ を得る．以上で証明が得られた．

$$\dim \mathfrak{t} = m, \quad \dim \mathfrak{t}' = m', \quad \dim \mathfrak{a} = l, \quad \dim \mathfrak{a}' = l'$$

とする．$\sigma \in O(\mathfrak{t})$ を

$$\sigma(H_1+H_2) = -H_1+H_2 \qquad H_1 \in \mathfrak{b},\ H_2 \in \mathfrak{a}$$

によって定義する．内積 $(\ ,\ )$ に関する，$\mathfrak{t}$ から $\mathfrak{a}$ の上への直交射影を $H \mapsto \bar{H}$ で表わす．上述の σ を用いれば，これはつぎのように表わせる：

$$\bar{H} = \frac{1}{2}(H+\sigma H) \qquad H \in \mathfrak{t}$$

G の $\mathfrak{t}$ に関する **Weyl 群**を $W(G)$ とする．すなわち，$\mathfrak{t}$ の生成する G の連結 Lie 部分群を T,

$$N(T) = \{x \in G\,;\, xTx^{-1} = T\}$$

として，$W(G)=N(T)/T$ とする．*) T の中心化群は T に一致する (Helgason [9] を参照) から，$W(G)$ は随伴作用を通じて $O(\mathfrak{t})$ の部分群と同一視される．

$\alpha \in \mathfrak{t}$, $\alpha \neq 0$, に対して，$\alpha^* = (2/(\alpha, \alpha))\alpha$ と表わして，α^* を α の**反転**とよぶ．$\alpha \in \mathfrak{t}$, $\alpha \neq 0$, に対して，$s_\alpha \in O(\mathfrak{t})$ を

$$s_\alpha H = H - \frac{2(H, \alpha)}{(\alpha, \alpha)}\alpha = H - (H, \alpha^*)\alpha \qquad H \in \mathfrak{t}$$

によって定義し，s_α を **α に関する鏡映**という．鏡映 s_α の位数は 2 である．同様に，$\gamma \in \mathfrak{a}$, $\gamma \neq 0$, に対して $s_\gamma \in O(\mathfrak{a})$ を定義し，**γ に関する鏡映**という．

G の $\mathfrak{t}$ に関する**根**の全体を $\Sigma(G)$ で表わす．すなわち，$\alpha \in \mathfrak{t}$ に対して

$$[H, X] = 2\pi\sqrt{-1}\,(\alpha, H)X \qquad H \in \mathfrak{t}$$

をみたす $X \in \mathfrak{g}^C$ の全体を $\tilde{\mathfrak{g}}_\alpha$ で表わすとき，

$$\Sigma(G) = \{\alpha \in \mathfrak{t}\,;\, \alpha \neq 0, \tilde{\mathfrak{g}}_\alpha \neq \{0\}\}$$

とする．$\alpha \in \Sigma(G)$ に対して $\tilde{\mathfrak{g}}_\alpha$ は α に付属する**根空間**といわれ，その次元はつねに 1 である．$\tilde{\mathfrak{g}}_0 = \mathfrak{t}^C$ であって，$\mathfrak{g}^C$ は直和分解

$$\mathfrak{g}^C = \mathfrak{t}^C + \sum_{\alpha \in \Sigma(G)} \tilde{\mathfrak{g}}_\alpha, \qquad [\tilde{\mathfrak{g}}_\alpha, \tilde{\mathfrak{g}}_\beta] \subset \tilde{\mathfrak{g}}_{\alpha+\beta},$$

とくに $\alpha, \beta, \alpha+\beta \in \Sigma(G)$ ならば $[\tilde{\mathfrak{g}}_\alpha, \tilde{\mathfrak{g}}_\beta] = \tilde{\mathfrak{g}}_{\alpha+\beta}$

---

*) 以下に述べる概念や性質のなかで，この Weyl 群 $W(G)$ のように G と $\mathfrak{t}$ だけで定義され，対 (G, K) と $\mathfrak{a}$ に無関係のものについては，一般のコンパクト連結 C^∞Lie 群 G と $\mathfrak{g}$ の任意の極大可換部分代数 $\mathfrak{t}$ についてなりたつ．

をもつ．これは $\mathfrak{g}^C$ の $\mathfrak{t}$ に関する**根空間への分解**といわれる．$\mathfrak{g}$ の自己同形 θ は $\mathfrak{t}$ 上で $-\sigma$ に等しいから，$\Sigma(G)$ は σ で不変な $\mathfrak{t}$ の部分集合である．$x \in N(T)$ に対して，$\mathrm{Ad}x$ の $\mathfrak{t}$ への制限を $s \in W(G)$ とすれば

$$\mathrm{Ad}x\, \tilde{\mathfrak{g}}_\alpha = \tilde{\mathfrak{g}}_{s\alpha} \qquad \alpha \in \Sigma(G)$$

であるから，$W(G)$ は $\Sigma(G)$ を不変にする．$\Sigma(G)$ は $\mathfrak{t}'$ に含まれ，$\mathfrak{t}'$ の**被約根系**をなす，すなわち

(i) $\Sigma(G)$ は $\mathfrak{t}'$ の有限個の 0 でない元からなる集合で，$\boldsymbol{R}$ 上 $\mathfrak{t}'$ を張る．

(ii) $\Sigma(G)$ は鏡映 $s_\alpha(\alpha \in \Sigma(G))$ で不変である．

(iii) 任意の $\alpha, \beta \in \Sigma(G)$ に対して，$2(\alpha, \beta)/(\beta, \beta) \in \boldsymbol{Z}$ である．

(iv) $\alpha, \beta \in \Sigma(G)$ が 1 次従属ならば，$\alpha=\beta$ または $\alpha=-\beta$ である．

をみたすことが知られている．したがって，(iii) と Schwarz の不等式から

(v) $\alpha, \beta \in \Sigma(G)$ が 1 次独立ならば

$$0 \leqq \frac{2(\alpha, \beta)}{(\beta, \beta)} \cdot \frac{2(\beta, \alpha)}{(\alpha, \alpha)} \leqq 3.$$

がなりたつ．さらに (iii) と (v) より

(vi) $\alpha, \beta \in \Sigma(G)$ が 1 次独立，$(\alpha, \beta) \neq 0$，$(\alpha, \alpha) \geqq (\beta, \beta)$ ならば

$$(\alpha, \alpha)/(\beta, \beta) = 1, 2 \text{ または } 3.$$

がなりたつ．実際，(iii) と (v) と $(\alpha, \beta) \neq 0$ より $2(\alpha, \beta)/(\beta, \beta) \cdot 2(\beta, \alpha)/(\alpha, \alpha) = 1, 2$ または 3 である．(iii) と $(\alpha, \alpha) \geqq (\beta, \beta)$ より

$$\frac{2(\beta, \alpha)}{(\alpha, \alpha)} = \pm 1, \qquad \frac{2(\alpha, \beta)}{(\beta, \beta)} = \pm 1, \pm 2 \text{ または } \pm 3 \qquad (\text{複号同順})$$

となるから (vi) を得る．

同様に，$\gamma \in \mathfrak{a}$ に対して

$$[H, X] = 2\pi\sqrt{-1}\,(\gamma, H)\,X \qquad H \in \mathfrak{a}$$

をみたす $X \in \mathfrak{g}^C$ の全体を $\mathfrak{g}_\gamma{}^C$ で表わして

$$\Sigma(G, K) = \{\gamma \in \mathfrak{a}\,;\, \gamma \neq 0, \mathfrak{g}_\gamma{}^C \neq \{0\}\}$$

とおく．$\Sigma(G, K)$ の元 γ を対 (G, K) **の** $\mathfrak{a}$ **に関する根**という．$\mathfrak{g}_\gamma{}^C$ を γ に付属する**根空間**，$\dim \mathfrak{g}_\gamma{}^C$ を γ の**重複度**という．$\mathfrak{g}^C$ は直和分解

$$\mathfrak{g}^C = \mathfrak{g}_0{}^C + \sum_{\gamma \in \Sigma(G,K)} \mathfrak{g}_\gamma{}^C, \qquad [\mathfrak{g}_\gamma{}^C, \mathfrak{g}_\delta{}^C] \subset \mathfrak{g}_{\gamma+\delta}{}^C$$

をもつ．これを $\mathfrak{g}^C$ の $\mathfrak{a}$ に関する**根空間への分解**という．G の Weyl 群 $W(G)$ の場合と同様に，Weyl 群 $W(G,K)$ の各元は $\Sigma(G,K)$ を不変にし，各根の重複度を保つ．$\Sigma(G,K)$ は $\mathfrak{a}$ の部分集合であるが，$\mathfrak{a}'$ に含まれている．のちに証明されるように，対 (G,K) の Weyl 群 $W(G,K)$ または G の Weyl 群 $W(G)$ はそれぞれ $\Sigma(G,K)$ または $\Sigma(G)$ の元に関する鏡映全体で生成される有限群である．したがって，$W(G,K)$, $W(G)$ は (G,K), G のそれぞれの局所同形類で定まる，すなわち，対 $(\mathfrak{g},\mathfrak{k})$ または $\mathfrak{g}$ で定まる．

$$\Sigma_0(G) = \Sigma(G) \cap \mathfrak{b}$$

とおく．一般に

$$\mathfrak{g}_\gamma{}^C = \sum_{\bar{\alpha}=\gamma} \tilde{\mathfrak{g}}_\alpha$$

であるから，

$$\Sigma(G,K) = \{\bar{\alpha}\,;\, \alpha \in \Sigma(G) - \Sigma_0(G)\}$$

がなりたつ．

$>$ を $\mathfrak{t}$ の 1 つの**線形順序**とする．ここで，線形順序とは

(1) $\lambda, \mu \in \mathfrak{t}$ に対して $\lambda>\mu$, $\lambda=\mu$, $\lambda<\mu$ のうち 1 つだけなりたつ．

(2) $\lambda>\mu$ ならば $-\lambda<-\mu$.

(3) $\lambda>\mu$ ならば，任意の ν に対して $\lambda+\nu>\mu+\nu$, 任意の正の実数 a に対して $a\lambda>a\mu$.

がなりたつ順序をいう．順序 $>$ に関する G の正の**単純根**(すなわち，$\alpha>0$ であって，$\beta, \gamma \in \Sigma(G)$, $\beta>0$, $\gamma>0$, によって $\alpha=\beta+\gamma$ とは表わされないもの)は m' 個であって，その全体 $\{\alpha_1, \cdots, \alpha_{m'}\}$ は順序 $>$ に関する $\Sigma(G)$ の**基本系**といわれる．根系の一般論でよく知られているように，任意の $\alpha \in \Sigma(G)$ は

$$\alpha = \sum_{i=1}^{m'} n_i\alpha_i \qquad n_i \in \boldsymbol{Z}\ (1 \leqq i \leqq m'), \qquad n_i \text{ はすべて非負か，すべて非正}$$

の形に一意的に表わされる．のちに示すように Weyl 群 $W(G)$ は鏡映 $s_{\alpha_i}(1\leqq i\leqq m')$ によって生成される．いま，m' 個の白丸を描き，これと基本系の間に

1対1の対応をつける．2つの直交しない単純根 α_i, α_j, $(\alpha_i, \alpha_i) \geqq (\alpha_j, \alpha_j)$，に対して，(vi) より $(\alpha_i, \alpha_i)/(\alpha_j, \alpha_j)$ は1, 2, 3 のいずれかである．そこで，このような α_i と α_j に対応する白丸の間を，$(\alpha_i, \alpha_i)/(\alpha_j, \alpha_j)=1$ のときは1本の線分で結び，2のときには α_i から α_j へ向かう矢印のついた2本の線分で結び，3のときには α_i から α_j へ向かう矢印のついた3本の線分で結ぶ．α_i と α_j が直交しているときは何も結ばない．このようにして得られる図形をこの基本系の **Dynkin 図形**という．$\mathfrak{g}$ が半単純ならば，その同形類は Dynkin 図形で定まり，$\mathfrak{g}$ が単純であるための必要十分条件はその Dynkin 図形が連結であることである．連結な Dynkin 図形の完全な分類がなされている(松島 [17] を参照)．

つぎの性質はのちに証明される．

(vii)　任意の $\alpha \in \Sigma(G)$ に対して，$\alpha_{i_1}, \cdots, \alpha_{i_n}, \alpha_i$ が存在して $s_{\alpha_{i_1}} \cdots s_{\alpha_{i_n}} \alpha = \alpha_i$ となる．

$\mathfrak{t}$ の線形順序 $>$ は，$\alpha \in \Sigma(G) - \Sigma_0(G)$, $\alpha > 0$ であるならばつねに $\sigma\alpha > 0$ となるとき，**σ 順序**といわれる．$\mathfrak{t}$ の σ 順序はつねに存在する．実際，$\mathfrak{t}$ の基底 $\{H_1, \cdots, H_l, H_{l+1}, \cdots, H_m\}$ を $\{H_1, \cdots, H_l\}$ が $\mathfrak{a}$ の基底，$\{H_{l+1}, \cdots, H_m\}$ が $\mathfrak{b}$ の基底となるようにとり，$\lambda, \mu \in \mathfrak{t}$ に対して

$$(\lambda, H_1) = (\mu, H_1), \cdots, (\lambda, H_r) = (\mu, H_r),\quad (\lambda, H_{r+1}) > (\mu, H_{r+1})$$

であるとき，$\lambda > \mu$ であると定義すれば，この順序 $>$ は σ 順序である．σ 順序に関する $\Sigma(G)$ の基本系を **σ 基本系**とよぶ．

$>$ を $\mathfrak{t}$ の σ 順序，$\Pi(G) = \{\alpha_1, \cdots, \alpha_{m'}\}$ を $>$ に関する σ 基本系とする．

$$\Pi_0(G) = \Pi(G) \cap \Sigma_0(G),$$
$$\Pi(G, K) = \{\bar{\alpha}\,;\, \alpha \in \Pi(G) - \Pi_0(G)\}$$

とおく．$\Pi_0(G)$ の個数を m_0' とし，$\Pi(G, K) = \{\gamma_1, \cdots, \gamma_{l'}\}$ とする．必要ならば α_i の番号をつけかえて

$$\Pi(G) - \Pi_0(G) = \{\alpha_1, \cdots, \alpha_{l'}, \alpha_{l'+1}, \cdots, \alpha_{m'-m_0'}\}, \qquad \bar{\alpha}_i = \gamma_i \ (1 \leqq i \leqq l')$$

とする．以後断らない限りこのような σ 基本系の番号づけを用いる．このときつぎの定理がなりたつ．

定理 5.4　コンパクト対称対 (G, K) に対して

(1) $\Sigma(G,K)$ は $\mathfrak{a}'$ の**根系**である．すなわち

(i) $\Sigma(G,K)$ は $\mathfrak{a}'$ の有限個の 0 でない元よりなる集合で，$\boldsymbol{R}$ 上 $\mathfrak{a}'$ を張る．

(ii) $\Sigma(G,K)$ は鏡映 s_γ $(\gamma\in\Sigma(G,K))$ で不変である．

(iii) 任意の $\gamma,\delta\in\Sigma(G,K)$ に対して $2(\delta,\gamma)/(\gamma,\gamma)\in\boldsymbol{Z}$ である．

をみたす．

(2) $\Pi(G)$ を σ 基本系とするとき，$\Pi(G)-\Pi_0(G)$ の位数 2 の置換 p が存在して

$$\sigma\alpha_i\equiv p\alpha_i \mod\{\Pi_0(G)\}_{\boldsymbol{Z}} \qquad 1\leqq i\leqq m'-m_0'$$

がなりたつ．ここで，$\{\Pi_0(G)\}_{\boldsymbol{Z}}$ は $\Pi_0(G)$ で生成される $\mathfrak{t}$ の部分群を表わす．置換 p は σ 基本系 $\Pi(G)$ の**佐武の対合**とよばれる．

定理のなかの根系の性質(iii)より

(iv)$'$ $\gamma,\delta\in\Sigma(G,K)$ が 1 次従属ならば，$\gamma=\pm\delta$, $\pm2\delta$ または $\pm\dfrac{1}{2}\delta$ である．

が導かれる．実際，$\gamma=c\delta$ $(c\in\boldsymbol{R}, c\neq0)$ とすれば，(iii)より $2c$ はある整数 k に等しい．(iii)より $2/c$ も整数であるから $4/k$ が整数，したがって $k=\pm1$, ±2 または ±4，すなわち $c=\pm\dfrac{1}{2}$, ±1, ±2 でなければならない．

定理 5.4 の証明はこの節の最後で与えられる．

$\sigma\in O(\mathfrak{t})$ は $\Sigma(G)$ を不変にするから，周知のように(松島 [17] を参照)

$$\sigma=s_0p \qquad s_0\in W(G),\ p\in O(\mathfrak{t}),\ p\Pi(G)=\Pi(G)$$

と一意的に分解される．$\sigma^2=1$ であるから $p^2=1$ である(1 は $\mathfrak{t}$ の恒等写像を表わす)．のちに示すように，s_0 は $\Pi_0(G)$ の元に関する鏡映全体で生成される $W(G)$ の部分群 $W_0(G)$ に属する．ゆえに，$p\sigma=\sigma p$ で，p は $\Pi(G)-\Pi_0(G)$ を不変にして，p が $\Pi(G)-\Pi_0(G)$ に引きおこす置換が佐武の対合にほかならない．この $p\in O(\mathfrak{t})$ も佐武の対合とよぶ．

$\Pi(G)$ を σ 基本系，p を佐武の対合とする．$\Pi(G)$ の Dynkin 図形のうち，$\Pi_0(G)$ を表わす白丸を黒丸に変え，$\alpha_i,\alpha_{i'}\in\Pi(G)-\Pi_0(G)$ が $\alpha_i\neq\alpha_{i'}$, $p\alpha_i=\alpha_{i'}$ をみたすとき，$\alpha_i,\alpha_{i'}$ を表わす白丸を矢印で結ぶ．このようにして得られる図形を，コンパクト対称対 (G,K) の**佐武図形**という．佐武図形は内積 $(\ ,\ )$, $\mathfrak{a}$, $\mathfrak{t}$, σ 順序のとり方によらず，(G,K) の同形類によって定まり，逆に，G が半単純

ならば，佐武図形は (G, K) の局所同形類を定める (Satake [21] を参照).

$\Pi(G)$ を σ 順序 $>$ に関する σ 基本系とする．$>$ から引きおこされる $\mathfrak{a}$ の線形順序も $>$ で表わす．このとき，$\Pi(G, K)$ は順序 $>$ に関する根系 $\Sigma(G, K)$ の ($\Sigma(G)$ の場合と同じ意味での) 基本系である．のちに示すように Weyl 群 $W(G, K)$ は $\Pi(G, K)$ の元に関する鏡映全体で生成される.

以後，σ 順序 $>$ を1つとってこれを固定する.

$$\Sigma^+(G) = \{\alpha \in \Sigma(G)\ ; \alpha > 0\},$$
$$\Sigma^+(G, K) = \{\gamma \in \Sigma(G, K)\ ; \gamma > 0\}$$

とおく.

$$\Sigma^+(G, K) = \{\bar{\alpha}\ ; \alpha \in \Sigma^+(G) - \Sigma_0(G)\} \tag{5.5}$$

がなりたつ．$\gamma \in \Sigma^+(G, K)$ に対して

$$\mathfrak{k}_\gamma = \mathfrak{k} \cap (\mathfrak{g}_\gamma{}^{\boldsymbol{C}} + \mathfrak{g}_{-\gamma}{}^{\boldsymbol{C}}),$$
$$\mathfrak{m}_\gamma = \mathfrak{m} \cap (\mathfrak{g}_\gamma{}^{\boldsymbol{C}} + \mathfrak{g}_{-\gamma}{}^{\boldsymbol{C}})$$

とおく．さらに，$\mathfrak{k}$ における $\mathfrak{a}$ の中心化代数

$$\mathfrak{z}_{\mathfrak{k}}(\mathfrak{a}) = \{X \in \mathfrak{k}\ ; [X, \mathfrak{a}] = \{0\}\}$$

と $\mathfrak{a}$ を用いて

$$\mathfrak{k}_0 = \mathfrak{z}_{\mathfrak{k}}(\mathfrak{a}), \qquad \mathfrak{m}_0 = \mathfrak{a}$$

とおく．すると，内積 $(\ ,\ )$ に関する直交分解

$$\mathfrak{k} = \mathfrak{k}_0 + \sum_{\gamma \in \Sigma^+(G, K)} \mathfrak{k}_\gamma, \tag{5.6}$$

$$\mathfrak{m} = \mathfrak{m}_0 + \sum_{\gamma \in \Sigma^+(G, K)} \mathfrak{m}_\gamma \tag{5.7}$$

が得られる．$\mathfrak{k}_0$ は $Z_K(A)$ の Lie 代数であって，$\mathfrak{b}$ はその1つの極大可換部分代数である．$\Sigma_0(G)$ は $Z_K(A)$ の e を含む連結成分 $Z_K(A)^0$ の $\mathfrak{b}$ に関する根全体に一致し，$\Pi_0(G)$ は $\Sigma_0(G)$ の基本系である.

$$\mathfrak{a}^\sharp = \sqrt{-1}\,\mathfrak{a} \subset \mathfrak{g}^{\boldsymbol{C}}$$

とおくと，$\mathfrak{a}^\sharp$ はさきに述べた簡約可能な実 Lie 代数 $\mathfrak{g}^\sharp$ の可換な部分代数で，$\mathrm{ad}H$ $(H \in \mathfrak{a}^\sharp)$ の固有値はすべて実数である．したがって，$\gamma \in \mathfrak{a}$ に対して

$$\mathfrak{g}_\gamma = \mathfrak{g}_\gamma{}^{\boldsymbol{C}} \cap \mathfrak{g}^\sharp$$

とおけば，$\mathfrak{g}_\gamma{}^C$ は $\mathfrak{g}_\gamma$ の複素化に一致するから，$\mathfrak{g}^\#$ の分解

$$\mathfrak{g}^\# = \mathfrak{g}_0 + \sum_{\gamma \in \Sigma(G,K)} \mathfrak{g}_\gamma, \qquad [\mathfrak{g}_\gamma, \mathfrak{g}_\delta] \subset \mathfrak{g}_{\gamma+\delta}$$

が得られる．また，$\gamma \in \Sigma(G,K)$ に対して

$$\mathfrak{g}_\gamma + \mathfrak{g}_{-\gamma} = \mathfrak{k}_\gamma + \mathfrak{m}_\gamma{}^\#, \qquad ここで \quad \mathfrak{m}_\gamma{}^\# = \sqrt{-1}\,\mathfrak{m}_\gamma$$

がなりたつ．したがって，$\mathfrak{m}^\#$ は $\mathfrak{m}$ と同様の分解

(5.8) $$\mathfrak{m}^\# = \mathfrak{m}_0{}^\# + \sum_{\gamma \in \Sigma^+(G,K)} \mathfrak{m}_\gamma{}^\#, \qquad ここで \quad \mathfrak{m}_0{}^\# = \mathfrak{a}^\#$$

をもつ．

$$\mathfrak{n} = \sum_{\gamma \in \Sigma^+(G,K)} \mathfrak{g}_\gamma$$

とおく．$\mathfrak{n}$ は $\mathfrak{g}^\#$ の巾零部分代数である．

$H \in \mathfrak{a}$ は，各 $\gamma \in \Sigma(G,K)$ に対して $(\gamma, H) \neq 0$ であるとき，**正則**であるといわれる．正則でない $H \in \mathfrak{a}$ は**特異**であるといわれる．Weyl 群 $W(G,K)$ は $\Sigma(G,K)$ を不変にするから，$W(G,K)$ の元は正則元を正則元に，特異元を特異元に移す．$\mathfrak{a}$ の正則元全体のなす集合の連結成分を対 (G,K) の **Weyl 領域**という．例えば

$$C^+(G,K) = \{H \in \mathfrak{a}\,;\, (H, \gamma_i) > 0 \ (\gamma_i \in \Pi(G,K))\}$$

は1つの Weyl 領域である．$C^+(G,K)$ は $\mathfrak{a}$ の凸な開集合である．$C^+(G,K)$ は ($\mathfrak{a}$ とその上の線形順序を定めれば) Lie 代数の対 $(\mathfrak{g}, \mathfrak{k})$ のみで定まる．さきに述べたことから，$W(G,K)$ の元は Weyl 領域の間の置換を引きおこす．

まったく同様に，$\mathfrak{t}$ 上で $\Sigma(G)$ を用いて G の **Weyl 領域**の概念が定義され，

$$C^+(G) = \{H \in \mathfrak{t}\,;\, (H, \alpha_i) > 0 \ (\alpha_i \in \Pi(G))\}$$

は1つの Weyl 領域になる．Weyl 領域の概念を用いて，被約根系の性質(vii)の証明を与えよう．

(vii)の証明 $\alpha_i \in \Pi(G)$ に関する鏡映全体で生成される $O(\mathfrak{t})$ の部分群を $W(\Pi(G))$ で表わそう．性質(i), (ii)より $W(\Pi(G))$ は有限群である．$W(\Pi(G))$ は G の Weyl 領域全体の上に可移的に作用する．実際，任意の Weyl 領域 C に対して，$H_1 \in C$, $H_2 \in C^+(G)$ をとれば，$\{(sH_1 - H_2, sH_1 - H_2)\,;\, s \in W(\Pi(G))\}$ は $\boldsymbol{R}$ の有限集合で，その最小値を実現する $s_0 \in W(\Pi(G))$ をとれば $s_0 C =$

$C^+(G)$ となる．さて，$\alpha\in\Sigma(G)$ を任意にとる．$H_0\in\mathfrak{t}$ を $(\alpha,H_0)=0$ をみたし，$\beta\neq\pm\alpha$ である $\beta\in\Sigma(G)$ に対しては $(\beta,H_0)\neq 0$ となるようにとる．$\mathfrak{t}$ のなかで H_0 を中心とする十分小さい開球をとって，これと半空間 $\{H\in\mathfrak{t};\ (\alpha,H)>0\}$ との共通部分のなす開半球を U とする．このとき，各 $H\in U$ と，$\beta\neq\pm\alpha$ である $\beta\in\Sigma(G)$ に対して，(β,H_0) と (β,H) とは同符号であるとしてよい．U を含む Weyl 領域を C とし，$sC=C^+(G)$ となる $s\in W(\Pi(G))$ をとる．すべての $\alpha_i\in\Pi(G)$ に対して $s\alpha\neq\pm\alpha_i$ であるとして矛盾を導けば十分である．このとき $s^{-1}\alpha_i\neq\pm\alpha$ であるから，各 $H\in U$ に対して $(s^{-1}\alpha_i,H_0)$ と $(s^{-1}\alpha_i,H)$ とは同符号である．したがって (α_i,sH_0) と (α_i,sH) は同符号である．$sH\in C^+(G)$ であるから $sH_0\in C^+(G)$ となる．これは $(\alpha,H_0)=0$ に矛盾する．▌

つぎにわれわれは，コンパクト対称対 (G,K) は第1節で扱った条件‘各 $\rho\in\mathcal{D}(G,K)$ に対して $m_\rho=1$’ をみたすこと，したがって第1節，第4節の結果が適用されることを証明したいのであるが，そのためにいくつかの補題を準備する．

補題1 各 $\alpha\in\Sigma^+(G)-\Sigma_0(G)$ に対して $S_\alpha\in\mathfrak{k}$，$T_\alpha\in\mathfrak{m}$ を定めて以下の性質をもつようにできる．

(1) 各 $\gamma\in\Sigma^+(G,K)$ に対して，$\{S_\alpha;\bar{\alpha}=\gamma\}$ は $\mathfrak{k}_\gamma$ の基底，$\{T_\alpha;\bar{\alpha}=\gamma\}$ は $\mathfrak{m}_\gamma$ の基底である．

(2) $[H,S_\alpha]=2\pi(\alpha,H)T_\alpha$，$[H,T_\alpha]=-2\pi(\alpha,H)S_\alpha$ $\quad H\in\mathfrak{a}$.

(2)′ $\mathrm{Ad}(\exp H)S_\alpha=\cos 2\pi(\alpha,H)S_\alpha+\sin 2\pi(\alpha,H)T_\alpha$ $\quad H\in\mathfrak{a}$.

$\mathrm{Ad}(\exp H)T_\alpha=-\sin 2\pi(\alpha,H)S_\alpha+\cos 2\pi(\alpha,H)T_\alpha$ $\quad H\in\mathfrak{a}$.

(3) $X_\alpha=S_\alpha-\sqrt{-1}\,T_\alpha$，$X_{-\alpha}=S_\alpha+\sqrt{-1}\,T_\alpha$ $\quad \alpha\in\Sigma^+(G)-\Sigma_0(G)$

とおけば，各 $\gamma\in\Sigma(G,K)$ に対して $\{X_\alpha;\bar{\alpha}=\gamma\}$ は $\mathfrak{g}_\gamma$ の基底である．

証明

$$\mathfrak{g}_\gamma{}^C=\sum_{\bar{\alpha}=\gamma}\tilde{\mathfrak{g}}_\alpha \qquad \gamma\in\Sigma^+(G,K)$$

と(5.5)から，各 $\alpha\in\Sigma^+(G)-\Sigma_0(G)$ に対して $X_\alpha\in\mathfrak{g}^\sharp$ を定めて，$\gamma\in\Sigma^+(G,K)$ に対して $\{X_\alpha;\bar{\alpha}=\gamma\}$ が $\mathfrak{g}_\gamma$ の基底であるようにできる．

$$X_{-\alpha}=\tau X_\alpha \qquad \alpha\in\Sigma^+(G)-\Sigma_0(G)$$

とおく．$\tau\mathfrak{g}_\gamma=\mathfrak{g}_{-\gamma}$ であるから，各 $\gamma\in\Sigma^+(G,K)$ に対して $\{X_{-\alpha};\bar{\alpha}=\gamma\}$ は $\mathfrak{g}_{-\gamma}$ の基底である．$\alpha\in\Sigma^+(G)-\Sigma_0(G)$，$\bar{\alpha}=\gamma$，に対して

$$X_\alpha=S_\alpha+T_\alpha^{\#} \qquad S_\alpha\in\mathfrak{k}_\gamma,\ \ T_\alpha^{\#}\in\mathfrak{m}_\gamma^{\#}$$

とすれば

$$X_{-\alpha}=S_\alpha-T_\alpha^{\#}$$

であるから，各 $\gamma\in\Sigma^+(G,K)$ に対して，$\{S_\alpha;\bar{\alpha}=\gamma\}$ は $\mathfrak{k}_\gamma$ の基底であり，$\{T_\alpha^{\#};\bar{\alpha}=\gamma\}$ は $\mathfrak{m}_\gamma^{\#}$ の基底である．したがって

$$T_\alpha=\sqrt{-1}\,T_\alpha^{\#} \qquad \alpha\in\Sigma^+(G)-\Sigma_0(G)$$

とおけば，各 $\gamma\in\Sigma^+(G,K)$ に対して，$\{T_\alpha;\bar{\alpha}=\gamma\}$ は $\mathfrak{m}_\gamma$ の基底である．

$$[H,X_\alpha]=2\pi\sqrt{-1}(\alpha,H)X_\alpha \qquad H\in\mathfrak{a},\ \ \alpha\in\Sigma^+(G)-\Sigma_0(G)$$

に $X_\alpha=S_\alpha-\sqrt{-1}\,T_\alpha$ を代入すれば

$$-\sqrt{-1}[H,T_\alpha]+[H,S_\alpha]=\sqrt{-1}(2\pi(\alpha,H)S_\alpha)+2\pi(\alpha,H)T_\alpha$$

となる．両辺の $\sqrt{-1}\mathfrak{k}$ 成分と $\mathfrak{m}$ 成分を比較して(2)を得る．(2)′は(2)よりただちに得られる．▌

補題2 $\mathfrak{g}^{\#}$ は線形空間としての直和分解

$$\mathfrak{g}^{\#}=\mathfrak{k}+\mathfrak{a}^{\#}+\mathfrak{n}$$

をもつ．これは $\mathfrak{g}^{\#}$ の**岩沢分解**とよばれる．

証明 各 $\gamma\in\Sigma^+(G,K)$ に対して，$\mathfrak{m}_\gamma^{\#}$ の基底 $\{\sqrt{-1}\,T_\alpha;\bar{\alpha}=\gamma\}$ は

$$\sqrt{-1}\,T_\alpha=S_\alpha-X_\alpha\in\mathfrak{k}+\mathfrak{n}$$

をみたすから，分解(5.8)より $\mathfrak{g}^{\#}$ が $\mathfrak{k},\mathfrak{a}^{\#},\mathfrak{n}$ で張られることは明らかである．したがって

$$X+H+Y=0 \qquad X\in\mathfrak{k},\ \ H\in\mathfrak{a}^{\#},\ \ Y\in\mathfrak{n}$$

ならば $X=H=Y=0$ であることを示せばよい．分解(5.6)と補題1より

$$X=S_0+\sum_{\alpha\in\Sigma^+(G)-\Sigma_0(G)}a_\alpha S_\alpha \qquad S_0\in\mathfrak{k}_0,\ \ a_\alpha\in\boldsymbol{R},$$

$$Y=\sum_{\alpha\in\Sigma^+(G)-\Sigma_0(G)}b_\alpha X_\alpha=\sum_\alpha b_\alpha S_\alpha-\sqrt{-1}\sum_\alpha b_\alpha T_\alpha \qquad b_\alpha\in\boldsymbol{R}$$

と表わされるから，仮定より

$$a_\alpha+b_\alpha=0,\ b_\alpha=0 \qquad \alpha\in\Sigma^+(G)-\Sigma_0(G),$$
$$S_0=0, \qquad H=0$$

を得る．したがって，$X=H=Y=0$ となった．▌

ここで，記法を固定するために，表現の重みについて説明しよう．一般に，G をコンパクト連結 C^∞ Lie 群，$\mathfrak{g}$ をその Lie 代数，

$$\rho : G \to GL(V)$$

を G の表現とする．簡単のために，ρ の微分表現，その $\mathfrak{g}^C$ への拡張も

$$\rho : \mathfrak{g} \to \mathfrak{gl}(V),$$
$$\rho : \mathfrak{g}^C \to \mathfrak{gl}(V)$$

で表わす．$(\ ,\ )$を $\mathfrak{g}$ 上の G 不変な内積とする．$\mathfrak{t}$ を $\mathfrak{g}$ の1つの極大可換部分代数，T を $\mathfrak{t}$ で生成される G の極大輪環部分群とする．$\mathfrak{g}'=[\mathfrak{g},\mathfrak{g}]$, $\mathfrak{t}'=\mathfrak{g}'\cap\mathfrak{t}$ とすれば，$\mathfrak{t}'$ は $\mathfrak{g}'$ の極大可換部分代数である．$\lambda\in\mathfrak{t}$ に対して

$$\rho(H)v = 2\pi\sqrt{-1}(\lambda, H)v \qquad H\in\mathfrak{t}$$

をみたす $v\in V$ 全体のなす V の部分空間を V_λ で表わす．$V_\lambda\neq\{0\}$ である $\lambda\in\mathfrak{t}$ を表現 ρ の $\mathfrak{t}$ に関する**重み**という．V_λ を重み λ に付属する**重み空間**, $\dim V_\lambda$ を重み λ の**重複度**という．とくに，G の $\mathfrak{g}^C$ 上の随伴表現の0でない重みが根にほかならない．表現空間 V は ρ の重み λ 全体にわたる和

$$V=\sum_\lambda V_\lambda$$

に直和分解される．$x\in N(T)$ に対して $\mathrm{Ad}x$ の $\mathfrak{t}$ への制限を $s\in W(G)$ とすれば，任意の重み λ に対して

$$\rho(x)V_\lambda = V_{s\lambda}$$

となるから，$W(G)$ の元は重みの置換を引きおこし，それらの重複度を保つ．G の $\mathfrak{t}$ に関する根全体を $\Sigma(G)$ とすれば，任意の重み λ に対して

$$\rho(\tilde{\mathfrak{g}}_\alpha)V_\lambda\subset V_{\lambda+\alpha} \qquad \alpha\in\Sigma(G)$$

がなりたつ．ρ の重み全体の集合は，重複度を込めて，ρ の同値類 $[\rho]$ で定まる．

$\mathfrak{t}$ に線形順序 $>$ を1つとる．この順序 $>$ に関して最大である ρ の重み λ_0

を，順序 $>$ に関する ρ の**最高の重み**とよぶ．λ_0 は（順序 $>$ を定めている限り）ρ の同値類 $[\rho]$ で定まるので，$[\rho]$ の最高の重みともよばれる．順序 $>$ に関する正根 $\alpha\in\Sigma(G)$ に対して

$$\rho(\tilde{\mathfrak{g}}_\alpha)V_{\lambda_0}=\{0\}$$

がなりたつことは明らかであろう．$p,q\in\boldsymbol{Z}$，$p,q\geqq 0$，$\alpha\in\Sigma(G)$ に対して

$$\lambda-p\alpha,\ \lambda-(p-1)\alpha,\ \cdots,\ \lambda-\alpha,\ \lambda,\ \lambda+\alpha,\ \cdots,\ \lambda+q\alpha$$

は ρ の重みであって，$\lambda-(p+1)\alpha, \lambda+(q+1)\alpha$ はともに ρ の重みでないとすれば，$\lambda+n\alpha\,(n\in\boldsymbol{Z})$ の形の重みは上のものだけであって

$$p-q=\frac{2(\lambda,\alpha)}{(\alpha,\alpha)}$$

がなりたつことが知られている．上の列を**重み λ の α 列**という．

以上のことは，コンパクト半単純 Lie 代数 $\mathfrak{g}$（すなわち，随伴表現で不変な内積をもつ半単純実 Lie 代数）の表現についてまったく同様になりたつ．

順序 $>$ に関する $\Sigma(G)$ の基本系 $\{\alpha_1,\cdots,\alpha_{m'}\}$ の反転 $\{\alpha_1{}^*,\cdots,\alpha_{m'}{}^*\}$ の $\mathfrak{t}'$ における双対基底を $\{\Lambda_1,\cdots,\Lambda_{m'}\}$ とする．すなわち，

$$\Lambda_i\in\mathfrak{t}'\quad(1\leqq i\leqq m'),\qquad 2(\Lambda_i,\alpha_j)/(\alpha_j,\alpha_j)=\delta_{ij}\qquad 1\leqq i,j\leqq m'$$

とする．このとき，のちに第7節で示すように，$\mathfrak{g}'$ の表現の $\mathfrak{t}'$ に関する重みとなり得る $\lambda\in\mathfrak{t}'$ 全体の集合は $\Lambda_1,\cdots,\Lambda_{m'}$ で生成される $\mathfrak{t}'$ の部分群と一致する．このため，$\Lambda_1,\cdots,\Lambda_{m'}$ は順序 $>$ に関する $\mathfrak{g}'$ の**基本の重み**とよばれる．

さて，われわれのコンパクト対称対 (G,K) にもどって，$\mathfrak{t}$ と順序 $>$ はいままでの通りとする．

補題 3

$$\rho: G\to GL(V)$$

を G の K に関する球表現，$\langle\,,\rangle$ を V 上の G 不変な内積とし，$w\in V, w\neq 0$，を（ρ の微分表現も ρ で表わして）各 $X\in\mathfrak{k}$ に対して $\rho(X)w=0$ をみたすものとする．ρ の最高の重みを $\lambda\in\mathfrak{t}$ とし，$v_\lambda\in V_\lambda, v_\lambda\neq 0$，を1つとる．このとき

$$\langle w, v_\lambda\rangle\neq 0$$

がなりたつ．

証明 ρ の包絡代数 $U(\mathfrak{g})^C$ への拡張も簡単のために

$$\rho : U(\mathfrak{g})^{C} \to \mathfrak{gl}(V)$$

で表わそう．補題2と Birkhoff-Witt の定理(第3節を参照)から

$$U(\mathfrak{g})^{C} = U(\mathfrak{k})^{C} U(\mathfrak{a})^{C} U(\mathfrak{n})^{C}$$

がなりたつ．$U(\mathfrak{g})^{C}$ 上の複素数値関数 F を

$$F(u) = \langle \rho(u) v_\lambda, w \rangle \qquad u \in U(\mathfrak{g})^{C}$$

によって定義する．

$$\mathfrak{n} \subset \sum_{\alpha \in \Sigma^+(G)} \tilde{\mathfrak{g}}_\alpha$$

より，$Y \in \mathfrak{n}$ に対して $F(Y)=0$，$H \in \mathfrak{a}$ に対して $F(H)=2\pi\sqrt{-1}(\lambda, H)\langle v_\lambda, w\rangle$，$X \in \mathfrak{k}$ に対して $F(X)=\langle \rho(X) v_\lambda, w\rangle = -\langle v_\lambda, \rho(X) w\rangle = 0$ であるから

$$F(U(\mathfrak{g})^{C}) \subset \boldsymbol{C}\langle v_\lambda, w\rangle$$

がなりたつ．したがって，もし $\langle v_\lambda, w\rangle=0$ ならば $F=0$ となる．一方，ρ は既約だから $\rho(U(\mathfrak{g})^{C})v_\lambda$ は V に一致し，$w=0$ となる．これは矛盾である．したがって，$\langle v_\lambda, w\rangle \neq 0$ でなければならない．▌

定理 5.5　(G, K) をコンパクト対称対，

$$\rho : G \to GL(V)$$

を G の K に関する球表現とすると，ρ の重複度 m_ρ は1に等しい．

証明　v_λ を補題3の通りとし，V 上の G 不変な内積 $\langle , \rangle$ をとる．V の K 不変元のなす部分空間 V_K から $\boldsymbol{C}$ への線形写像 f を

$$f(w) = \langle w, v_\lambda \rangle \qquad w \in V_K$$

によって定義する．補題3より f は単射である．したがって，

$$m_\rho = \dim V_K = 1$$

を得る．▌

注意(1)　(G, K) を階数 l のコンパクト対称対とするとき，定理5.1より $\mathscr{L}(G/K)$ は可換であり，定理5.3，系より $\mathscr{L}(G/K)$ は l 個の元で生成されているが，じつは代数同形

$$\Gamma : \mathscr{L}(G/K) \to S(\mathfrak{a})_{W(G,K)}{}^{C}$$

が存在する．したがって，定理5.3，(2)より，$\mathscr{L}(G/K)$ は代数的に独立な l 個

の元で生成されている．同形 Γ は以下のようにして構成される．$\mathscr{L}(G)$ は線形空間としての直和分解

$$\mathscr{L}(G)=\mathfrak{k}^{\boldsymbol{C}}\mathscr{L}(G)+\mathscr{L}(G)\mathfrak{n}^{\boldsymbol{C}}+\mathscr{L}(A)$$

をもつ．$\mathscr{L}(G)_K$ の元に対してその $\mathscr{L}(A)$ 成分を対応させて得られる，$\mathscr{L}(G)_K$ から $\mathscr{L}(A)$ への写像を γ' とすれば，γ' は代数準同形になる．$\mathfrak{a}$ は可換だから A の対称化写像は代数同形になるから，これによって $\mathscr{L}(A)$ と対称積代数 $S(\mathfrak{a})^{\boldsymbol{C}}$ を同一視する．

$$\delta(G)=\frac{1}{2}\sum_{\alpha\in\Sigma^+(G)}\alpha$$

とおく．$S(\mathfrak{a})^{\boldsymbol{C}}$ の代数自己同形 $D\mapsto{}'D$ が

$${}'H=H-2\pi\sqrt{-1}(\delta(G),H)1 \qquad H\in\mathfrak{a} \quad (1 \text{ は } S(\mathfrak{a})^{\boldsymbol{C}} \text{の単位元})$$

をみたすものとして一意的にきまる．

$$\gamma(D)={}'(\gamma'(D)) \qquad D\in\mathscr{L}(G)_K$$

と定義すると，γ は $\mathscr{L}(G)_K$ から $S(\mathfrak{a})_{W(G,K)}{}^{\boldsymbol{C}}$ の上への代数準同形で，その核は $\mathscr{L}(G)_K\cap\mathscr{L}(G)\mathfrak{k}^{\boldsymbol{C}}$ に一致する．したがって，定理 3. 3の後の注意(2)より

$$\begin{array}{ccc}
\mathscr{L}(G/K) & \xrightarrow{\ \Gamma\ } & S(\mathfrak{a})_{W(G,K)}{}^{\boldsymbol{C}} \\
{\scriptstyle\varpi}\nwarrow & & \nearrow{\scriptstyle\gamma} \\
 & \mathscr{L}(G)_K &
\end{array}$$

が可換図式となるような代数同形 Γ が構成される．証明は例えば Helgason [9] をみられたい．

注意(2) 定理 5. 5 の証明に際して，われわれが用いた補題 3 はのちにも用いられるので上のような方法をとったが，この定理は Hecke 代数 $L^\infty(G,K)$ が可換であること(定理 5. 1)からも証明される．それは一般的につぎの定理がなりたつからである．

ユニモジュラー局所コンパクト位相群 G，そのコンパクト部分群 K に対して，Hecke 代数 $L(G,K)$ が可換であるとする．

$$\rho: G\to GL(V)$$

を G の既約表現で，表現空間 V が G 不変な内積 $\langle,\rangle$ をもつものとする．このとき，V の K 不変元全体のなす部分空間 V_K の次元は高々1である．

この定理の証明を与えておこう．第4節の記法を用いる．$f\in L(G)$ に対して

$$\langle u,v\rangle_f=\int_G f(x)\langle\rho(x)u,v\rangle dx \qquad u,v\in V$$

とおくと，$\langle,\rangle_f$ は V 上のエルミート形式であるから，V の線形自己準同形 ρ_f が一意的に存在して，

$$\langle\rho_f(u),v\rangle=\langle u,v\rangle_f \qquad u,v\in V$$

がなりたつ．ρ_f を記号的に

$$\rho_f=\int_G f(x)\rho(x)dx$$

と表わそう．ここで，ρ_f の随伴作用素 $(\rho_f)^*$ は ρ_{f^*} に一致することに注意する．対応 $f\mapsto\rho_f$ は群代数 $L(G)$ から $\mathrm{End}\,V$ への代数準同形を与える．実際，$f,g\in L(G)$ に対して

$$\begin{aligned}\rho_{f*g}u&=\int_G\left[\int_G f(xy^{-1})g(y)dy\right]\rho(x)udx\\&=\int_G\left[\int_G f(xy^{-1})\rho(xy^{-1})g(y)\rho(y)udx\right]dy=\rho_f\int_G g(y)\rho(y)udy\\&=\rho_f\rho_g u\end{aligned}$$

となるからである．さらに，$f\in L(G,K)$ ならば，$u\in V, k\in K$ に対して

$$\rho(k)(\rho_f u)=\int_G f(x)\rho(kx)udx=\int_G f(x)\rho(x)udx=\rho_f u$$

であるから，ρ_f は V_K を不変にする．$f\in L(G,K)$ に対して，ρ_f が引きおこす V_K の線形自己準同形を A_f で表わして

$$\mathfrak{A}=\{A_f\,;f\in L(G,K)\}$$

とおく．各 $f\in L(G,K)$ に対して $f^*\in L(G,K)$ であって，さきの注意より A_f の随伴作用素 $(A_f)^*$ は A_{f^*} に等しい．したがって，Hecke 代数 $L(G,K)$ の可換性より，$\mathfrak{A}$ は V_K 上の正規自己準同形よりなる可換代数となる．$\dim V_K>1$

として矛盾を導こう．いま述べたことから $\mathfrak{A}$ は同時に対角化可能であるから，$\{0\}$ でない V_K の $\mathfrak{A}$ 不変部分空間 V_1 と V_2 が存在して

$$V_K = V_1 + V_2 \qquad (\text{直和})$$

となる．$u_1 \in V_1, u_1 \neq 0$, を1つとって

$$U = \{\rho_f u_1 ; f \in L(G)\}$$

とおくと，$x \in G, f \in L(G)$ に対して $\rho(x)\rho_f = \rho_{L_x f}$ がなりたつことから，U は $\{0\}$ でない V の G 不変部分空間であることがわかる．任意の $u \in V_2, f \in L(G)$ に対して

$$\langle \rho_f u_1, u \rangle = \int_G f(x) \langle \rho(x) u_1, u \rangle dx = \int_G \mathring{f}(x) \langle \rho(x) u_1, u \rangle dx$$
$$= \langle \rho_{\mathring{f}} u_1, u \rangle \in \langle V_1, V_2 \rangle = \{0\}$$

となる．ここで，$\mathring{f}$ は

$$\mathring{f}(x) = \int_K \int_K f(kxk') dk dk' \qquad x \in G$$

によって定義される $L(G, K)$ の関数である．したがって，U と V_2 は直交し，U は自明でない G 不変部分空間である．これは ρ の既約性に矛盾する．∎

上の議論は，有限次元でない既約ユニタリ表現 ρ の場合にも，Hilbert 空間上の正規有界作用素のなす可換代数のスペクトルの理論を用いて正当化されて，同じ形の定理がなりたつ (Helgason [9] を参照)．

つぎの補題は第6節で用いられる．

補題 4 $\alpha \in \Sigma(G) - \Sigma_0(G)$, $\bar{\alpha} = \gamma \in \Sigma(G, K)$ とする．このとき

(1) $\sigma\alpha = \alpha$, $2\gamma \notin \Sigma(G, K)$, $(\alpha, \alpha)/(\gamma, \gamma) = 1$

(2) $\sigma\alpha \neq \alpha$, $2\gamma \notin \Sigma(G, K)$, $(\alpha, \alpha)/(\gamma, \gamma) = 2$

(3) $\sigma\alpha \neq \alpha$, $2\gamma \in \Sigma(G, K)$, $(\alpha, \alpha)/(\gamma, \gamma) = 4$

のいずれか1つがおこる．

証明 $\sigma\alpha \neq \alpha$ としよう．このとき，$\alpha \notin \Sigma_0(G)$ だから α と $\sigma\alpha$ は1次独立である．まず，$\alpha - \sigma\alpha \notin \Sigma(G)$ であることを証明しよう．そのために，$\beta = \alpha - \sigma\alpha$ とおいて $\beta \in \Sigma(G)$ と仮定して矛盾を導こう．$\bar{\beta} = 0$ であるから $\tilde{\mathfrak{g}}_\beta \subset \mathfrak{g}_0{}^C$ である．

$E_\alpha \in \tilde{\mathfrak{g}}_\alpha, E_\alpha \neq 0$, を1つとる．$\theta$ の $\mathfrak{g}^C$ への拡張も θ で表わすと，$\theta E_\alpha \in \tilde{\mathfrak{g}}_{-\sigma\alpha}$ であって $[E_\alpha, \theta E_\alpha]$ は $\tilde{\mathfrak{g}}_\beta$ の0でない元である．一方

$$\theta[E_\alpha, \theta E_\alpha] = [\theta E_\alpha, E_\alpha] = -[E_\alpha, \theta E_\alpha]$$

であるから，$[E_\alpha, \theta E_\alpha] \in \mathfrak{m}^C$ を得る．したがって，$[E_\alpha, \theta E_\alpha] \in \mathfrak{m}^C \cap \mathfrak{g}_0{}^C = \mathfrak{a}^C$ である．ところが $\tilde{\mathfrak{g}}_\beta \cap \mathfrak{a}^C \subset \tilde{\mathfrak{g}}_\beta \cap \mathfrak{t}^C = \{0\}$ であるから，これは矛盾である．

根系の性質(v)と $\sigma\alpha$ の α 列を考えれば

$$p = \frac{2(\sigma\alpha, \alpha)}{(\alpha, \alpha)}$$

は0または -1 に等しい．$\sigma\alpha$ の α 列を考えれば，条件 $p=0$ または $p=-1$ はそれぞれ条件 $\alpha+\sigma\alpha \notin \Sigma(G)$ または $\alpha+\sigma\alpha \in \Sigma(G)$ と同値である．また

$$\frac{(\alpha, \alpha)}{(\gamma, \gamma)} = \frac{4(\alpha, \alpha)}{(\alpha+\sigma\alpha, \alpha+\sigma\alpha)} = \frac{4(\alpha, \alpha)}{(\alpha, \alpha)+2(\sigma\alpha, \alpha)+(\sigma\alpha, \sigma\alpha)} = \frac{4}{2+p}$$

であるから，これらの条件はそれぞれ条件 $(\alpha, \alpha)/(\gamma, \gamma)=2$ または $(\alpha, \alpha)/(\gamma, \gamma)=4$ とも同値である．$p=-1$ のときは，$\alpha+\sigma\alpha=2\gamma \in \Sigma(G)$ であるから当然 $2\gamma \in \Sigma(G, K)$ である．したがって，$p=0$ ならば $2\gamma \notin \Sigma(G, K)$ であることを示せば $\sigma\alpha \neq \alpha$ の場合の証明は終る．$2\gamma \in \Sigma(G, K)$，すなわち，ある $\beta \in \Sigma(G) - \Sigma_0(G)$ が存在して $\bar{\beta}=2\gamma$ となる，と仮定して矛盾を導こう．まず，このとき $\sigma\beta \neq \beta$ であることに注意しよう．実際，$\sigma\beta=\beta$ とすれば $\alpha+\sigma\alpha=2\gamma=\beta \in \Sigma(G)$ となって矛盾を生じるからである．したがって，上の議論から

$$(\sigma\beta, \beta) = 0, \quad \beta+\sigma\beta \notin \Sigma(G), \quad (\beta, \beta)/(2\gamma, 2\gamma) = 2,$$
$$(\sigma\beta, \beta) < 0, \quad \beta+\sigma\beta \in \Sigma(G), \quad (\beta, \beta)/(2\gamma, 2\gamma) = 4$$

のいずれか一方がおこる．ところが，第2の場合は $4\gamma=\beta+\sigma\beta \in \Sigma(G)$ となって，根系の性質(iv)′ に矛盾するから，この場合はおこらない．したがって，第1の場合がおこって $(\beta, \beta)/(\gamma, \gamma)=8$ となる．ところが $(\alpha, \alpha)/(\gamma, \gamma)=2$ であったから

$$4(\alpha, \alpha) = (\beta, \beta)$$

を得る．α, β に対する仮定から α, β は $\mathfrak{g}'$ のある単純イデアルの根系 Σ に属することがわかる．ところがこのような場合，$(\alpha, \alpha)/(\beta, \beta)$ の可能性は1, 2, 3 ま

たはその逆数である．実際，被約根系の性質 (vii) より Σ の基本系 Π に属する α,β についていえばよい．Π の Dynkin 図形は連結であるが，連結な Dynkin 図形のなかで2本以上の線分で結ばれている場所は高々1箇所であるから，$(\alpha,\alpha)/(\beta,\beta)$ の可能性は上のものだけである．したがって第1の場合にも矛盾が生じる．

つぎに $\sigma\alpha=\alpha$ の場合を考えよう．このときは $\gamma=\alpha$ だから $(\alpha,\alpha)/(\gamma,\gamma)=1$ である．したがって，$2\gamma\notin\Sigma(G,K)$ を示せば補題の証明が終る．$2\gamma\in\Sigma(G,K)$ として矛盾を導こう．仮定より，ある $\beta\in\Sigma(G)$ が存在して $\bar{\beta}=2\gamma$ となる．明らかに $\beta\neq\pm\gamma$ である．$(\beta,\gamma)=(2\gamma,\gamma)=2(\gamma,\gamma)$ であるから

$$\frac{2(\beta,\gamma)}{(\gamma,\gamma)}=4$$

を得る．これは根系の性質 (v) に矛盾する．▌

注意 証明からわかるように，$\alpha\in\Sigma(G)-\Sigma_0(G)$，$\sigma\alpha\neq\alpha$，$\gamma=\bar{\alpha}\in\Sigma(G,K)$ に対して，条件 $2\gamma\in\Sigma(G,K)$ と条件 $2\gamma\in\Sigma(G)$ とは同値である．

最後に，この節で証明を保留したいくつかのことの証明を与えよう．

まず，対 (G,K) の Cartan 部分代数の K に関する共役性を証明しよう．補題1, (2) より，対 (G,K) の任意の Cartan 部分代数 $\mathfrak{a}$ とその任意の正則元 H に対して

$$\mathfrak{a}=\{X\in\mathfrak{m}\,;\,[H,X]=0\}$$

がなりたつ．したがって，任意の $X,Y\in\mathfrak{m}$ に対してある $x_0\in K$ が存在して $[\mathrm{Ad}x_0X,Y]=0$ となることを示せば十分である．このことを示すために，K 上の実数値 C^∞ 関数

$$f(x)=(\mathrm{Ad}x\,X,\,Y)\qquad x\in K$$

を考えよう．f が $x_0\in K$ において最大値をとるとすると，x_0 が求めるものになる．実際，このとき，任意の $Z\in\mathfrak{k}$ に対して $Z_{x_0}f=0$ であるから

$$\begin{aligned}0&=\left[\frac{d}{dt}f(x_0\exp tZ)\right]_{t=0}=\left[\frac{d}{dt}(\mathrm{Ad}(x_0\exp tZ)X,\,Y)\right]_{t=0}\\&=\left[\frac{d}{dt}(\mathrm{Ad}\,x_0\,\mathrm{Ad}(\exp tZ)X,\,Y)\right]_{t=0}=(\mathrm{Ad}\,x_0[Z,X],\,Y)\end{aligned}$$

$$= ([\mathrm{Ad}\, x_0 Z, \mathrm{Ad}\, x_0 X], Y) = (\mathrm{Ad}\, x_0 Z, [\mathrm{Ad}\, x_0 X, Y]) \qquad Z \in \mathfrak{k}$$

となる．(5.1)より $[\mathrm{Ad}\, x_0 X, Y] \in \mathfrak{k}$ であるから，$[\mathrm{Ad}\, x_0 X, Y]=0$ を得る．

つぎに，$W(G,K)$ は $\gamma \in \Sigma(G,K)$ に関する鏡映全体で生成される有限群であることの証明を与えよう．

まず，$W(G,K)$ は有限群であることを示そう．$W(G,K)$ は $\mathfrak{c}_{\mathfrak{m}}$ には自明に作用するから，$W(G,K)$ を $O(\mathfrak{a}')$ の部分群とみなしてよい．$\Sigma(G)$ は $\mathfrak{t}'$ を張る(これは $\mathfrak{g}'$ の中心が $\{0\}$ であることから容易に導かれる)から，$\Sigma(G,K)$ は $\mathfrak{a}'$ を張る．$W(G,K)$ は $\Sigma(G,K)$ を不変にするから，$W(G,K)$ は $O(\mathfrak{a}')$ の離散部分群である．したがって $W(G,K)$ は有限群である．

つぎに，$s \in W(G,K)$ が Weyl 領域 $C^+(G,K)$ を不変にすれば $s=1$ でなければならないことを示そう．いま示したことから，s の位数 N は有限である．$H_1 \in C^+(G,K)$ を1つとって

$$H_0 = \frac{1}{N}(H_1 + sH_1 + \cdots + s^{N-1}H_1)$$

とおくと，$C^+(G,K)$ は凸集合であるから，$H_0 \in C^+(G,K)$ であって，$sH_0 = H_0$ をみたす．$k \in N_K(A)$ を $kZ_K(A)=s$ をみたすものとする．1助変数部分群 $\{\exp tH_0 \,;\, t \in \boldsymbol{R}\}$ を含む最小の輪環部分群を S とすれば，$sH_0=H_0$ より k は S の中心化群 $Z_G(S)$ に属する．$Z_G(S)$ の Lie 代数は $[X, H_0]=0$ となる $X \in \mathfrak{g}$ 全体のなす $\mathfrak{g}$ の Lie 部分代数であるが，補題1,(2)よりこれは $\mathfrak{a}$ の中心化代数 $\mathfrak{z}_{\mathfrak{g}}(\mathfrak{a})$ に一致する．周知のように，コンパクト連結 C^∞ Lie 群の輪環部分群の中心化群は連結である(例えば Helgason [9] を参照)から，$Z_G(S)$ は A の中心化群 $Z_G(A)$ に一致する．したがって $k \in Z_G(A) \cap K = Z_K(A)$ となるから，$s=1$ を得る．

$\gamma \in \Sigma(G,K)$ に関する鏡映全体で生成される $O(\mathfrak{a})$ の部分群をしばらく $W(\mathfrak{g},\mathfrak{k})$ で表わそう．$W(\mathfrak{g},\mathfrak{k}) = W(G,K)$ であることを証明したいのであるが，まず $W(\mathfrak{g},\mathfrak{k}) \subset W(G,K)$ を証明しよう．$\gamma \in \Sigma(G,K)$ を任意にとる．$\bar{\alpha}=\gamma$ をみたす $\alpha \in \Sigma^+(G) - \Sigma_0(G)$ を1つとる．補題1の X_α を $(T_\alpha, T_\alpha) = (4(\gamma,\gamma))^{-1}$ をみたすようにとって

$$H_\gamma = \frac{1}{\pi}[S_\alpha, T_\alpha]$$

とおく．

$$[X_\alpha, X_{-\alpha}] = \sqrt{-1}\,[S_\alpha, T_\alpha] - \sqrt{-1}\,[T_\alpha, S_\alpha] = 2\sqrt{-1}\,[S_\alpha, T_\alpha]$$

であるから，$[X_\alpha, X_{-\alpha}] \in \mathfrak{g}_0 \cap \mathfrak{m}^{\mathfrak{c}} = \mathfrak{a}^{\mathfrak{c}}$，したがって $H_\gamma \in \mathfrak{a}$ である．$H \in \mathfrak{a}$ に対して，補題1より

$$(H, H_\gamma) = \frac{1}{\pi}(H, [S_\alpha, T_\alpha]) = \frac{1}{\pi}([H, S_\alpha], T_\alpha) = 2(\gamma, H)(T_\alpha, T_\alpha)$$

がなりたつから，X_α のとり方から

$$H_\gamma = \frac{1}{2(\gamma, \gamma)}\gamma$$

であることがわかる．ふたたび補題1と H_γ の定義より

$$[S_\alpha, H_\gamma] = -\pi T_\alpha, \qquad [S_\alpha, T_\alpha] = \pi H_\gamma$$

が得られるから，$\mathrm{Ad}(\exp S_\alpha)H_\gamma = -H_\gamma$ となる．$(\gamma, H)=0$ をみたす $H \in \mathfrak{a}$ に対しては，補題1より $\mathrm{Ad}(\exp S_\alpha)H = H$ を得る．結局，$k = \exp S_\alpha$ とおけば，$k \in N_K(A)$ であって，$\mathrm{Ad}\,k$ は $\mathfrak{a}$ 上で鏡映 s_γ に一致する．$\gamma \in \Sigma^+(G, K)$ は任意であったから，$W(\mathfrak{g}, \mathfrak{k}) \subset W(G, K)$ が証明された．

さて，任意に $s \in W(G, K)$ をとる．$sC^+(G, K)$ も1つの Weyl 領域である．容易に示されるように，$W(\mathfrak{g}, \mathfrak{k})$ は Weyl 領域全体の上に可移的に作用するから，ある $s' \in W(\mathfrak{g}, \mathfrak{k})$ が存在して $s'C^+(G, K) = sC^+(G, K)$ となる．$s'' = s^{-1}s' \in W(G, K)$ とおけば，$s''C^+(G, K) = C^+(G, K)$ となる．さきに示したことから $s''=1$ でなければならない．したがって，$s = s' \in W(\mathfrak{g}, \mathfrak{k})$ を得る．s は任意であったから，$W(G, K) \subset W(\mathfrak{g}, \mathfrak{k})$ が示された．

同時に，$W(G, K)$ が Weyl 領域全体の上に単純可移的に作用している，すなわち，任意の Weyl 領域 C_1, C_2 に対して，ただ1つの $s \in W(G, K)$ が存在して $sC_1 = C_2$ となる，こともわかった．

$W(G)$ については，のちに第6節，例で示すように，あるコンパクト対称対の場合に帰着されるから，これについても対応する性質がなりたつ．($\sum(G)$

の性質(ii), (iii)も同じ仕方で定理5.4から導かれる.)

つぎに, $W(G)$ が $\Pi(G)$ の元に関する鏡映全体で生成される $O(\mathfrak{t})$ の部分群 $W(\Pi(G))$ に一致することを示そう. いま述べたことから, 各 $\alpha\in\Sigma(G)$ に対して $s_\alpha\in W(\Pi(G))$ となることを示せば十分である. 被約根系の性質(vii)から, ある $s\in W(\Pi(G))$ と $\alpha_i\in\Pi(G)$ が存在して $s\alpha=\alpha_i$ となる. したがって, 一般的になりたつ関係 $ss_\alpha s^{-1}=s_{s\alpha}\ (s\in O(\mathfrak{t}),\ \alpha\in\mathfrak{t},\ \alpha\neq 0)$ より $s_\alpha=s^{-1}s_{\alpha_i}s\in W(\Pi(G))$ を得る.

$W(G,K)$ についての対応する性質は第6節で示される.

定理5.4の証明　(1)　(i)は上の証明のなかで述べた. (ii)は上に証明した $W(\mathfrak{g},\mathfrak{k})=W(G,K)$ より明らかである.

(iii)　γ に対して, 上の証明のなかの $S_\alpha=\dfrac{1}{2}(X_\alpha+X_{-\alpha})$ をとれば, $k=\exp S_\alpha\in N_K(A)$ であって, $\mathrm{Ad}\,k$ は $\mathfrak{a}$ 上で鏡映 s_γ に一致していた. したがって $\mathrm{Ad}k\,\mathfrak{g}_\delta{}^{\boldsymbol{C}}=\mathfrak{g}_{s_\gamma\delta}{}^{\boldsymbol{C}}$ となる. 一方, 一般になりたつ関係 $[\mathfrak{g}_{\gamma'}{}^{\boldsymbol{C}},\mathfrak{g}_{\gamma''}{}^{\boldsymbol{C}}]\subset\mathfrak{g}_{\gamma'+\gamma''}{}^{\boldsymbol{C}}$ と, $X_\alpha\in\mathfrak{g}_\gamma{}^{\boldsymbol{C}}$, $X_{-\alpha}\in\mathfrak{g}_{-\gamma}{}^{\boldsymbol{C}}$ より

$$\mathrm{Ad}k\,\mathfrak{g}_\delta{}^{\boldsymbol{C}}\subset\sum_{n\in\boldsymbol{Z}}\mathfrak{g}_{\delta+n\gamma}{}^{\boldsymbol{C}}$$

でなければならない. したがって, ある $n\in\boldsymbol{Z}$ に対して

$$s_\gamma\delta=\delta-\frac{2(\delta,\gamma)}{(\gamma,\gamma)}\gamma=\delta+n\gamma$$

となるから, (iii)が証明された.

(2)
$$\sigma\alpha_i\equiv\sum_{j=1}^{m'-m_0'}c_i{}^j\alpha_j\mod\{\Pi_0(G)\}_{\boldsymbol{Z}}\qquad 1\leqq i\leqq m'-m_0'$$

とする. 各 $c_i{}^j$ は非負整数で, 少くとも1つの i' に対して $c_i{}^{i'}>0$ である. この式にさらに σ を作用させれば

$$\alpha_i\equiv\sum_{j=1}^{m-m_0'}c_i{}^j\sigma\alpha_j\equiv\sum_{j=1}^{m-m_0'}\sum_{k=1}^{m-m_0'}c_i{}^jc_j{}^k\alpha_k\mod\{\Pi_0(G)\}_{\boldsymbol{Z}}$$

となる. 係数を比較して

$$\sum_{j=1}^{m'-m_0'}c_i{}^jc_j{}^k=\delta_i{}^k\qquad 1\leqq i,\ k\leqq m'-m_0'$$

を得るから $c_i^{i'}=1,\ c_i^{j}=0\ (j\neq i')$ となる．よって，$\sigma\alpha_i\equiv\alpha_{i'} \bmod \{\Pi_0(G)\}_{\boldsymbol{Z}}$ を得る．この式に σ を作用させれば，$\alpha_i\equiv\sigma\alpha_{i'} \bmod \{\Pi_0(G)\}_{\boldsymbol{Z}}$ となるから，対応 $\alpha_i\mapsto\alpha_{i'}\ (1\leqq i\leqq m'-m_0')$ は位数2の置換である．▮

つぎに，定理5.4の後で述べた $s_0\in W(G)$ が $W_0(G)$ に属することの証明を与えよう．対合 p で固定される $H_0\in C^+(G)$ を1つとって，有限集合 $\{s\sigma H_0\,;\,s\in W_0(G)\}$ のなかで H_0 に最も近い点を $s_1\sigma H_0\ (s_1\in W_0(G))$ とすれば，$s_1\sigma H_0=s_1s_0H_0$ も $C^+(G)$ に属することが確かめられる．$W(G)$ は G の Weyl 領域全体の上に単純可移的に作用していたから，$s_1s_0=1$ である．ゆえに $s_0=s_1^{-1}\in W_0(G)$ を得る．

最後に，この節において，根系またはその部分集合を表わすのに $\Sigma(G)$, $\Sigma(G,K)$ などの記号を用いたが，これらはすべて対応する Lie 代数 $\mathfrak{g}$ または Lie 代数の対 $(\mathfrak{g},\mathfrak{k})$ だけから（さらに詳しく，$\mathfrak{g}'$ または $(\mathfrak{g}',\mathfrak{k}')$ だけから）以下に説明する意味で定まることに注意しておこう．これらは Lie 代数の構造のほかに内積 $(\ ,\ )$ のとり方にもよるように見えるが，これらの元はじつは実線形空間 $\mathfrak{t}$ または $\mathfrak{a}$ 上の線形形式であって，これを内積 $(\ ,\ )$ によって $\mathfrak{t}$ または $\mathfrak{a}$ の元と同一視しているのである．そして，これらは線形形式としては $\mathfrak{g}$ または $(\mathfrak{g},\mathfrak{k})$ だけから定まるのである．表現の重みなどについても同様である．

§6 コンパクト対称対の極大輪環群

この節ではコンパクト対称対 (G,K) の極大輪環群 $\hat{A}$ を定義し，$\hat{A}$ の支配的な指標という概念を導入する．のちに証明するように，$\hat{A}$ の支配的な指標は対 (G,K) の球表現の同値類と1対1に対応する．とくに，商多様体 G/K が単連結の場合には，支配的な指標は対 (G,K) の佐武図形から求めることができることを示す．つぎに，Weyl 群で不変な $\hat{A}$ の指標のなす加群の構造を調べ，その1つの自由基底を主対称指標とよばれる指標によって構成する．

一般に，輪環群 T に対して，その Lie 代数 $\mathfrak{t}$ から T への指数写像の核を Γ で表わし，$\mathfrak{t}$ 上に1つの内積 $(\ ,\ )$ をとって，各 $H\in\Gamma$ に対して $(\lambda,H)\in\boldsymbol{Z}$ をみたす $\lambda\in\mathfrak{t}$ 全体のなす $\mathfrak{t}$ の部分群を Z で表わす．$\lambda\in Z$ に対して T の指標

$e(\lambda)$ を

$$e(\lambda)(\exp H) = \exp(2\pi\sqrt{-1}(\lambda, H)) \qquad H \in \mathfrak{t}$$

によって定義すれば，対応 $\lambda \mapsto e(\lambda)$ は Z と T の指標群 $\mathcal{D}(T)$ との間の同形を与える．指標 $e(\lambda)$ に対して，λ を $e(\lambda)$ の**微分**という．$\{e(\lambda)\,;\lambda \in Z\}$ は複素線形空間 $C^\infty(T)$ のなかで1次独立である．実際，これらは (T の正規化された Haar 測度に関する) $L_2(T)$ の正規直交系をなすからである．

この節では，以下 (G, K) はコンパクト対称対であるとし，第5節のように，$\mathfrak{g}$ 上の内積 $(\ ,\ )$, (G, K) の Cartan 部分代数 $\mathfrak{a}$, $\mathfrak{a}$ を含む $\mathfrak{g}$ の極大可換部分代数 $\mathfrak{t}$, $\mathfrak{t}$ 上の σ 順序 $>$ をとって固定しておく．第5節の記法をそのまま用いる．

$\mathfrak{a}, \mathfrak{c}_{\mathfrak{m}}$ で生成される G のコンパクト連結 Lie 部分群をそれぞれ $A, C_{\mathfrak{m}}$ とする．これらの群の，商多様体 G/K の原点 o を通る軌道 $Ao, C_{\mathfrak{m}}o$ をそれぞれ $\hat{A}, \hat{C}_{\mathfrak{m}}$ で表わす．

$x \in N_K(A)$ に対して G/K の C^∞ 同相 τ_x は $\hat{A}$ を不変にし，$x \in Z_K(A)$ に対して τ_x は $\hat{A}$ の各点を不変にするから，Weyl 群 $W(G, K)$ は自然な仕方で $\hat{A}$ に作用する．この作用を単に

$$\hat{a} \mapsto s\hat{a} \qquad \hat{a} \in \hat{A},\ s \in W(G, K)$$

と表わそう．すると，$W(G, K)$ は $C^\infty(\hat{A})$ に

$$(sf)(\hat{a}) = f(s^{-1}\hat{a}) \qquad s \in W(G, K),\ f \in C^\infty(\hat{A}),\ \hat{a} \in \hat{A}$$

によって作用する．

$$\Gamma(G, K) = \{H \in \mathfrak{a}\,;\exp H \in K\}$$

とおく．$\Gamma(G, K)$ は $\mathfrak{a}$ の格子である．すなわち，$\mathfrak{a}$ を可換 C^∞ Lie 群とみなしたとき，$\Gamma(G, K)$ は $\mathfrak{a}$ の基底を含む $\mathfrak{a}$ の離散部分群である．$\Gamma(G, K)$ は Weyl 群 $W(G, K)$ で不変である．$H, H' \in \mathfrak{a}$ に対して，$(\exp H)o = (\exp H')o$ であるための必要十分条件は $H - H' \in \Gamma(G, K)$ で与えられるから，$H \in \mathfrak{a}$ に対して $(\exp H)o \in \hat{A}$ を対応させる写像は，C^∞ 構造を込めた同一視

$$\mathfrak{a}/\Gamma(G, K) = \hat{A}$$

を引きおこす．左辺は自然な l 次元輪環群の構造をもつから，これによって $\hat{A}$ に l 次元輪環群の構造を導入して，これをコンパクト対称対 (G, K) の**極大**

輪環群とよぶ. Cartan 部分代数の K に関する共役性より, (G,K) の極大輪環群は K の作用に関してたがいに共役である. $\Gamma(G,K)$ は $W(G,K)$ で不変だから, $W(G,K)$ は自然に左辺に作用するが, 上の同一視のもとで, この作用はさきに述べた $W(G,K)$ の $\hat{A}$ への作用と一致することに注意しておこう.

注意 われわれはコンパクト対称対 (G,K) の極大輪環群 $\hat{A}$ を群論的に定義したが, G/K の部分多様体としての極大輪環群は幾何学的にはつぎのように特徴づけられる: (G,K) の Cartan 部分代数 $\mathfrak{a}$ より定義される極大輪環群 $\hat{A}$ はコンパクト対称空間 G/K の標準接続 ∇ に関する平坦な全測地的部分多様体で, 原点 o を含み, このような部分多様体のなかで極大である. 逆にこのような G/K の部分多様体はある Cartan 部分代数 $\mathfrak{a}$ より定義される極大輪環群 $\hat{A}$ に一致する (Helgason [9] を参照).

同様に

$$\Gamma(C_{\mathfrak{m}}) = \Gamma(G,K) \cap \mathfrak{c}_{\mathfrak{m}}$$

とおけば

$$\mathfrak{c}_{\mathfrak{m}}/\Gamma(C_{\mathfrak{m}}) = \hat{C}_{\mathfrak{m}}$$

と同一視され, $\hat{C}_{\mathfrak{m}}$ は輪環群の構造をもつ. $\hat{C}_{\mathfrak{m}}$ は $\hat{A}$ の部分輪環群で, Weyl 群 $W(G,K)$ は $\hat{C}_{\mathfrak{m}}$ 上で自明に作用する.

各 $H \in \Gamma(G,K)$ に対して $(\lambda, H) \in \boldsymbol{Z}$ をみたす $\lambda \in \mathfrak{a}$ 全体のなす $\mathfrak{a}$ の格子を $Z(G,K)$ で表わす. $W(G,K) \subset O(\mathfrak{a})$ より, $Z(G,K)$ も $W(G,K)$ で不変であるから, $W(G,K)$ は $Z(G,K)$ に作用する. この節の最初に述べた注意により, $\lambda \in Z(G,K)$ に対して, 輪環群 $\hat{A}$ の指標 $e(\lambda)$ を

$$e(\lambda)((\exp H)o) = \exp(2\pi\sqrt{-1}(\lambda, H)) \qquad H \in \mathfrak{a}$$

によって定義すると, 対応 $\lambda \mapsto e(\lambda)$ によって $Z(G,K)$ は $\hat{A}$ の指標全体のなす可換群 $\mathcal{D}(\hat{A})$ と同形になる. $W(G,K)$ の $C^\infty(\hat{A})$ への作用は $\mathcal{D}(\hat{A})$ を不変にし, したがって $W(G,K)$ は $\mathcal{D}(\hat{A})$ に作用する. このとき, 上の同形対応は $W(G,K)$ の $Z(G,K)$ および $\mathcal{D}(\hat{A})$ への作用と可換であることを注意しておこう. 各 $\gamma \in \Sigma^+(G,K)$ に対して $(\lambda, \gamma) \geqq 0$ をみたす $\lambda \in Z(G,K)$ 全体のなす半群を $D(G,K)$ で表わす. 上の条件は各 $\gamma_i \in \Pi(G,K)$ に対して $(\lambda, \gamma_i) \geqq 0$ となる

という条件と同値である．$\lambda \in D(G, K)$ に対応する指標 $e(\lambda) \in \mathscr{D}(\hat{A})$ を $\hat{A}$ の(順序 $>$ に関する)**支配的な指標**という．じつは，のちに第8節で証明するように，$D(G, K)$ は球表現の同値類全体 $\mathscr{D}(G, K)$ と1対1に対応している．

とくに，$K=G_\theta$ の場合は $\Gamma(G, K)$ はつぎのようにして求められ，したがって $Z(G, K), D(G, K)$ も求まる．

補題1　$K=G_\theta$ ならば

$$\Gamma(G, K) = \left\{\frac{1}{2}H\,;\, H \in \mathfrak{a}, \exp H = e\right\}$$

となる．

証明　$H \in \mathfrak{a}$ が $\exp H=e$ ならば，$\exp \frac{1}{2}H \exp \frac{1}{2}H=e$ だから $\exp \frac{1}{2}H=\left(\exp \frac{1}{2}H\right)^{-1}$，したがって $\exp \frac{1}{2}H=\theta\left(\exp \frac{1}{2}H\right)$，すなわち，$\exp \frac{1}{2}H \in K$ となる．したがって，$\Gamma(G, K)$ の定義から $\frac{1}{2}H \in \Gamma(G, K)$ となる．これらの各段階は逆もなりたつから，$\frac{1}{2}H \in \Gamma(G, K)$ ならば $\exp H=e$ となる．▌

さらに G が単連結であるときは，つぎのように $\Gamma(G, K)$ は Lie 代数の対 $(\mathfrak{g}, \mathfrak{k})$ のみで定まる．

補題2　(G, K) を G が単連結であるコンパクト対称対とすれば，

(1)　G_θ は連結である．

(2)　$\mathfrak{a}$ の格子 $\{H \in \mathfrak{a}\,;\, \exp H=e\}$ は $\gamma \in \Sigma(G, K)$ の反転 γ^* 全体で生成される $\mathfrak{a}$ の部分群と一致する．

したがって(補題1より) $\Gamma(G, K)$ は $\gamma \in \Sigma(G, K)$ の反転 γ^* の $\frac{1}{2}$ 倍，$\frac{1}{2}\gamma^*$ 全体で生成される $\mathfrak{a}$ の部分群と一致する．

この補題の証明はのちに第9節で与える．

つぎに，一般のコンパクト対称対にもどって，$\gamma \in \Sigma(G, K)$ の反転 γ^* の $\frac{1}{2}$ 倍，$\frac{1}{2}\gamma^*$ 全体で生成される $\mathfrak{a}'$ の部分群を $\Gamma_0'(G, K)$ で表わす．$\Gamma_0'(G, K)$ は Lie 代数の対 $(\mathfrak{g}', \mathfrak{k}')$ のみで定まって，内積 $(\ ,\ )$ のとり方によらない．これは上の補題からもわかるが，G 不変な内積に関して $\mathfrak{g}'$ の単純イデアルはたがいに直交し，コンパクト単純 Lie 代数の不変な内積は正の定数倍を除いて一

意的であることからもわかる．$\Gamma_0'(G,K)$ は $\mathfrak{a}'$ の格子である．さきと同様に，各 $H\in\Gamma_0'(G,K)$ に対して $(\lambda,H)\in\boldsymbol{Z}$ をみたす $\lambda\in\mathfrak{a}'$ 全体のなす $\mathfrak{a}'$ の格子を $Z_0'(G,K)$ で表わす．上の条件は，各 $\gamma\in\Sigma(G,K)$ に対して $(\lambda,\gamma)/(\gamma,\gamma)\in\boldsymbol{Z}$ となるという条件と同値である．各 $\gamma\in\Sigma^+(G,K)$ に対して $(\lambda,\gamma)\geqq 0$，あるいは各 $\gamma_i\in\Pi(G,K)$ に対して $(\lambda,\gamma_i)\geqq 0$ をみたす $\lambda\in Z_0'(G,K)$ 全体のなす半群を $D_0'(G,K)$ で表わす．一般に

$$(6.1)\qquad s_\gamma\delta^*=(s_\gamma\delta)^*=\delta^*-\frac{2(\gamma,\delta)}{(\delta,\delta)}\gamma^*\qquad \gamma,\delta\in\mathfrak{a},\ \gamma\neq 0,\ \delta\neq 0$$

がなりたち，Weyl 群 $W(G,K)$ は鏡映 $s_\gamma(\gamma\in\Sigma(G,K))$ で生成されているから，$\Gamma_0'(G,K)$ は $W(G,K)$ で不変である．したがって，$Z_0'(G,K)$ も $W(G,K)$ で不変で，$W(G,K)$ は $Z_0'(G,K)$ に作用する．（$Z_0'(G,K)$ が $W(G,K)$ で不変なことは $\Sigma(G,K)$ が $W(G,K)$ で不変なことからも明らかである．）

つぎに，$\mathfrak{a}$ の格子 $\Gamma_0(G,K)$ を

$$\Gamma_0(G,K)=\Gamma(C_\mathfrak{m})+\Gamma_0'(G,K)$$

によって定義し，同様に各 $H\in\Gamma_0(G,K)$ に対して $(\lambda,H)\in\boldsymbol{Z}$ をみたす $\lambda\in\mathfrak{a}$ 全体のなす $\mathfrak{a}$ の格子を $Z_0(G,K)$ で表わし，各 $\gamma\in\Sigma^+(G,K)$ に対して $(\lambda,\gamma)\geqq 0$，あるいは各 $\gamma_i\in\Pi(G,K)$ に対して $(\lambda,\gamma_i)\geqq 0$ をみたす $\lambda\in Z_0(G,K)$ 全体のなす半群を $D_0(G,K)$ で表わす．

$$Z_0'(G,K)=Z_0(G,K)\cap\mathfrak{a}',\qquad D_0'(G,K)=D_0(G,K)\cap\mathfrak{a}'$$

がなりたつ．例えば，任意の $\gamma\in\Sigma(G,K)$ に対して $2\gamma\in Z_0(G,K)$ である．$W(G,K)$ は $\Gamma_0'(G,K)$ を不変にしたから，$\Gamma_0(G,K)$ を不変にする．したがって，$W(G,K)$ は $Z_0(G,K)$ を不変にし，$Z_0(G,K)$ に作用する．

$$\hat{A}_0=\mathfrak{a}/\Gamma_0(G,K)$$

によって l 次元輪環群 $\hat{A}_0$ を定義する．$W(G,K)$ は $\Gamma_0(G,K)$ を不変にするから $W(G,K)$ は自然な仕方で $\hat{A}_0$ に作用する．$\hat{A}$ の場合と同様に $Z_0(G,K)$ は $\hat{A}_0$ の指標群 $\mathcal{D}(\hat{A}_0)$ と Weyl 群 $W(G,K)$ の作用を込めて同形である．

$$\Sigma_*(G,K)=\{\gamma\in\Sigma(G,K)\,;\,2\gamma\notin\Sigma(G,K)\}$$

とおく．$\Sigma_*(G,K)$ は対 $(\mathfrak{g}',\mathfrak{k}')$ のみによって定まる．また

$$\Sigma_*{}^+(G,K)=\Sigma^+(G,K)\cap\Sigma_*(G,K)$$

とおく．根系の性質(iv)$'$から，$\Sigma_*(G,K)$は$\mathfrak{a}'$の被約根系であることがわかる．一般に

$$(2\gamma)^*=\frac{1}{2}\gamma^* \qquad \gamma\in\mathfrak{a},\ \gamma\neq 0 \tag{6.2}$$

であるから，さきに定義した$\Gamma_0'(G,K)$，$Z_0'(G,K)$は$\Sigma_*(G,K)$を用いてつぎのようにいいかえられる：$\Gamma_0'(G,K)$は$\gamma\in\Sigma_*(G,K)$の反転γ^*の$\frac{1}{2}$倍，$\frac{1}{2}\gamma^*$全体で生成される$\mathfrak{a}'$の部分群である；$Z_0'(G,K)$は各$\gamma\in\Sigma_*(G,K)$に対して$2(\lambda,\gamma)/(\gamma,\gamma)\in 2\boldsymbol{Z}$をみたす$\lambda\in\mathfrak{a}'$全体のなす$\mathfrak{a}'$の部分群である．

$\Sigma(G,K)$の基本系$\Pi(G,K)=\{\gamma_1,\cdots,\gamma_{l'}\}$を用いて，$\beta_1,\cdots,\beta_{l'}\in\mathfrak{a}'$を

$$\beta_i=\begin{cases}\gamma_i & 2\gamma_i\notin\Sigma(G,K)\text{ のとき}\\ 2\gamma_i & 2\gamma_i\in\Sigma(G,K)\text{ のとき}\end{cases}$$

によって定義して，

$$\Pi_*(G,K)=\{\beta_1,\cdots,\beta_{l'}\}$$

とおく．$\Pi_*(G,K)$は$\Sigma_*(G,K)$の順序$>$に関する基本系である．被約根系$\Sigma_*(G,K)$を用いて，第5節の$W(G)$に対する証明と同様に，$W(G,K)$は$\beta_i\in\Pi_*(G,K)$(または$\gamma_i\in\Pi(G,K)$)に関する$\mathfrak{a}$の鏡映s_i全体で生成されることが示される．

σ基本系$\Pi(G)=\{\alpha_1,\cdots,\alpha_{m'}\}$より定まる$\mathfrak{g}'$の基本の重み$\{\Lambda_1,\cdots,\Lambda_{m'}\}$を用いて，$M_1,\cdots,M_{l'}\in\mathfrak{t}'$を

$$M_i=\begin{cases}2\Lambda_i & p\alpha_i=\alpha_i,\quad (\alpha_i,\Pi_0(G))=\{0\}\text{ のとき}\\ \Lambda_i & p\alpha_i=\alpha_i,\quad (\alpha_i,\Pi_0(G))\neq\{0\}\text{ のとき}\\ \Lambda_i+\Lambda_{i'} & p\alpha_i=\alpha_{i'},\quad \alpha_i\neq\alpha_{i'}\text{ のとき}\end{cases}$$

によって定義する．ここで，$p\in O(\mathfrak{t})$は佐武の対合である．$M_i(1\leqq i\leqq l')$は(G,K)の佐武図形からただちに求められることに注意しておこう．$M_i(1\leqq i\leqq l')$はσ順序$>$に関する対$(\mathfrak{g}',\mathfrak{t}')$の**基本の重み**とよばれる．上の$\alpha_i$に関する3つの条件のうちの第1の条件：$p\alpha_i=\alpha_i$, $(\alpha_i,\Pi_0(G))=\{0\}$は条件$\sigma\alpha_i=\alpha_i$と同値である．実際，$p\alpha_i=\alpha_i$, $(\alpha_i,\Pi_0(G))=\{0\}$とすれば，定理5.4, (2)より，

$1 \leqq j \leqq m'-m_0'$ に対して

$$(\alpha_i, \alpha_j - \sigma\alpha_j) = (\alpha_i, \alpha_j) - (\alpha_i, p\alpha_j) = (\alpha_i, \alpha_j) - (p\alpha_i, \alpha_j)$$
$$= (\alpha_i, \alpha_j) - (\alpha_i, \alpha_j) = 0$$

となる．このことと $(\alpha_i, \Pi_0(G)) = \{0\}$ より，α_i は集合 $\{\alpha_j - \sigma\alpha_j\,;\, 1 \leqq j \leqq m'\}$ と直交する．後者は $\mathfrak{b}'$ を張るから $\sigma\alpha_i = \alpha_i$ がなりたつ．逆は明らかであろう．

これらの β_i, M_i $(1 \leqq i \leqq l')$ を用いると，つぎのように $\Gamma_0'(G, K), Z_0'(G, K)$, $D_0'(G, K)$ が記述され，とくに，G/K が単連結である場合は $D(G, K)$ が M_i $(1 \leqq i \leqq l')$ によって記述される．

定理 6.1　コンパクト対称対 (G, K) に対して

(1)　(a)　$$\Gamma_0'(G, K) = \sum_{i=1}^{l'} \boldsymbol{Z}\left(\frac{1}{2}\beta_i^*\right)$$

(b)　$$Z_0'(G, K) = \sum_{i=1}^{l'} \boldsymbol{Z} M_i$$

(c)　$$D_0'(G, K) = \left\{\sum_{i=1}^{l'} m_i M_i\,;\, m_i \in \boldsymbol{Z}, m_i \geqq 0 \ \ (1 \leqq i \leqq l')\right\}$$

がなりたつ．さらに詳しく

(b)′　$$\left(M_i, \frac{1}{2}\beta_j^*\right) = \delta_{ij} \qquad 1 \leqq i, j \leqq l'$$

がなりたつ．

(2)　$$\Gamma_0(G, K) \subset \Gamma(G, K), \qquad Z(G, K) \subset Z_0(G, K),$$
$$D(G, K) \subset D_0(G, K)$$

がなりたつ．とくに，G/K が単連結であるときは，$\Gamma(G, K) = \Gamma_0(G, K) = \Gamma_0'(G, K), Z(G, K) = Z_0(G, K) = Z_0'(G, K), D(G, K) = D_0(G, K) = D_0'(G, K)$ であって，(G, K) の極大輪環群 $\hat{A}$ は $\hat{A}_0$ と Weyl 群 $W(G, K)$ の作用を込めて同一視される．

証明　(1)　(a)　$\Gamma_0'(G, K)$ は $\left\{\frac{1}{2}\gamma^*\,;\, \gamma \in \Sigma_*(G, K)\right\}$ で生成される $\mathfrak{a}'$ の部分群であったから，各 $\gamma \in \Sigma_*(G, K)$ に対して

(a)′　$$\gamma^* \in \sum_{i=1}^{l'} \boldsymbol{Z}\beta_i^*$$

であることを示せばよい．

(i) Weyl 群 $W(G,K)$ は鏡映 $\{s_i\,;1\leqq i\leqq l'\}$ によって生成される．

(6.1) より

(ii) $$(s_i\gamma)^*=\gamma^*-\frac{2(\beta_i,\gamma)}{(\gamma,\gamma)}\beta_i^* \qquad \gamma\in\Sigma_*(G,K),\ 1\leqq i\leqq l'$$

がなりたつ．ここで，$2(\beta_i,\gamma)/(\gamma,\gamma)\in\boldsymbol{Z}$ である．また第5節で証明したように

(iii) 任意の $\gamma\in\Sigma_*(G,K)$ に対して，$s\in W(G,K)$ と $\beta_i\in\Pi_*(G,K)$ が存在して $\gamma=s\beta_i$ となる．

(i), (ii), (iii) より容易に求める性質 (a)′ が得られる．

(b) 集合 $\{1,\cdots,m'\}$ の位数2の置換 p を

$$p\alpha_i=\alpha_{p(i)} \qquad 1\leqq i\leqq m'$$

によって定義すると

$$p\Lambda_i=\Lambda_{p(i)} \qquad 1\leqq i\leqq m'$$

であることに注意する．まず，$M_i\ (1\leqq i\leqq l')$ が $\mathfrak{a}'$ に属することを確かめよう．このためには

$$(M_i,\alpha_j-\sigma\alpha_j)=0 \qquad 1\leqq j\leqq m'$$

を示せばよい．ところが，$(M_i,\Pi_0(G))=\{0\}$ より $m'-m_0'+1\leqq j\leqq m'$ に対してはこの式はみたされているから，

$$(M_i,\alpha_j-\sigma\alpha_j)=0 \qquad 1\leqq j\leqq m'-m_0'$$

を示せば十分である．まず，$p(i)=i$ のときは $M_i=\Lambda_i$ または $M_i=2\Lambda_i$ であって，定理5.4, (2) より

$$\begin{aligned}(\Lambda_i,\alpha_j-\sigma\alpha_j)&=(\Lambda_i,\alpha_j)-(\Lambda_i,p\alpha_j)=(\Lambda_i,\alpha_j)-(p\Lambda_i,\alpha_j)\\&=(\Lambda_i,\alpha_j)-(\Lambda_{p(i)},\alpha_j)=(\Lambda_i,\alpha_j)-(\Lambda_i,\alpha_j)=0\end{aligned}$$

を得るから，上式がなりたつ．つぎに，$p(i)\neq i$ のときは $M_i=\Lambda_i+\Lambda_{p(i)}$ であるから，また定理5.4, (2) より

$$\begin{aligned}(M_i,\alpha_j-\sigma\alpha_j)&=(\Lambda_i+\Lambda_{p(i)},\alpha_j-\alpha_{p(j)})\\&=(\Lambda_i,\alpha_j)-(\Lambda_i,\alpha_{p(j)})+(\Lambda_{p(i)},\alpha_j)-(\Lambda_{p(i)},\alpha_{p(j)})\end{aligned}$$

$$= (\Lambda_i, \alpha_j) - (\Lambda_i, \alpha_{p(j)}) + (p\Lambda_{p(i)}, p\alpha_j) - (p\Lambda_{p(i)}, p\alpha_{p(j)})$$
$$= (\Lambda_i, \alpha_j) - (\Lambda_i, \alpha_{p(j)}) + (\Lambda_i, \alpha_{p(j)}) - (\Lambda_i, \alpha_j) = 0$$

を得る．

したがって，(b)′ を証明すれば (a) より (b) が得られる．そのためには，$1 \leqq j \leqq l'$ に対して

(6.3)

$$\frac{1}{2}\beta_j{}^* \equiv \begin{cases} \frac{1}{2}\alpha_j{}^* & \mathrm{mod}\ \{\Pi_0(G)\}_{\boldsymbol{R}} \quad p\alpha_j = \alpha_j, (\alpha_j, \Pi_0(G)) = \{0\} \text{ のとき} \\ \alpha_j{}^* & \mathrm{mod}\ \{\Pi_0(G)\}_{\boldsymbol{R}} \quad p\alpha_j = \alpha_j, (\alpha_j, \Pi_0(G)) \neq \{0\} \text{ のとき} \\ \frac{1}{2}(\alpha_j{}^* + \alpha_{j'}{}^*) & \mathrm{mod}\ \{\Pi_0(G)\}_{\boldsymbol{R}} \quad p\alpha_j = \alpha_{j'}, \alpha_j \neq \alpha_{j'} \text{ のとき} \end{cases}$$

(ここで $\{\Pi_0(G)\}_{\boldsymbol{R}}$ は $\Pi_0(G)$ で $\boldsymbol{R}$ 上張られる $\mathfrak{t}'$ の部分空間を表わす) を示せば十分である．このためにまず，$1 \leqq j \leqq l'$ に対して

(6.4)
$$\beta_j{}^* = \begin{cases} \alpha_j{}^* & \sigma\alpha_j = \alpha_j \text{ のとき} \\ \alpha_j{}^* + (\sigma\alpha_j)^* & \sigma\alpha_j \neq \alpha_j \text{ のとき} \end{cases}$$

がなりたつことを示そう．第5節，補題4より

(1) $\sigma\alpha_j = \alpha_j$, $2\gamma_j \notin \Sigma(G, K)$, $(\alpha_j, \alpha_j)/(\gamma_j, \gamma_j) = 1$

(2) $\sigma\alpha_j \neq \alpha_j$, $2\gamma_j \notin \Sigma(G, K)$, $(\alpha_j, \alpha_j)/(\gamma_j, \gamma_j) = 2$

(3) $\sigma\alpha_j \neq \alpha_j$, $2\gamma_j \in \Sigma(G, K)$, $(\alpha_j, \alpha_j)/(\gamma_j, \gamma_j) = 4$

のどれか1つがおこる．(1) の場合は，$\beta_j = \gamma_j = \alpha_j$, $\beta_j{}^* = \alpha_j{}^*$, (2) の場合は，$\beta_j = \gamma_j$,

$$\beta_j{}^* = \frac{2}{(\gamma_j, \gamma_j)}\gamma_j = \frac{4}{(\alpha_j, \alpha_j)}\frac{1}{2}(\alpha_j + \sigma\alpha_j) = \alpha_j{}^* + (\sigma\alpha_j)^*,$$

(3) の場合は，$\beta_j = 2\gamma_j$ であるから (6.2) より

$$\beta_j{}^* = \frac{1}{2}\gamma_j{}^* = \frac{1}{(\gamma_j, \gamma_j)}\gamma_j = \frac{4}{(\alpha_j, \alpha_j)}\frac{1}{2}(\alpha_j + \sigma\alpha_j) = \alpha_j{}^* + (\sigma\alpha_j)^*$$

となるから，(6.4) が得られた．

さきに注意したように，(6.3) の第1の場合は $\sigma\alpha_j = \alpha_j$, 第2, 第3の場合は

$\sigma\alpha_j \neq \alpha_j$ であった．したがって，(6.4)より，第1の場合には

$$\frac{1}{2}\beta_j{}^* = \frac{1}{2}\alpha_j{}^*,$$

第2の場合には，定理5.4, (2)より

$$\frac{1}{2}\beta_j{}^* = \frac{1}{2}(\alpha_j{}^* + (\sigma\alpha_j)^*) \equiv \alpha_j{}^* \mod \{\Pi_0(G)\}_{\boldsymbol{R}},$$

第3の場合には，また定理5.4, (2)より

$$\frac{1}{2}\beta_j{}^* = \frac{1}{2}(\alpha_j{}^* + (\sigma\alpha_j)^*) \equiv \frac{1}{2}(\alpha_j{}^* + \alpha_{j'}{}^*) \mod \{\Pi_0(G)\}_{\boldsymbol{R}}$$

を得るから，(6.3)が示された．

(c)　(b)と $D_0'(G,K)$ の定義から明らかである．

(2)　前半の証明のためには $\Gamma_0(G,K) \subset \Gamma(G,K)$ だけを示せば十分である．さらに，$\Gamma(C_{\mathfrak{m}}) \subset \Gamma(G,K)$ であるから，このためには $\Gamma_0'(G,K) \subset \Gamma(G,K)$ を示せば十分である．

$\mathfrak{g}'$ を Lie 代数にもつ単連結コンパクト C^∞ Lie 群を G_0', G_0' から G' の上への被覆準同形を

$$\pi : G_0' \to G'$$

とする．$\mathfrak{g}$ の自己同形 θ の $\mathfrak{g}'$ への制限 θ' の G_0' への拡張を θ_0' で表わすと，θ_0' は G_0' の位数2の C^∞ 自己同形である．

$$K_0' = \{x \in G_0' \,;\, \theta_0'(x) = x\}$$

とおくと，対(G_0', K_0')は自己同形 θ_0' に関するコンパクト対称対で，$\mathfrak{a}'$ は (G_0', K_0') の1つの Cartan 部分代数である．$\mathfrak{a}'$ で生成される G', G_0' のコンパクト連結 Lie 部分群をそれぞれ A', A_0' で表わし，A', A_0' の G'/K' の原点，G_0'/K_0' の原点を通る軌道をそれぞれ $\hat{A}', \hat{A}_0'$ で表わす．$\hat{A}$ の場合と同じ対応で

$$\hat{A}' = \mathfrak{a}'/\Gamma(G',K') \qquad ここで \quad \Gamma(G',K') = \mathfrak{a}' \cap \Gamma(G,K)$$

と同一視される．また，補題2より

$$\hat{A}_0' = \mathfrak{a}'/\Gamma_0'(G,K)$$

と同一視される．補題2より，$\pi^{-1}(K')$ の単位元 e を含む連結成分は K_0' に一

致するから，対応 $xK_0'\mapsto\pi(x)K'\ (x\in G_0')$ によって被覆写像

$$\pi : G_0'/K_0' \to G'/K'$$

が定義される．このとき，π は被覆準同形

$$\pi : \hat{A}_0' \to \hat{A}'$$

を引きおこす．したがって，$\Gamma_0'(G,K)\subset\Gamma(G',K')$ である．また，$\Gamma(G',K')\subset\Gamma(G,K)$ であるから，$\Gamma_0'(G,K)\subset\Gamma(G,K)$ が得られた．

つぎに後半を証明しよう．G/K が単連結であるとする．対応 $(co, x'K')\mapsto cx'K\ (c\in C_{\mathfrak{m}}, x'\in G')$ によって C^∞ 被覆写像

$$\varphi : \hat{C}_{\mathfrak{m}}\times G'/K' \to G/K$$

が定義される．輪環群 $\hat{C}_{\mathfrak{m}}$ の基本群は $\mathfrak{c}_{\mathfrak{m}}\neq\{0\}$ ならば無限群であるから，

$$\mathfrak{c}_{\mathfrak{m}}=\{0\},\qquad G/K \text{ と } G'/K' \text{ は } C^\infty \text{ 同相}$$

でなければならない．$\mathfrak{c}_{\mathfrak{m}}=\{0\}$ より

$$\Gamma(G',K')=\Gamma(G,K),\qquad \Gamma_0'(G,K)=\Gamma_0(G,K)$$

が得られる．G'/K' が単連結であるから，さきに述べた被覆写像 π は自明な被覆写像である．したがって

$$\Gamma(G',K')=\Gamma_0'(G,K)$$

となる．両者を合わせて

$$\Gamma(G,K)=\Gamma_0(G,K)=\Gamma_0'(G,K)$$

を得る．残りの主張はこのことから明らかであろう．▌

注意 $2\Sigma_*(G,K)$ も $\mathfrak{a}'$ の被約根系で，$\hat{A}_0'$ において指数写像 exp の核 $\{H'\in\mathfrak{a}' ; \exp H'=e\}$ は，$\{\gamma^* ; \gamma\in 2\Sigma_*(G,K)\}$ で生成される $\mathfrak{a}'$ の部分群に一致する．$2\Pi_*(G,K)$ は $2\Sigma_*(G,K)$ の基本系で，定理 (1), (b)′ より $\{\gamma^* ; \gamma\in 2\Pi_*(G,K)\}$ は $\{M_1,\cdots,M_{l'}\}$ の双対基底である．すなわち

$$((2\beta_i)^*, M_j)=\delta_{ij}\qquad 1\leqq i,j\leqq l'$$

がなりたつ．このことから，コンパクト単連結 C^∞ Lie 群 G の極大輪環部分群 T についてなりたついろいろの古典的結果が，$\Sigma(G)$ を $2\Sigma_*(G,K)$ にかえて $\hat{A}_0'$ についてもなりたつことがわかる．この節の以下の議論はこの原理にもとづいて遂行される．

定理より $\Gamma_0(G,K)\subset\Gamma(G,K)$ であるから，Weyl 群 $W(G,K)$ の作用と可換な被覆準同形

$$\pi:\hat{A}_0\to\hat{A}$$

が定義される．したがって

$$(\pi^*f)(\hat{a})=f(\pi(\hat{a}))\qquad f\in C^\infty(\hat{A}),\ \hat{a}\in\hat{A}_0$$

によって，$W(G,K)$ の作用と可換な単射代数準同形

$$\pi^*:C^\infty(\hat{A})\to C^\infty(\hat{A}_0)$$

が定義される．これは単射群準同形

$$\pi^*:\mathcal{D}(\hat{A})\to\mathcal{D}(\hat{A}_0)$$

を引きおこす．$\mathcal{D}(\hat{A}),\mathcal{D}(\hat{A}_0)$ をそれぞれ $Z(G,K),Z_0(G,K)$ と同一視すれば，上の π^* は包含準同形

$$Z(G,K)\to Z_0(G,K)$$

にほかならない．可換群 $C^\infty(\hat{A})$ のなかで $\mathcal{D}(\hat{A})$ で生成される部分群を $\mathcal{R}(\hat{A})$ で表わす．$\mathcal{R}(\hat{A})$ は環 $C^\infty(\hat{A})$ の部分環である．環 $\mathcal{R}(\hat{A})$ は輪環群 $\hat{A}$ の**指標環**とよばれる．$\mathcal{R}(\hat{A})$ で $\boldsymbol{C}$ 上張られる $C^\infty(\hat{A})$ の部分空間を $\mathcal{R}(\hat{A})^{\boldsymbol{C}}$ で表わす．これは $C^\infty(\hat{A})$ の部分代数で $\hat{A}$ の**指標代数**とよばれる．Weyl 群 $W(G,K)$ の $C^\infty(\hat{A})$ への作用は $\mathcal{R}(\hat{A}),\mathcal{R}(\hat{A})^{\boldsymbol{C}}$ を不変にし，$W(G,K)$ は $\mathcal{R}(\hat{A}),\mathcal{R}(\hat{A})^{\boldsymbol{C}}$ に作用する．$W(G,K)$ で固定される $\mathcal{R}(\hat{A})$ の元全体のなす $\mathcal{R}(\hat{A})$ の部分環を $\mathcal{R}(\hat{A})_{W(G,K)}$ で表わす．同様に $\mathcal{R}(\hat{A})^{\boldsymbol{C}}{}_{W(G,K)}$ が定義される．$\hat{A}_0$ に対しても同様に，$\mathcal{R}(\hat{A}_0),\mathcal{R}(\hat{A}_0)^{\boldsymbol{C}},\mathcal{R}(\hat{A}_0)_{W(G,K)},\mathcal{R}(\hat{A}_0)^{\boldsymbol{C}}{}_{W(G,K)}$ が定義される．$C^\infty(\hat{A})$ から $C^\infty(\hat{A}_0)$ のなかへの単射 π^* は，$W(G,K)$ の作用と可換な単射環準同形

$$\pi^*:\mathcal{R}(\hat{A})\to\mathcal{R}(\hat{A}_0),$$

および $W(G,K)$ の作用と可換な単射代数準同形

$$\pi^*:\mathcal{R}(\hat{A})^{\boldsymbol{C}}\to\mathcal{R}(\hat{A}_0)^{\boldsymbol{C}}$$

を引きおこすから，単射環準同形

$$\pi^*:\mathcal{R}(\hat{A})_{W(G,K)}\to\mathcal{R}(\hat{A}_0)_{W(G,K)},$$

および単射代数準同形

$$\pi^*:\mathcal{R}(\hat{A})^{\boldsymbol{C}}{}_{W(G,K)}\to\mathcal{R}(\hat{A}_0)^{\boldsymbol{C}}{}_{W(G,K)}$$

が引きおこされる．以後しばしば，これらの単射 π^* によって

$$\mathcal{R}(\hat{A}) \subset \mathcal{R}(\hat{A}_0), \qquad \mathcal{R}(\hat{A})^C \subset \mathcal{R}(\hat{A}_0)^C,$$
$$\mathcal{R}(\hat{A})_{W(G,K)} \subset \mathcal{R}(\hat{A}_0)_{W(G,K)}, \qquad \mathcal{R}(\hat{A})^C{}_{W(G,K)} \subset \mathcal{R}(\hat{A}_0)^C{}_{W(G,K)}$$

とみなす．$\mathcal{R}(\hat{A})_{W(G,K)}$ または $\mathcal{R}(\hat{A}_0)_{W(G,K)}$ の元は輪環群 $\hat{A}$ または $\hat{A}_0$ の**対称指標**とよばれる．

ここで，指標代数 $\mathcal{R}(\hat{A})^C$ および $\mathcal{R}(\hat{A}_0)^C$ は一意的素因数分解定理がなりたつ整域であることに注意しておこう．これは一般に l 次元輪環群の指標代数は商代数

$$\boldsymbol{C}[X_1, \cdots, X_l, Y_1, \cdots, Y_l]/(X_1Y_1-1, \cdots, X_lY_l-1)$$

に同形であることから容易に導かれる．

さて，$\delta(G,K) \in \mathfrak{a}$ を

$$\delta(G,K) = \sum_{\gamma \in \Sigma_*{}^+(G,K)} \gamma$$

によって定義する．簡単のため以下これを δ で表わす．つぎに示すように

$$(6.5) \qquad (\delta, \beta_i)/(\beta_i, \beta_i) = 1 \qquad 1 \leqq i \leqq l'$$

がなりたつから，δ は正則である．さらに，(6.5) より δ は $D_0(G,K)$ の正則元であって，定理 6.1, (b)′ より

$$\delta = M_1 + \cdots + M_{l'}$$

であることもわかる．(6.5) は以下のようにして確かめられる．被約根系 $\Sigma_*(G,K)$ とその基本系 $\Pi_*(G,K)$ に対して，$\gamma \in \Sigma_*{}^+(G,K)$ で $s_i\gamma < 0$ となるのは $\gamma = \beta_i$ に限る．実際

$$\gamma = \sum_j m_j\beta_j \qquad \text{すべての } m_j \geqq 0$$

とすれば

$$s_i\gamma = (m_i - n_i)\beta_i + \sum_{j \neq i} m_j\beta_j \qquad \text{ここで} \quad n_i = 2(\gamma, \beta_i)/(\beta_i, \beta_i)$$

である．$s_i\gamma < 0$ とすれば，すべての $j \neq i$ に対して $m_j \leqq 0$ であるから，すべての $j \neq i$ に対して $m_j = 0$ となる．したがって $\gamma = m_i\beta_i$ となるが，性質 (iv) より $\gamma = \beta_i$ でなければならない．逆に，$\gamma = \beta_i$ に対して $s_i\gamma = -\beta_i < 0$ である．したがって

$$s_i\delta = \sum_{\gamma \in \Sigma_*^+(G,K)} s_i\gamma = \sum_{\substack{\gamma \in \Sigma_*^+(G,K) \\ \gamma \neq \beta_i}} \gamma - \beta_i = \delta - 2\beta_i$$

となる．一方

$$s_i\delta = \delta - \frac{2(\delta, \beta_i)}{(\beta_i, \beta_i)}\beta_i$$

であるから，(6.5)が得られる．

定理 6.2　$\lambda \in Z_0(G, K)$ に対して，

(1)　$\lambda \in D_0(G, K)$ となるための必要十分条件は，各 $s \in W(G, K)$ に対して $s\lambda \leqq \lambda$ となることである．

(2)　λ が $D_0(G, K)$ の正則元であるための必要十分条件は，$s \neq 1$ であるすべての $s \in W(G, K)$ に対して $s\lambda < \lambda$ となることである．ここで1は $\mathfrak{a}$ の恒等自己同形を表わす．

(3)　$\lambda \in D_0(G, K)$ となるための必要十分条件は，$\lambda + \delta$ が $D_0(G, K)$ の正則元となることである．

証明　(1)　任意の $s \in W(G, K)$ は鏡映 $s_i\,(1 \leqq i \leqq l')$ の積として

$$s = s_{i_1} \cdots s_{i_k} \qquad 1 \leqq i_1, \cdots, i_k \leqq l'$$

と表わされるが，このような表示の鏡映の数 k の最小値を $n(s)$ で表わし，これを s の**指数**とよぶ．

さて，$\lambda \in D_0(G, K)$ とすれば任意の $s \in W(G, K)$ に対して $s\lambda \leqq \lambda$ であることを指数 $n(s)$ に関する帰納法で証明しよう．$n(s) = 0$ または1のときは明らかである．$n(s) \leqq k$ なる $s \in W(G, K)$ については $s\lambda \leqq \lambda$ であるとしよう．$s \in W(G, K)$，$2 \leqq n(s) = k+1$ とする．

$$s = s_{i_1} \cdots s_{i_{k+1}} \qquad 1 \leqq i_1, \cdots, i_{k+1} \leqq l'$$

と書ける．

$$s' = s_{i_1} \cdots s_{i_k}$$

とおけば $n(s') = k$ である．このとき $s'\beta_{i_{k+1}} > 0$ であることを示そう．もし $s'\beta_{i_{k+1}} = (s_{i_1} \cdots s_{i_k})\beta_{i_{k+1}} < 0$ であると仮定すると，ある番号 r が存在して

$$\gamma = (s_{i_r} \cdots s_{i_k})\beta_{i_{k+1}} > 0, \qquad (s_{i_{r-1}} s_{i_r} \cdots s_{i_k})\beta_{i_{k+1}} < 0$$

となる．(6.5)の証明で用いた被約根系の性質から，$\gamma=\beta_{i_{r-1}}$ でなければならない．したがって

$$(s_{i_r}\cdots s_{i_k})s_{i_{k+1}}(s_{i_r}\cdots s_{i_k})^{-1}=s_{i_{r-1}},$$

すなわち

$$s_{i_r}\cdots s_{i_k}s_{i_{k+1}}=s_{i_{r-1}}s_{i_r}\cdots s_{i_k}$$

を得る．したがって

$$\begin{aligned} s=s_{i_1}\cdots s_{i_{k+1}} &= (s_{i_1}\cdots s_{i_{r-1}})(s_{i_r}\cdots s_{i_{k+1}}) \\ &= (s_{i_1}\cdots s_{i_{r-2}}s_{i_{r-1}})(s_{i_{r-1}}s_{i_r}\cdots s_{i_k}) \\ &= s_{i_1}\cdots s_{i_{r-2}}s_{i_r}\cdots s_{i_k} \end{aligned}$$

となり，$n(s)\leqq k-1$ となって矛盾を生じる．さて

$$\begin{aligned} s\lambda = s's_{i_{k+1}}\lambda &= s'\left(\lambda-\frac{2(\lambda,\beta_{i_{k+1}})}{(\beta_{i_{k+1}},\beta_{i_{k+1}})}\beta_{i_{k+1}}\right) \\ &= s'\lambda-\frac{2(\lambda,\beta_{i_{k+1}})}{(\beta_{i_{k+1}},\beta_{i_{k+1}})}s'\beta_{i_{k+1}} \end{aligned}$$

において，帰納法の仮定より $s'\lambda\leqq\lambda$，$\lambda\in D_0(G,K)$ より $2(\lambda,\beta_{i_{k+1}})/(\beta_{i_{k+1}},\beta_{i_{k+1}})\geqq 0$，いま確かめたように $s'\beta_{i_{k+1}}>0$ であるから，$s\lambda\leqq\lambda$ が得られた．

逆に，各 $s\in W(G,K)$ に対して $s\lambda\leqq\lambda$ であるとしよう．任意の $1\leqq i\leqq l'$ に対して

$$s_i\lambda=\lambda-\frac{2(\lambda,\beta_i)}{(\beta_i,\beta_i)}\beta_i\leqq\lambda$$

より $2(\lambda,\beta_i)/(\beta_i,\beta_i)\geqq 0$ を得るから，$\lambda\in D_0(G,K)$ である．

(2) λ が $D_0(G,K)$ の正則元であるならば，(1)より各 $s\in W(G,K)$, $s\neq 1$, に対して $s\lambda\leqq\lambda$ であるが，じつは $s\lambda<\lambda$ である．実際，λ は $D_0(G,K)$ の正則元であるから λ は Weyl 領域 $C^+(G,K)$ に含まれる．$W(G,K)$ は Weyl 領域全体に単純可移的に作用しているから，$s\lambda=\lambda$ とすれば $s=1$ でなければならないからである．

逆に，各 $s\in W(G,K)$, $s\neq 1$, に対して $s\lambda<\lambda$ であるとすれば，(1)より $\lambda\in D_0(G,K)$ である．とくに，任意の $1\leqq i\leqq l'$ に対して $s_i\lambda<\lambda$ がなりたつから，

$2(\lambda,\beta_i)/(\beta_i,\beta_i)>0$ を得る．したがって，任意の $\gamma\in\Sigma_*^+(G,K)$ に対して $(\lambda,\gamma)>0$ となるから，λ は正則元である．

(3) (6.5) より

$$\frac{(\lambda+\delta,\beta_i)}{(\beta_i,\beta_i)}=\frac{(\lambda,\beta_i)}{(\beta_i,\beta_i)}+1,\quad \frac{(\lambda,\beta_i)}{(\beta_i,\beta_i)}\in \boldsymbol{Z} \qquad 1\leqq i\leqq l'$$

であるから，容易に(3)が得られる．▌

$\chi\in\mathcal{R}(\hat{A})$ または $\chi\in\mathcal{R}(\hat{A})^C$ の表示

$$\chi=\sum_\lambda m_\lambda e(\lambda) \qquad m_\lambda\in\boldsymbol{Z} \text{ または } m_\lambda\in\boldsymbol{C},\ \lambda \text{ は } Z(G,K) \text{ を動く}$$

において，$m_\lambda\neq 0$ となる λ のうち，λ_0 が順序 $>$ に関して最大であるとき，$m_{\lambda_0}e(\lambda_0)$ を χ の**最高成分**という．$\mathcal{R}(\hat{A}_0)$ または $\mathcal{R}(\hat{A}_0)^C$ の元についても，同様にその最高成分が定義される．

$W(G,K)$ の元 $s\in O(\mathfrak{a})$ に対して，その行列式 $\det s$ は，定理6.2の証明のなかで説明した指数 $n(s)$ を用いれば，$\det s=(-1)^{n(s)}$ と表わされるが，簡単のためにこれを

$$\det s=(-1)^s \qquad s\in W(G,K)$$

と表わすことにしよう．

$\xi\in\mathcal{R}(\hat{A}_0)$ または $\xi\in\mathcal{R}(\hat{A})$ は

$$s\xi=(-1)^s\xi \qquad s\in W(G,K)$$

をみたすとき，$\hat{A}_0$ または $\hat{A}$ の**交代指標**といわれる．例えば

$$\xi_\lambda=\sum_{s\in W(G,K)}(-1)^s e(s\lambda) \qquad \lambda\in Z_0(G,K) \text{ または } \lambda\in Z(G,K)$$

とおくと，ξ_λ は $\hat{A}_0$ または $\hat{A}$ の交代指標である．ξ_λ を $\hat{A}_0$ または $\hat{A}$ の λ に付属する**主交代指標**とよぶ．容易にわかるように

(6.6) $$\xi_{s\lambda}=(-1)^s\xi_\lambda \qquad \lambda\in Z_0(G,K),\ s\in W(G,K)$$

がなりたつ．

定理 6.3 (1) $\lambda\in Z_0(G,K)$ に対して，$\xi_\lambda=0$ となるための必要十分条件は λ が特異であることである．

(2) $\hat{A}_0$ の任意の交代指標 ξ は一意的に

$$\xi = \sum_\lambda m_\lambda \xi_\lambda \qquad m_\lambda \in \boldsymbol{Z},\ \lambda \text{ は } D_0(G,K) \text{ の正則元を動く}$$

の形の有限和に表わされる.

(3) $\xi_\delta = e(\delta) \prod_{\gamma \in \Sigma_*^+(G,K)} (1-e(-2\gamma))$.

(4) $\hat{A}_0$ の任意の交代指標 ξ は ξ_δ で割りきれる.

ただし, (3)の右辺の積

$$\prod_{\gamma \in \Sigma_*^+(G,K)} (1-e(-2\gamma))$$

は, $\Sigma_*^+(G,K)=\phi$ のときは, 1であると約束する. 以後にもこのような記法を用いることがあるが, いちいち断らない.

証明 (1) $\xi_\lambda=0$ であって λ が正則であると仮定しよう.

$$\mu = \max\{s\lambda\,;\, s \in W(G,K)\}$$

とおけば, 定理6.2, (1)より μ は $D_0(G,K)$ の正則元である. 定理6.2, (2)より, $s\neq 1$ であるすべての $s \in W(G,K)$ に対して $s\mu<\mu$ であるから, $\xi_\mu\neq 0$ である. 一方, (6.6)より $\xi_\lambda=\pm\xi_\mu$ であるから $\xi_\lambda\neq 0$ となって, 矛盾を生じた.

逆に, λ が特異であるとする. すなわち, $(\lambda,\gamma)=0$ をみたす $\gamma \in \Sigma_*(G,K)$ が存在するとする. このとき $s_\gamma\lambda=\lambda$ であるから, (6.6)より

$$\xi_\lambda = (-1)^{s_\gamma}\xi_\lambda = -\xi_\lambda$$

となる. したがって $\xi_\lambda=0$ を得る.

(2) ξ は

$$(6.7) \qquad \xi = \sum_\lambda m_\lambda e(\lambda) \qquad m_\lambda \in \boldsymbol{Z},\ \lambda \text{ は } Z_0(G,K) \text{ を動く}$$

の形の有限和である. 各 $s \in W(G,K)$ に対して

$$s\xi = \sum_\lambda m_\lambda e(s\lambda),$$

$$(-1)^s\xi = \sum_\lambda (-1)^s m_\lambda e(\lambda)$$

であるから, 係数を比較して

$$m_{s\lambda} = (-1)^s m_\lambda \qquad s \in W(G,K)$$

を得る. したがって, ξ は

$$\xi = \sum_{\lambda} m_\lambda \xi_\lambda \qquad m_\lambda \in \boldsymbol{Z},\ \lambda \text{ は } Z_0(G,K) \text{ を動く}$$

の形の有限和となる．(1)の証明のなかで示したように，ある $\mu \in D_0(G,K)$ が存在して $\xi_\lambda = \pm\xi_\mu$ となるから，上の和の λ は $D_0(G,K)$ を動くとしてよい．さらに，(1)より λ は $D_0(G,K)$ の正則元を動くとしてよいから，求める表示が得られた．Weyl 群 $W(G,K)$ が Weyl 領域全体に単純可移的に作用していることから，この表示の一意性が導かれる．

(3)　右辺を η とおく．$\delta \in D_0(G,K)$ であって，$\gamma \in \Sigma_*{}^+(G,K)$ に対しては $2\gamma \in Z_0(G,K)$ であるから，$\eta \in \mathcal{R}(\hat{A}_0)$ である．まず，η が $\hat{A}_0$ の交代指標であることを確かめよう．形式的な計算

$$e(\gamma)(1-e(-2\gamma)) = e(\gamma)-e(-\gamma) \qquad \gamma \in \Sigma_*{}^+(G,K)$$

を用いて

$$\eta = \prod_{\gamma \in \Sigma_*{}^+(G,K)} (e(\gamma)-e(-\gamma))$$

と形式的に分解する．(6.5)の証明で用いた被約根系の性質から，$1 \leqq i \leqq l'$ に対して

$$s_i\eta = (e(-\beta_i)-e(\beta_i)) \prod_{\substack{\gamma \in \Sigma_*{}^+(G,K) \\ \gamma \neq \beta_i}} (e(\gamma)-e(-\gamma))$$
$$= -\eta$$

がなりたつ．形式的分解の各因子は一般に $\mathcal{R}(\hat{A}_0)$ の元を定義しないが，右辺を形式的に展開した各項は $\mathcal{R}(\hat{A}_0)$ の元であるので，この計算が許される．$W(G,K)$ は鏡映 $\{s_i\,;\,1 \leqq i \leqq l'\}$ で生成されるから，η は $\hat{A}_0$ の交代指標である．

したがって，(2)より η は一意的に

$$\eta = \sum_{\lambda} m_\lambda \xi_\lambda \qquad m_\lambda \in \boldsymbol{Z},\ m_\lambda \neq 0,\ \lambda \text{ は } D_0(G,K) \text{ の正則元}$$

の形の有限和に表わされる．η の定義から，各 λ は

$$\lambda = \sum_{\gamma \in \Sigma_*{}^+(G,K)} \varepsilon_\gamma \gamma = \delta - 2\sum_{\varepsilon_\gamma = -1} \gamma, \qquad \varepsilon_\gamma = \pm 1$$

の形をしている．(3)の証明のためには $\lambda=\delta$ であることを示せば十分である．実際，そうすれば $\eta = m\xi_\delta\,(m \in \boldsymbol{Z})$ となるが，この両辺の $e(\delta)$ の係数を比較す

れば $\eta=\xi_\delta$ を得るからである．そのために

$$\mu=\sum_{\varepsilon_\gamma=-1}\gamma$$

とおいて，$\mu\neq 0$ と仮定して矛盾を導こう．μ は基本系 $\Pi_*(G,K)=\{\beta_1,\cdots,\beta_{l'}\}$ を用いて

$$\mu=\sum_{i=1}^{l'}m_i\beta_i \qquad m_i\in \boldsymbol{Z},\ m_i\geqq 0 \quad (1\leqq i\leqq l')$$

の形に表わされる．

$$0<(\mu,\mu)=\sum_{i=1}^{l'}m_i(\mu,\beta_i)$$

より，ある $1\leqq j\leqq l'$ が存在して，$m_j>0, (\mu,\beta_j)>0$ となる．したがって，$2(\mu,\beta_j)/(\beta_j,\beta_j)$ は正の整数である．ゆえに (6.5) より

$$\frac{(\lambda,\beta_j)}{(\beta_j,\beta_j)}=\frac{(\delta,\beta_j)}{(\beta_j,\beta_j)}-\frac{2(\mu,\beta_j)}{(\beta_j,\beta_j)}=1-\frac{2(\mu,\beta_j)}{(\beta_j,\beta_j)}\leqq 0$$

となる．これは λ が $D_0(G,K)$ の正則元であることに矛盾する．

(4) まず，ξ は指標代数 $\mathcal{R}(\hat{A}_0)^C$ のなかで ξ_δ で割りきれることを証明しよう．ξ を (6.7) の形の有限和であるとする．$\gamma\in\Sigma_*{}^+(G,K)$ を 1 つとって固定する．(2) の証明で示したように，$\lambda\in Z_0(G,K)$ に対して

$$m_{s_\gamma\lambda}=-m_\lambda$$

であるから，ξ は

$$\xi=\frac{1}{2}\sum_{\lambda\neq s_\gamma\lambda}m_\lambda(e(\lambda)-e(s_\gamma\lambda)) \tag{6.8}$$

と表わせる．$\lambda\neq s_\gamma\lambda$ である $\lambda\in Z_0(G,K)$ に対して，0 でない整数 n_λ を

$$n_\lambda=(\lambda,\gamma)/(\gamma,\gamma)$$

によって定義すれば

$$e(s_\gamma\lambda)=e(\lambda-2n_\lambda\gamma)=e(\lambda)e(-2\gamma)^{n_\lambda}$$

となるから

$$e(\lambda)-e(s_\gamma\lambda)=e(\lambda)(1-e(-2\gamma)^{n_\lambda})$$

を得る．$n_\lambda>0$ ならば $1-e(-2\gamma)^{n_\lambda}$ は $1-e(-2\gamma)$ で割りきれる．$n_\lambda<0$ なら

ば $1-(e(-2\gamma))^{n_\lambda}$ は $1-e(2\gamma)$ で割りきれる．ところが

$$1-e(2\gamma)=-(1-e(-2\gamma))e(2\gamma)$$

で，$e(2\gamma)$ は環 $\mathcal{R}(\hat{A}_0)$ の可逆元であるから，$n_\lambda<0$ である場合も $1-e(-2\gamma)^{n_\lambda}$ は $1-e(-2\gamma)$ で割りきれる．したがって，$e(\lambda)-e(s_\gamma\lambda)$ は $1-e(-2\gamma)$ で割りきれ，(6.8) より ξ が $1-e(-2\gamma)$ で割りきれる．

$\gamma\in\Sigma_*^+(G,K)$ を動かすとき $\{1-e(-2\gamma)\,;\gamma\in\Sigma_*^+(G,K)\}$ は環 $\mathcal{R}(\hat{A}_0)^{\boldsymbol{C}}$ のなかでたがいに素であって，$e(\delta)$ は $\mathcal{R}(\hat{A}_0)^{\boldsymbol{C}}$ の可逆元であるから，ξ は $\mathcal{R}(\hat{A}_0)^{\boldsymbol{C}}$ のなかで

$$e(\delta)\prod_{\gamma\in\Sigma_*^+(G,K)}(1-e(-2\gamma))$$

で割りきれる．したがって，(3) より $\mathcal{R}(\hat{A}_0)^{\boldsymbol{C}}$ のなかで ξ は ξ_δ で割りきれる．

さて，いま示したことから，一意的に $\chi\in\mathcal{R}(\hat{A}_0)^{\boldsymbol{C}}$ が存在して $\chi\xi_\delta=\xi$ となる．$\chi\in\mathcal{R}(\hat{A}_0)$ であることを示せば証明は終る．ξ と ξ_δ はともに交代指標であるから，$\chi\in\mathcal{R}(\hat{A}_0)^{\boldsymbol{C}}{}_{W(G,K)}$ である．したがって，(2) と同様にして，つぎのような χ の表示ができる：

$$\chi=\sum_\mu a_\mu e(\mu)\qquad a_\mu\in\boldsymbol{C},\ \mu \text{ は } Z_0(G,K) \text{ を動く}$$

とするとき，$Z_0(G,K)$ の部分集合 $\{\mu\in Z_0(G,K)\,;a_\mu\neq0\}$ は $W(G,K)$ で不変である．この集合を $W(G,K)$ の軌道 $Z_1,\cdots,Z_r$ に分けて，$\mu_i=\max Z_i\,(1\leqq i\leqq r)$ とする．必要ならば番号をつけかえて，$\mu_1>\cdots>\mu_r$ としてよい．

$$\psi_i=\sum_{\mu\in Z_i}e(\mu)\qquad 1\leqq i\leqq r$$

とおくと，$\psi_i\in\mathcal{R}(\hat{A}_0)_{W(G,K)}\,(1\leqq i\leqq r)$ であって

$$\chi=\sum_{i=1}^r a_{\mu_i}\psi_i$$

と表わされる．

そこで，等式 $\chi\xi_\delta=\xi$ をこの表示と (6.7) を用いて表わせば

$$(\sum_i a_{\mu_i}\psi_i)(\sum_s(-1)^s e(s\delta))=\sum_\lambda m_\lambda e(\lambda)$$

となる．左辺の最高成分は $a_{\mu_1}e(\mu_1+\delta)$ であるから，$a_{\mu_1}\in\boldsymbol{Z}$ である．つぎに

$$\chi' = \sum_{i=2}^{r} a_{\mu_i}\psi_i = \chi - a_{\mu_1}\psi_1 \in \mathcal{R}(\hat{A}_0)_{W(G,K)}{}^c$$

とおくと，$\xi_\delta\chi' \in \mathcal{R}(\hat{A}_0)$ であるから，同様に $a_{\mu_2} \in \boldsymbol{Z}$ が示される．このようにして帰納的に各 a_{μ_i} が整数であることが示され，$\chi \in \mathcal{R}(\hat{A}_0)$ が得られる．▌

注意 (1) 計算上の便のために，(3)の証明で用いた形式的分解

$$\xi_\delta = \prod_{\gamma \in \Sigma_*^+(G,K)} (e(\gamma) - e(-\gamma))$$

がしばしば用いられる．

(2) 証明からわかるように，定理の(2)は $\hat{A}$ についてもなりたつ．

さて，$\lambda \in Z_0(G,K)$ とする．このとき，$\lambda+\delta \in Z_0(G,K)$ であって，定理 6.3 より $\xi_{\lambda+\delta}$ は ξ_δ で割りきれる．したがって

$$\chi_\lambda \xi_\delta = \xi_{\lambda+\delta}$$

をみたす $\chi_\lambda \in \mathcal{R}(\hat{A}_0)$ が一意的に存在する．$\xi_{\lambda+\delta}$ と ξ_δ がともに交代指標であるから χ_λ は $\hat{A}_0$ の対称指標である．すなわち，$\chi_\lambda \in \mathcal{R}(\hat{A}_0)_{W(G,K)}$ である．これを

$$\chi_\lambda = \frac{\xi_{\lambda+\delta}}{\xi_\delta}$$

と表わし，$\hat{A}_0$ の λ に付属する**主対称指標**という．$\lambda, \mu \in Z_0(G,K)$ に対して，$s \in W(G,K)$，$s(\lambda+\delta) = \mu+\delta$ であるとき

(6.9) $$\chi_\mu = (-1)^s \chi_\lambda$$

となる．実際，(6.6)より

$$\chi_\mu = \frac{\xi_{\mu+\delta}}{\xi_\delta} = \frac{\xi_{s(\lambda+\delta)}}{\xi_\delta} = \frac{(-1)^s \xi_{\lambda+\delta}}{\xi_\delta} = (-1)^s \chi_\lambda$$

となるからである．

一般に，$\lambda \in \mathfrak{a}$ に対して，直交分解

$$\mathfrak{a} = \mathfrak{c}_\mathfrak{m} \oplus \mathfrak{a}'$$

に関する λ の $\mathfrak{c}_\mathfrak{m}$ 成分を $\lambda_\mathfrak{c}$ と書く．

定理 6.4 (1) $\lambda \in Z_0(G,K)$ に対して，$\chi_\lambda = 0$ となるための必要十分条件は $\lambda+\delta$ が特異であることである．

(2) $\lambda\in Z_0(G,K)$ に対して

$$\chi_\lambda=\sum_\mu m_\mu e(\mu) \qquad m_\mu\in \boldsymbol{Z},\ m_\mu\neq 0,\ \mu\in Z_0(G,K)$$

とするとき，各 μ に対して

$$\mu_c=\lambda_c$$

がなりたつ．$\lambda\in D_0(G,K)$ ならば χ_λ の最高成分は $e(\lambda)$ である．

(3) $\lambda+\delta$ が正則元であるような $\lambda\in Z_0(G,K)$ に対して，$\chi_\lambda\in\mathcal{R}(\hat{A})_{W(G,K)}$ となるための必要十分条件は $\lambda\in Z(G,K)$ となることである．

(4) $\hat{A}$ の任意の対称指標 $\chi\in\mathcal{R}(\hat{A})_{W(G,K)}$ は一意的に

$$\chi=\sum_\lambda m_\lambda\chi_\lambda \qquad m_\lambda\in\boldsymbol{Z},\ \lambda \text{ は } D(G,K) \text{ を動く}$$

の形の有限和に表わされる．

証明 (1) 定理6.3, (1)より明らかである．

(2) $\chi_\lambda\xi_\delta=\xi_{\lambda+\delta}$ より

$$\Bigl(\sum_\mu m_\mu e(\mu)\Bigr)\Bigl(\sum_s(-1)^s e(s\delta)\Bigr)=\sum_t(-1)^t e(t(\lambda+\delta))$$

である．このことと順序＞に関する帰納法によって，各 μ は

(6.10) $$\mu=s\lambda+\sum(t_k\delta-\delta) \qquad s,t_k\in W(G,K)$$

の形であることがわかる．そこで(6.10)の両辺の $\mathfrak{c}_m$ 成分をとれば

$$\mu_c=\lambda_c$$

を得る．さらに $\lambda\in D_0(G,K)$ とし，χ_λ の最高成分を $m_{\mu_0}e(\mu_0)$ とする．はじめの式の両辺の最高成分を比較すれば

$$m_{\mu_0}e(\mu_0+\delta)=e(\lambda+\delta)$$

となるから，$m_{\mu_0}=1, \mu_0=\lambda$ を得る．

(3) まず，一般に $s\in W(G,K)$ に対して

$$s\delta-\delta\in Z(G,K)$$

がなりたつことに注意しよう．実際，$\Sigma_*{}^+(G,K)$ 全体にわたる和のうち，$\{\gamma\in\Sigma_*{}^+(G,K)\,;\,s\gamma>0\}$ にわたる和を Σ'，$\{\gamma\in\Sigma_*{}^+(G,K)\,;\,s\gamma<0\}$ にわたる和を Σ'' で表わすと，補題1より $2\Sigma(G,K)\subset Z(G,K)$ がなりたつことに注意すれば

$$s\delta-\delta=(\Sigma' s\gamma+\Sigma'' s\gamma)-(\Sigma' s\gamma-\Sigma'' s\gamma)$$

$$= 2\Sigma'' s\gamma \in Z(G,K)$$

となるからである.

さて, $\lambda \in Z(G,K)$ とする. χ を(2)のように表示すると, 各 μ は(6.10)をみたす. したがって, 上の注意から $\mu \in Z(G,K)$ となる. したがって $\chi_\lambda \in \mathcal{R}(\hat{A})$ となる.

逆に, $\chi_\lambda \in \mathcal{R}(\hat{A})$ としよう.

$$\mu = \max\{s(\lambda+\delta)\,;\, s \in W(G,K)\} - \delta$$

とおくと, 定理 6.2 より $\mu \in D_0(G,K)$ である. (2)より χ_μ の最高成分は $e(\mu)$ である. (6.9)より $\chi_\mu = \pm\chi_\lambda \in \mathcal{R}(\hat{A})$ であるから, $\mu \in Z(G,K)$ である. ところが

$$\lambda = s(\mu+\delta) - \delta \qquad s \in W(G,K)$$

の形であるから, はじめの注意より $\lambda \in Z(G,K)$ を得る.

(4) $\hat{A}_0$ の交代指標 ξ を

$$\xi = \chi\xi_\delta$$

によって定義する. 定理 6.3, (2) より

$$\xi = \sum_\mu n_\mu \xi_\mu \qquad n_\mu \in \boldsymbol{Z},\ \mu \text{ は } D_0(G,K) \text{ の正則元を動く}$$

と一意的に表わされる. 定理 6.2, (3) より, これは

$$\xi = \sum_\lambda m_\lambda \xi_{\lambda+\delta} \qquad m_\lambda \in \boldsymbol{Z},\ \lambda \text{ は } D_0(G,K) \text{ を動く}$$

と書きなおされる. したがって, χ は一意的に

$$\chi = \sum_\lambda m_\lambda \chi_\lambda \qquad m_\lambda \in \boldsymbol{Z},\ m_\lambda \neq 0,\ \lambda \in D_0(G,K)$$

の形の有限和に表わされる. $\chi \in \mathcal{R}(\hat{A})$ と (2) より, 定理 6.3, (4) の証明の後半と同様の論法で, 各 λ が $D(G,K)$ に属することがわかる. したがって(4)が示された. ▌

例 M^* をコンパクト連結 C^∞ Lie 群, $\mathfrak{m}^*$ をその Lie 代数とする. $(\ ,\ )$を $\mathfrak{m}^*$ 上の M^* 不変な内積とする. $\mathfrak{m}^*$ の中心を $\mathfrak{c}^*$, $\mathfrak{c}^*$ で生成される M^* の輪環

部分群を C^* とする．$\mathfrak{a}^*$ を $\mathfrak{m}^*$ の1つの極大可換部分代数，A^* を $\mathfrak{a}^*$ で生成される M^* の極大輪環部分群とする．($\mathfrak{a}^*$ の次元 l がコンパクト C^∞ Lie 群 M^* の階数である．) $\mathfrak{a}^*$ に関する M^* の Weyl 群を $W(M^*)$ で表わす．$\mathfrak{a}^*$ 上に線形順序 $\gg$ を1つとってこれを固定する．M^* の $\mathfrak{a}^*$ に関する根全体を $\Sigma(M^*)$，順序 $\gg$ に関する正根全体を $\Sigma^+(M^*)$, $\Sigma(M^*)$ の基本系を $\Pi(M^*)=\{\alpha_1, \cdots, \alpha_{l'}\}$，基本の重みを $\{\Lambda_1, \cdots, \Lambda_{l'}\}$ とする．

$$\delta(M^*) = \frac{1}{2}\sum_{\alpha\in\Sigma^+(M^*)}\alpha$$

とおく．(6.5)と同様にして

$$\delta(M^*) = \Lambda_1+\cdots+\Lambda_{l'}$$

が確かめられる．

$$\Gamma(M^*) = \{H\in\mathfrak{a}^*\,;\exp H = e\},$$
$$\Gamma(C^*) = \Gamma(M^*)\cap\mathfrak{c}^*$$

とおく．各 $H\in\Gamma(M^*)$ に対して $(\lambda, H)\in\boldsymbol{Z}$ をみたす $\lambda\in\mathfrak{a}^*$ のなす $\mathfrak{a}^*$ の部分群を $Z(M^*)$ で表わす．

各 $\alpha\in\Sigma^+(M^*)$ に対して $(\lambda,\alpha)\geqq 0$ をみたす $\lambda\in Z(M^*)$ 全体のなす半群を $D(M^*)$ で表わす．$\lambda\in D(M^*)$ に対応する A^* の指標 $e(\lambda)$ を，A^* の(順序 $\gg$ に関する)**支配的な指標**とよぶ．$\Sigma(M^*)$ の元 α の反転 α^* 全体で生成される $\mathfrak{a}^*$ の部分群を $\Gamma_0'(M^*)$ で表わし，

$$\Gamma_0(M^*) = \Gamma(C^*)+\Gamma_0'(M^*)$$

とおく．各 $H\in\Gamma_0(M^*)$ に対して $(\lambda, H)\in\boldsymbol{Z}$ をみたす $\lambda\in\mathfrak{a}^*$ の全体を $Z_0(M^*)$ で表わす．各 $\alpha\in\Sigma^+(M^*)$ に対して $(\lambda,\alpha)\geqq 0$ をみたす $\lambda\in Z_0(M^*)$ 全体のなす半群を $D_0(M^*)$ で表わす．輪環群 ${A^*}_0$ を

$${A^*}_0 = \mathfrak{a}^*/\Gamma_0(M^*)$$

によって定義する．A^* または ${A^*}_0$ の指標環，指標代数の概念，Weyl 群 $W(M^*)$ に関して，A^* または ${A^*}_0$ の対称指標，交代指標の概念が定義される．定理6.2に対応する定理が $Z_0(M^*)$, $D_0(M^*)$, $\delta(M^*)$ についてまったく同様になりたつ．

第1節，例2におけるのと同様に

$$G = M^* \times M^*, \qquad K = \{(x, x)\ ;\ x \in M^*\}$$

とおく．G の位数2の C^∞ 自己同形 θ を

$$\theta(x, y) = (y, x) \qquad x, y \in M^*$$

によって定義すると，G_θ は K に一致するから，対 (G, K) はコンパクト対称対である．これをコンパクト連結 C^∞ Lie 群 M^* **に付属するコンパクト対称対**とよぼう．対応 $(x, y)K \mapsto xy^{-1} (x, y \in M^*)$ によって商多様体 G/K は C^∞ 構造を込めて M^* と同一視される．G の Lie 代数

$$\mathfrak{g} = \mathfrak{m}^* \oplus \mathfrak{m}^*$$

の上の内積 $(\ ,\ )$ を，$\mathfrak{m}^*$ の内積 $(\ ,\ )$ の直交直和として定義すると，$(\ ,\ )$ は G と自己同形 θ の微分によって不変である．K の Lie 代数 $\mathfrak{k}$ は

$$\mathfrak{k} = \{(X, X)\ ;\ X \in \mathfrak{m}^*\},$$

(G, K) の標準補空間 $\mathfrak{m}$ は

$$\mathfrak{m} = \{(X, -X)\ ;\ X \in \mathfrak{m}^*\}$$

によって与えられる．$\mathfrak{m}$ は上の同一視 $G/K = M^*$ の引きおこす対応 $(X, -X) \mapsto 2X$ によって $\mathfrak{m}^*$ と線形同形になる．

$$\mathfrak{a} = \{(H, -H)\ ;\ H \in \mathfrak{a}^*\}$$

は (G, K) の1つの Cartan 部分代数で，上の対応によって $\mathfrak{a}^*$ と線形同形になる．したがって，これは周知のことであるが，Cartan 部分代数の K に関する共役性より，M^* の極大輪環部分群の内部自己同形に関する共役性が導かれる．また，A^* の中心化群が A^* に一致することより

$$W(G, K) = \{(s, s) \in O(\mathfrak{a}^*) \times O(\mathfrak{a}^*)\ ;\ s \in W(M^*)\}$$

となるから，上の線形同形で $W(G, K)$ は $W(M^*)$ に同形に移る．

$$\mathfrak{t} = \mathfrak{a}^* \oplus \mathfrak{a}^*$$

とおけば，$\mathfrak{t}$ は $\mathfrak{a}$ を含む $\mathfrak{g}$ の極大可換部分代数である．$\alpha \in \Sigma(M^*)$ に対して

$$\alpha^+ = (\alpha, 0), \qquad \alpha^- = (0, \alpha)$$

とおけば

$$\Sigma(G) = \{\alpha^+, \alpha^-\ ;\ \alpha \in \Sigma(M^*)\},$$

$$\Sigma_0(G)=\phi,$$

$$\Sigma(G,K)=\Sigma_*(G,K)=\left\{\bar{\alpha}^+=\frac{1}{2}(\alpha,-\alpha)\,;\,\alpha\in\Sigma(M^*)\right\}$$

となる．したがって，さきの $\mathfrak{a}$ から $\mathfrak{a}^*$ の上への線形同形によって (G,K) の Weyl 領域は M^* の Weyl 領域に移る．$(\lambda,\lambda'),(\mu,\mu')\in\mathfrak{t}=\mathfrak{a}^*\oplus\mathfrak{a}^*$ に対して，$\lambda\gg\mu$ または $\lambda=\mu$, $\lambda'\ll\mu'$ のとき $(\lambda,\lambda')>(\mu,\mu')$ であると定義すれば，$>$ は $\mathfrak{t}$ 上の σ 順序になる．順序 $>$ に関して

$$\Sigma^+(G)=\Sigma^+(G)-\Sigma_0(G)=\{\alpha^+,-\alpha^-\,;\,\alpha\in\Sigma^+(M^*)\},$$

$$\Pi(G)=\{\alpha_i{}^+,-\alpha_i{}^-\,;\,\alpha_i\in\Pi(M^*)\},$$

$$\Pi_0(G)=\phi,$$

$$\Sigma^+(G,K)=\Sigma_*{}^+(G,K)=\left\{\bar{\alpha}^+=\frac{1}{2}(\alpha,-\alpha)\,;\,\alpha\in\Sigma^+(M^*)\right\},$$

$$\Pi(G,K)=\Pi_*(G,K)=\left\{\bar{\alpha}_i{}^+=\frac{1}{2}(\alpha_i,-\alpha_i)\,;\,\alpha_i\in\Pi(M^*)\right\}$$

となる．したがって，さきの $\mathfrak{a}$ から $\mathfrak{a}^*$ の上への線形同形によって，$\Sigma^+(G,K)$, $\Pi(G,K)$ はそれぞれ $\Sigma^+(M^*),\Pi(M^*)$ に移る．佐武の対合 p は $\alpha_i{}^+$ と $-\alpha_i{}^-$ を入れかえる．

$$\Gamma(G,K)=\left\{\frac{1}{2}(H,-H)\,;\,H\in\Gamma(M^*)\right\},$$

$$\Gamma_0(G,K)=\left\{\frac{1}{2}(H,-H)\,;\,H\in\Gamma_0(M^*)\right\}$$

となるから，さきの $\mathfrak{a}$ から $\mathfrak{a}^*$ への線形同形によって，$\Gamma(G,K)$, $\Gamma_0(G,K)$ はそれぞれ $\Gamma(M^*)$, $\Gamma_0(M^*)$ に移る．したがって，同一視 $G/K=M^*$ によって (G,K) の極大輪環群 $\hat{A}$ は A^* と同形になり，$\hat{A}_0$ と $A^*{}_0$ も自然な仕方で同形になる．

$$Z(G,K)=\{(\lambda,-\lambda)\,;\,\lambda\in Z(M^*)\},$$

$$Z_0(G,K)=\{(\lambda,-\lambda)\,;\,\lambda\in Z_0(M^*)\},$$

$$D(G,K)=\{(\lambda,-\lambda)\,;\,\lambda\in D(M^*)\},$$

$$D_0(G,K)=\{(\lambda,-\lambda)\,;\,\lambda\in D_0(M^*)\}$$

がなりたつ．とくに，$\delta\in D_0(G,K)$ は

$$\delta=(\delta(M^*),-\delta(M^*))$$

によって与えられる．σ 順序 $>$ に関する $(\mathfrak{g}',\mathfrak{k}')$ の基本の重み $M_1,\cdots,M_{l'}$ は

$$M_i=(\Lambda_i,-\Lambda_i) \qquad 1\leqq i\leqq l'$$

となる．したがって，とくに M^* が単連結であるときには，定理 6.1 より

$$\Gamma(M^*)=\sum_{i=1}^{l'}\boldsymbol{Z}\alpha_i{}^*, \quad Z(M^*)=\sum_{i=1}^{l'}\boldsymbol{Z}\Lambda_i,$$

$$D(M^*)=\left\{\sum_{i=1}^{l'}m_i\Lambda_i\,;\,m_i\in\boldsymbol{Z},\,m_i\geqq 0\ (1\leqq i\leqq l')\right\}$$

である．$\lambda\in Z_0(M^*)$ に対して，同一視 $\hat{A}_0=A^*{}_0$ のもとで $\xi_{(\lambda,-\lambda)},\chi_{(\lambda,-\lambda)}$ に対応する $A^*{}_0$ の指標をそれぞれ ξ_λ,χ_λ で表わせば，ξ_λ は交代指標，χ_λ は対称指標であって，

$$\xi_\lambda=\sum_{s\in W(M^*)}(-1)^s e(s\lambda),$$

$$\xi_{\delta(M^*)}=e(\delta(M^*))\prod_{\alpha\in\Sigma^+(M^*)}(1-e(-\alpha))$$

$$=\prod_{\alpha\in\Sigma^+(M^*)}\left(e\left(\frac{\alpha}{2}\right)-e\left(-\frac{\alpha}{2}\right)\right),$$

$$\chi_\lambda=\frac{\xi_{\lambda+\delta(M^*)}}{\xi_{\delta(M^*)}}$$

となる．ξ_λ,χ_λ はやはり，それぞれ λ に付属する**主交代指標，主対称指標**とよばれる．次節で証明するように，じつは，$\lambda\in D(M^*)$ であるとき，χ_λ は λ を最高の重みとしてもつ M^* の既約表現 $\rho(\lambda)$ の指標の A^* への制限と一致する．

最後に，定理 3.2，系で定義した，M^* 上の両側不変微分作用素の代数 $\mathcal{Z}(M^*)$ について注意しておこう．同一視 $G/K=M^*$ のもとでの G の M^* への作用は，$(x,y)\in G\ (x,y\in M^*)$ に対して

$$z\mapsto xzy^{-1} \qquad z\in M^*$$

で与えられるから，同一視 $G/K=M^*$ のもとで $\mathcal{Z}(M^*)$ と $\mathcal{L}(G/K)$ は同一視される．対応 $(X,-X)\mapsto 2X$ で与えられる $\mathfrak{m}$ と $\mathfrak{m}^*$ との同一視は $S(\mathfrak{m})_K{}^C$ と $S(\mathfrak{m}^*)_{M^*}{}^C$ との同一視を引きおこす．このとき，2つの対称化写像

$$\hat{\lambda}: S(\mathfrak{m})_K{}^C \to \mathcal{L}(G/K),$$
$$\lambda: S(\mathfrak{m}^*)_{M^*}{}^C \to \mathcal{Z}(M^*)$$

は一致する．

注意　M^* が一般の C^∞ Lie 群であるときでも，同様に対 (G, K) が定義される．K は一般にはコンパクトでないが，条件(5.1)はみたされる．B を $\mathfrak{m}^*$ 上の M^* 不変非退化対称双1次形式とする．同一視 $\mathfrak{m}=\mathfrak{m}^*$ によって，B は $\mathfrak{m}$ 上の K 不変非退化対称2次形式 B' に移る．B' より定まる $M^*=G/K$ 上の両側不変擬 Riemann 計量 g の Levi-Civita の接続 ∇ は第5節で説明した標準接続の条件(i), (ii)をみたす．実際，第5節で与えた，Riemann 対称空間に対するこの事実の証明においては，K がコンパクトで g が正定値であるということは用いていないで，g の G 不変性と(5.1)のみを用いているからである．したがって，$\mathfrak{m}^*$ の基底 $\{X_1, \cdots, X_n\}$ をとって，対応

$$\exp \sum_{i=1}^{n} x^i X_i \mapsto (x^1, \cdots, x^n)$$

によって与えられる M^* の単位元の近傍の局所座標は，∇ に関する正規座標である．この事実は第3節，例1において用いられた．

§7　コンパクト対称空間の積分公式

この節では，コンパクト対称対 (G, K) に対して，商多様体 G/K の正則元の概念を定義し，G/K の正則元全体 $(G/K)_r$ は商多様体 $K/Z_K(A)$ と (G, K) の極大輪環群 $\hat{A}$ の正則元全体 $\hat{A}_r$ との直積 $K/Z_K(A)\times\hat{A}_r$ によって被覆されていることを示す．このことを用いて，G/K 上の関数に対する1つの積分公式を証明する．積分公式の応用として，コンパクト連結 C^∞ Lie 群の既約表現とその極大輪環部分群の支配的な指標との間の1対1対応を与える，Cartan-Weyl の定理の証明を与える．

この節では，これまでと同様に (G, K) をコンパクト対称対とし，これまでの記法をそのまま用いる．

(G, K) の極大輪環群 $\hat{A}$ 上の非負実数値連続関数 D を

$$D(\hat{a}) = \left| \prod_{\alpha \in \Sigma^+(G) - \Sigma_0(G)} 2 \sin 2\pi(\alpha, H) \right| \qquad \hat{a} = (\exp H)o, \quad H \in \mathfrak{a}$$

によって定義する．右辺の積は，γ が $\Sigma^+(G,K)$ を動くときの $2\sin 2\pi(\gamma, H)$ の重複度を込めての積であるといってもよい．$H\in\Gamma(G,K)$ であるとき，第6節，補題1より $\exp 2H=e$，したがって各 $\alpha\in\Sigma(G)$ に対して $2(\alpha,H)\in\boldsymbol{Z}$ となるから，$D(\hat{a})$ は H のとり方によらず定まる．Weyl 群 $W(G,K)$ の各元は $\Sigma(G,K)$ を不変にし，各根の重複度を保つから，$W(G,K)$ は D を不変にする．D は極大輪環群 $\hat{A}$ 上の**密度関数**とよばれる．この言葉の意味はのちに明らかになるであろう(定理7.2)．

例1 第6節，例のように M^* をコンパクト連結 C^∞ Lie 群，A^* を1つの極大輪環部分群とし，同じ記法を用いる．$\hat{A}$ 上の密度関数 D に，同一視 $\hat{A}=A^*$ のもとで対応する A^* 上の連続関数も D で表わして，これを極大輪環群 A^* 上の**密度関数**とよぶ．このとき

$$D(t)=|\xi_{\delta(M^*)}(t)|^2 \qquad t\in A^*$$

がなりたつ．ここで，$\xi_{\delta(M^*)}$ は ${A^*}_0$ 上の関数で，一般には A^* 上の関数ではないが，$|\xi_{\delta(M^*)}|^2$ は A^* 上の関数で，その意味で上式がなりたつのである．実際，$t=\exp H\in A^*$ $(H\in\mathfrak{a}^*)$ に対して

$$\begin{aligned}
D(t) &= \prod_{\alpha\in\Sigma^+(M^*)}\left(2\sin 2\pi\left(\alpha,\frac{1}{2}H\right)\right)^2 \\
&= \prod_{\alpha\in\Sigma^+(M^*)}\left(\frac{1}{\sqrt{-1}}[\exp(\pi\sqrt{-1}(\alpha,H))-\exp(-\pi\sqrt{-1}(\alpha,H))]\right)^2 \\
&= \prod_{\alpha\in\Sigma^+(M^*)}[\exp(\pi\sqrt{-1}(\alpha,H))-\exp(-\pi\sqrt{-1}(\alpha,H))] \\
&\qquad\qquad \times[\exp(-\pi\sqrt{-1}(\alpha,H))-\exp(\pi\sqrt{-1}(\alpha,H))] \\
&= |\xi_{\delta(M^*)}(t)|^2
\end{aligned}$$

となるからである．また，${A^*}_0$ の指標代数の元 j_{M^*} を

$$j_{M^*}=\frac{1}{(\sqrt{-1})^N}\xi_{\delta(M^*)} \qquad \text{ここで } N \text{ は } \Sigma^+(M^*) \text{ の個数}$$

によって定義すると，D は(やはり上のような意味で)

$$D(t)=j_{M^*}(t)^2 \qquad t\in A^*$$

とも表わされる．ここで，j_{M^*} は $A^*{}_0$ 上でいたるところ実数値をとる．実際

$$j_{M^*}(t)=\prod_{\alpha\in\Sigma^+(M^*)}2\sin\pi(\alpha,H)\qquad t=\exp H\in A^*{}_0,\ \ H\in\mathfrak{a}^*$$

となるからである．

さて，商多様体 $K/Z_K(A)$ の原点を o' で表わし，C^∞ 写像

$$\psi:K/Z_K(A)\times\hat{A}\to G/K$$

を

$$\psi(ko',\hat{a})=k\hat{a}\qquad k\in K,\ \ \hat{a}\in\hat{A}$$

によって定義する．$Z_K(A)$ は $\hat{A}$ に自明に作用するから，ψ は $k\in K$ のとり方によらず定まる．(5.3) と Cartan 部分代数の共役性より，ψ は全射である．例えば，上の例1の場合には，これは，コンパクト連結 C^∞ Lie 群 M^* の極大輪環部分群 A^* を1つとったとき，M^* の任意の共役類は A^* と交わる，という周知の事実を示している．ψ が全射であることからただちにつぎのことがわかる：$W(G,K)$ の作用で不変な $f\in C^\infty(\hat{A})$ 全体のなす $C^\infty(\hat{A})$ の部分空間を $C^\infty(\hat{A})_{W(G,K)}$ で表わすとき，包含写像

$$\iota:\hat{A}\to G/K$$

より引きおこされる制限写像

$$\iota^*:C^\infty(G,K)\to C^\infty(\hat{A})_{W(G,K)}$$

は単射である．さらに，ψ の $N_K(A)/Z_K(A)\times\hat{A}$ への制限から引きおこされる写像

$$\psi:N_K(A)/Z_K(A)\times\hat{A}\to\hat{A}$$

は以前に定義した Weyl 群 $W(G,K)$ の $\hat{A}$ への作用にほかならないことを注意しておこう．

まず，われわれは C^∞ 写像 ψ の微分を計算したい．商多様体への標準的射影をそれぞれ

$$\begin{aligned}&\pi_K:K\to K/Z_K(A),\qquad \pi_K(k)=ko'\qquad (k\in K),\\&\pi_A:A\to\hat{A},\qquad \pi_A(a)=ao\qquad (a\in A),\\&\pi_G:G\to G/K,\qquad \pi_G(x)=xo\qquad (x\in G)\end{aligned}$$

とする．一般に，C^∞ 写像 φ の微分を $d\varphi$ で表わす．G の単位元 e における G の接空間 $T_e(G)$ を G の Lie 代数 $\mathfrak{g}$ と同一視する．すると，$\hat{A}$ の原点 o における接空間は $d\pi_A$ によって $\mathfrak{a}$ と同形になる．分解(5.6)より，$K/Z_K(A)$ の原点 o' における接空間は $d\pi_K$ によって

$$\sum_{\gamma\in\Sigma^+(G,K)}\mathfrak{k}_\gamma$$

と同形になる．分解(5.7)より，G/K の原点 o における接空間は $d\pi_G$ によって

$$\mathfrak{m}=\mathfrak{a}+\sum_{\gamma\in\Sigma^+(G,K)}\mathfrak{m}_\gamma$$

と同形になる．第5節，補題1より $\mathfrak{m}_\gamma$ と $\mathfrak{k}_\gamma$ の次元は等しいから，ψ の両辺の C^∞ 多様体の次元は等しい．さらに詳しく，$\mathfrak{a}$ の基底 $\{H_1,\cdots,H_l\}$ を1つとり，第5節，補題1の $S_\alpha\in\mathfrak{k}$, $T_\alpha\in\mathfrak{m}$ $(\alpha\in\Sigma^+(G)-\Sigma_0(G))$ を用いれば

$$d\tau_k d\pi_K S_\alpha \qquad \alpha\in\Sigma^+(G)-\Sigma_0(G)$$

は $K/Z_K(A)$ の点 ko' $(k\in K)$ における接空間の基底,

$$d\tau_a d\pi_A H_i \qquad 1\leqq i\leqq l$$

は $\hat{A}$ の点 ao $(a\in A)$ における接空間の基底,

$$d\tau_{ka}d\pi_G H_i,\ d\tau_{ka}d\pi_G T_\alpha \qquad 1\leqq i\leqq l,\ \alpha\in\Sigma^+(G)-\Sigma_0(G)$$

は G/K の点 kao における接空間の基底である．これらの基底を用いると，ψ の微分 $d\psi$ がつぎのように求められる．

補題1 (1) $k\in K$, $a=\exp H\in A$ $(H\in\mathfrak{a})$ とする．C^∞ 写像 ψ の点 (ko',ao) における微分 $d\psi$ は

(a) $$d\psi d\tau_k d\pi_K S_\alpha=-\sin 2\pi(\alpha,H)d\tau_{ka}d\pi_G T_\alpha \qquad \alpha\in\Sigma^+(G)-\Sigma_0(G)$$

(b) $$d\psi d\tau_a d\pi_A H_i=d\tau_{ka}d\pi_G H_i \qquad 1\leqq i\leqq l$$

によって与えられる．ここで，$K/Z_K(A)$ の ko' における接空間，および $\hat{A}$ の ao における接空間を，(ko',ao) における $K/Z_K(A)\times\hat{A}$ の接空間の部分空間とみなしている．

(2) C^∞ 写像 ψ が点 $(ko',ao)\in K/Z_K(A)\times\hat{A}$ $(k\in K, a\in A)$ において非退化であるための必要十分条件は $D(ao)\neq 0$ となることである．

証明 (1) (a)の証明のためには

$$\mathrm{Ad}\, a^{-1}S_\alpha \equiv -\sin 2\pi(\alpha, H)\, T_\alpha \mod \mathfrak{k}$$

を示せば十分である．実際，そうすれば

$$\begin{aligned} d\tau_{ka}{}^{-1}d\psi d\tau_k d\pi_K S_\alpha &= \left[\frac{d}{dt}((ka)^{-1}k\exp tS_\alpha\, a)o\right]_{t=0} \\ &= \left[\frac{d}{dt}(\exp t(\mathrm{Ad}\, a^{-1}S_\alpha))o\right]_{t=0} \\ &= -\sin 2\pi(\alpha, H)\, d\pi_G T_\alpha \end{aligned}$$

を得るからである．ところが，上式は第5節，補題1, (2)′ より明らかである．

(b)は明らかである．

(2) 上に述べた接空間の基底に関して，$(ko', (\exp H)o)$ における ψ の微分の行列式は，(1)より

$$\pm \prod_{\alpha\in\Sigma^+(G)-\Sigma_0(G)} \sin 2\pi(\alpha, H)$$

であるから，(2)は明らかである．∎

ある $\gamma\in\Sigma(G,K)$ に対して $2(\gamma, H)\in\boldsymbol{Z}$ となる $H\in\mathfrak{a}$ 全体のなす $\mathfrak{a}$ の部分集合を $\boldsymbol{D}(G,K)$ で表わし，これを対 (G,K) の**図式**という．また，各 $\gamma\in\Sigma(G,K)$ に対して $2(\gamma, H)\in\boldsymbol{Z}$ をみたす $H\in\mathfrak{a}$ 全体のなす $\mathfrak{a}$ の部分群を $\boldsymbol{Z}(G,K)$ で表わす．明らかに

$$\boldsymbol{Z}(G,K)\subset\boldsymbol{D}(G,K), \qquad \boldsymbol{Z}(G,K)+\boldsymbol{D}(G,K)\subset\boldsymbol{D}(G,K)$$

がなりたつ．定義からわかるように，$\boldsymbol{D}(G,K), \boldsymbol{Z}(G,K)$ はともに Lie 代数の対 $(\mathfrak{g},\mathfrak{k})$ のみから定まる．Weyl 群 $W(G,K)$ は $\Sigma(G,K)$ を不変にするから，$\boldsymbol{D}(G,K), \boldsymbol{Z}(G,K)$ はともに $W(G,K)$ で不変である．例えば，$\mathfrak{a}$ から A への指数写像 exp の核は $2\boldsymbol{Z}(G,K)$ に含まれ，このことと第6節，補題1から

(7.1) $$\Gamma(G,K)\subset\boldsymbol{Z}(G,K)$$

がなりたつ．また，$\mathfrak{a}$ の任意の特異元も $\boldsymbol{D}(G,K)$ に属する．Cartan 部分群 A の部分集合 A_s を

$$A_s = \exp 2\boldsymbol{D}(G,K)$$

によって定義する．$N_K(A)$ の元 x は対応 $a\mapsto xax^{-1}\,(a\in A)$ によって A に作

用し，$Z_K(A)$ の元は A の各元を固定するから，$W(G,K)$ は A に作用する．この作用に関して，A_s は $W(G,K)$ で不変な A の閉集合である．

$$A_r = A - A_s$$

とおく．A_r は $W(G,K)$ で不変な A の稠密な開集合である．A_s の元を A の**特異元**，A_r の元を A の**正則元**という．

(7.2)　$$2\boldsymbol{D}(G,K) = \{H \in \mathfrak{a}\,;\, \exp H \in A_s\}$$

がなりたつ．実際，$\exp H \in A_s (H \in \mathfrak{a})$ ならば，ある $H' \in 2\boldsymbol{D}(G,K)$ が存在して $\exp(H-H')=e$ となる．$H-H' \in 2\boldsymbol{Z}(G,K)$ であるから，$H \in 2\boldsymbol{Z}(G,K)+2\boldsymbol{D}(G,K) \subset 2\boldsymbol{D}(G,K)$ となるからである．また，第5節，補題1, (2)′ から容易にわかるように，A の正則元は

(7.3)　$$\{X \in \mathfrak{m}\,;\, \mathrm{Ad}a\, X = X\} = \mathfrak{a}$$

をみたす $a \in A$ として特徴づけられる．つぎに，極大輪環群 $\hat{A}$ の部分集合 $\hat{A}_s$ および $\hat{A}_r$ を

$$\hat{A}_s = (\exp \boldsymbol{D}(G,K))o, \qquad \hat{A}_r = \hat{A} - \hat{A}_s$$

によって定義する．$\hat{A}_s$ は $W(G,K)$ で不変な $\hat{A}$ の閉集合で，$\hat{A}_r$ は $W(G,K)$ で不変な $\hat{A}$ の稠密な開集合である．$\hat{A}_s$ の元を $\hat{A}$ の**特異元**，$\hat{A}_r$ の元を $\hat{A}$ の**正則元**という．(7.1) : $\Gamma(G,K) \subset \boldsymbol{Z}(G,K)$ より (7.2) と同様に

(7.4)　$$\boldsymbol{D}(G,K) = \{H \in \mathfrak{a}\,;\, (\exp H)o \in \hat{A}_s\}$$

がなりたつ．さきに定義した $\hat{A}$ 上の密度関数 D を用いれば，$\hat{A}$ の正則元は

(7.5)　$$\hat{A}_r = \{\hat{a} \in \hat{A}\,;\, D(\hat{a}) \neq 0\}$$

によって特徴づけられる．輪環群 $\hat{A}$ の正規化された Haar 測度 $d\hat{a}$ に関して，$\hat{A}_s$ は $\hat{A}$ の測度0の部分集合である．(7.2) と (7.4) より，つぎのように A の正則元と $\hat{A}$ の正則元の間の関係が得られる．

補題 2　$ao \in \hat{A}\ (a \in A)$ に対して，$ao \in \hat{A}_r$ となるための必要十分条件は $a^2 \in A_r$ となることである．

補題 3　$k \in K$, $k\hat{A}_r \cap \hat{A} \neq \phi$ ならば，$k \in N_K(A)$ である．

証明　仮定より，$ao \in \hat{A}_r (a \in A)$ と $a' \in A$ が存在して $kao=a'o$ となる．したがって，ある $k' \in K$ が存在して $ka=a'k'$ となる．この関係から得られる

$$k' = a'^{-1}ka$$

に G の自己同形 θ を作用させれば

$$k' = a'ka^{-1}$$

を得る．両者から k' を消去すれば，$a'^2k=ka^2$ となる．したがって，$\mathrm{Ad}\,k$ は $\mathfrak{m}$ の部分空間

$$\mathfrak{m}_1 = \{X \in \mathfrak{m}\,; \mathrm{Ad}\,a^2X = X\}$$

を部分空間

$$\mathfrak{m}_2 = \{X \in \mathfrak{m}\,; \mathrm{Ad}\,a'^2X = X\}$$

に線形同形に移す．ところが，補題2より $a^2 \in A_r$ であるから，(7.3)より $\mathfrak{m}_1=\mathfrak{a}$ である．一方，$\mathfrak{m}_2 \supset \mathfrak{a}$ であるから，$\mathfrak{m}_2=\mathfrak{a}$ である．したがって，$\mathrm{Ad}\,k$ は $\mathfrak{a}$ を $\mathfrak{a}$ に移す．すなわち，$k \in N_K(A)$ が得られた．∎

さて，さきに定義した $K/Z_K(A)\times\hat{A}$ から G/K の上への C^∞ 写像 ψ を用いて，G/K の部分集合 $(G/K)_s$ および $(G/K)_r$ を

$$(G/K)_s = \psi(K/Z_K(A)\times\hat{A}_s), \qquad (G/K)_r = \psi(K/Z_K(A)\times\hat{A}_r)$$

によって定義する．補題3より，G/K は $(G/K)_s$ と $(G/K)_r$ の交わりのない和であって

$$(G/K)_s \cap \hat{A} = \hat{A}_s, \qquad (G/K)_r \cap \hat{A} = \hat{A}_r$$

がなりたつ．$(G/K)_s$, $(G/K)_r$ はともに K の自然な作用で不変である．$(G/K)_s$ の元を G/K の**特異元**，$(G/K)_r$ の元を G/K の**正則元**という．$(G/K)_r$ は G/K の稠密な開集合である．

$\gamma \in \Sigma^+(G,K)$ に対して

$$\boldsymbol{D}_\gamma(G,K) = \{H \in \mathfrak{a}\,; 2(\gamma, H) \in \boldsymbol{Z}\}, \qquad A_s{}^\gamma = \exp 2\boldsymbol{D}_\gamma(G,K)$$

とおく．第5節，補題1よりわかるように，$A_s{}^\gamma$ は，$\mathrm{Ad}\,a$ が $\mathfrak{m}_\gamma$ の各元を固定するような $a \in A$ 全体のなす A の $(l-1)$ 次元閉部分群で

$$A_s = \bigcup_{\gamma\in\Sigma^+(G,K)} A_s{}^\gamma$$

がなりたつ．つぎに $\hat{A}$ の $(l-1)$ 次元閉部分群 $\hat{A}_s{}^\gamma$ を

$$\hat{A}_s{}^\gamma = \exp \boldsymbol{D}_\gamma(G,K)o$$

によって定義すると

$$\hat{A}_s = \bigcup_{\gamma \in \Sigma^+(G,K)} \hat{A}_s^{\gamma}$$

がなりたつ．さらに，$\hat{A}_s^{\gamma}$ の各元を固定する $k \in K$ 全体のなす K のコンパクト部分群を Z_{γ} で表わす．第5節，補題1より容易にわかるように，Z_{γ} の Lie 代数 $\mathfrak{z}_{\gamma}$ は

$$\mathfrak{z}_{\gamma} = \mathfrak{z}_{\mathfrak{k}}(\mathfrak{a}) + \mathfrak{k}_{\gamma} \quad \text{または} \quad \mathfrak{z}_{\mathfrak{k}}(\mathfrak{a}) + \mathfrak{k}_{\gamma} + \mathfrak{k}_{2\gamma}$$

で与えられる．C^{∞} 写像

$$\psi_{\gamma} : K/Z_{\gamma} \times \hat{A}_s^{\gamma} \to G/K$$

を対応 $(kZ_{\gamma}, \hat{a}) \mapsto k\hat{a}$ $(k \in K, \hat{a} \in \hat{A}_s^{\gamma})$ によって定義すると

$$(G/K)_s = \bigcup_{\gamma \in \Sigma^+(G,K)} \psi_{\gamma}(K/Z_{\gamma} \times \hat{A}_s^{\gamma})$$

となる．上の議論から各 $\gamma \in \Sigma^+(G,K)$ に対して

$$\dim(K/Z_{\gamma} \times \hat{A}_s^{\gamma}) = \dim G/K - (m_{\gamma}+1) \quad \text{または} \quad \dim G/K - (m_{\gamma}+m_{2\gamma}+1)$$

がなりたつ．ここで m_{γ} は γ の重複度である．したがって，$(G/K)_s$ は2次元以上低次元の連結 C^{∞} 多様体の C^{∞} 写像による像の有限和であることがわかる．したがって，G の正規化された Haar 測度 dx から引きおこされる G/K の G 不変正値 C^{∞} 測度 dx に関して，$(G/K)_s$ は G/K の測度0の部分集合である．また次元論の周知の定理(例えば Helgason [9] を参照)から，$(G/K)_r$ は連結で，包含写像 $(G/K)_r \to G/K$ の引きおこす基本群の間の準同形 $\pi_1((G/K)_r) \to \pi_1(G/K)$ は全射であり，とくに各 m_{γ} が2以上であるとき(例えば (G,K) がコンパクト連結 C^{∞}Lie 群に付属する対称対であるとき)，これは同形になる．

注意 われわれは $(G/K)_s$ を群論的に定義したが，じつは，コンパクト対称空間 G/K の標準接続 ∇ に関する，原点 o の共役点全体のなす G/K の部分集合が $(G/K)_s$ と一致する (Helgason [9] を参照)．

$s = mZ_K(A) \in W(G,K)$ $(m \in N_K(A))$ に対して，対応

$$ko' \mapsto kmo' \qquad k \in K$$

は商多様体 $K/Z_K(A)$ の C^{∞} 同相であって，s のみによって m のとり方によら

ない．この仕方で $W(G,K)$ は $K/Z_K(A)$ に右から作用する．この作用を

$$ko' \mapsto (ko')s \qquad k\in K,\ s\in W(G,K)$$

と表わす．この作用は自由である．すなわち，$(ko')s=ko'$ $(k\in K, s\in W(G,K))$ ならば $s=1$ となる．この作用を用いて，$W(G,K)$ の $K/Z_K(A)\times\hat{A}_r$ への右からの作用を

$$(ko',\hat{a})\mapsto((ko')s, s^{-1}\hat{a}) \qquad k\in K,\ \hat{a}\in\hat{A}_r,\ s\in W(G,K)$$

によって定義する．この作用も自由であって

$$\psi(ko',\hat{a})=\psi((ko')s, s^{-1}\hat{a}) \qquad k\in K,\ \hat{a}\in\hat{A}_r,\ s\in W(G,K)$$

がなりたつ．この $W(G,K)$ の作用による商多様体を

$$(K/Z_K(A)\times\hat{A}_r)/W(G,K)$$

で表わす．一方，$k\in K$ に対して，$K/Z_K(A)\times\hat{A}_r$ の C^∞ 同相

$$(k'o',\hat{a})\mapsto(kk'o',\hat{a}) \qquad k'\in K,\ \hat{a}\in\hat{A}$$

を対応させることによって，K は $K/Z_K(A)\times\hat{A}_r$ に(左から)作用する．この K の作用は $W(G,K)$ の右からの作用と可換である．したがって，この K の作用は $(K/Z_K(A)\times\hat{A}_r)/W(G,K)$ への K の作用を引きおこす．

定理 7.1　(G,K) をコンパクト対称対とする．Weyl 群 $W(G,K)$ の位数を $|W(G,K)|$ で表わす．このとき，全射 C^∞ 写像

$$\psi: K/Z_K(A)\times\hat{A}_r\to(G/K)_r$$

は位数 $|W(G,K)|$ の被覆写像で，K の作用と可換な C^∞ 同相

$$\bar{\psi}: (K/Z_K(A)\times\hat{A}_r)/W(G,K)\to(G/K)_r$$

を引きおこす．ただし，$K/Z_K(A)\times\hat{A}_r$ は一般に連結ではない．

証明　補題1, (2) と (7.5) より，上の ψ はいたるところ非退化であるから，K の作用と可換な全射 C^∞ 写像 $\bar{\psi}$ が引きおこされる．したがって

$$\psi(k_1o',\hat{a}_1)=\psi(k_2o',\hat{a}_2) \qquad k_1,k_2\in K,\ \hat{a}_1,\hat{a}_2\in\hat{A}_r$$

であるならば，ある $s\in W(G,K)$ が存在して

$$(k_1o',\hat{a}_1)=((k_2o')s, s^{-1}\hat{a}_2)$$

となることを示せばよい．ψ の定義から，$k_1\hat{a}_1=k_2\hat{a}_2$ である．$k=k_2^{-1}k_1\in K$ とおくと，$k^{-1}\hat{a}_2=\hat{a}_1$ がなりたつ．したがって，補題3 より $k\in N_K(A)$ である．

そこで，$s=kZ_K(A)\in W(G,K)$ とおけば，$s^{-1}\hat{a}_2=\hat{a}_1$ である．また，$k_2ko'=k_1o'$ であるから，$(k_2o')s=k_1o'$ となる．よって，求める関係が得られた．∎

系1 K の $(G/K)_r$ への自然な作用から引きおこされる，K の $C^\infty((G/K)_r)$ への作用で不変な $f\in C^\infty((G/K)_r)$ の全体を $C^\infty((G/K)_r)_K$ で表わす．同様に，$W(G,K)$ で不変な $f\in C^\infty(\hat{A}_r)$ の全体を $C^\infty(\hat{A}_r)_{W(G,K)}$ で表わす．このとき，制限写像

$$\iota^*: C^\infty((G/K)_r)_K\to C^\infty(\hat{A}_r)_{W(G,K)}$$

は線形同形である．

証明 ι^* が単射であることは，ψ が全射であることより明らかである．ι^* が全射であることを示そう．任意に $f\in C^\infty(\hat{A}_r)_{W(G,K)}$ をとる．$K/Z_K(A)\times\hat{A}_r$ 上の C^∞ 関数 F を

$$F((ko',\hat{a}))=f(\hat{a})\qquad k\in K,\ \hat{a}\in\hat{A}$$

によって定義する．F は $K/Z_K(A)\times\hat{A}_r$ への $W(G,K)$ の右作用によって不変であるから，$(K/Z_K(A)\times\hat{A}_r)/W(G,K)$ 上の C^∞ 関数 F' を定義する．定理の C^∞ 同相 $\bar{\psi}$ によって F' に対応する $(G/K)_r$ 上の C^∞ 関数を f' とすれば，$\iota^*f'=f$ である．定義より F' は K で不変であるから，f' も K で不変である．すなわち，$f'\in C^\infty((G/K)_r)_K$ である．したがって，ι^* は全射である．∎

コンパクト連結 C^∞ Lie 群 M^* に付属する対称対 (G,K) に定理7.1と系1を適用すればつぎの系を得る．

系2 M^* をコンパクト連結 C^∞ Lie 群，$\mathfrak{a}^*$ を M^* の Lie 代数 $\mathfrak{m}^*$ の極大可換部分代数，A^* を $\mathfrak{a}^*$ で生成される M^* の極大輪環部分群とする．C^∞ 写像

$$\psi: M^*/A^*\times A^*\to M^*$$

を

$$\psi(xA^*,a)=xax^{-1}\qquad x\in M^*,\ a\in A^*$$

によって定義する．ある $\alpha\in\Sigma(M^*)$ に対して $(\alpha,H)\in\boldsymbol{Z}$ となる $H\in\mathfrak{a}^*$ 全体のなす $\mathfrak{a}^*$ の部分集合を $\boldsymbol{D}(M^*)$ で表わし，

$$A^*{}_r=\exp(\mathfrak{a}^*-\boldsymbol{D}(M^*)),\qquad M^*{}_r=\psi(M^*/A^*\times A^*{}_r)$$

とおく．このとき ψ の引きおこす C^∞ 写像

$$\psi: M^*/A^* \times A^*_r \to M^*_r$$

は被覆写像で，その位数は Weyl 群 $W(M^*)$ の位数 $|W(M^*)|$ に等しい．

M^* の内部自己同形による M^*_r への作用から引きおこされる，M^* の $C^\infty(M^*_r)$ への作用で不変な $f \in C^\infty(M^*_r)$ の全体を $C^\infty(M^*_r)_{M^*}$ で表わし，$W(M^*)$ の A^*_r への作用から引きおこされる，$W(M^*)$ の $C^\infty(A^*_r)$ への作用で不変な $f \in C^\infty(A^*_r)$ の全体を $C^\infty(A^*_r)_{W(M^*)}$ で表わせば，制限写像

$$\iota^*: C^\infty(M^*_r)_{M^*} \to C^\infty(A^*_r)_{W(M^*)}$$

は線形同形である．

定理 7.2（コンパクト対称空間に対する積分公式） (G, K) をコンパクト対称対とする．G の正規化された Haar 測度 dx から引きおこされた G/K の G 不変正値 C^∞ 測度も dx で表わし，K の正規化された Haar 測度 dk から引きおこされた $K/Z_K(A)$ の K 不変正値 C^∞ 測度も dk で表わす．さらに，(G, K) の極大輪環群 $\hat{A}$ の正規化された Haar 測度を $d\hat{a}$ で表わす．このとき

$$\int_{G/K} f(x)dx = \frac{c(G, K)}{|W(G, K)|}\int_{\hat{A}}\left(\int_{K/Z_K(A)} f(k\hat{a})dk\right)D(\hat{a})d\hat{a} \qquad f \in C(G/K)$$

がなりたつ．ここで，$c(G, K)$ は

$$\frac{1}{c(G, K)} = \frac{1}{|W(G, K)|}\int_{\hat{A}} D(\hat{a})d\hat{a}$$

で与えられる正の実数であって，(G, K) の局所同形類で定まる．とくに

$$\int_{G/K} f(x)dx = \frac{c(G, K)}{|W(G, K)|}\int_{\hat{A}} f(\hat{a})D(\hat{a})d\hat{a} \qquad f \in C(G, K)$$

がなりたつ．

証明 $\hat{A}_s$, $(G/K)_s$ はそれぞれ $\hat{A}$, G/K のなかで測度0であるから，G/K, $\hat{A}$ をそれぞれ $(G/K)_r$, $\hat{A}_r$ に代えた積分公式を示せば十分である．そのため，定理7.1の被覆写像

$$\psi: K/Z_K(A) \times \hat{A}_r \to (G/K)_r$$

によって積分変数の変換をおこない，$(G/K)_r$ 上の積分を $K/Z_K(A) \times \hat{A}_r$ 上の

積分で表わそう．$K/Z_K(A), \hat{A}_r, (G/K)_r$ の測度 $dk, d\hat{a}, dx$ はいずれも，その上の最高次の不変微分形式を用いて与えられるから，ψ に関する測度の変換式は $d\psi$ の適当な基底に関する行列式を計算することによって得られる．ところが，補題1より，この行列式は定数倍を除いて D に等しい．したがって，正の実数 $c(G,K)$ が存在して

$$\int_{(G/K)_r} f(x)dx = \frac{c(G,K)}{|W(G,K)|}\int_{\hat{A}_r}\left(\int_{K/Z_K(A)} f(k\hat{a})dk\right)D(\hat{a})d\hat{a} \qquad f\in C(G/K)$$

がなりたつ．とくに $f=1$ をとれば

$$1 = \frac{c(G,K)}{|W(G,K)|}\int_{\hat{A}_r} D(\hat{a})d\hat{a} = \frac{c(G,K)}{|W(G,K)|}\int_{\hat{A}} D(\hat{a})d\hat{a}$$

がなりたつから，$c(G,K)$ は定理のものに等しい．これが局所同形類で定まることは D の定義から容易に確かめられる．これで前半が証明された．後半は前半よりただちに得られる．▌

系　$W(G,K)$ で不変な $\hat{A}$ 上の測度 $d\mu(\hat{a})$ を

$$d\mu(\hat{a}) = \frac{c(G,K)}{|W(G,K)|}D(\hat{a})d\hat{a}$$

によって定義し，測度 $d\mu(\hat{a})$ に関する，$\hat{A}$ 上の複素数値2乗可積分可測関数全体のなす複素 Hilbert 空間を $L_2(\hat{A}, d\mu(\hat{a}))$ で表わす．($L_2(\hat{A}, d\mu(\hat{a}))$ の Hilbert 内積を以後《，》で表わす．) $W(G,K)$ の $L_2(\hat{A}, d\mu(\hat{a}))$ への自然な作用で不変な $f\in L_2(\hat{A}, d\mu(\hat{a}))$ 全体は $L_2(\hat{A}, d\mu(\hat{a}))$ の閉部分空間をなすが，これを $L_2(\hat{A}, d\mu(\hat{a}))_{W(G,K)}$ で表わす．このとき，制限写像

$$\iota^* : L_2(G,K) \to L_2(\hat{A}, d\mu(\hat{a}))_{W(G,K)}$$

は複素 Hilbert 空間としての同形写像である．

証明　定理の後半と定理7.1，系1より明らかである．▌

注意　(7.5) と D の定義からわかるように，$d\mu(\hat{a})$ は $\hat{A}_r$ 上では正値 C^∞ 測度である．

例2　M^* をコンパクト連結 C^∞ Lie 群とし，第1節の例2，第6節の例，この節の例1の記号を用いる．M^*, A^* の正規化された Haar 測度をそれぞれ

dx, dt で表わし，dx から引きおこされた M^*/A^* の M^* 不変正値 C^∞ 測度も dx で表わす．$W(M^*)$ で不変な A^* の測度 $d\mu(t)$ を

$$d\mu(t) = (1/|W(M^*)|)D(t)dt, \qquad D(t) = |\xi_{\delta(M^*)}(t)|^2 = j_{M^*}(t)^2 \quad (t \in A^*)$$

によって定義し，上の系におけるのと同様に複素 Hilbert 空間 $L_2(A^*, d\mu(t))$ とその閉部分空間 $L_2(A^*, d\mu(t))_{W(M^*)}$ を定義する．$L_2(A^*, d\mu(t))$ の Hilbert 内積を《，》で表わす．Weyl 群 $W(M^*)$ の位数を $|W(M^*)|$ で表わす．このとき，任意の M^* 上の複素数値連続関数 f に対して

$$\int_{M^*} f(x)dx = \frac{1}{|W(M^*)|}\int_{A^*}\left(\int_{M^*/A^*} f(xtx^{-1})dx\right)D(t)dt$$

がなりたつ．とくに，f が類関数，すなわち M^* の各共役類の上で一定の値をとるならば

$$\int_{M^*} f(x)dx = \frac{1}{|W(M^*)|}\int_{A^*} f(t)D(t)dt$$

がなりたつ．制限写像

$$\iota^* : K_2(M^*) \to L_2(A^*, d\mu(t))_{W(M^*)}$$

は複素 Hilbert 空間としての同形写像である．

これらは，われわれの場合には $c(G,K)=1$ であることを確かめれば，定理 7.2 とその系よりただちに得られる．これを確かめるために，輪環群 ${A^*}_0$ の正規化された Haar 測度を dt_0 で表わせば

$$\frac{1}{c(G,K)} = \frac{1}{|W(M^*)|}\int_{A^*} D(t)dt = \frac{1}{|W(M^*)|}\int_{{A^*}_0} \xi_{\delta(M^*)}(t_0)\overline{\xi_{\delta(M^*)}(t_0)}dt_0$$

$$= \frac{1}{|W(M^*)|}\sum_{s,t\in W(M^*)}(-1)^{st}\int_{{A^*}_0} e(s\delta(M^*) - t\delta(M^*))(t_0)dt_0$$

となる．ここで，$\delta(M^*) \in D_0(M^*)$ より，$s\delta(M^*) - t\delta(M^*) = 0$ となるのは $s=t$ である場合に限る（定理 6.2, (2) を参照）．したがって

$$\frac{1}{c(G,K)} = \frac{1}{|W(M^*)|}\sum_{s\in W(M^*)}\int_{{A^*}_0} dt_0 = 1,$$

すなわち，$c(G,K)=1$ を得た．

例えば，各 $\lambda \in D(M^*)$ に対して，主対称指標 χ_λ は $L_2(A^*, d\mu(t))_{W(M^*)}$ に

属し，

$$\langle\!\langle \chi_\lambda, \chi_\mu \rangle\!\rangle = \delta_{\lambda\mu} \qquad \lambda, \mu \in D(M^*)$$

がなりたつ．実際，

$$\begin{aligned}
&\langle\!\langle \chi_\lambda, \chi_\mu \rangle\!\rangle \\
&= \frac{1}{|W(M^*)|}\int_{A^*} \chi_\lambda(t)\overline{\chi_\mu(t)}D(t)\,dt \\
&= \frac{1}{|W(M^*)|}\int_{A^*_0} \chi_\lambda(t_0)\overline{\chi_\mu(t_0)}\xi_{\delta(M^*)}(t_0)\overline{\xi_{\delta(M^*)}(t_0)}\,dt_0 \\
&= \frac{1}{|W(M^*)|}\int_{A^*_0} \xi_{\lambda+\delta(M^*)}(t_0)\overline{\xi_{\mu+\delta(M^*)}(t_0)}\,dt_0 \\
&= \frac{1}{|W(M^*)|}\sum_{t,s\in W(M^*)}(-1)^{st}\int_{A^*_0} e(s(\lambda+\delta(M^*))-t(\mu+\delta(M^*)))(t_0)\,dt_0
\end{aligned}$$

となる．ところが，Weyl 群が Weyl 領域全体に単純可移的に作用していることから，$\lambda, \mu \in D(M^*)$ に対して，$s(\lambda+\delta(M^*))=t(\mu+\delta(M^*))$ となるのは $s=t, \lambda=\mu$ の場合に限られる．したがって，求める正規直交関係が得られる．

積分公式の応用として，ここで，コンパクト連結 Lie 群の表現論において基本的な，Cartan-Weyl の定理の証明を与えておこう．

定理 7.3 (Cartan-Weyl の定理)　M^* をコンパクト連結 C^∞ Lie 群，A^* をその 1 つの極大輪環部分群，$\mathfrak{a}^*$ をその Lie 代数とする．$\mathfrak{a}^*$ 上に線形順序 $>$ を 1 つとって固定する．A^* の (順序 $>$ に関する) 支配的な指標の微分全体のなす半群を $D(M^*)$ で表わす．このとき

(1) (Weyl の指標公式)　任意の $\rho \in \mathcal{D}(M^*)$ に対して，$\mathfrak{a}^*$ に関する (順序 $>$ に関して) 最高の重みを $\lambda(\rho)$ で表わせば，$\lambda(\rho)$ は $D(M^*)$ に属し，その重複度 $m_{\lambda(\rho)}$ は 1 に等しい．ρ の指標 χ_ρ の A^* への制限は，$\lambda(\rho)$ に付属する主対称指標 $\chi_{\lambda(\rho)}$ に一致する．

(2)　対応 $\rho \mapsto \lambda(\rho)$ によって定義される写像

$$\mathcal{D}(M^*) \to D(M^*)$$

は全単射である．以後，$\lambda \in D(M^*)$ に対して，λ を最高の重みにもつ M^* の既約表現の同値類を $\rho(\lambda)$ で表わす．

証明 (1) χ_ρ の A^* への制限を χ で表わすと，χ は A^* の対称指標で

$$\chi = \sum_\lambda m_\lambda e(\lambda) \qquad m_\lambda \in \boldsymbol{Z}, m_\lambda > 0,\ \lambda \in Z(M^*) \text{ は } \rho \text{ の重みを動く}$$

と表わされる．ここで，m_λ は重み λ の重複度である．一方，定理6.4，(4)より

$$\chi = \sum_\mu n_\mu \chi_\mu \qquad n_\mu \in \boldsymbol{Z},\ n_\mu \neq 0,\ \mu \in D(M^*)$$

と一意的に表わされる．例2の制限写像

$$\iota^* : K_2(M^*) \to L_2(A^*, d\mu(t))_{W(M^*)}$$

は Hilbert 内積を保つから，$\langle \chi_\rho, \chi_\rho \rangle = \langle\!\langle \chi, \chi \rangle\!\rangle$ である．ところが，ρ の既約性より $\langle \chi_\rho, \chi_\rho \rangle = 1$ であるから，$\langle\!\langle \chi, \chi \rangle\!\rangle = 1$ を得る．したがって，例2で示した主対称指標の正規直交関係より

$$\sum_\mu n_\mu{}^2 = 1$$

を得る．よって

$$\chi = \pm \chi_\mu, \qquad \mu \in D(M^*)$$

の形でなければならない．したがって，$A^*{}_0$ の指標環のなかで

$$\begin{aligned}(\sum_\lambda m_\lambda e(\lambda))(\sum_s (-1)^s e(s\delta(M^*)))\\ = \pm \sum_t (-1)^t e(t(\mu + \delta(M^*)))\end{aligned}$$

がなりたつ．両辺の最高成分を比較すれば

$$m_{\lambda(\rho)} e(\lambda(\rho) + \delta(M^*)) = \pm e(\mu + \delta(M^*))$$

を得る．したがって，$m_{\lambda(\rho)} = 1$, $\lambda(\rho) = \mu \in D(M^*)$, $\chi = \chi_{\lambda(\rho)}$ でなければならない．これで(1)が示された．

(2) まず，定理にいう対応が単射であることを示そう．$\rho, \rho' \in \mathcal{D}(M^*)$ に対して，$\lambda(\rho) = \lambda(\rho')$ であるとすれば，(1)より χ_ρ と $\chi_{\rho'}$ は A^* 上では一致する．ところが，M^* の任意の共役類は A^* と交わるから，χ_ρ と $\chi_{\rho'}$ は M^* 上で一致する．したがって $\rho = \rho'$ を得る．すなわち，考えている対応は単射である．

つぎに，この対応が全射であることを示そう．そのために，ある $\mu \in D(M^*)$ が存在して

$$\mu \neq \lambda(\rho) \qquad \rho \in \mathcal{D}(M^*)$$

をみたすと仮定して矛盾を導こう．定理6.2より $\chi_\mu \neq 0$ である．制限写像 ι^* によって χ_μ に対応する $K_2(M^*)$ の元を f とすれば，$f \neq 0$ である．仮定と，例2で述べた主対称指標の正規直交関係より

$$\langle\!\langle \chi_\mu, \chi_{\lambda(\rho)} \rangle\!\rangle = 0 \qquad \rho \in \mathscr{D}(M^*)$$

を得る．ι^* は Hilbert 内積を保つから

$$\langle f, \chi_\rho \rangle = 0 \qquad \rho \in \mathscr{D}(M^*)$$

を得る．ところが，第1節，例2で示したように，$\{\overline{\chi}_\rho\,;\,\rho \in \mathscr{D}(M^*)\}$ は $K_2(M^*)$ の完全正規直交系であったから，$f=0$ でなければならない．これは矛盾である．∎

注意1 われわれは1つの極大輪環部分群 A^* とその Lie 代数 $\mathfrak{a}^*$ 上の順序 $>$ を固定して議論した．しかし，もう1つの極大輪環部分群 A' とその Lie 代数 $\mathfrak{a}'$ 上の順序 $>'$ が与えられたとき，これらに関する支配的指標の微分のなす半群 $D'(M^*)$ に対しても同様に，$\rho \in \mathscr{D}(M^*)$ にその最高の重み $\lambda'(\rho) \in D'(M^*)$ を対応させて，全単射

$$\mathscr{D}(M^*) \to D'(M^*)$$

が得られる．このとき，これらの対応の間の関係はつぎのようになる：$x_0 \in M^*$ を $x_0 A^* x_0^{-1} = A'$ をみたし，順序 $>, >'$ を保つ（すなわち，$\lambda, \mu \in \mathfrak{a}^*$ に対して，条件 $\lambda > \mu$ と $(\mathrm{Ad}\, x_0)\lambda >' (\mathrm{Ad}\, x_0)\mu$ とは同値である）ものとすれば

$$(\mathrm{Ad}\, x_0)\lambda(\rho) = \lambda'(\rho) \qquad \rho \in \mathscr{D}(M^*)$$

となる．

これは表現の指標が M^* 上の類関数であることから確かめられる．上のような $x_0 \in M^*$ はつねに存在する．これは極大輪環部分群の共役性と，Weyl 群 $W(M^*)$ が Weyl 領域全体の上に可移的に作用していることから容易に確かめることができる．

注意2 $D(M^*)$ の半群としての構造は対応する表現に移ればつぎのようになる：$\lambda, \lambda' \in D(M^*)$ とする．

$$\rho : M^* \to GL(V), \qquad \rho' : M^* \to GL(V')$$

をそれぞれ λ, λ' を最高の重みにもつ M^* の既約表現とする．$v_\lambda \in V_\lambda$，$v'_{\lambda'} \in V'_{\lambda'}$

を 0 でない元とする．

$$\rho\otimes\rho' : M^* \to GL(V\otimes V')$$

を ρ と ρ' のテンソル積表現とする．$V\otimes V'$ のなかの $v_\lambda\otimes v'_{\lambda'}$ を含む最小の M^* 不変部分空間 W を $V\otimes V'$ の**最高成分**という．このとき，W 上に引きおこされる M^* の表現は既約で，その最高の重みは $\lambda+\lambda'$ に等しい．

このことを確かめるには，$\rho\otimes\rho'$ の指標が ρ の指標と ρ' の指標の積になることに注意すればよい．$D(M^*)$ のいくつかの元の和に対しても，まったく同様にして，対応する既約表現が構成される．

さて，この定理と第6節，例のなかで記述した，単連結な M^* に対する $D(M^*)$ の形より，つぎの系1が得られる．

系1　M^* が単連結ならば，$\rho\in\mathscr{D}(M^*)$ にその最高の重み $\lambda(\rho)\in\mathfrak{a}^*$ を対応させる写像は，$\mathscr{D}(M^*)$ から $\mathfrak{a}^*$ のなかの半群

$$\left\{\sum_{i=1}^{l} m_i\Lambda_i\,;\, m_i\in \boldsymbol{Z},\, m_i \geqq 0\ (1\leqq i\leqq l)\right\}$$

への全単射を与える．ここで，$\{\Lambda_1, \cdots, \Lambda_l\}$ は $\mathfrak{m}^*$ の基本の重みである．

系2　(1)　M^* の表現の重みとなり得る $\lambda\in\mathfrak{a}^*$ の全体は，第6節，例で定義した $\mathfrak{a}^*$ の部分群 $Z(M^*)$ に一致する．

(2)　$\mathfrak{m}^*$ をコンパクト半単純 Lie 代数，$\mathfrak{a}^*$ をその1つの極大可換部分代数とすれば，$\mathfrak{m}^*$ の表現の重みとなり得る $\lambda\in\mathfrak{a}^*$ の全体は，基本の重み $\Lambda_1, \cdots, \Lambda_l$ で生成される $\mathfrak{a}^*$ の部分群に一致する．

証明　(1)　任意に $\lambda\in Z(M^*)$ をとる．適当な $\mathfrak{a}^*$ 上の順序をとれば，λ はこの順序に関する支配的な指標の微分となる．したがって，注意1と定理より，λ は M^* のある既約表現の最高の重みとなる．逆に，M^* の表現の重みは $Z(M^*)$ に属するから，(1)が示された．

(2)　$\mathfrak{m}^*$ を Lie 代数にもつコンパクト単連結 C^∞ Lie 群を M^* とすれば，$\mathfrak{m}^*$ の表現と M^* の表現は1対1に対応する．第6節，例で示したように

$$Z(M^*) = \sum_{i=1}^{l} \boldsymbol{Z}\Lambda_i$$

であるから，(2)は(1)より導かれる．▌

系3(Weyl の次数公式) $\lambda \in D(M^*)$ に対して

$$d_{\rho(\lambda)} = \prod_{\alpha \in \Sigma^+(M^*)} \frac{(\alpha, \lambda+\delta(M^*))}{(\alpha, \delta(M^*))}$$

がなりたつ．

証明 $\mathfrak{a}^*$ から A^*_0 への指数写像を exp で表わす．$\varepsilon>0$ に対して

$$\begin{aligned}
&\xi_{\lambda+\delta(M^*)}(\exp \varepsilon\delta(M^*)) \\
&= \sum_s (-1)^s \exp[2\pi\sqrt{-1}(s(\lambda+\delta(M^*)), \varepsilon\delta(M^*))] \\
&= \sum_s (-1)^s \exp[2\pi\sqrt{-1}(s^{-1}\delta(M^*), \varepsilon(\lambda+\delta(M^*)))] \\
&= \xi_{\delta(M^*)}(\exp \varepsilon(\lambda+\delta(M^*))) \\
&= \prod_{\alpha \in \Sigma^+(M^*)} (\exp[\pi\sqrt{-1}(\alpha, \varepsilon(\lambda+\delta(M^*)))] - \exp[-\pi\sqrt{-1}(\alpha, \varepsilon(\lambda+\delta(M^*)))]) \\
&= \prod_{\alpha \in \Sigma^+(M^*)} 2\sqrt{-1} \sin \pi\varepsilon(\alpha, \lambda+\delta(M^*))
\end{aligned}$$

を得る．とくに $\lambda=0$ ととれば

$$\xi_{\delta(M^*)}(\exp \varepsilon\delta(M^*)) = \prod_{\alpha \in \Sigma^+(M^*)} 2\sqrt{-1} \sin \pi\varepsilon(\alpha, \delta(M^*))$$

を得る．したがって，定理の(1)より

$$\begin{aligned}
d_{\rho(\lambda)} = \chi_{\rho(\lambda)}(e) &= \lim_{\varepsilon\to 0} \frac{\xi_{\lambda+\delta(M^*)}(\exp \varepsilon\delta(M^*))}{\xi_{\delta(M^*)}(\exp \varepsilon\delta(M^*))} \\
&= \prod_{\alpha \in \Sigma^+(M^*)} \lim_{\varepsilon\to 0} \frac{\sin \pi\varepsilon(\alpha, \lambda+\delta(M^*))}{\sin \pi\varepsilon(\alpha, \delta(M^*))} \\
&= \prod_{\alpha \in \Sigma^+(M^*)} \lim_{\varepsilon\to 0} \frac{\pi(\alpha, \lambda+\delta(M^*))\cos \pi\varepsilon(\alpha, \lambda+\delta(M^*))}{\pi(\alpha, \delta(M^*))\cos \pi\varepsilon(\alpha, \delta(M^*))} \\
&\qquad\qquad \text{(l'Hospital の原理)} \\
&= \prod_{\alpha \in \Sigma^+(M^*)} \frac{(\alpha, \lambda+\delta(M^*))}{(\alpha, \delta(M^*))}
\end{aligned}$$

を得る．▌

§8　コンパクト対称対の球表現

この節では，コンパクト対称対 (G, K) の球表現の同値類は (G, K) の極大輪環群 $\hat{A}$ の支配的な指標と1対1に対応することを証明する．したがって，対 (G, K) の帯球関数は $\hat{A}$ の支配的な指標と1対1に対応することがわかる．さらに，対 (G, K) の帯球関数を $\hat{A}$ 上で $\hat{A}$ の主対称指標の1次結合として書き表わす公式を与える．

この節でも，(G, K) をコンパクト対称対とし，これまでのように，$\mathfrak{g}$ 上の内積 $(\ ,\ )$, (G, K) の Cartan 部分代数 $\mathfrak{a}$, $\mathfrak{a}$ を含む $\mathfrak{g}$ の極大可換部分代数 $\mathfrak{t}$, $\mathfrak{t}$ 上の σ 順序 $>$ をとって固定しておいて，これまでの記法を用いる．$\mathfrak{t}$ で生成される G の極大輪環部分群を T とし，順序 $>$ に関する T の支配的な指標の微分全体のなす半群を $D(G)$ とする．

定理 8.1　(G, K) をコンパクト対称対とし，(G, K) の極大輪環群 $\hat{A}$ の支配的指標の微分全体のなす半群を $D(G, K)$ とする．$\rho \in \mathcal{D}(G, K)$ とする．このとき

(1)　ρ の $\mathfrak{t}$ に関する最高の重み $\lambda(\rho)$ は $D(G, K)$ に属する．

(2)　ρ に付属する帯球関数 $\omega_\rho \in \Omega(G, K)$ の $\hat{A}$ への制限 $\iota^*\omega_\rho$ は

$$\iota^*\omega_\rho = \sum_\mu a_\mu e(-\mu) \qquad a_\mu \in \boldsymbol{R},\ a_\mu \geqq 0,\ \mu \text{ は } Z(G, K) \text{ を動く}$$

の形の有限和に一意的に表わされる．ここで

$$\sum_\mu a_\mu = 1,$$

$$a_\mu > 0 \quad \text{ならば} \quad \mu_\mathfrak{c} = \lambda(\rho)_\mathfrak{c},$$

$$\lambda(\rho) = \max\{\mu \in Z(G, K)\ ;\ a_\mu > 0\}$$

がなりたつ．

系　$\rho \in \mathcal{D}(G, K)$ に対して，$\iota^*\omega_\rho$ は $\mathcal{R}(\hat{A})^C{}_{W(G, K)}$ に属し，$\iota^*\overline{\omega}_\rho$ の最高成分は $a_{\lambda(\rho)}e(\lambda(\rho))$, $a_{\lambda(\rho)} > 0$, の形である．

証明　ρ に属する球表現を1つとって，それを簡単のために

$$\rho : G \to GL(V)$$

で表わし，その微分も

$$\rho : \mathfrak{g} \to \mathfrak{gl}(V)$$

で表わす．$\langle\ ,\ \rangle$ を V 上の G 不変な内積とする．定理1.5, (1) の証明で用いた，V から V_K の上への射影子を P で表わすと，Haar 測度 dk の不変性より，各 $X \in \mathfrak{k}$ に対して

$$P\rho(X) = \rho(X)P$$

がなりたつ．$v_0 \in V_{\lambda(\rho)}, \langle v_0, v_0\rangle = 1$, を1つとると，第5節，補題3より，$Pv_0 \neq 0$ である．上に述べた可換性より，各 $H \in \mathfrak{b}$ に対して

$$P\rho(H)v_0 = \rho(H)Pv_0$$

がなりたつ．左辺は $2\pi\sqrt{-1}(\lambda(\rho), H)Pv_0$ に等しく，右辺は $Pv_0 \in V_K$ より 0 である．したがって，各 $H \in \mathfrak{b}$ に対して $(\lambda(\rho), H) = 0$, すなわち，$\lambda(\rho) \in \mathfrak{a}$ を得る．定理7.3より $\lambda(\rho) \in D(G)$ であるから，各 $\alpha_i \in \Pi(G)$ に対して

$$(\lambda(\rho), \alpha_i) \geqq 0$$

である．したがって，

$$(\lambda(\rho), \gamma_i) \geqq 0 \qquad \gamma_i \in \Pi(G, K) \tag{8.1}$$

を得る．

ρ の $\mathfrak{t}$ に関する重みを重複度を込めて $\{\lambda_1, \cdots, \lambda_{d_\rho}\}$, $\lambda_1 > \lambda_2 \geqq \cdots \geqq \lambda_{d_\rho}$, $\lambda_1 = \lambda(\rho)$, とする．$V$ 上の内積 $\langle\ ,\ \rangle$ の G 不変性より，重み空間はたがいに直交するから，V の正規直交基底 $\{u_1, \cdots, u_{d_\rho}\}$, $u_1 = v_0$, を

$$\rho(\exp H)u_i = \exp(2\pi\sqrt{-1}(\lambda_i, H))u_i \qquad H \in \mathfrak{t},\ 1 \leqq i \leqq d_\rho$$

をみたすようにとれる．

$$\mu_i = \bar{\lambda}_i \qquad 1 \leqq i \leqq d_\rho$$

とおく．分解 $\mathfrak{t} = \mathfrak{c} \oplus \mathfrak{t}'$ に関して，各 λ_i の $\mathfrak{c}$ 成分は $\lambda(\rho)$ の $\mathfrak{c}$ 成分に等しい（これは Schur の補題からもわかるし，定理6.4, (2) と定理7.3, (1) からもわかる）から，分解 $\mathfrak{a} = \mathfrak{c}_m \oplus \mathfrak{a}'$ に関して，各 μ_i の $\mathfrak{c}_m$ 成分 $(\mu_i)_c$ は $\lambda(\rho)_c$ に等しい．順序 $>$ は σ 順序であったから

$$\mu_1 > \mu_2 \geqq \cdots \geqq \mu_{d_\rho}, \qquad \mu_1 = \lambda(\rho)$$

がなりたつ．$w \in V_K, \langle w, w\rangle = 1$, を1つとって

$$w=\sum_{i=1}^{d_\rho}a_iu_i \qquad a_i\in \boldsymbol{C},\ \sum_{i=1}^{d_\rho}|a_i|^2=1$$

とする．ここで，第5節，補題3より

$$a_1=\langle w, v_0\rangle \neq 0 \tag{8.2}$$

であることを注意しておく．第1節で示したように，任意の $H\in\mathfrak{a}$ に対して

$$\begin{aligned}\omega_\rho((\exp H)o)&=\langle w, \rho(\exp H)w\rangle\\ &=\langle\sum_i a_iu_i, \sum_j a_j\rho(\exp H)u_j\rangle\\ &=\sum_{i,j}a_i\bar{a}_j\exp(-2\pi\sqrt{-1}(\mu_j, H))\langle u_i, u_j\rangle\\ &=\sum_i|a_i|^2\exp(-2\pi\sqrt{-1}(\mu_i, H))\end{aligned}$$

となる．とくに，$H\in\Gamma(G,K)$ ならば $\omega_\rho((\exp H)o)=\omega_\rho(o)=1$ であるから，各 $H\in\Gamma(G,K)$ に対して

$$1=\sum_i|a_i|^2\exp(-2\pi\sqrt{-1}(\mu_i, H)),$$

したがって

$$\text{各 } H\in\Gamma(G,K) \text{ に対して}\quad 1=\sum_i|a_i|^2\cos 2\pi(\mu_i, H), \qquad \sum_i|a_i|^2=1$$

を得る．したがって，$|a_i|^2\neq 0$ ならば，各 $H\in\Gamma(G,K)$ に対して $(\mu_i, H)\in\boldsymbol{Z}$，すなわち，$\mu_i\in Z(G,K)$ となる．

以上のことから，(8.2) に注意して，$\iota^*\omega_\rho$ は定理の (2) の形をしていることがわかる．また，(8.1) より $\lambda(\rho)\in D(G,K)$ となるから，(1) も得られる．▮

つぎにわれわれは対応 $\rho\mapsto\lambda(\rho)$ で与えられる $\mathcal{D}(G,K)$ から $D(G,K)$ への写像が全単射であることを証明したいのであるが，そのためにいくつかの補題を準備する．

補題1　$D(G,K)\subset D(G)$.

証明　$\lambda\in D(G,K)$ を任意にとる．$H\in\mathfrak{t}$ が $\exp H=e$ をみたすとする．

$$H=H'+H'' \qquad H'\in\mathfrak{b},\ H''\in\mathfrak{a}$$

と分解すれば，$\exp H''=\exp(-H')\in K$ であるから，$H''\in\Gamma(G,K)$ である．したがって

$$(\lambda, H) = (\lambda, H') + (\lambda, H'') = (\lambda, H'') \in \boldsymbol{Z}$$

を得るから，$\lambda \in Z(G)$ である．また

$$\Pi(G, K) = \{\bar{\alpha}_i\,;\, \alpha_i \in \Pi(G)\} - \{0\}$$

より，各 $\alpha_i \in \Pi(G)$ に対して $(\lambda, \alpha_i) \geqq 0$ となる．したがって $\lambda \in D(G)$ となる．▌

補題 2 $Z_K(A)$ の単位元 e を含む連結成分を $Z_K(A)^0$ で表わすと

$$Z_K(A) = Z_K(A)^0 \exp \Gamma(G, K)$$

がなりたつ．

証明 第5節でも述べたように，コンパクト連結 C^∞ Lie 群 G における輪環部分群 A の中心化群 $Z_G(A)$ は連結であって，その Lie 代数 $\mathfrak{z}_{\mathfrak{g}}(\mathfrak{a})$ は Lie 代数としての直和分解

$$\mathfrak{z}_{\mathfrak{g}}(\mathfrak{a}) = \mathfrak{z}_{\mathfrak{k}}(\mathfrak{a}) \oplus \mathfrak{a}$$

をもつから，

$$Z_G(A) = Z_K(A)^0 A$$

となる．したがって，任意の $k \in Z_K(A)$ は

$$k = ma \qquad m \in Z_K(A)^0,\ \ a \in A$$

と書ける．ここで，$a = m^{-1}k \in K \cap A = \exp \Gamma(G, K)$ であるから，補題が証明できた．▌

つぎに，定理 1.3 の後の注意で述べた，G の複素化 G^C を考えよう．K の単位元 e を含む連結成分を K^0 で表わして，G^C の閉部分集合 $G^\sharp$, $(G^\sharp)^0$ を

$$G^\sharp = K \exp \sqrt{-1}\,\mathfrak{m},$$
$$(G^\sharp)^0 = K^0 \exp \sqrt{-1}\,\mathfrak{m}$$

によって定義する．(5.3) より，$(G^\sharp)^0$ は第5節で述べた簡約可能な実 Lie 代数 $\mathfrak{g}^\sharp$ によって生成される G^C の連結 Lie 部分群に一致するが，$G^\sharp$ もその Lie 代数が $\mathfrak{g}^\sharp$ である G^C の Lie 部分群である．実際，(5.4)：$K = K^0(K \cap A)$ より，$G^\sharp$ は $(G^\sharp)^0$ と有限可換群 $K \cap A = \exp \Gamma(G, K)$ によって生成される G^C の部分群と一致するからである．

第5節の記法を用いると，Lie 代数 $\mathfrak{g}^\sharp$ の岩沢分解

$$\mathfrak{g}^\sharp = \mathfrak{k} + \mathfrak{a}^* + \mathfrak{n}$$

が存在した．この分解は以下の意味で大域的にもなりたつ：

$\mathfrak{a}^\sharp, \mathfrak{n}$ で生成される $G^\sharp$ の連結 Lie 部分群をそれぞれ $A^\sharp, N$ で表わすと，これらはともに $G^\sharp$ の閉部分群であって，$A^\sharp$ は l 次元ベクトル群 $\boldsymbol{R}^l$ に同形，N は単連結巾零 Lie 部分群である．対応 $(k, a, n) \mapsto kan$ $(k \in K, a \in A^\sharp, n \in N)$ は積多様体 $K \times A^\sharp \times N$ から $G^\sharp$ の上への C^∞ 同相を与える．

この大域的分解は $G^\sharp$ の**岩沢分解**とよばれる．証明は例えば Helgason [9] をみられたい．$x \in G^\sharp$ に対して，岩沢分解に関する K 成分，$A^\sharp$ 成分，N 成分をそれぞれ $k(x), a(x), n(x)$ で表わす．$a \in A^\sharp$ に対して，$\exp H = a$ によって一意的に定まる $H \in \mathfrak{a}^\sharp$ を $\log a$ で表わし，

$$H(x) = \log a(x) \qquad x \in G^\sharp$$

とおく．つぎに

$$P = Z_K(A) A^\sharp N$$

とおく．容易にわかるように P は $G^\sharp$ の閉部分群である．$m \in N_K(A)$ に対して，P と N に関する両側剰余類 PmN は m の属する類 $s = mZ_K(A) \in W(G, K)$ のみによるので，PmN を PsN と書くことにしよう．このとき，つぎの Bruhat 分解定理がなりたつことが知られている (Harish-Chandra [8] を参照)：

$G^\sharp$ は交わりのない両側剰余類の和

$$G^\sharp = \bigcup_{s \in W(G, K)} PsN$$

に分解される．両側剰余類 $PsN\,(s \in W(G, K))$ のうち，$G^\sharp$ の開集合であるものはただ1つである．これを Ps_0N とすれば，Ps_0N は $G^\sharp$ の稠密な開集合で，$s_0 \in W(G, K)$ は $s_0 \Sigma^+(G, K) = -\Sigma^+(G, K)$ をみたすただ1つの $W(G, K)$ の元として特徴づけられる．さらに $P \times N \to Ps_0N$, $(p, n) \mapsto pm_0n$ は微分同相である．

補題 3

$$\bar{\mathfrak{n}} = \tau(\mathfrak{n}) = \sum_{\gamma \in \Sigma^+(G, K)} \mathfrak{g}_{-\gamma}$$

とおき，$\bar{\mathfrak{n}}$ で生成される $G^\sharp$ の巾零連結 Lie 部分群を $\bar{N}$ で表わす．第6節，例のように

$$\delta(G)=\frac{1}{2}\sum_{\alpha\in\Sigma^+(G)}\alpha$$

とおく．このとき，適当に $\bar{N}$ の Haar 測度 $d\bar{n}$ をとれば

$$\int_K f(k)dk=\int_{\bar{N}} f(k(\bar{n}))\exp[-4\pi\sqrt{-1}(\delta(G),H(\bar{n}))]d\bar{n}$$

$$f\in C(K/Z_K(A))$$

がなりたつ．ここで $\mathfrak{g}$ の内積 $(\ ,\ )$ の $\mathfrak{g}^c$ への C 線形な拡張も $(\ ,\ )$ で表わした．

証明 対応 $\bar{n}\mapsto k(\bar{n})o'$ $(\bar{n}\in\bar{N})$ によって定義される C^∞ 写像

$$\varphi:\bar{N}\to K/Z_K(A)$$

を考えよう．右辺の $K/Z_K(A)$ は，$G^\sharp$ の岩沢分解と P の定義からすぐにわかるように，C^∞ 多様体として $G^\sharp/P$ と同一視される．したがって，$K/Z_K(A)$ には $G^\sharp$ が作用する．この作用は，K 上では K の $K/Z_K(A)$ への自然な作用と一致する．この作用を

$$ko'\mapsto x(ko')\qquad k\in K,\ x\in G^\sharp$$

で表わそう．$G^\sharp$ から $K/Z_K(A)$ の上への C^∞ 写像 $\pi_{G^\sharp}$ を

$$\pi_{G^\sharp}(x)=xo'\qquad x\in G^\sharp$$

によって定義すると，さきの C^∞ 写像 φ は

$$\varphi(\bar{n})=\bar{n}o'=\pi_{G^\sharp}(\bar{n})\qquad \bar{n}\in\bar{N}$$

とも表わされる．Bruhat 分解定理のなかの元 $s_0\in W(G,K)$ に属する $m_0\in N_K(A)$ を1つとると，$s_0\Sigma^+(G,K)=-\Sigma^+(G,K)$ より，$Pm_0=m_0\bar{N}Z_K(A)A^\sharp$ となる．したがって，$Pm_0o'=m_0\bar{N}o'=m_0\varphi(\bar{N})$ となるが，Ps_0N は $G^\sharp$ の開集合であったから，$\varphi(\bar{N})$ は $K/Z_K(A)$ の開部分多様体であって，$\varphi:\bar{N}\to\varphi(\bar{N})$ は微分同相である．$s\neq s_0$ に対しては $s\Sigma^+(G,K)\cap(-\Sigma^+(G,K))\neq-\Sigma^+(G,K)$ であったから，同様な議論で，$K/Z_K(A)-\varphi(\bar{N})$ は低次元の連結な C^∞ 多様体の C^∞ 写像による像の有限和であることがわかる．したがって，定理 7.2 の証明と同様に，φ の微分 $d\varphi$ の行列式を計算することによって積分公式が得られる．

そのために，第5節，補題1で定められた基底 $\{X_{-\alpha};\alpha\in\Sigma^+(G)-\Sigma_0(G)\}$,

$\{S_\alpha;\alpha\in\Sigma^+(G)-\Sigma_0(G)\}$ を用いよう．すると，$\bar{n}\in\bar{N}$ における φ の微分 $d\varphi$ は

$$d\varphi d\tau_{\bar{n}}\phi_{\bar{n}}X_{-\alpha}=2\exp[-2\pi\sqrt{-1}(\alpha,H(\bar{n}))]d\tau_{k(\bar{n})}d\pi_K S_\alpha \qquad \alpha\in\Sigma^+(G)-\Sigma_0(G) \tag{8.3}$$

で与えられる．ここで，π_K は K から $K/Z_K(A)$ への標準的射影，$\phi_{\bar{n}}$ は固有値がすべて1である，$\bar{\mathfrak{n}}$ のある線形自己同形である．$\phi_{\bar{n}}$ の行列式は1であるから，(8.3) より補題が得られる．

(8.3) を証明しよう．P の Lie 代数を $\mathfrak{p}$ で表わし，直和分解 $\mathfrak{g}^*=\bar{\mathfrak{n}}+\mathfrak{p}$ に関する $\mathfrak{g}^*$ から $\bar{\mathfrak{n}}$ の上への射影を $\pi_{\bar{\mathfrak{n}}}$ で表わす．$\bar{n}\in\bar{N}$ に対して，$\bar{\mathfrak{n}}$ の線形自己準同形 $\phi_{\bar{n}}$ を

$$\phi_{\bar{n}}X=\pi_{\bar{\mathfrak{n}}}(\mathrm{Ad}\,n(\bar{n})^{-1}X) \qquad X\in\bar{\mathfrak{n}}$$

によって定義する．$\mathfrak{g}^C$ の $\mathfrak{a}$ に関する根空間への分解からすぐわかるように，$\phi_{\bar{n}}$ の固有値はすべて1であって，各 $X\in\bar{\mathfrak{n}}$ に対して

$$\mathrm{Ad}(n(\bar{n}))\phi_{\bar{n}}X\equiv X \mod \mathfrak{p}$$

がなりたつ．(8.3) の証明のためには，$\bar{n}\in\bar{N}$ に対して

$$\mathrm{Ad}(a(\bar{n}))X_{-\alpha}\equiv 2\exp[-2\pi\sqrt{-1}(\alpha,H(\bar{n}))]S_\alpha \mod \mathfrak{p} \qquad \alpha\in\Sigma^+(G)-\Sigma_0(G) \tag{8.4}$$

を示せば十分である．実際，このとき

$$\begin{aligned}
d\tau_{k(\bar{n})}{}^{-1}d\varphi d\tau_{\bar{n}}\phi_{\bar{n}}X_{-\alpha}&=\left[\frac{d}{dt}(k(\bar{n})^{-1}\bar{n}\exp(t\phi_{\bar{n}}X_{-\alpha})o')\right]_{t=0}\\
&=\left[\frac{d}{dt}(a(\bar{n})n(\bar{n})\exp(t\phi_{\bar{n}}X_{-\alpha})o'\right]_{t=0}\\
&=\left[\frac{d}{dt}\exp t(\mathrm{Ad}(a(\bar{n}))\mathrm{Ad}(n(\bar{n}))\phi_{\bar{n}}X_{-\alpha})o'\right]_{t=0}\\
&=d\pi_{G^*}(\mathrm{Ad}(a(\bar{n}))\mathrm{Ad}(n(\bar{n}))\phi_{\bar{n}}X_{-\alpha})\\
&=d\pi_{G^*}(\mathrm{Ad}(a(\bar{n}))X_{-\alpha})\\
&=d\pi_K(2\exp[-2\pi\sqrt{-1}(\alpha,H(\bar{n}))]S_\alpha)
\end{aligned}$$

を得るからである．(8.4)は，第5節，補題1より $X_\alpha+X_{-\alpha}=2S_\alpha$，したがって

$$X_{-\alpha}\equiv 2S_\alpha \mod \mathfrak{p} \qquad \alpha\in\Sigma^+(G)-\Sigma_0(G)$$

となることより明らかである. ▮

さて, $\lambda \in D(G, K)$ をとる. 補題1より $D(G, K) \subset D(G)$ であるから, 定理7.3より, その最高の重みが λ である G の既約表現

$$\rho : G \to GL(V)$$

が存在する. G の表現代数 $\mathfrak{o}(G)$ の元は代数群 G^C 上の多項式関数であるから, ρ は代数群 G^C の既約有理表現に一意的に拡張される. これとその微分も

$$\rho : G^C \to GL(V),$$

$$\rho : \mathfrak{g}^C \to \mathfrak{gl}(V)$$

で表わす. ρ の $G^\sharp$ への制限として得られる $G^\sharp$ の表現もやはり

$$\rho : G^\sharp \to GL(V)$$

で表わす. これも $G^\sharp$ の既約表現である. また, $G^\sharp$ の岩沢分解からわかるように, $Z_K(A)N$ は $G^\sharp$ の閉部分群である. このとき, つぎの補題がなりたつ.

補題4　$\lambda \in D(G, K)$ から上のようにして構成される $G^\sharp$ の表現を

$$\rho : G^\sharp \to GL(V)$$

とし, $v_\lambda \in V_\lambda$, $v_\lambda \neq 0$, を1つとると, 各 $y \in Z_K(A)N$ に対して

$$\rho(y)v_\lambda = v_\lambda$$

がなりたつ.

証明

$$\mathfrak{n} \subset \sum_{\alpha \in \Sigma^+(G)} \tilde{\mathfrak{g}}_\alpha$$

であるから, $\rho(\mathfrak{n})v_\lambda = \{0\}$, したがって, 各 $n \in N$ に対して

$$\rho(n)v_\lambda = v_\lambda$$

がなりたつ.

つぎに $Z_K(A)$ について考えよう.

$$\mathfrak{z}_\mathfrak{k}(\mathfrak{a})^C = \mathfrak{b}^C + \sum_{\alpha \in \Sigma_0(G)} \tilde{\mathfrak{g}}_\alpha$$

において, $(\mathfrak{b}, \lambda) = \{0\}$ より, $\rho(\mathfrak{b}^C)v_\lambda = \{0\}$ である. $\alpha \in \Sigma_0(G) \cap \Sigma^+(G)$ に対して, $\lambda + \alpha$ は ρ の重みでなくて, $(\lambda, \alpha) = 0$ であるから, 重み λ の α 列の性質より $\lambda - \alpha$ も ρ の重みでない. したがって

$$\rho(\sum_{\alpha \in \Sigma_0(G)} \tilde{\mathfrak{g}}_\alpha)v_\lambda = \{0\}$$

となる．結局 $\rho(\mathfrak{z}_{\mathfrak{k}}(\mathfrak{a})^C)v_\lambda = \{0\}$ が得られて，各 $m \in Z_K(A)^0$ に対して $\rho(m)v_\lambda = v_\lambda$ がなりたつ．また，$\lambda \in Z(G, K)$ より，各 $H \in \Gamma(G, K)$ に対して

$$\rho(\exp H)v_\lambda = \exp(2\pi\sqrt{-1}(\lambda, H))v_\lambda = v_\lambda$$

である．したがって，補題2より，各 $m \in Z_K(A)$ に対して

$$\rho(m)v_\lambda = v_\lambda$$

がなりたつ．▌

定理 8.2　コンパクト対称対 (G, K) に対して，$\rho \in \mathcal{D}(G, K)$ にその最高の重み $\lambda(\rho) \in D(G, K)$ を対応させて得られる写像

$$\mathcal{D}(G, K) \to D(G, K)$$

は全単射である．

証明　単射であることは定理7.3より明らかであるから，全射であることを示そう．任意に $\lambda \in D(G, K)$ をとる．λ を最高の重みとする G の既約表現

$$\rho : G \to GL(V) \tag{8.5}$$

よりさきのようにして構成される $G^\sharp$ の既約表現

$$\rho : G^\sharp \to GL(V) \tag{8.6}$$

を考える．これに対して，各 $k \in K$ に対し

$$\rho(k)w = w \tag{8.7}$$

をみたす $w \in V$, $w \neq 0$, の存在を示せば十分である．

$$\rho^* : G \to GL(V^*)$$

を表現(8.5)の反傾表現，ρ^* の最高の重みを $\mu \in D(G)$ とし，$v_\mu{}^* \in V^*{}_\mu$, $v_\mu{}^* \neq 0$, を1つとる．まず，μ も $D(G, K)$ に属することを示そう．$-C^+(G, K)$ も1つの Weyl 領域であるから，$s_0 \in W(G, K)$ が存在して $s_0C^+(G, K) = -C^+(G, K)$ となる．容易にわかるように，このとき，$s_0\Pi(G, K) = -\Pi(G, K)$ となる．(この $s_0 \in W(G, K)$ が Bruhat 分解定理のなかの s_0 にほかならない．) s_0 に属する $m_0 \in N_K(A)$ をとれば，$\mathfrak{b}$, $\mathrm{Ad}\,m_0\mathfrak{b}$ はともに $\mathfrak{z}_{\mathfrak{k}}(\mathfrak{a})$ の極大可換部分代数であるから，$m_1 \in Z_K(A)^0$ が存在して，$\mathrm{Ad}(m_1m_0)\mathfrak{b} = \mathfrak{b}$ となる．$m_1m_0 \in N(T)$

であるから $\mathrm{Ad}(m_1m_0)$ を $\mathfrak{t}$ に制限して得られる $\mathfrak{t}$ の直交変換 s_1 は $W(G)$ に属して，$\mathfrak{a}, \mathfrak{b}$ をともに不変にする．任意の $\alpha_i\in\Pi(G)-\Pi_0(G)$ に対して，$\overline{s_1\alpha_i}=s_0\bar{\alpha}_i\in-\Pi(G,K)$ であって，$>$ が σ 順序であるから，$s_1\alpha_i<0$ となる．また，s_1 は $\Sigma_0(G)$ を不変にするから，上と同様の議論で，$Z_K(A)^0$ の $\mathfrak{b}$ に関する Weyl 群の元 s_2 が存在して，$s_2s_1\Pi_0(G)=-\Pi_0(G)$ となる．s_2 を自明に $\mathfrak{a}$ 上に拡張して得られる $\mathfrak{t}$ の直交変換も s_2 で表わして，$s_0'=s_2s_1$ とおけば，s_0' は $\mathfrak{a}$ を不変にする $W(\mathrm{G})$ の元であって，その $\mathfrak{a}$ への制限は s_0 と一致する．また，作り方から，$s_0'\Sigma^+(G)=-\Sigma^+(G)$ をみたす．さて，ρ の重みの集合を $\boldsymbol{W}$ とすれば，ρ^* の重みの集合は $-\boldsymbol{W}$ で与えられるから，$\mu=-s_0'\lambda$ となる．したがって $\mu=-s_0\lambda$ を得る．$W(G,K)$ は $Z(G,K)$ を不変にするから，$\mu\in D(G,K)$ となる．

ρ^* からさきのように構成される $G^\sharp$ の既約表現を

$$\rho^*: G^\sharp\to GL(V^*)$$

とすれば，これは表現(8.6)の反傾表現にほかならない．これを用いて $f\in C^\infty(G^\sharp)$ を

$$f(x)=(\rho^*(x)v_\mu^*)(v_\lambda)=v_\mu^*(\rho(x)^{-1}v_\lambda)\qquad x\in G^\sharp$$

によって定義する．ρ の既約性より $f\neq0$ である．さらに，補題4よりわかるように，$f\in C^\infty(G^\sharp, Z_K(A)N)$ である．すなわち

$$f(yxy')=f(x)\qquad x\in G^\sharp,\ y,y'\in Z_K(A)N \tag{8.8}$$

がなりたつ．この f に対して，集合 $\{L_xf; x\in G^\sharp\}$ で $\boldsymbol{C}$ 上張られる $C^\infty(G^\sharp)$ の $G^\sharp$ 部分空間を V' で表わす．V から V' の上への写像 Φ を

$$\Phi(\sum_i a_i\rho(x_i)v_\lambda)=\sum_i a_iL_{x_i}f\qquad a_i\in\boldsymbol{C},\ x_i\in G^\sharp$$

によって定義する．Φ は矛盾なく定義されて，しかも $G^\sharp$ 同形である．実際，ρ の既約性より V の各元は

$$\sum_i a_i\rho(x_i)v_\lambda$$

の形に書ける．

$$\sum_i a_iL_{x_i}f=0 \tag{8.9}$$

とすれば

$$\sum_i a_i f(x_i^{-1}x) = v_\mu{}^*(\rho(x)^{-1}\sum_i a_i\rho(x_i)v_\lambda)$$

$$= (\rho(x)^* v_\mu{}^*)(\sum_i a_i\rho(x_i)v_\lambda) = 0 \qquad x\in G^\sharp$$

であるから，ρ^* の既約性より

(8.10)
$$\sum_i a_i\rho(x_i)v_i = 0$$

を得る．逆に，(8.10) から (8.9) が導かれる．このことから，Φ が線形同形を矛盾なく定義することがわかる．Φ が $G^\sharp$ 同形であることは定義の仕方から明らかである．

したがって，(8.7) をみたす $w\in V, w\neq 0$, の代りに，各 $k\in K$ に対して

(8.7)′
$$L_k g = g$$

をみたす $g\in V', g\neq 0$, の存在を示せばよい．そこで，$g\in C^\infty(G^\sharp)$ を

$$g = \int_K L_k f dk, \text{ すなわち } g(x) = \int_K f(k^{-1}x)dk \qquad x\in G^\sharp$$

によって定義する．$g\in V'$ であって (8.7)′ をみたすことは明らかであるから，$g\neq 0$ を示せば証明は完了する．

$s_0\in W(G,K)$ に属する $m_0\in N_K(A)$ を1つとって，$F\in C^\infty(K)$ を

$$F(k) = f(m_0k) \qquad k\in K$$

によって定義する．(8.8) より $F\in C^\infty(K/Z_K(A))$ であるから，補題3の積分公式が適用できて

$$g(e) = \int_K f(k^{-1})dk = \int_K f(k)dk = \int_K f(m_0k)dk = \int_K F(k)dk$$

$$= \int_{\bar{N}} F(k(\bar{n}))\exp[-4\pi\sqrt{-1}(\delta(G), H(\bar{n}))]d\bar{n}$$

$$= \int_{\bar{N}} f(m_0k(\bar{n}))\exp[-4\pi\sqrt{-1}(\delta(G), H(\bar{n}))]d\bar{n}$$

となる．ここで，f の定義より

$$f(x\exp H) = \exp(2\pi\sqrt{-1}(\mu, H))f(x) \qquad x\in G^\sharp,\ H\in\mathfrak{a}^\sharp$$

がなりたつことと，$s_0\Sigma^+(G,K) = -\Sigma^+(G,K)$ より得られる $m_0\bar{N}m_0{}^{-1} = N$, お

よび(8.8)を用いると

$$g(e)=\int_{\bar N} f(m_0k(\bar n)a(\bar n)n(\bar n))\exp[-2\pi\sqrt{-1}(\mu, H(\bar n))]$$

$$\times\exp[-4\pi\sqrt{-1}(\delta(G), H(\bar n))]d\bar n$$

$$=\int_{\bar N} f(m_0\bar n)\exp[-2\pi\sqrt{-1}(\mu+2\delta(G), H(\bar n))]d\bar n$$

$$=\int_{\bar N} f((m_0\bar n m_0{}^{-1})m_0)\exp[-2\pi\sqrt{-1}(\mu+2\delta(G), H(\bar n))]d\bar n$$

$$=f(m_0)\int_{\bar N}\exp[-2\pi\sqrt{-1}(\mu+2\delta(G), H(\bar n))]d\bar n$$

となる．右辺の積分の被積分関数はいたるところ正であるから，$f(m_0)\neq 0$ が示されれば，$g(e)\neq 0$，したがって $g\neq 0$ となる．

$f(m_0)\neq 0$ を示すために，両側剰余類 Ps_0N の元

$$x=mnam_0n' \qquad m\in Z_K(A),\ \ n, n'\in N,\ \ a\in A^\natural$$

における f の値をみると，(8.8)より

$$f(x)=f(am_0)=f(m_0)\exp(-2\pi\sqrt{-1}(\lambda, \log a))$$

を得る．したがって，もし $f(m_0)=0$ であると仮定すると，f は Ps_0N の上で恒等的に 0 になる．$f\in C^\infty(G^\natural)$ であって，Ps_0N は $G^\natural$ の稠密な開集合であったから，$f=0$ となる．これは矛盾である．したがって，$f(m_0)\neq 0$ でなければならない．▌

注意　コンパクト連結 C^∞ Lie 群 M^* に付属するコンパクト対称対の場合には，第1節，例2において示したように

$$\mathcal{D}(G, K)=\{\rho\boxtimes\rho^*\,;\,\rho\in\mathcal{D}(M^*)\}$$

である．また，第6節，例で示したように

$$D(G, K)=\{(\lambda, -\lambda)\,;\,\lambda\in D(M^*)\}$$

である．各 $\lambda\in D(M^*)$ に対して，G の球表現 $\rho(\lambda)\boxtimes\rho(\lambda)^*$ の最高の重みは $(\lambda, -\lambda)$ である．したがって，われわれの定理は，この場合には定理7.3よりすでに得られているわけである．

この定理と定理6.1よりつぎの系1が得られる．

系1　(G, K) を G/K が単連結であるような，階数 l のコンパクト対称対とする．このとき，$\rho \in \mathcal{D}(G, K)$ にその最高の重み $\lambda(\rho) \in \mathfrak{a}$ を対応させる写像は，$\mathcal{D}(G, K)$ から $\mathfrak{a}$ のなかの半群

$$\left\{\sum_{i=1}^{l} m_i M_i\,;\, m_i \in \boldsymbol{Z},\, m_i \geqq 0 \ \ (1 \leqq i \leqq l)\right\}$$

への全単射を与える．ここで，$\{M_1, \cdots, M_l\}$ は第6節で定義した$(\mathfrak{g}', \mathfrak{k}')$の基本の重みである．

系2　第7節で定義した制限写像

$$\iota^* : C^\infty(G, K) \to C^\infty(\hat{A})_{W(G,K)}$$

は線形同形

$$\iota^* : \mathfrak{o}(G, K) \to \mathcal{R}(\hat{A})^{C}{}_{W(G,K)}$$

を引きおこす．

証明　第7節で述べたように ι^* は単射であったから，ι^* が全射であることを示そう．定理6.4, (4) より $\{\chi_\mu\,;\,\mu \in D(G, K)\}$ は線形空間 $\mathcal{R}(\hat{A})^{C}{}_{W(G,K)}$ の基底である．一方，第1節で示したように $\{\overline{\omega}_\rho\,;\,\rho \in \mathcal{D}(G, K)\}$ は $\mathfrak{o}(G, K)$ の基底である．したがって，定理より $\{\overline{\omega}_{\rho(\lambda)}\,;\,\lambda \in D(G, K)\}$ は $\mathfrak{o}(G, K)$ の基底である．定理8.1，系より，$\iota^*\overline{\omega}_{\rho(\lambda)}$ の最高成分は $a_\lambda e(\lambda)$, $a_\lambda > 0$, の形であるから，任意の χ_μ $(\mu \in D(G, K))$ は $\{\iota^*\overline{\omega}_{\rho(\lambda)}\,;\,\lambda \in D(G, K)\}$ の有限個の1次結合で表わされる．したがって，ι^* は全射である．▌

$\lambda \in D(G, K)$ を1つ固定する．$D(G, K)$ の有限部分集合 D_λ を

$$D_\lambda = \{\mu \in D(G, K)\,;\, \mu_c = \lambda_c,\ \mu \leqq \lambda\}$$

によって定義する．定理6.4, (4) より $\{\chi_\mu\,;\,\mu \in D(G, K)\}$ は $\mathcal{R}(\hat{A})^{C}{}_{W(G,K)}$ の基底であるから，$L_2(\hat{A}, d\mu(\hat{a}))$ の内積《 , 》に関する行列

$$(\langle\!\langle \chi_\mu, \chi_\nu \rangle\!\rangle)_{\mu,\nu \in D_\lambda}$$

は正定値エルミート行列である．この行列の逆行列を

$$(b^{\mu\nu})_{\mu,\nu \in D_\lambda}$$

とする．とくに $b^{\lambda\lambda} > 0$ であることに注意して

$$c_\lambda{}^\mu = \frac{b^{\lambda\mu}}{\sqrt{d_{\rho(\lambda)} b^{\lambda\lambda}}} \qquad \mu \in D_\lambda$$

と定義する．$\kappa_\lambda \in \mathcal{R}(\hat{A})_{W(G,K)}{}^c$ を

$$\kappa_\lambda = \sum_{\mu \in D_\lambda} c_\lambda{}^\mu \bar{\chi}_\mu$$

によって定義する．

このとき，つぎの定理がなりたつ．

定理 8.3　(G,K) をコンパクト対称対とする．各 $\lambda \in D(G,K)$ に対し

$$\iota^* \omega_{\rho(\lambda)} = \kappa_\lambda$$

がなりたつ．

証明　各 $\nu \in D_\lambda$ に対して $\iota^* \omega_{\rho(\nu)}$ は，定理 8.1, (2) と定理6.4, (4) より

$$\iota^* \omega_{\rho(\nu)} = \sum_{\mu \in D_\lambda} c'_\nu{}^\mu \bar{\chi}_\mu \qquad c'_\nu{}^\mu \in \boldsymbol{R},\ \ c'_\nu{}^\nu > 0,\ \ \mu > \nu \text{ に対しては } c'_\nu{}^\mu = 0$$

の形に一意的に表わされる．'上半三角' 行列 C_λ' を

$$C_\lambda' = (c'_\nu{}^\mu)_{\mu,\nu \in D_\lambda}$$

によって定義し，上に定義した行列 $(b^{\mu\nu})_{\mu,\nu \in D_\lambda}$ の転置行列を

$$B_\lambda' = (b'^{\mu\nu})_{\mu,\nu \in D_\lambda}$$

とする．B_λ' は行列

$$(\langle\!\langle \bar{\chi}_\mu, \bar{\chi}_\nu \rangle\!\rangle)_{\mu,\nu \in D_\lambda}$$

の逆行列にほかならない．すると

$$(\langle\!\langle \iota^* \omega_{\rho(\mu)}, \iota^* \omega_{\rho(\nu)} \rangle\!\rangle)_{\mu,\nu \in D_\lambda} = {}^t C_\lambda' (\langle\!\langle \bar{\chi}_\mu, \bar{\chi}_\nu \rangle\!\rangle)_{\mu,\nu \in D_\lambda} C_\lambda'$$

がなりたつ．ところが，第 1 節で示したように，$L_2(G,K)$ の内積 $\langle\ ,\ \rangle$ に関して

$$\langle \omega_\rho, \omega_{\rho'} \rangle = \frac{1}{d_\rho} \delta_{\rho\rho'} \qquad \rho, \rho' \in \mathcal{D}(G,K)$$

であって，制限写像

$$\iota^* : L_2(G,K) \to L_2(\hat{A}, d\mu(\hat{a}))$$

は内積を保つから

$$\left(\frac{1}{d_{\rho(\mu)}}\delta_{\mu\nu}\right)_{\mu,\nu\in D_\lambda} = {}^tC_\lambda' B_\lambda'^{-1} C_\lambda'$$

を得る．したがって

$$C_\lambda'(d_{\rho(\mu)}\delta_{\mu\nu})_{\mu,\nu\in D_\lambda}{}^tC_\lambda' = B_\lambda'$$

となる．両辺の(μ, λ)成分を比較すれば

$$c'_\lambda{}^\mu d_{\rho(\lambda)} c'_\lambda{}^\lambda = b'^{\mu\lambda} \qquad \mu \in D_\lambda$$

を得る．とくに$\mu=\lambda$ととれば

$$(c'_\lambda{}^\lambda)^2 d_{\rho(\lambda)} = b'^{\lambda\lambda},$$

すなわち

$$c'_\lambda{}^\lambda = \sqrt{\frac{b'^{\lambda\lambda}}{d_{\rho(\lambda)}}}$$

を得る．したがって

$$c'_\lambda{}^\mu = \frac{b'^{\mu\lambda}}{d_{\rho(\lambda)}c'_\lambda{}^\lambda} = \frac{b'^{\mu\lambda}}{\sqrt{d_{\rho(\lambda)}b'^{\lambda\lambda}}} = \frac{b^{\lambda\mu}}{\sqrt{d_{\rho(\lambda)}b^{\lambda\lambda}}} = c_\lambda{}^\mu \qquad \mu \in D_\lambda$$

を得る．よって

$$\iota^*\omega_{\rho(\lambda)} = \sum_{\mu\in D_\lambda} c'_\lambda{}^\mu \bar{\chi}_\mu = \sum_{\mu\in D_\lambda} c_\lambda{}^\mu \bar{\chi}_\mu = \kappa_\lambda$$

となる．▌

注意　コンパクト連結C^∞ Lie群M^*に付属する対称対(G, K)の場合，第1節で示したように，同一視$G/K=M^*$のもとで

(8.11)　$$\omega_{\rho\boxtimes\rho^*} = \frac{1}{d_\rho}\bar{\chi}_\rho \qquad \rho \in \mathscr{D}(M^*)$$

である．一方，第7節，例2で示したA^*の主対称指標の正規直交関係より，容易に

$$\omega_{(\lambda,-\lambda)} = \frac{1}{d_{\rho(\lambda)}}\bar{\chi}_\lambda \qquad \lambda \in D(M^*)$$

が得られる．したがって，この定理は(8.11)の一般化であるといってよいであろう．

§9　コンパクト対称空間の基本群

この節では，まず，コンパクト対称対 (G, K) に対して，その Cartan 部分代数 $\mathfrak{a}$ の基本胞体を定義する．これを用いて，第6節で保留した，G が単連結であるような対 (G, K) に関する補題の証明を与える．つぎに，Weyl 群 $W(G, K)$ を部分群として含むような，$\mathfrak{a}$ の合同変換の群 $\tilde{W}(G, K)$ を定義し，この群を用いて G/K の基本群を記述する．

この節でも (G, K) はコンパクト対称対であるとし，いままでの記法を用いる．

図式 $\boldsymbol{D}(G, K)$ の $\mathfrak{a}$ における補集合 $\mathfrak{a}-\boldsymbol{D}(G, K)$ の連結成分を (G, K) の**基本胞体**とよぶ．Weyl 群 $W(G, K)$ は $\boldsymbol{D}(G, K)$ を不変にするから，$W(G, K)$ の各元は基本胞体の間の置換を引きおこす．1つの基本胞体が以下のようにして構成される．

根系 $\Sigma(G, K)$ の部分集合 Σ が2つの空でない部分集合 Σ_1, Σ_2 の交わりのない和であって

$$(\gamma_1, \gamma_2)=0 \qquad \gamma_1 \in \Sigma_1,\ \ \gamma_2 \in \Sigma_2$$

をみたすとき，Σ は**可約**であるという．可約でないとき，Σ は**既約**であるという．$\Sigma(G, K)$ は既約部分集合 $\Sigma_1(G, K), \cdots, \Sigma_r(G, K)$ の交わりのない和に分解される．このとき，各 i に対して $\Sigma_i(G, K)$ はまた根系である．$\Sigma_i(G, K)$ の根で順序 $>$ に関して最大であるものを $\Sigma_i(G, K)$ の**最高の根**とよび，これを δ_i で表わす．

$$F(G, K)=\left\{H \in \mathfrak{a}\,;\,(\gamma, H)>0\ \ (\gamma \in \Pi(G, K)),\ (\delta_i, H)<\frac{1}{2}\ \ (1 \leqq i \leqq r)\right\}$$

とおく．$F(G, K)$ は ($\mathfrak{a}$ と順序 $>$ を定めれば) Lie 代数の対 $(\mathfrak{g}, \mathfrak{k})$ のみで定まる．容易にわかるように，$F(G, K)$ は1つの基本胞体である．$F(G, K)$ は $\mathfrak{a}$ の凸な開集合で，その閉包 $\overline{F(G, K)}$ は0を含む．

C^{∞} 被覆写像

$$\pi_{\mathfrak{a}}: \mathfrak{a} \rightarrow \hat{A}$$

を

$$\pi_{\mathfrak{a}}(H) = (\exp H)o \qquad H \in \mathfrak{a}$$

によって定義する．（これは輪環群 $\hat{A}$ の指数写像にほかならない．）任意の基本胞体 F に対して $\pi_{\mathfrak{a}}(F)$ は $\hat{A}_r$ の1つの連結成分であるが，逆に，任意の $\hat{A}_r$ の連結成分はある基本胞体 F によって $\pi_{\mathfrak{a}}(F)$ として得られる．$W(G, K)$ は $\hat{A}_r$ の連結成分の間の置換を引きおこす．

$$\hat{F}(G, K) = \pi_{\mathfrak{a}}(F(G, K)) = (\exp F(G, K))o$$

とおく．$\mathfrak{c}_{\mathfrak{m}} = \{0\}$ であるときは，$\pi_{\mathfrak{a}}$ は C^∞ 同相

$$\pi_{\mathfrak{a}} : F(G, K) \to \hat{F}(G, K)$$

を引きおこす．実際，$H_1, H_2 \in F(G, K)$ に対し，$(\exp H_1)o = (\exp H_2)o$ であるとすれば，$H_1 - H_2 \in \Gamma(G, K)$ となる．(7.1) より各 $\gamma \in \Sigma(G, K)$ に対して

$$2(\gamma, H_1 - H_2) \in \boldsymbol{Z}$$

となるが，$H_1, H_2 \in F(G, K)$ より，各 $\gamma \in \Sigma(G, K)$ に対して

$$|2(\gamma, H_1 - H_2)| < 1$$

でなければならないから，各 $\gamma \in \Sigma(G, K)$ に対して

$$(\gamma, H_1 - H_2) = 0$$

である．仮定 $\mathfrak{c}_{\mathfrak{m}} = \{0\}$ より $H_1 - H_2 = 0$ を得るからである．

同様に，根系 $\Sigma(G)$ から出発して，$\Sigma(G)$ を既約な部分集合 $\Sigma_1(G), \cdots, \Sigma_s(G)$ の和に分解し，各 i に対して $\Sigma_i(G)$ の最高の根を β_i で表わし，

$$F(G) = \{H \in \mathfrak{t}\,;\, (\alpha, H) > 0 \ \ (\alpha \in \Pi(G)),\ (\beta_i, H) < 1 \ \ (1 \leqq i \leqq s)\}$$

とおく．ある $\alpha \in \Sigma(G)$ に対して $(\alpha, H) \in \boldsymbol{Z}$ となる $H \in \mathfrak{t}$ 全体のなす $\mathfrak{t}$ の部分集合を $\boldsymbol{D}(G)$ で表わせば，$F(G)$ は $\mathfrak{t} - \boldsymbol{D}(G)$ の1つの連結成分である．やはり，$F(G)$ は $\mathfrak{t}$ の凸な開集合で，その閉包 $\overline{F(G)}$ は0を含む．さらに

$$\overline{2F(G, K)} \subset \overline{F(G)}$$

をみたす．

補題1　G が単連結で，$K = G_\theta$ であるとする．このとき

$$\overline{F(G, K)} \cap \Gamma(G, K) = \{0\}$$

がなりたつ．

証明　まず，G が単連結だから G は半単純，したがって $F(G)$ は有界であることに注意しておこう．

第6節，補題1より

$$\overline{2F(G,K)} \cap \{H \in \mathfrak{a} \,;\, \exp H = e\} = \{0\}$$

を示せば十分である．

さて，定理7.1，系2より

$$\psi(xT, t) = xtx^{-1} \qquad x \in G,\ t \in T_r$$

によって定義される C^∞ 写像

$$\psi : G/T \times T_r \to T_r$$

は位数 $|W(G)|$ の被覆写像である．この写像を用いて，仮定

$$H_1 \in \overline{2F(G,K)} - \{0\}, \qquad \exp H_1 = e$$

から矛盾を導こう．$\overline{2F(G,K)} \subset \overline{F(G)}$ に注意すれば，$\overline{F(G)}$ のなかで $H_0=0$ と H_1 を結ぶ連続曲線 $H_s (0 \leqq s \leqq 1)$ で，$0<s<1$ に対しては $H_s \in F(G)$ であるものがとれる．単位元 e を始，終点とする T の連続閉曲線 $c(s)\,(0\leqq s\leqq 1)$ で，$0<s<1$ に対しては $c(s) \in G_r$ であるものを

$$c(s) = \exp H_s \qquad 0 \leqq s \leqq 1$$

によって定義する．G は単連結で，第7節で注意したように，包含写像 $G_r \to G$ より引きおこされる準同形 $\pi_1(G_r) \to \pi_1(G)$ は同形であるから，つぎの性質をもつ $[0,1]\times[0,1]$ から G への連続写像 h が存在する：

$$\begin{aligned}
&h(s,0) = c(s) && 0 \leqq s \leqq 1,\\
&h(0,u) = h(1,u) = e && 0 \leqq u \leqq 1,\\
&h(s,1) = e && 0 \leqq s \leqq 1,\\
&h(s,u) \in G_r && 0 < s < 1,\ 0 \leqq u < 1.
\end{aligned}$$

被覆ホモトピー定理より，$(0,1)\times[0,1)$ から $G/T \times T_r$ への連続写像 $\tilde{h}$ で

$$\psi \circ \tilde{h} = h, \qquad \tilde{h}\left(\frac{1}{2}, 0\right) = \left(T, c\left(\frac{1}{2}\right)\right)$$

をみたすものが一意的に存在する．これを $[0,1]\times[0,1]$ から $G/T \times T$ への連続写像 $\tilde{h}$ に

$$\tilde{h}(0,u)=\lim_{s\to 0}\tilde{h}(s,u) \qquad 0<u<1,$$

$$\tilde{h}(1,u)=\lim_{s\to 1}\tilde{h}(s,u) \qquad 0<u<1,$$

$$\tilde{h}(s,1)=\lim_{u\to 1}\tilde{h}(s,u) \qquad 0\leqq s\leqq 1,$$

によって拡張する．これが可能であることは，$F(G)$ が有界であることと G/T がコンパクトであることから容易に確かめられる．$\tilde{h}(s,u)$ の T 成分を $t(s,u)$ とすれば

$$t(s,0)=c(s) \qquad 0\leqq s\leqq 1,$$

$$t(0,u)=t(1,u)=e \qquad 0\leqq u\leqq 1,$$

$$t(s,1)=e \qquad 0\leqq s\leqq 1$$

をみたす．したがって，T の連続閉曲線 $c(s)\,(0\leqq s\leqq 1)$ は 0 にホモトープである．これは $H_1\neq 0$ に矛盾する．▌

第6節，補題2, (1) の証明　G は単連結，$K=G_\theta$ とする．ファイバー束 $K\to G\to G/K$ のホモトピー完全系列

$$\pi_1(G)\to\pi_1(G/K)\to\pi_0(K)\to\pi_0(G)$$

より，K が連結であることと，G/K が単連結であることとは同値であるから，G/K が単連結であることを示そう．G/K の原点 o を始，終点とする連続閉曲線 $c(s)\,(0\leqq s\leqq 1)$ を任意にとる．第7節で述べたように，準同形 $\pi_1((G/K)_r)\to\pi_1(G/K)$ は全射であったから，$c(s)\,(0\leqq s\leqq 1)$ は，o を始，終点とする連続閉曲線 $c'(s)\,(0\leqq s\leqq 1)$ で $c'(s)\in(G/K)_r\,(0<s<1)$ をみたすものにホモトープである．第7節で定義した C^∞ 写像

$$\psi: K/Z_K(A)\times\hat{A}\to G/K$$

に対して，補題1の場合と同様に，$[0,1]$ から $K/Z_K(A)\times\hat{A}$ への連続写像 $\tilde{c}'$ で以下の条件をみたすものが一意的に存在する：$\tilde{c}'(s)\,(0\leqq s\leqq 1)$ の $\hat{A}$ 成分を $\hat{a}(s)$ で表わすと

$$\psi\circ\tilde{c}'=c', \qquad \tilde{c}'\left(\frac{1}{2}\right)=\left(o', c'\left(\frac{1}{2}\right)\right),$$

$$\hat{a}(0)=\hat{a}(1)=o,$$

$$\hat{a}(s) \in \hat{A}_\tau \qquad 0 < s < 1.$$

したがって，その閉包が0を含むような基本胞体 F と，$\bar{F}$ のなかの連続曲線 $H_s (0 \leqq s \leqq 1)$ が存在して

$$(\exp H_s)o = \hat{a}(s) \qquad 0 \leqq s \leqq 1,$$
$$H_0 = 0, \qquad H_1 \in \bar{F} \cap \Gamma(G, K),$$
$$H_s \in F \qquad 0 < s < 1$$

をみたす．ところが，容易にわかるように，その閉包が0を含むような基本胞体全体の上に $W(G, K)$ は可移的に作用し，$\Gamma(G, K)$ は $W(G, K)$ で不変であるから，補題1より $H_1 = 0$ でなければならない．$\overline{F(G, K)}$ は凸集合，したがって $\bar{F}$ も凸集合であるから，0を始，終点とする $\bar{F}$ のなかの連続閉曲線 H_s $(0 \leqq s \leqq 1)$ は恒等曲線0に $\bar{F}$ のなかでホモトープである．このホモトピーを与える $[0, 1] \times [0, 1]$ から $\bar{F}$ への連続写像を H で表わし，$\tilde{c}'(s) (0 \leqq s \leqq 1)$ の $K/Z_K(A)$ 成分を $\bar{k}(s)$ として，$[0, 1] \times [0, 1]$ から G/K への連続写像 h' を

$$h'(s, u) = \psi(\bar{k}(s), (\exp H(s, u))o) \qquad 0 \leqq s, u \leqq 1$$

によって定義する．すると，h' は閉曲線 $c'(s) (0 \leqq s \leqq 1)$ と恒等曲線 o との間のホモトピーを与える．したがって，$c(s) (0 \leqq s \leqq 1)$ も0にホモトープである．▌

さて，一般のコンパクト対称対 (G, K) に戻って，$\gamma \in \Sigma(G, K)$, $n \in \frac{1}{2}\boldsymbol{Z}$ に対して，$\mathfrak{a}$ の超平面 $S_\gamma{}^n$ を

$$S_\gamma{}^n = \{H \in \mathfrak{a} \,;\, (\gamma, H) = n\}$$

によって定義する．図式 $\boldsymbol{D}(G, K)$ はこれらの超平面 $S_\gamma{}^n$ の和である．超平面 $S_\gamma{}^n$ **に関する鏡映** $s_\gamma{}^n$ を

$$s_\gamma{}^n H = H - \frac{2(H, \gamma)}{(\gamma, \gamma)}\gamma + \frac{2n}{(\gamma, \gamma)}\gamma = s_\gamma H + n\gamma^* \qquad H \in \mathfrak{a}$$

によって定義する．とくに $s_\gamma{}^0$ は γ に関する鏡映 s_γ にほかならない．

$$\left\{ s_\gamma{}^n \,;\, n \in \frac{1}{2}\boldsymbol{Z}, \gamma \in \Sigma(G, K) \right\}$$

で生成される（内積（ , ）に関する）Euclid 空間 $\mathfrak{a}$ の合同変換の群をしばらく

$\widetilde{W}(\mathfrak{g},\mathfrak{k})$ で表わそう．Weyl 群 $W(G,K)$ は $W(\mathfrak{g},\mathfrak{k})$ の部分群である．根 $\gamma,\gamma'\in\Sigma(G,K)$ に対し $2(\gamma,\gamma')/(\gamma',\gamma')\in\boldsymbol{Z}$ であることから，$\widetilde{W}(\mathfrak{g},\mathfrak{k})$ が図式 $\boldsymbol{D}(G,K)$ を不変にすることがわかる．したがって，$\widetilde{W}(\mathfrak{g},\mathfrak{k})$ の各元は基本胞体の間の置換を引きおこす．容易にわかるように，$\widetilde{W}(\mathfrak{g},\mathfrak{k})$ は基本胞体全体の上に可移的に作用する．

$H\in\mathfrak{a}$ に対して，H による $\mathfrak{a}$ の平行移動を $t(H)$ で表わす．すなわち

$$t(H)H'=H'+H \qquad H'\in\mathfrak{a}$$

とする．一般に

$$st(H)s^{-1}=t(sH) \qquad s\in O(\mathfrak{a}),\ H\in\mathfrak{a}$$

がなりたつ．第6節で定義したように，$\gamma\in\Sigma(G,K)$ の反転 γ^* の $\dfrac{1}{2}$ 倍，$\dfrac{1}{2}\gamma^*$ で生成される $\mathfrak{a}'$ の部分群を $\Gamma_0'(G,K)$ で表わし，

$$T_0'(G,K)=\{t(H)\,;H\in\Gamma_0'(G,K)\}$$

とおく．$W(G,K)$ は $\Gamma_0'(G,K)$ を不変にするから，上の関係より $W(G,K)$ は $T_0'(G,K)$ を正規化する．したがって

$$\widetilde{W}_0'(G,K)=T_0'(G,K)\,W(G,K)=W(G,K)\,T_0'(G,K)$$

とおけば，$\widetilde{W}_0'(G,K)$ は $\mathfrak{a}$ の合同変換の群になる．$T_0'(G,K)$ は $\widetilde{W}_0'(G,K)$ の正規部分群であって，上の分解は群としての半直積分解を与えている．じつは

$$\widetilde{W}(\mathfrak{g},\mathfrak{k})=\widetilde{W}_0'(G,K)$$

がなりたつ．実際，記号 $t(H)$ を用いれば

$$s_\gamma{}^n=t(n\gamma^*)s_\gamma \qquad n\in\frac{1}{2}\boldsymbol{Z},\ \ \gamma\in\Sigma(G,K)$$

(ここで，$n\gamma^*\in\Gamma_0'(G,K)$ である) と表わされ，各 $\gamma\in\Sigma(G,K)$ に対して

$$t\left(\frac{1}{2}\gamma^*\right)=s_\gamma{}^{1/2}s_\gamma$$

る得るからである．したがって，$\widetilde{W}_0'(G,K)$ は基本胞体全体の上に可移的に作用している．

つぎに，$\Gamma_0'(G,K)$ の代りに $\Gamma(G,K)$ を考える．$W(G,K)$ は $\Gamma(G,K)$ を

不変にするから，同様に

$$T(G,K)=\{t(H)\,;\,H\in\Gamma(G,K)\},$$
$$\widetilde{W}(G,K)=T(G,K)\,W(G,K)=W(G,K)\,T(G,K)$$

とおけば，$\widetilde{W}(G,K)$ は $\mathfrak{a}$ の合同変換の群となって，上の分解は半直積分解を与える．第6節，補題1より $T(G,K)$ は $\boldsymbol{D}(G,K)$ を不変にするから，やはり $\widetilde{W}(G,K)$ の各元も基本胞体の間の置換を引きおこす．$\tilde{s}=t(H)s\in\widetilde{W}(G,K)$ $(H\in\Gamma(G,K),\ s\in W(G,K))$ に対して s を対応させることによって，全射準同形

$$\pi_W:\widetilde{W}(G,K)\to W(G,K)$$

が定義される．このとき

$$\pi_{\mathfrak{a}}(\tilde{s}H)=\pi_W(\tilde{s})\pi_{\mathfrak{a}}(H)\qquad \tilde{s}\in\widetilde{W}(G,K),\ \ H\in\mathfrak{a}$$

がなりたつ．とくに

$$\pi_{\mathfrak{a}}(\tilde{s}F)=\pi_W(\tilde{s})\pi_{\mathfrak{a}}(F)\qquad \tilde{s}\in\widetilde{W}(G,K),\ \ F\text{: 基本胞体}$$

がなりたつ．

第6節，補題2, (2)の証明 G は単連結であるとする．さきに証明した第6節，補題2, (1)より $K=G_\theta$ である．まず，$\gamma\in\Sigma(G,K)$ に対して

$$\exp\gamma^*=e$$

がなりたつことを証明しよう．第7節において定義した A の閉部分群 $A_s{}^\gamma=\exp 2\boldsymbol{D}_\gamma(G,K)$ の G における中心化群の単位元 e を含む連結成分を G^γ とし，$K^\gamma=G^\gamma\cap K$ とおく．対 (G^γ,K^γ) もコンパクト対称対で，$\mathfrak{a}$ はその1つの Cartan 部分代数である．第5節，補題1から容易にわかるように，G^γ, K^γ の Lie 代数 $\mathfrak{g}^\gamma, \mathfrak{k}^\gamma$ は

$$\mathfrak{g}^\gamma=\mathfrak{z}_{\mathfrak{k}}(\mathfrak{a})+\mathfrak{k}_\gamma+\mathfrak{a}+\mathfrak{m}_\gamma\quad\text{または}\quad \mathfrak{z}_{\mathfrak{k}}(\mathfrak{a})+\mathfrak{k}_\gamma+\mathfrak{k}_{2\gamma}+\mathfrak{a}+\mathfrak{m}_\gamma+\mathfrak{m}_{2\gamma},$$
$$\mathfrak{k}^\gamma=\mathfrak{z}_{\mathfrak{k}}(\mathfrak{a})+\mathfrak{k}_\gamma\quad\text{または}\quad \mathfrak{z}_{\mathfrak{k}}(\mathfrak{a})+\mathfrak{k}_\gamma+\mathfrak{k}_{2\gamma}$$

によって与えられる．(G^γ,K^γ) の $\mathfrak{a}$ に関する根系は $\{\pm\gamma\}$ または $\{\pm\gamma,\pm2\gamma\}$ である．したがって，$N_{K^\gamma}(A)$ の元 k で $\mathrm{Ad}\,k$ の $\mathfrak{a}$ への制限が鏡映 s_γ に等しいものが存在する．$\dfrac{1}{2}\gamma^*\in 2\boldsymbol{D}_\gamma(G,K)$ であるから

$$\exp\frac{1}{2}\gamma^* = k\left(\exp\frac{1}{2}\gamma^*\right)k^{-1} = \exp\left(\frac{1}{2}s_\gamma\gamma^*\right) = \exp\left(-\frac{1}{2}\gamma^*\right)$$

となる．したがって，$\exp\gamma^*=e$ を得る．

いま証明したことと第6節，補題1と $\Gamma_0'(G, K)$ の定義から

$$\Gamma_0'(G, K) \subset \Gamma(G, K),$$

したがって

$$\widetilde{W}_0'(G, K) \subset \widetilde{W}(G, K)$$

が得られる．証明すべきことは

$$\Gamma_0'(G, K) = \Gamma(G, K)$$

である．$\widetilde{W}_0'(G, K)$ は基本胞体全体の上に可移的に作用するから，$\widetilde{W}(G, K)$ も基本胞体上に可移的に作用する．さらに，$\widetilde{W}(G, K)$ は基本胞体上に単純に作用している．実際，$\tilde{s}=t(H)s$ $(H\in\Gamma(G, K), s\in W(G, K))$ が基本胞体 $F(G, K)$ を不変にしたとすると，$\tilde{s}$ は閉包 $\overline{F(G, K)}$ を不変にする．したがって，$\tilde{s}(0)=H$ は $\overline{F(G, K)}$ に属する．ところが，補題1より，$\overline{F(G, K)}\cap\Gamma(G, K)=\{0\}$ であるから，$H=0$，したがって $\tilde{s}=s$ でなければならない．$\tilde{s}$ は $F(G, K)$ を不変にしているから，$s\in W(G, K)$ は Weyl 領域 $C^+(G, K)$ を不変にする．したがって，$\tilde{s}=1$ となるからである．

さて

$$\Gamma_0'(G, K) \subsetneqq \Gamma(G, K)$$

であると仮定すると

$$\widetilde{W}_0'(G, K) \subsetneqq \widetilde{W}(G, K)$$

となる．$\widetilde{W}_0'(G, K)$ は基本胞体全体の上に可移的に作用し，$\widetilde{W}(G, K)$ は単純可移的に作用しているから，これは矛盾である．したがって求める結果が得られた．▌

いまの証明と定理6.1からつぎのこともわかる．

定理 9.1　(1)　コンパクト対称対 (G, K) に対し，$\widetilde{W}_0'(G, K)$ は $\widetilde{W}(G, K)$ の部分群であって，図式 $\boldsymbol{D}(G, K)$ の超平面 $S_\gamma{}^n\left(n\in\frac{1}{2}\boldsymbol{Z}, \gamma\in\Sigma(G, K)\right)$ に関する鏡映 $s_\gamma{}^n$ から生成される．$\widetilde{W}_0'(G, K)$ は (G, K) の基本胞体全体の上に単

純可移的に作用している.

(2) G/K が単連結であるときは

$$\widetilde{W}_0'(G, K) = \widetilde{W}(G, K)$$

がなりたつ.

つぎに，われわれは G/K の基本群を調べる．まず，つぎのことに注意しよう：コンパクト対称対 (G, K) に対して，$K/Z_K(A)$ は対 $(\mathfrak{g}', \mathfrak{k}')$ の同形類のみで定まる．すなわち，対 $(\mathfrak{g}', \mathfrak{k}')$ が同形である対 (G, K) に対する $K/Z_K(A)$ は自然な仕方でたがいに C^∞ 同相になる.

実際，K の単位元 e を含む連結成分を K^0 とすれば，(5.4) : $K=K^0(K\cap A)$ より，包含準同形 $K^0\to K$ が C^∞ 同相 $K^0/Z_{K^0}(A)\to K/Z_K(A)$ を引きおこす．第5節におけると同様に，$\mathfrak{g}'$ で生成される G の連結 Lie 部分群を G', $K\cap G'=K'$ とする．$\mathfrak{c}_\mathfrak{k}$ で生成される K^0 の連結 Lie 部分群を $C_\mathfrak{k}$, K' の単位元 e を含む連結成分を K'^0 とすれば，$K^0=C_\mathfrak{k}K'^0$ であるから，包含準同形 $K'^0\to K^0$ は C^∞ 同相 $K'^0/Z_{K'^0}(A')\to K^0/Z_{K^0}(A)$ を引きおこす．つぎに定理6.1, (2)の証明のなかで用いた記号を用いて，$\mathfrak{g}'$ を Lie 代数にもつコンパクト単連結 Lie 群を G_0', $\mathfrak{g}$ の自己同形 θ の $\mathfrak{g}'$ への制限 θ' の G_0' への拡張を θ_0' として,

$$K_0' = \{x \in G_0' ; \theta_0'(x) = x\}$$

とおく．$\mathfrak{a}'$ より生成される G_0' の輪環部分群を A_0' とする．第6節，補題2より，K_0' は連結である．したがって，被覆準同形 $\pi: G_0'\to G'$ は被覆準同形 $\pi: K_0'\to K'^0$ を引きおこし，これは C^∞ 同相 $K_0'/Z_{K_0'}(A_0')\to K'^0/Z_{K'^0}(A')$ を引きおこす．以上によって，$K/Z_K(A)$ は $K_0'/Z_{K_0'}(A_0')$ に C^∞ 同相である．ところが，$K_0'/Z_{K_0'}(A_0')$ は $(\mathfrak{g}', \mathfrak{k}')$ のみで定まるから，上のことが確かめられた.

定理7.1の C^∞ 被覆写像

$$\psi: K/Z_K(A)\times \hat{A}_r\to (G/K)_r$$

の $K/Z_K(A)\times \hat{A}_r$ の1つの連結成分 $K/Z_K(A)\times \hat{F}(G, K)$ への制限も

$$\psi: K/Z_K(A)\times \hat{F}(G, K)\to (G/K)_r$$

で表わす．C^∞ 被覆写像

$$\Psi: K/Z_K(A)\times F(G, K)\to (G/K)_r$$

を

$$\Psi(ko', H) = \psi(ko', \pi_{\mathfrak{a}}(H)) = (k \exp H)o \qquad k \in K,\ H \in F(G, K)$$

によって定義する.

$$W_*(G, K) = \{s \in W(G, K)\ ;\ s\hat{F}(G, K) = \hat{F}(G, K)\},$$

$$\widetilde{W}_*(G, K) = \{\tilde{s} \in \widetilde{W}(G, K)\ ;\ \tilde{s}F(G, K) = F(G, K)\}$$

とおく. 射影準同形

$$\pi_W : \widetilde{W}(G, K) \to W(G, K)$$

の引きおこす準同形

$$\pi_W : \widetilde{W}_*(G, K) \to W_*(G, K)$$

は全射である. 実際, $s \in W(G, K)$ が $s\hat{F}(G, K) = \hat{F}(G, K)$ をみたすならば, $H_1, H_2 \in F(G, K)$, $H \in \Gamma(G, K)$ が存在して, $H_2 = sH_1 + H$ となるから, $\tilde{s} = t(H)s$ とおけば, $\tilde{s} \in \widetilde{W}_*(G, K)$ であって, $\pi_W(\tilde{s}) = s$ となるからである. $W(G, K)$ の $K/Z_K(A) \times \hat{A}_r$ への右からの作用は, $W_*(G, K)$ の $K/Z_K(A) \times \hat{F}(G, K)$ への右からの作用を引きおこす. $\widetilde{W}_*(G, K)$ の $K/Z_K(A) \times F(G, K)$ への右からの作用を, $\tilde{s} \in \widetilde{W}_*(G, K)$ に対して

$$(ko', H)\tilde{s} = ((ko')\pi_W(\tilde{s}), \tilde{s}^{-1}H) \qquad k \in K,\ H \in F(G, K)$$

と定めることによって定義する. この作用は自由である.

第7節と同様に, K を $K/Z_K(A) \times \hat{F}(G, K)$, $K/Z_K(A) \times F(G, K)$ の第1成分 $K/Z_K(A)$ に自然に作用させることによって, K はこれらに作用する.

定理 9.2　(1)　$W(G, K)$ は $\hat{A}_r$ の連結成分全体の上に可移的に作用する.

(2)

$$\psi : K/Z_K(A) \times \hat{F}(G, K) \to (G/K)_r$$

は K の作用と可換な, 位数 $|W_*(G, K)|$ の C^∞ 被覆写像で, $W_*(G, K)$ の右からの作用による商多様体 $(K/Z_K(A) \times \hat{F}(G, K))/W_*(G, K)$ は $(G/K)_r$ に C^∞ 同相である. ここで, $|W_*(G, K)|$ は有限群 $W_*(G, K)$ の位数を表わす.

(3)

$$\Psi : K/Z_K(A) \times F(G, K) \to (G/K)_r$$

は K の作用と可換な C^∞ 被覆写像で, $\widetilde{W}_*(G, K)$ の右からの作用による商多様体 $(K/Z_K(A) \times F(G, K))/\widetilde{W}_*(G, K)$ は $(G/K)_r$ に C^∞ 同相である.

(4)　$\mathfrak{c}_{\mathfrak{m}} = \{0\}$ のときは, 射影準同形

$$\pi_W : \tilde{W}(G, K) \to W(G, K)$$

より引きおこされる全射準同形

$$\pi_W : \tilde{W}_*(G, K) \to W_*(G, K)$$

は同形である.

(5) 群 $\tilde{W}_*(G, K)$ はコンパクト対称空間 G/K の基本群 $\pi_1(G/K)$ に同形である.

証明 (1) $\hat{A}_r$ の任意の連結成分はある基本胞体 F によって $\pi_\mathfrak{a}(F)$ として得られる. 定理 9.1 より, $\tilde{W}(G, K)$ は基本胞体全体の上に可移的に作用しているから, ある $\tilde{s} \in \tilde{W}(G, K)$ が存在して $\tilde{s}F = F(G, K)$ となる. このとき

$$\hat{F}(G, K) = \pi_\mathfrak{a}(F(G, K)) = \pi_\mathfrak{a}(\tilde{s}F) = \pi_W(\tilde{s})\pi_\mathfrak{a}(F)$$

となる. したがって(1)が示された.

(2)は定理 7.1 と (1) より得られる.

(3) $$1 \times \pi_\mathfrak{a} : K/Z_K(A) \times F(G, K) \to K/Z_K(A) \times \hat{F}(G, K)$$

(ここで, 1 は $K/Z_K(A)$ の恒等写像を表わす) も C^∞ 被覆写像であって, $k \in K$, $H_1, H_2 \in F(G, K)$ に対して, $(1 \times \pi_\mathfrak{a})(ko', H_1) = (1 \times \pi_\mathfrak{a})(ko', H_2)$ となるための必要十分条件は, ある $H \in \Gamma(G, K)$ が存在して $t(H)H_1 = H_2$ となることである. $\Psi = \psi \circ (1 \times \pi_\mathfrak{a})$ であるから, (3) は (2) よりただちに導かれる.

(4) さきに注意したように, $\mathfrak{c}_\mathfrak{m} = \{0\}$ のときは $1 \times \pi_\mathfrak{a}$ は C^∞ 同相であるから, これは明らかであろう.

(5) 対 (G_0', K_0') に対する C^∞ 被覆写像 Ψ を Ψ_0' で表わせば, 定理 9.1 より $\tilde{W}_*(G_0', K_0') = \{1\}$ であるから, (3) より Ψ_0' は C^∞ 同相であることに注意しよう. C^∞ 写像

$$\tilde{\iota} : K/Z_K(A) \times F(G, K) \to \mathfrak{c}_\mathfrak{m} \times G_0'/K_0'$$

をつぎのように定義する: さきに注意したように $K/Z_K(A)$ は $K_0'/Z_{K_0'}(A_0')$ と同一視され, $F(G, K) = \mathfrak{c}_\mathfrak{m} \times F(G_0', K_0')$ であるから, $K/Z_K(A) \times F(G, K) = \mathfrak{c}_\mathfrak{m} \times K_0'/Z_{K_0'}(A_0') \times F(G_0', K_0')$ と同一視して

$$\tilde{\iota}(H, k'Z_{K_0'}(A_0'), H') = (H, \Psi_0'(k'Z_{K_0'}(A_0'), H')) = (H, (k' \exp H')K_0')$$

$$H \in \mathfrak{c}_\mathfrak{m},\quad k' \in K_0',\quad H' \in F(G_0', K_0')$$

と定義する．上の注意より，$\tilde{\iota}$ は $\mathfrak{c}_{\mathfrak{m}}\times G_0'/K_0'$ の開集合 $\mathfrak{c}_{\mathfrak{m}}\times (G_0'/K_0')_r$ の上への C^∞ 同相である．また，C^∞ 被覆写像

$$\Pi:\mathfrak{c}_{\mathfrak{m}}\times G_0'/K_0'\to G/K$$

を被覆準同形 $\pi:G_0'\to G'$ を用いて

$$\Pi(H, xK_0')=(\exp H\pi(x))o \qquad H\in\mathfrak{c}_{\mathfrak{m}},\ \ x\in G_0'$$

によって定義する．$(G/K)_r$ の G/K への包含写像を ι で表わす．このとき

$$\begin{array}{ccc} K/Z_K(A)\times F(G, K) & \xrightarrow{\ \tilde{\iota}\ } & \mathfrak{c}_{\mathfrak{m}}\times G_0'/K_0' \\ \Big\downarrow{\scriptstyle\Psi} & & \Big\downarrow{\scriptstyle\Pi} \\ (G/K)_r & \xrightarrow{\ \iota\ } & G/K \end{array}$$

は可換図式となることが確かめられる．

$(G/K)_r$ の1点 p と，$K/Z_K(A)\times F(G, K)$ の点 $\tilde{p}$ で $\Psi(\tilde{p})=p$ となるものを1つ固定する．p を始，終点とする $(G/K)_r$ の連続閉曲線 $c(s)$ $(0\leqq s\leqq 1)$ に対して，$\tilde{p}$ を始点とする $K/Z_K(A)\times F(G, K)$ の連続曲線 $\tilde{c}(s)$ $(0\leqq s\leqq 1)$ で $\Psi\circ\tilde{c}=c$ をみたすものが一意的に定まる．$\tilde{c}$ は Ψ に関する c の**持上げ**とよばれる．$\tilde{c}$ の終点 $\tilde{c}(1)$ は c の属するホモトピー類 $\{c\}\in\pi_1((G/K)_r)$ のみによって定まる．(3) より，$\tilde{p}\tilde{s}=\tilde{c}(1)$ をみたす $\tilde{s}\in\widetilde{W}_*(G, K)$ がただ1つ存在する．対応 $\{c\}\mapsto\tilde{s}$ は準同形

$$\phi:\pi_1((G/K)_r)\to\widetilde{W}_*(G, K)$$

を定義する．$K/Z_K(A)\times F(G, K)$ は連結であるから，ϕ は全射である．$\{c\}\in\pi_1((G/K)_r)$ に対して，$\phi(\{c\})=1$ となるための必要十分条件は c の Ψ に関する持上げ $\tilde{c}$ が閉曲線になることであって，これは G/K の連続閉曲線 $\iota\circ c$ の（さきと同じ意味での）Π に関する持上げ $\widetilde{\iota\circ c}=\tilde{\iota}\circ\tilde{c}$ が閉曲線になることと同値である．ところが，$\mathfrak{c}_{\mathfrak{m}}\times G_0'/K_0'$ は単連結であるから，これは $\iota\circ c$ が G/K のなかで0にホモトープであることと同値である．したがって

$$\pi_1((G/K)_r)/\mathrm{kernel}\,\iota_*\cong\widetilde{W}_*(G, K)$$

を得る．ここで，$\mathrm{kernel}\,\iota_*$ は包含写像 ι より引きおこされる準同形

$$\iota_*:\pi_1((G/K)_r)\to\pi_1(G/K)$$

の核を表わす．一方，第7節で述べたように，ι_* は全射であるから

$$\pi_1((G/K)_r)/\mathrm{kernel}\,\iota_* \cong \pi_1(G/K)$$

である．したがって，$\widetilde{W}_*(G,K)\cong\pi_1(G/K)$ を得る．∎

系 G/K が単連結ならば，Weyl 群 $W(G,K)$ は $\hat{A}_r$ の連結成分全体の上に単純可移的に作用し，

$$\psi: K/Z_K(A)\times\hat{F}(G,K)\to(G/K)_r,$$
$$\Psi: K/Z_K(A)\times F(G,K)\to(G/K)_r$$

はともに K の作用と可換な C^∞ 同相である．

証明 $\mathfrak{c}_{\mathfrak{m}}\neq\{0\}$ とすると $\widetilde{W}_*(G,K)$ は無限群となるから，$\mathfrak{c}_{\mathfrak{m}}=\{0\}$ でなければならない（この事実は定理 6.1 の証明のなかでも示した）．したがって，定理の (4), (5) より

$$\widetilde{W}_*(G,K)=\{1\},\qquad W_*(G,K)=\{1\}$$

を得る．これと定理の (1), (2), (3) より系を得る．∎

注意 $\widetilde{W}_*(G,K)$ のさらに詳しい構造は以下のようにして求められる．

$$\widetilde{W}_*(G,K)_{\mathrm{tor}}=\{\tilde{s}\in\widetilde{W}_*(G,K)\,;\,\tilde{s}(0)\in\mathfrak{a}'\}$$

とおくと，$\widetilde{W}_*(G,K)_{\mathrm{tor}}$ は有限可換群であって，

$$\widetilde{W}_*(G,K)\cong\widetilde{W}_*(G,K)_{\mathrm{tor}}\times\boldsymbol{Z}^{l-l'},\qquad l-l'=\dim\mathfrak{c}_{\mathfrak{m}}$$

となる．さらに，$\widetilde{W}_*(G,K)_{\mathrm{tor}}$ は以下のようにして求められる．

$$F'(G,K)=\mathfrak{a}'\cap F(G,K)$$

とおく．G の随伴群を G^* で表わす．G の C^∞ 自己同形 θ の引きおこす G^* の C^∞ 自己同形を θ^* とし，

$$K^*=\{x\in G^*\,;\,\theta^*(x)=x\}$$

とおくと，(G^*,K^*) もコンパクト対称対である．G^* の Lie 代数は $\mathfrak{g}'$ と同一視される．$\mathfrak{a}'$ は (G^*,K^*) の1つの Cartan 部分代数で，$\Sigma(G^*,K^*)=\Sigma(G,K)$ と同一視される．したがって，$F'(G,K)$ は (G^*,K^*) の1つの基本胞体である．これに対して $\widetilde{W}_*(G,K)$ および $W_*(G,K)$ と同様に定義される群をそれぞれ $\widetilde{W}_*(G^*,K^*)$, $W_*(G^*,K^*)$ で表わす．定理 9.2, (4) より，射影準同形

$$\pi_W:\widetilde{W}_*(G^*,K^*)\to W_*(G^*,K^*)$$

は同形である．(7.1)：$\Gamma(G, K) \subset \boldsymbol{Z}(G, K)$ と，$\widetilde{W}_*(G, K)_{\mathrm{tor}}$ の各元は $\mathfrak{c}_{\mathfrak{m}}$ 上で自明に作用し，$\mathfrak{a}'$ を不変にすることから，$\widetilde{W}_*(G, K)_{\mathrm{tor}}$ を $\widetilde{W}_*(G^*, K^*)$ の部分群とみなすことができる．

$$\pi_\Gamma(\tilde{s}) = \tilde{s}(0) \qquad \tilde{s} \in \widetilde{W}_*(G^*, K^*)$$

とおくと，π_Γ は全単射

$$\pi_\Gamma : \widetilde{W}_*(G^*, K^*) \to \overline{F'(G, K)} \cap \boldsymbol{Z}(G, K)$$

を与え，全単射

$$\pi_\Gamma : \widetilde{W}_*(G, K)_{\mathrm{tor}} \to \overline{F'(G, K)} \cap \Gamma(G, K)$$

を引きおこす．したがって，$\widetilde{W}_*(G^*, K^*)$ の構造がわかれば $\widetilde{W}_*(G, K)_{\mathrm{tor}}$ が求められる．

$\widetilde{W}_*(G^*, K^*)$ は $\Sigma(G, K)$ の各既約成分 $\Sigma_i(G, K)$ に対応する群の直積であるから，$\Sigma(G, K)$ が既約であるときに $\widetilde{W}_*(G^*, K^*)$ の構造がわかれば十分である．$\Sigma(G, K)$ は既約であるとし，

$$\Pi(G, K) = \{\gamma_1, \cdots, \gamma_{l'}\},$$

$\Sigma(G, K)$ の最高の根を

$$\delta_1 = \sum_{i=1}^{l'} m_i \gamma_i \qquad m_i \in \boldsymbol{Z},\ m_i > 0$$

とする．$\varepsilon_i \in \mathfrak{a}'(1 \leqq i \leqq l')$ を

$$(\varepsilon_i, \gamma_j) = \delta_{ij} \qquad 1 \leqq i, j \leqq l'$$

によって定義し，さらに，$\varepsilon_0 = 0$, $m_0 = 1$ とおく．

$$\Pi(G, K)^* = \{\gamma_0, \gamma_1, \cdots, \gamma_{l'}\}, \qquad \text{ここで}\quad \gamma_0 = -\delta_1,$$
$$\mathrm{Aut}(\Pi(G, K)^*) = \{s \in O(\mathfrak{a}')\ ;\ s\Pi(G, K)^* = \Pi(G, K)^*\}$$

とおく．このとき，$W_*(G^*, K^*)$ は $\mathrm{Aut}(\Pi(G, K)^*)$ の部分群であって，

$$\overline{F'(G, K)} \cap \boldsymbol{Z}(G, K) = \left\{\frac{1}{2}\varepsilon_i\ ;\ m_i = 1\right\}$$

がなりたつ．$m_i = 1$ であるとき，$t_i = \pi_W\left(\pi_\Gamma^{-1}\left(\dfrac{1}{2}\varepsilon_i\right)\right) \in W_*(G^*, K^*)$ は性質

$$\Sigma^+(G, K) \cap t_i(-\Sigma^+(G, K)) = \{\gamma \in \Sigma(G, K)\ ;\ (\gamma, \varepsilon_i) > 0\}$$

によって特徴づけられる.

これらは Takeuchi [26] の方法で証明される.

§10 不変微分作用素の動径部分

この節ではコンパクト対称空間 G/K 上の不変微分作用素 D の動径部分 $\mathring{D}$ の概念を定義する. $\mathring{D}$ は D よりも変数の少ない微分作用素であって, D の K 不変な固有関数を求めることが $\mathring{D}$ の固有関数を求めることに帰着される. とくに Laplace-Beltrami 作用素の動径部分の形が決定される. これを用いて Laplace-Beltrami 作用素の固有値が求められる.

この節でも (G, K) はコンパクト対称対であるとし, いままでの記法を用いる.

G/K 上の不変微分作用素の代数を $\mathscr{L}(G/K)$ とすれば, 第4節, 補題2で示したように, $\mathscr{L}(G/K)$ は $C^\infty(G, K)$ を不変にする. したがって(定理7.1, 系の記法で) $\mathscr{L}(G/K)$ は $C^\infty(((G/K)_r)_K$ を不変にする. 定理7.1, 系1より制限写像

$$\iota^*: C^\infty(((G/K)_r)_K \to C^\infty(\hat{A}_r)_{W(G,K)}$$

は線形同形であったから, $D \in \mathscr{L}(G/K)$ に対して, 図式

$$\begin{array}{ccc} C^\infty(((G/K)_r)_K & \xrightarrow{D} & C^\infty(((G/K)_r)_K \\ \downarrow \iota^* & & \downarrow \iota^* \\ C^\infty(\hat{A}_r)_{W(G,K)} & \xrightarrow{\mathring{D}} & C^\infty(\hat{A}_r)_{W(G,K)} \end{array}$$

が可換になるような $\mathring{D} \in \mathrm{End}(C^\infty(\hat{A}_r)_{W(G,K)})$ が一意的に存在する. $\mathring{D}$ を $D \in \mathscr{L}(G/K)$ の**動径部分**という. 対応 $D \mapsto \mathring{D}$ は $\mathscr{L}(G/K)$ から $\mathrm{End}(C^\infty(\hat{A}_r)_{W(G,K)})$ への代数準同形である. のちに示すように, じつは, 対応 $D \mapsto \mathring{D}$ は単射である(定理10.2を参照). 動径部分の概念を導入することの利点は, 対 (G, K) の帯球関数を求めることが動径部分の同時固有関数を求めることに帰着されることにある. すなわち

定理 10.1　$C^\infty(G, K)$ の関数の $\hat{A}$ への制限として得られる $f \in C^\infty(\hat{A})_{W(G,K)}$ に対して，f が (G, K) のある帯球関数の $\hat{A}$ への制限であるための必要十分条件は f がつぎの 2 つをみたすことである．

(1)　$f(o) = 1$.

(2)　任意の $D \in \mathcal{L}(G/K)$ に対して $\lambda(D) \in \boldsymbol{C}$ が存在して，$\hat{A}_r$ 上で

$$\mathring{D}f = \lambda(D)f$$

がなりたつ．

証明　f は一意的にきまる $f' \in C^\infty(G,K)$ の $\hat{A}$ への制限である．f' が帯球関数であれば，定理 4.6 より f は (1), (2) をみたす．逆に f が (1), (2) をみたすとすると，$f'(o)=1$ であって，$(G/K)_r$ 上で

$$Df' = \lambda(D)f' \qquad D \in \mathcal{L}(G/K)$$

がなりたつ．$Df', \lambda(D)f'$ はともに $C^\infty(G/K)$ の関数で，$(G/K)_r$ は G/K の稠密な開集合であったから，上式は G/K 全体でなりたつ．したがって，定理 4.6 より f' は帯球関数である．▌

定理の証明からつぎのこともわかる．

系　$f' \in C^\infty(G, K)$，$D \in \mathcal{L}(G/K)$，f' の $\hat{A}_r$ への制限 $f \in C^\infty(\hat{A}_r)_{W(G,K)}$，$\lambda \in \boldsymbol{C}$ に対して，$Df'=\lambda f'$ となるための必要十分条件は $\mathring{D}f=\lambda f$ となることである．

定理より (2) の方程式を解けば帯球関数が求まるのであるが，定義より $D \in \mathcal{L}(G/K)$ の動径部分 $\mathring{D}$ は $C^\infty(\hat{A}_r)_{W(G,K)}$ の上でだけしか定義されていないので扱いにくい．そこでわれわれは $\mathring{D}$ を $\hat{A}_r$ 上のある微分作用素 $\mathring{D}$ に拡張することを考える．それができれば，帯球関数を求めることは $\hat{A}_r$ 上の偏微分方程式を解くことに帰着される．

(G_0', K_0') を前節で扱った，G_0' が単連結であるコンパクト対称対とする．G の中心の単位元 e を含む連結成分を C とし，

$$G_0 = C \times G_0', \qquad K_0 = (C \cap K) \times K_0'$$

とおく．G の C^∞ 自己同形 θ の C への制限と対称対 (G_0', K_0') を定義する G_0' の C^∞ 自己同形 θ_0' とを合わせて，G_0 の C^∞ 自己同形 θ_0 が定義される．対

(G_0, K_0) は θ_0 に関するコンパクト対称対である．対称対 (G_0, K_0) は対称対 (G, K) と局所的に同形である．商多様体 G/K および G_0/K_0 には $\mathfrak{g}$ 上の内積 $(\ ,\ )$ より定まる不変 Riemann 計量を導入しておこう．われわれは以下において，$\mathscr{L}(G/K)$ と $\mathscr{L}(G_0/K_0)$ が標準的な仕方で代数同形になり，$D \in \mathscr{L}(G/K)$ の動径部分 $\mathring{D}$ は D に対応する $D_0 \in \mathscr{L}(G_0/K_0)$ の動径部分から導かれることを示す．この事実を用いて $\mathring{D}$ が $\hat{A}_r$ 上の微分作用素 $\mathring{D}$ に拡張される．

さて，自然な仕方で

$$G_0/K_0 = \hat{C}_{\mathfrak{m}} \times G_0'/K_0', \qquad (G_0/K_0)_r = \hat{C}_{\mathfrak{m}} \times (G_0'/K_0')_r$$

と同一視される．前節と同様に，$\mathfrak{a}'$ より生成される対 (G_0', K_0') の Cartan 部分群を A_0'，A_0' から定まる (G_0', K_0') の極大輪環群を $\hat{A}_0'$ とする．$\mathfrak{a}$ から生成される G_0 の輪環部分群

$$A_0 = C_{\mathfrak{m}} \times A_0'$$

は (G_0, K_0) の 1 つの Cartan 部分群である．A_0 から定まる (G_0, K_0) の極大輪環群 $\hat{A}_0$ は部分輪環群 $\hat{C}_{\mathfrak{m}}$ と $\hat{A}_0'$ の直積

$$\hat{A}_0 = \hat{C}_{\mathfrak{m}} \times \hat{A}_0'$$

である．定理 6.1, (2) より

$$\Gamma(G_0, K_0) = \Gamma_0(G, K)$$

であるから，この輪環群 $\hat{A}_0$ は第 6 節で定義した輪環群 $\hat{A}_0$ と同一視される．(とくに (G, K) がコンパクト連結 C^∞ Lie 群 M^* に付属するコンパクト対称対であるときには，$\hat{A}_0$ は第 6 節，例で定義した輪環群 $A^*{}_0$ と同一視される．)

上の同一視のもとで

$$Z(G_0, K_0) = Z_0(G, K), \qquad D(G_0, K_0) = D_0(G, K)$$

がなりたつ．

$$(\hat{A}_0)_r = \hat{C}_{\mathfrak{m}} \times (\hat{A}_0')_r, \qquad \hat{F}(G_0, K_0) = \hat{C}_{\mathfrak{m}} \times \hat{F}(G_0', K_0')$$

と定理 9.2，系より以下のことがなりたつ：

(i)　(G_0, K_0) に対する定理 7.1 の C^∞ 被覆写像

$$\psi_0 : K_0/Z_{K_0}(A_0) \times (\hat{A}_0)_r \to (G_0/K_0)_r$$

の $K_0/Z_{K_0}(A_0) \times \hat{F}(G_0, K_0)$ への制限

$$\psi_0 : K_0/Z_{K_0}(A_0)\times \hat{F}(G_0, K_0)\to (G_0/K_0)_r$$

は C^∞ 同相である．

(ii) Weyl 群 $W(G, K)$ の $(\hat{A}_0)_r$ への作用は C^∞ 同相

$$\psi_0 : W(G, K)\times \hat{F}(G_0, K_0)\to (\hat{A}_0)_r$$

を引きおこす．

G_0' から G' の上への被覆準同形 π と C の恒等自己同形を合わせて，被覆準同形

$$\pi : G_0\to G$$

が定義される．このとき $\pi(K_0)\subset K$ がなりたつから，π は商多様体の被覆写像

(10.1) $$\pi : G_0/K_0\to G/K$$

を引きおこす．π はさきに導入した Riemann 計量を保つ．π の引きおこす被覆準同形

(10.2) $$\pi : \hat{A}_0\to \hat{A}$$

は第6節で定義したものと同一視される．これらの被覆写像はそれぞれ被覆写像

(10.3) $$\pi : (G_0/K_0)_r\to (G/K)_r,$$

(10.4) $$\pi : (\hat{A}_0)_r\to \hat{A}_r$$

を引きおこす．

定理5.3より，$\mathfrak{m}$ の内積 $(\ ,\ )$ に関する射影写像の C 線形な拡張

$$q : S(\mathfrak{m})^C\to S(\mathfrak{a})^C$$

は $S(\mathfrak{m})_{K_0}{}^C$ と $S(\mathfrak{a})_{W(G_0,K_0)}{}^C$，および $S(\mathfrak{m})_K{}^C$ と $S(\mathfrak{a})_{W(G,K)}{}^C$ の間の代数同形を引きおこす．$W(G, K)=W(G_0, K_0)$ であって，$S(\mathfrak{m})_K{}^C\subset S(\mathfrak{m})_{K_0}{}^C$ であるから，

$$S(\mathfrak{a})_{W(G,K)}{}^C = S(\mathfrak{a})_{W(G_0,K_0)}{}^C, \qquad S(\mathfrak{m})_K{}^C = S(\mathfrak{m})_{K_0}{}^C$$

がなりたつ．

さて，被覆写像(10.1)より単射線形写像

$$\pi^* : C^\infty(G/K)\to C^\infty(G_0/K_0),$$

$$(\pi^* f)(xK_0) = f(\pi(x)o) \qquad f\in C^\infty(G/K),\ \ x\in G_0$$

が引きおこされる．以後，この単射 π^* によって

$$C^\infty(G/K)\subset C^\infty(G_0/K_0)$$

とみなすことにしよう．同様に，被覆写像(10.2)によって

$$C^\infty(\hat{A})\subset C^\infty(\hat{A}_0)$$

とみなす．これらの包含写像の引きおこす包含写像

$$L_2(G/K)\subset L_2(G_0/K_0),\qquad L_2(\hat{A},d\mu(\hat{a}))\subset L_2(\hat{A}_0,d\mu(\hat{a}_0))$$

は Hilbert 内積を保つ．ここで，$d\mu(\hat{a}),d\mu(\hat{a}_0)$ はそれぞれ $\hat{A},\hat{A}_0$ に対する定理7.2，系で定義した測度である．$G/K,G_0/K_0$ の対称化写像をそれぞれ $\hat{\lambda},\hat{\lambda}_0$ とすれば

$$\hat{\lambda}(p)f=\hat{\lambda}_0(p)f\qquad f\in C^\infty(G/K),\ \ p\in S(\mathfrak{m})_K{}^C$$

がなりたつ．したがって，定理3.3より，$\mathscr{L}(G_0/K_0)$ は $C^\infty(G/K)$ を不変にして，$D\in\mathscr{L}(G_0/K_0)$ の $C^\infty(G/K)$ への制限を $\varpi(D)$ で表わせば，写像

$$\varpi:\mathscr{L}(G_0/K_0)\to\mathscr{L}(G/K)$$

はフィルターづけを保つ代数同形になる．例えば，$G_0/K_0,G/K$ の Laplace-Beltrami 作用素をそれぞれ Δ_0,Δ とすれば，$\varpi(\Delta_0)=\Delta$ がなりたつ．各 $D\in\mathscr{L}(G/K)$ に対して，$\varpi^{-1}(D)$ を D の G_0/K_0 への**持上げ**とよぶことにしよう．

被覆写像(10.1)，(10.2)の場合と同様に，被覆写像(10.3)，(10.4)を用いて

$$C^\infty((G/K)_r)\subset C^\infty((G_0/K_0)_r),\qquad C^\infty(\hat{A}_r)\subset C^\infty((\hat{A}_0)_r)$$

とみなす．$\pi(K_0)\subset K$ より

$$C^\infty((G/K)_r)_K\subset C^\infty((G_0/K_0)_r)_{K_0},\qquad C^\infty(\hat{A}_r)_{W(G,K)}\subset C^\infty((\hat{A}_0)_r)_{W(G,K)}$$

がなりたつ．このとき，包含写像

$$\iota_0:\hat{A}_0\to G_0/K_0$$

から引きおこされる制限写像

$$\iota_0{}^*:C^\infty((G_0/K_0)_r)_{K_0}\to C^\infty((\hat{A}_0)_r)_{W(G,K)}$$

の $C^\infty((G/K)_r)_K$ への制限は，対 (G,K) に対する制限写像

$$\iota^*:C^\infty((G/K)_r)_K\to C^\infty(\hat{A}_r)_{W(G,K)}$$

と一致する．したがって，$D\in\mathscr{L}(G_0/K_0)$ に対して，D の動径部分は部分空間 $C^\infty(\hat{A}_r)_{W(G,K)}$ を不変にして，その $C^\infty(\hat{A}_r)_{W(G,K)}$ への制限は $\varpi(D)$ の動径

部分に一致する．

$D\in\mathcal{L}(G/K)$ の動径部分を $\hat{A}_r$ 上の微分作用素に拡張する前に，動径部分の表示に有用な交代関数 j の定義を与え，これから定まる $\hat{F}(G_0,K_0)$ 上の測度の性質を述べておこう．

$\hat{F}(G_0,K_0)$ 上のいたるところ正の実数値をとる C^∞ 関数 j を

$$j((\exp H)o)=\left(\prod_{\alpha\in\Sigma^+(G)-\Sigma_0(G)}2\sin 2\pi(\alpha,H)\right)^{\frac{1}{2}}\qquad H\in F(G,K)=F(G_0,K_0)$$

によって定義する．$\alpha\in\Sigma^+(G)-\Sigma_0(G)$，$H\in F(G,K)$ に対しては

$$0<(\alpha,H)<\frac{1}{2}$$

であることと，$F(G_0',K_0')$ は $\hat{F}(G_0',K_0')$ と C^∞ 同相であることから，j が矛盾なく定義されることがわかる．性質(ii)より，j は各 $s\in W(G,K)$ に対して

$$sj=(-1)^s j$$

をみたす，$(\hat{A}_0)_r$ 上の実数値 C^∞ 関数 j に一意的に拡張される．$j^2\in C^\infty(\hat{A}_r)$ であって，第7節で定義した $\hat{A}$ 上の密度関数 D と $\hat{A}_r$ 上で一致する．とくに (G,K) がコンパクト連結 C^∞ Lie 群 M^* に付属する対称対である場合には，同一視 $\hat{A}_0=A^*{}_0$ のもとで，j は第7節，例1で定義した関数 j_{M^*} と $(A^*{}_0)_r$ 上で一致する．

$\hat{F}(G_0,K_0)$ 上の正値 C^∞ 測度 $d\hat{f}_0$ を

$$d\hat{f}_0=c(G,K)D(\hat{a}_0)d\hat{a}_0=c(G,K)j(\hat{a}_0)^2d\hat{a}_0$$

によって定義する．ここで，$d\hat{a}_0$ は $\hat{A}_0$ の正規化された両側不変 Haar 測度の $\hat{F}(G_0,K_0)$ への制限を表わす．測度 $d\hat{f}_0$ に関する，$\hat{F}(G_0,K_0)$ 上の複素数値2乗可積分可測関数全体のなす複素 Hilbert 空間を $L_2(\hat{F}(G_0,K_0),d\hat{f}_0)$ で表わす．$L_2(\hat{F}(G_0,K_0),d\hat{f}_0)$ の Hilbert 内積を《 , 》で表わす．包含写像

$$\iota_{\hat{F}(G_0,K_0)}:\hat{F}(G_0,K_0)\to\hat{A}_0$$

より引きおこされる制限写像

$$\text{(10.5)}\qquad \iota_{\hat{F}(G_0,K_0)}{}^*:C^\infty((\hat{A}_0)_r)_{W(G,K)}\to C^\infty(\hat{F}(G_0,K_0))$$

は性質(ii)より線形同形である．$d\hat{f}_0$ の定義から，$\iota_{\hat{F}(G_0,K_0)}$ より引きおこされる

制限写像

(10.6) $\iota_{\hat{F}(G_0,K_0)}{}^*: L_2(\hat{A}_0, d\mu(\hat{a}_0))_{W(G,K)} \to L_2(\hat{F}(G_0, K_0), d\hat{f}_0)$

は複素 Hilbert 空間としての同形写像である．包含写像

$$j_{\hat{F}(G_0,K_0)}: \hat{F}(G_0, K_0) \to G_0/K_0$$

は $j_{\hat{F}(G_0,K_0)} = \iota_0 \circ \iota_{\hat{F}(G_0,K_0)}$ をみたすから，定理 7.1，系 1 と定理 7.2，系より，$j_{\hat{F}(G_0,K_0)}$ から引きおこされる制限写像

(10.7) $j_{\hat{F}(G_0,K_0)}{}^*: C^\infty(((G_0/K_0)_r)_{K_0} \to C^\infty(\hat{F}(G_0, K_0))$

は線形同形であり，制限写像

(10.8) $j_{\hat{F}(G_0,K_0)}{}^*: L_2(G_0, K_0) \to L_2(\hat{F}(G_0, K_0), d\hat{f}_0)$

は複素 Hilbert 空間としての同形写像である．したがって，第 1 節の議論と定理 8.2 より

$$\{\sqrt{d_{\rho(\lambda)}}\, j_{\hat{F}(G_0,K_0)}{}^*\omega_{\rho(\lambda)}\ ;\ \lambda \in D_0(G, K)\}$$

は $L_2(\hat{F}(G_0, K_0), d\hat{f}_0)$ の完全正規直交系をなす．

注意 一般のコンパクト対称対 (G, K) に対しても，以下のような修正のもとで同様のことがなりたつ．すなわち，$\hat{F}(G, K)$ 上の測度 $d\hat{f}$ を

$$d\hat{f} = c(G, K)|W_*(G, K)|D(\hat{a})\, d\hat{a}$$

によって定義し，$L_2(\hat{F}(G, K), d\hat{f})$ を定義する．$W_*(G, K)$ の作用で不変な $f \in L_2(\hat{F}(G, K), d\hat{f})$ の全体を $L_2(\hat{F}(G, K), d\hat{f})_{W_*(G,K)}$ で表わせば，制限写像

$$j_{\hat{F}(G,K)}{}^*: L_2(G, K) \to L_2(\hat{F}(G, K), d\hat{f})_{W_*(G,K)}$$

は複素 Hilbert 空間としての同形写像で，

$$\{\sqrt{d_{\rho(\lambda)}}\, j_{\hat{F}(G,K)}{}^*\omega_{\rho(\lambda)}\ ;\ \lambda \in D(G, K)\}$$

は $L_2(\hat{F}(G, K), d\hat{f})_{W_*(G,K)}$ の完全正規直交系である．これらは定理 9.2 を用いて確かめられる．とくに G/K が単連結であるときは，定理 9.2，系より，j および $d\hat{f}$ が (G_0, K_0) の場合と同様に定義されて，制限写像

$$j_{\hat{F}(G,K)}{}^*: L_2(G, K) \to L_2(\hat{F}(G, K), d\hat{f})$$

は複素 Hilbert 空間としての同形写像で，

$$\{\sqrt{d_{\rho(\lambda)}}\, j_{\hat{F}(G,K)}{}^*\omega_{\rho(\lambda)}\ ;\ \lambda \in D(G, K)\}$$

は $L_2(\hat{F}(G, K), d\hat{f})$ の完全正規直交系である．

さて，コンパクト対称対 (G, K) に対して，$\hat{A}_r$ 上の微分作用素で Weyl 群 $W(G, K)$ の $C^\infty(\hat{A}_r)$ への作用と可換なもの全体は $\boldsymbol{C}$ 上の代数をなすが，これを $\mathrm{Diff}(\hat{A}_r)_{W(G,K)}$ で表わす．$\mathrm{Diff}(\hat{A}_r)_{W(G,K)}$ は部分空間

$$\mathrm{Diff}_k(\hat{A}_r)_{W(G,K)} = \mathrm{Diff}_k(\hat{A}_r) \cap \mathrm{Diff}(\hat{A}_r)_{W(G,K)} \qquad k \geqq 0$$

によって，フィルターづけられた代数になる．さきのように

$$q : S(\mathfrak{m})_K{}^C \to S(\mathfrak{a})_{W(G,K)}{}^C$$

を定理5.3の代数同形の $\boldsymbol{C}$ 線形な拡張とする．$S(\mathfrak{m})_K{}^C$ を G/K 上の不変複素反変対称テンソル場全体のなす線形空間と同一視し，$S(\mathfrak{a})_{W(G,K)}{}^C$ を輪環群 $\hat{A}$ 上の不変複素反変対称テンソル場で Weyl 群 $W(G, K)$ の $\hat{A}$ への作用で不変なもの全体のなす線形空間と同一視すれば，上の写像 q は，G/K 上の不変複素反変対称テンソル場に対して，これを $\hat{A}$ 上において（内積 $(\ ,\ )$ から定まる G/K 上の不変 Riemann 計量に関して）$\hat{A}$ へ射影して得られる $\hat{A}$ 上の不変複素反変対称テンソル場を対応させる写像とみなすことができる．

$s \in W(G, K)$ に対して，$C^\infty(s\hat{F}(G_0, K_0))$ を，$(\hat{A}_0)_r$ 上の C^∞ 関数でほかの連結成分 $s'\hat{F}(G_0, K_0)$ $(s' \neq s)$ の上では恒等的に0であるもの全体のなす $C^\infty((\hat{A}_0)_r)$ の部分空間と同一視すると

$$C^\infty((\hat{A}_0)_r) = \sum_{s \in W(G,K)} C^\infty(s\hat{F}(G_0, K_0))$$

がなりたつ．$s \in W(G, K)$ は $C^\infty(s'\hat{F}(G_0, K_0))$ を $C^\infty(ss'\hat{F}(G_0, K_0))$ に同形に移す．$D \in \mathcal{L}(G_0/K_0)$ を1つとって，$\mathring{D}$ をその動径部分とする．$s \in W(G, K)$ に対して，$\mathring{D}_s \in \mathrm{End}(C^\infty(s\hat{F}(G_0, K_0)))$ を

$$\mathring{D}_s f = s(\iota_{\hat{F}(G_0,K_0)}{}^*)\mathring{D}(\iota_{\hat{F}(G_0,K_0)}{}^*)^{-1}s^{-1}f = s(j_{\hat{F}(G_0,K_0)}{}^*)D(j_{\hat{F}(G_0,K_0)}{}^*)^{-1}s^{-1}f$$
$$f \in C^\infty(s\hat{F}(G_0, K_0))$$

によって定義して，$\mathring{D} \in \mathrm{End}(C^\infty((\hat{A}_0)_r))$ をこれらの直和

$$\mathring{D} = \sum_{s \in W(G,K)} \mathring{D}_s$$

によって定義する．定義からただちにわかるように，$\mathring{D}$ は Weyl 群 $W(G, K)$ の $C^\infty((\hat{A}_0)_r)$ への作用と可換で，部分空間 $C^\infty((\hat{A}_0)_r)_{W(G,K)}$ を不変にし，この上で動径部分 $\mathring{D}$ と一致する．のちに示すように，$\mathring{D}$ は $(\hat{A}_0)_r$ 上の微分作用素

となるので，さきの記号で $\mathring{D} \in \mathrm{Diff}((\hat{A}_0)_r)_{W(G,K)}$ となるのであるが，ここでは $\mathring{D}$ を $\mathrm{Diff}((\hat{A}_0)_r)_{W(G,K)}$ の元に拡張する仕方は高々1通りであることを注意しておこう．実際，$L \in \mathrm{Diff}((\hat{A}_0)_r)_{W(G,K)}$ を $\mathring{D}$ の拡張としよう．任意の $f \in C^\infty(s\hat{F}(G_0, K_0))$ に対して，$f' = (\iota_{\hat{F}(G_0,K_0)}{}^*)^{-1}s^{-1}f \in C^\infty((\hat{A}_0)_r)_{W(G,K)}$ とおけば，仮定より $\mathring{D}f' = Lf'$ である．したがって

$$s(\iota_{\hat{F}(G_0,K_0)}{}^*)\mathring{D}(\iota_{\hat{F}(G_0,K_0)}{}^*)^{-1}s^{-1}f = s(\iota_{\hat{F}(G_0,K_0)}{}^*)L(\iota_{\hat{F}(G_0,K_0)}{}^*)^{-1}s^{-1}f$$

を得る．ところが，L は微分作用素であるから，右辺は $sLs^{-1}f$ に等しいが，L が $W(G,K)$ の作用と可換であることから，これは Lf に等しい．したがって，$L = \mathring{D}$ でなければならない．この $\mathring{D}$ も，簡単のために，$D \in \mathscr{L}(G_0/K_0)$ の**動径部分**とよぶことにしよう．

さて，$D \in \mathscr{L}(G/K)$ に対して，D の G_0/K_0 への持上げ $D_0 \in \mathscr{L}(G_0/K_0)$ の動径部分 $\mathring{D}_0$ は，容易にわかるように，$C^\infty(\hat{A}_r)$ を不変にする．$\mathring{D}_0$ の $C^\infty(\hat{A}_r)$ への制限を $\mathring{D} \in \mathrm{End}(C^\infty(\hat{A}_r))$ で表わし，これも D の**動径部分**とよぶ．やはり，$\mathring{D}$ は $W(G,K)$ の $C^\infty(\hat{A}_r)$ への作用と可換で，$C^\infty(\hat{A}_r)_{W(G,K)}$ を不変にし，この上で $\mathring{D}$ と一致する．この $\mathring{D}$ がわれわれが求める $\hat{A}_r$ 上の微分作用素である．すなわち，次の定理がなりたつ．

定理 10.2　(1)　任意の $D \in \mathscr{L}_k(G/K)$ に対して，$\mathring{D} \in \mathrm{Diff}_k(\hat{A}_r)_{W(G,K)}$ である．

(2)　さきに述べた $S(\mathfrak{m})_K{}^C, S(\mathfrak{a})_{W(G,K)}{}^C$ と不変テンソル場の空間との同一視のもとで，$D \in \mathscr{L}_k(G/K)$ の表象を $\sigma_k(D) \in S_k(\mathfrak{m})_K{}^C$ とすれば，動径部分 $\mathring{D}$ の表象 $\sigma_k(\mathring{D})$ は $q(\sigma_k(D))$ の $\hat{A}_r$ への制限に等しい．

(3)　対応 $D \mapsto \mathring{D}$ は $\mathscr{L}(G/K)$ から $\mathrm{Diff}(\hat{A}_r)_{W(G,K)}$ へのフィルターづけを保つ単射代数準同形である．D が実微分作用素ならば $\mathring{D}$ も実微分作用素である．

(4)　一般に $L \in \mathrm{Diff}(\hat{A}_r)$ に対して，$\hat{A}_r$ 上の正値 C^∞ 測度 $d\mu(\hat{a})$ に関する形式的随伴作用素を L^* で表わせば，

$$(\mathring{D})^* = (D^*)^\circ \qquad D \in \mathscr{L}(G/K)$$

がなりたつ．とくに，$D \in \mathscr{L}(G/K)$ が自己随伴ならば，動径部分 $\mathring{D} \in \mathrm{Diff}(\hat{A}_r)$

も自己随伴である.

証明　(1)　$D\in\mathcal{L}_k(G_0/K_0)$ について示せば十分である．さらに，$\mathring{D}$ の定義より，$\mathring{D}$ が $C^\infty(\hat{F}(G_0, K_0))$ の上で微分作用素であることを示せば十分である.

$(x^1, \cdots, x^l)$ を $\mathfrak{a}$ の1つの線形座標とする．($\mathfrak{a}$ の基底 $\{H_1, \cdots, H_l\}$ を1つ定めて，$H=\sum x^iH_i$ に対して $(x^1, \cdots, x^l)$ を対応させて得られる $\mathfrak{a}$ の座標を**線形座標**という．とくに $(H_i, H_j)=\delta_{ij}(1\leqq i, j\leqq l)$ であるとき，これを**正規直交線形座標**という.) これを $\hat{F}(G_0, K_0)$ の局所座標とみなす．$K_0/Z_{K_0}(A_0)$ の原点 o' の近傍の1つの局所座標を $(x^{l+1}, \cdots, x^n)$ とする．さきに述べた性質(i)の C^∞ 同相

(10.9)　　$\psi_0 : K_0/Z_{K_0}(A_0)\times\hat{F}(G_0, K_0)\to(G_0/K_0)_r$

から線形同形

$$\psi_0{}^* : C^\infty((G_0/K_0)_r)\to C^\infty(K_0/Z_{K_0}(A_0)\times\hat{F}(G_0, K_0)),$$

$$(\psi_0{}^*f)(p)=f(\psi_0(p))\qquad p\in K_0/Z_{K_0}(A_0)\times\hat{F}(G_0, K_0), f\in C^\infty((G_0/K_0)_r)$$

が引きおこされる．$C^\infty(K_0/Z_{K_0}(A_0)\times\hat{F}(G_0, K_0))$ の関数で $K_0/Z_{K_0}(A_0)$ 成分には無関係なもの全体を $C^\infty(\hat{F}(G_0, K_0))$ と同一視すれば，$\psi_0{}^*$ の $C^\infty((G_0/K_0)_r)_{K_0}$ への制限は線形同形

$$j_{\hat{F}(G_0, K_0)}{}^* : C^\infty((G_0/K_0)_r)_{K_0}\to C^\infty(\hat{F}(G_0, K_0))$$

を引きおこす．$D'=\psi_0{}^*D\psi_0{}^{*-1}$ は $K_0/Z_{K_0}(A_0)\times\hat{F}(G_0, K_0)$ 上の高々 k 次の微分作用素であるが，これが点 $(o', \hat{a})$ $(\hat{a}\in\hat{F}(G_0, K_0))$ の近傍 U で局所表示

$$D'=\sum_{m\leqq k}a^{i_1\cdots i_m}\frac{\partial^m}{\partial x^{i_1}\cdots\partial x^{i_m}}\qquad a^{i_1\cdots i_m}\in C^\infty(U)$$

をもつとする．すると，任意の $f\in C^\infty(\hat{F}(G_0, K_0))$ に対して，$\hat{a}$ の近傍の点 $\hat{a}'$ において

$$(\mathring{D}f)(\hat{a}')=((j_{\hat{F}(G_0, K_0)}{}^*)D(j_{\hat{F}(G_0, K_0)}{}^*)^{-1}f)(\hat{a}')=(\psi_0{}^*D\psi_0{}^{*-1}f)(o', \hat{a}')$$

$$=\sum_{\substack{m\leqq k\\ 1\leqq i_1, \cdots, i_m\leqq l}}a^{i_1\cdots i_m}(o', \hat{a}')\frac{\partial^m f}{\partial x^{i_1}\cdots\partial x^{i_m}}(\hat{a}')$$

がなりたつ．したがって，$\mathring{D}$ は $\hat{F}(G_0, K_0)$ 上で微分作用素である.

(2)　やはり $D\in\mathcal{L}_k(G_0/K_0)$ について示せば十分である．(10.9) の C^∞ 同相

ψ_0 の引きおこす，$K_0/Z_{K_0}(A_0)\times\hat{F}(G_0, K_0)$ 上の複素反変テンソルの空間から $(G_0/K_0)_r$ 上の複素反変テンソルの空間の上への線形同形を ψ_{0*} で表わし，$K_0/Z_{K_0}(A_0)\times\hat{F}(G_0, K_0)$ 上の複素反変テンソルの空間から $\hat{F}(G_0, K_0)$ 上の複素反変テンソルの空間への射影を q' で表わす．このとき，(1)の証明からわかるように

$$\sigma_k(\mathring{D})_{\hat{a}} = q'_{(o',\hat{a})}\sigma_k(D')_{(o',\hat{a})} = q'_{(o',\hat{a})}(\psi_{0*})_{(o',\hat{a})}{}^{-1}\sigma_k(D)_{\hat{a}} \qquad \hat{a}\in\hat{F}(G_0, K_0)$$

がなりたつ．一方，第7節，補題1よりわかるように

$$q'_{(o',\hat{a})}(\psi_{0*})_{(o',\hat{a})}{}^{-1}p_{\hat{a}} = q_{\hat{a}}p_{\hat{a}} \qquad p\in S(\mathfrak{m})_{K_0}{}^{C},\ \hat{a}\in\hat{F}(G_0, K_0)$$

がなりたつから，(2)は $\hat{F}(G_0, K_0)$ 上ではなりたつ．ところが $\mathrm{Diff}((\hat{A}_0)_r)_{W(G,K)}$ の作用素 $\mathring{D}$ の表象 $\sigma_k(\mathring{D})$ は $W(G, K)$ の作用で不変だから，(2)は $(\hat{A}_0)_r$ 全体でなりたつ．

(3) われわれの対応が単射であることを確かめれば十分である．$\mathcal{L}_k(G/K)$ の作用素 D が $\mathring{D}=0$ をみたすとする．このとき $\sigma_k(\mathring{D})=0$ であるから，(2)と射影写像 q が同形であることより，$\sigma_k(D)=0$ を得る．以下帰納的に，$D=0$ が導かれる．

(4) やはり $D\in\mathcal{L}(G_0/K_0)$ について示せば十分である．$L_2(\hat{F}(G_0, K_0), d\hat{f}_0)$ の Hilbert 内積を《，》とする．$d\mu(\hat{a}_0)$ は $W(G, K)$ で不変な測度であるから，

$$\langle\!\langle \mathring{D}f, g\rangle\!\rangle = \langle\!\langle f, (D^*)^{\circ}g\rangle\!\rangle \qquad f, g\in L^{\infty}(\hat{F}(G_0, K_0))$$

を示せば十分である．(10.8)の制限写像 $j_{\hat{F}(G_0,K_0)}{}^*$ は Hilbert 内積を保つから

$$\begin{aligned}\langle\!\langle \mathring{D}f, g\rangle\!\rangle &= \langle\!\langle (j_{\hat{F}(G_0,K_0)}{}^*)D(j_{\hat{F}(G_0,K_0)}{}^*)^{-1}f, g\rangle\!\rangle = \langle D(j_{\hat{F}(G_0,K_0)}{}^*)^{-1}f, (j_{\hat{F}(G_0,K_0)}{}^*)^{-1}g\rangle \\ &= \langle (j_{\hat{F}(G_0,K_0)}{}^*)^{-1}f, D^*(j_{\hat{F}(G_0,K_0)}{}^*)^{-1}g\rangle \\ &= \langle\!\langle f, (j_{\hat{F}(G_0,K_0)}{}^*)D^*(j_{\hat{F}(G_0,K_0)}{}^*)^{-1}g\rangle\!\rangle = \langle\!\langle f, (D^*)^{\circ}g\rangle\!\rangle\end{aligned}$$

を得る．∎

つぎにわれわれはコンパクト対称空間 G/K の Laplace-Beltrami 作用素の動径部分を求めたいのであるが，そのためにいくつかの補題を準備する．

補題1 $\mathfrak{c}_{\mathfrak{m}}=\{0\}$ ならば，任意の $D\in\mathcal{L}_1(G/K)$ は $\mathcal{L}_0(G/K)$ に属する．

証明 $\Sigma(G, K)$ は既約根系 $\Sigma_1(G, K), \cdots, \Sigma_r(G, K)$ の和であるとする．各 $i\,(1\leqq i\leqq r)$ に対して，$\Sigma_i(G, K)$ で $\boldsymbol{R}$ 上張られる $\mathfrak{a}$ の部分空間を $\mathfrak{a}_i$, $\Sigma_i(G, K)$

の元に関する鏡映全体で生成される $O(\mathfrak{a}_i)$ の部分群を $W_i(G, K)$ とすれば

$$\mathfrak{a} = \mathfrak{a}_1 \oplus \cdots \oplus \mathfrak{a}_r, \qquad S(\mathfrak{a})_{W(G,K)} \cong S(\mathfrak{a}_1)_{W_1(G,K)} \otimes \cdots \otimes S(\mathfrak{a}_r)_{W_r(G,K)}$$

となる．容易にわかるように，既約根系の Weyl 群 $W_i(G, K)$ で不変な $\mathfrak{a}_i$ の元は0だけであるから，$S_1(\mathfrak{a})_{W(G,K)} = \{0\}$ である．したがって，定理5.3より，$S_1(\mathfrak{m})_K = \{0\}$ である．ところが，定理3.3，系1より，各 $D \in \mathscr{L}_k(G/K)$ に対して，$\sigma_k(D) = (\hat{\lambda}^{-1}(D))_k$ であったから，われわれの D に対しては $\sigma_1(D) = 0$ でなければならない．すなわち，$D \in \mathscr{L}_0(G/K)$ である．▌

補題2　$\mathfrak{c}_\mathfrak{m} = \{0\}$ であるとき，$D \in \mathscr{L}_2(G/K)$ が実微分作用素であるならば，D は自己随伴である．

証明　第2節で述べた表象の一般的性質

$$\sigma_k(D^*) = (-1)^k \overline{\sigma_k(D)} \qquad D \in \mathrm{Diff}_k(M)$$

より，われわれの実微分作用素 D に対して

$$\sigma_2(D^*) = \overline{\sigma_2(D)} = \sigma_2(D)$$

を得る．したがって，$E \in \mathscr{L}_1(G/K)$ が

$$E = D - D^*$$

によって定義される．補題1より $E \in \mathscr{L}_0(G/K)$ である．ふたたび上の性質より

$$\sigma_0(E^*) = \overline{\sigma_0(E)} = \sigma_0(E)$$

となる．ところが $E^* = -E$ であるから，$\sigma_0(E^*) = -\sigma_0(E)$ となる．したがって $\sigma_0(E) = 0$ を得るから，$E = 0$ でなければならない．すなわち，$D = D^*$ でなければならない．▌

補題3　$L \in \mathrm{Diff}_2(\hat{F}(G_0, K_0))$ が実微分作用素で，正値 C^∞ 測度 $d\hat{f}_0$ に関して自己随伴であるとする．$(x^1, \cdots, x^l)$ を $\mathfrak{a}$ の1つの線形座標とし，これを $\hat{F}(G_0, K_0)$ の局所座標とみなす．局所座標 $(x^1, \cdots, x^l)$ に関する，L の表象 $\sigma_2(L)$ の成分 $a^{ik}(1 \leqq i, k \leqq l)$ がすべて $\hat{F}(G_0, K_0)$ 上で一定の定数であるとする．このとき，$\hat{F}(G_0, K_0)$ 上の実数値 C^∞ 関数 a が存在して，各 $f \in C^\infty(\hat{F}(G_0, K_0))$ に対して

$$Lf = \frac{1}{j} \sum_{1 \leq i, k \leq l} a^{ik} \frac{\partial^2 (jf)}{\partial x^i \partial x^k} + af$$

がなりたつ.

証明　$L_0 \in \mathrm{Diff}_2(\hat{F}(G_0, K_0))$ を

$$L_0 f = \frac{1}{j} \sum_{1 \leq i, k \leq l} a^{ik} \frac{\partial^2 (jf)}{\partial x^i \partial x^k} \qquad f \in C^\infty(\hat{F}(G_0, K_0))$$

によって定義する．L_0 は実微分作用素である．さらに，部分積分を2度おこなうことによって容易にわかるように，L_0 は正値 C^∞ 測度 $d\hat{f}_0$ に関して自己随伴である．また，L と L_0 の表象 $\sigma_2(L)$ と $\sigma_2(L_0)$ はともに $\{a^{ik}\}$ を成分とするテンソル場に等しい．したがって，$M \in \mathrm{Diff}_1(\hat{F}(G_0, K_0))$ が

$$M = L - L_0$$

によって定義される．M は実自己随伴であるから

$$\sigma_1(M) = \sigma_1(M^*) = -\overline{\sigma_1(M)} = -\sigma_1(M)$$

を得る．したがって，$\sigma_1(M)=0$，すなわち，$M \in \mathrm{Diff}_0(\hat{F}(G_0, K_0))$ でなければならない．これから求める表示が得られる．▮

輪環群 $\hat{A}$ 上の不変微分作用素の代数 $\mathcal{L}(\hat{A})$ のなかで Weyl 群 $W(G, K)$ の $C^\infty(\hat{A})$ への作用と可換なもの全体のなす部分代数を $\mathcal{L}(\hat{A})_{W(G,K)}$ で表わし，$\mathcal{L}_k(\hat{A})_{W(G,K)} = \mathcal{L}(\hat{A})_{W(G,K)} \cap \mathcal{L}_k(\hat{A})$ とおく．$\hat{A}$ は可換であるから，$\hat{A}$ の対称化写像

$$\lambda_{\hat{A}} : S(\mathfrak{a})^{\boldsymbol{C}} \to \mathcal{L}(\hat{A})$$

は代数同形で，代数同形

$$\lambda_{\hat{A}} : S(\mathfrak{a})_{W(G,K)}{}^{\boldsymbol{C}} \to \mathcal{L}(\hat{A})_{W(G,K)}$$

を引きおこす．$\mathfrak{a}$ の基底 $\{H_1, \cdots, H_l\}$ を1つとる．内積 (,) の $\mathfrak{a}^{\boldsymbol{C}}$ への $\boldsymbol{C}$ 線形な拡張も (,) で表わし，$\lambda \in \mathfrak{a}^{\boldsymbol{C}}$ と

$$p = \sum p^{i_1 \cdots i_k} H_{i_1} \cdot \cdots \cdot H_{i_k} \in S_k(\mathfrak{a})^{\boldsymbol{C}} \quad (p^{i_1 \cdots i_k} \in \boldsymbol{C},\ 1 \leqq i_1, \cdots, i_k \leqq l)$$

に対して

$$p(\lambda) = \sum p^{i_1 \cdots i_k} (\lambda, H_{i_1}) \cdots (\lambda, H_{i_k})$$

と定義する．$p(\lambda)$ は基底 $\{H_1, \cdots, H_l\}$ のとり方によらない．実際，$\mathfrak{a}^{\boldsymbol{C}}$ 上の非退

化双1次形式(,)によってλを$\mathfrak{a}^C$の双対空間の元と同一視したとき，$p(\lambda)$はテンソルの縮約$\langle p, \otimes^k \lambda\rangle$にほかならない．また

$$(sp)(s\lambda) = p(\lambda) \qquad s \in W(G, K)$$

がなりたつ．G/KとG_0/K_0の対称化写像をそれぞれ

$$\hat{\lambda}\ : S(\mathfrak{m})_K{}^C \to \mathscr{L}(G/K),$$
$$\hat{\lambda}_0 : S(\mathfrak{m})_{K_0}{}^C \to \mathscr{L}(G_0/K_0)$$

で表わす．

補題4　輪環群$\hat{A}_0$の対称化写像を

$$\lambda_{\hat{A}_0} : S(\mathfrak{a})^C \to \mathscr{L}(\hat{A}_0)$$

とすれば，$\mu \in Z_0(G, K)$，$p \in S_k(\mathfrak{a})_{W(G,K)}{}^C$に対して

$$\lambda_{\hat{A}_0}(p)\xi_\mu = p(2\pi\sqrt{-1}\,\mu)\xi_\mu$$

がなりたつ．ここでξ_μは第6節で定義した主交代指標である．

証明　まず，$\mu \in Z_0(G, K)$，$p \in S_k(\mathfrak{a})^C$に対して

$$\lambda_{\hat{A}_0}(p)e(\mu) = p(2\pi\sqrt{-1}\mu)e(\mu)$$

がなりたつことを証明しよう．$\mathfrak{a}$の基底$\{H_1, \cdots, H_l\}$をとり，これに関する$\mathfrak{a}$の線形座標を$(x^1, \cdots, x^l)$とする．$\mu_i = (\mu, H_i)\ (1 \leqq i \leqq l)$とおけば，$\hat{A}_0$の局所座標$(x^1, \cdots, x^l)$に関して

$$e(\mu)(x^1, \cdots, x^l) = \exp\left(2\pi\sqrt{-1}\sum_{i=1}^{l}\mu_i x^i\right)$$

となる．

$$p = \sum p^{i_1 \cdots i_k} H_{i_1} \cdot \cdots \cdot H_{i_k}$$

とすれば

$$\lambda_{\hat{A}_0}(p) = \sum p^{i_1 \cdots i_k} \frac{\partial^k}{\partial x^{i_1} \cdots \partial x^{i_k}}$$

であるから

$$\begin{aligned}
&(\lambda_{\hat{A}_0}(p)e(\mu))(x^1, \cdots, x^l) \\
&\quad = \sum p^{i_1 \cdots i_k}(2\pi\sqrt{-1})^k \mu_{i_1} \cdots \mu_{i_k} \exp\left(2\pi\sqrt{-1}\sum \mu_i x^i\right) \\
&\quad = p(2\pi\sqrt{-1}\,\mu)e(\mu)(x^1, \cdots, x^l)
\end{aligned}$$

を得る．

したがって，$p \in S_k(\mathfrak{a})_{W(G,K)}{}^C$ に対して

$$\begin{aligned}\lambda_{\hat{A}_0}(p)\xi_\mu &= \sum_s (-1)^s \lambda_{\hat{A}_0}(p) e(s\mu) \\ &= \sum_s (-1)^s p(2\pi\sqrt{-1}\, s\mu) e(s\mu) \\ &= \sum_s (-1)^s (s^{-1}p)(2\pi\sqrt{-1}\,\mu)\, e(s\mu) \\ &= p(2\pi\sqrt{-1}\,\mu) \sum_s (-1)^s e(s\mu) \\ &= p(2\pi\sqrt{-1}\,\mu)\xi_\mu\end{aligned}$$

がなりたつ．▮

定理 10.3 $p \in S_2(\mathfrak{m})_K{}^C$ に対して

$$D = \hat{\lambda}(p) \in \mathscr{L}_2(G/K),$$
$$L = \lambda_{\hat{A}}(q(p)) \in \mathscr{L}_2(\hat{A})_{W(G,K)},$$
$$a = -\frac{1}{j} Lj \in C^\infty(\hat{A}_r)_{W(G,K)}$$

とおけば，各 $f \in C^\infty(\hat{A}_r)$ に対して

$$\mathring{D} f = \frac{1}{j} L(jf) + af$$

がなりたつ．ここで，$j \in C^\infty((\hat{A}_0)_r)$ であるが，$\frac{1}{j}Lj$, $\frac{1}{j}L(jf) \in C^\infty(\hat{A}_r)$ であるから，この主張が意味をもつ．のちにもこのような記法を断りなしに用いる．

証明 対称対 (G_0, K_0) について証明すれば十分である．さらに $p \in S_2(\mathfrak{m})_{K_0}$ と仮定しても一般性を失わないから，そう仮定する．したがって D は実微分作用素である．補題1の証明のなかで示したように $S_1(\mathfrak{m}')_{K_0'} = \{0\}$ であるから，p は

$$p = p_{\mathfrak{c}} + p' \qquad \text{ここで} \quad p_{\mathfrak{c}} \in S_2(\mathfrak{c}_{\mathfrak{m}}),\ p' \in S_2(\mathfrak{m}')_{K_0'}$$

と分解される．ここで，自然な仕方で $S_2(\mathfrak{c}_{\mathfrak{m}}), S_2(\mathfrak{m}')_{K_0'} \subset S_2(\mathfrak{m})_{K_0}$ とみなした．したがって

$$D_{\mathfrak{c}} = \hat{\lambda}_0(p_{\mathfrak{c}}) \in \mathscr{L}_2(\hat{C}_{\mathfrak{m}}), \qquad D' = \hat{\lambda}_0(p') \in \mathscr{L}_2(G_0'/K_0')$$

とおけば，D は

$$D = D_{\mathfrak{c}} + D'$$

と分解される．ここでも，第2節の最後に注意した仕方で $\mathscr{L}(\hat{C}_{\mathfrak{m}})$，$\mathscr{L}(G_0'/K_0')$ $\subset\mathscr{L}(G_0/K_0)$ とみなした．同様に $\mathrm{Diff}(\hat{C}_{\mathfrak{m}})$，$\mathrm{Diff}((\hat{A}_0')_r)\subset\mathrm{Diff}((\hat{A}_0)_r)$ とみなすと，まず

$$\mathring{D}_{\mathfrak{c}}=D_{\mathfrak{c}}=\lambda_{\hat{A}_0}(q(p_{\mathfrak{c}}))$$

がなりたつ．また，D' は実微分作用素であるから，補題2より，G_0'/K_0' 上の正規化された不変正値 C^∞ 測度に関して自己随伴である．$\mathfrak{a}'$ の線形座標 $(x^1, \cdots, x^{l'})$ を1つとって，局所座標 $(x^1, \cdots, x^{l'})$ に関して動径部分 $\mathring{D}'$ の表象の成分が $\{a^{ik}\}$ であるとする．定理10.2, (2) より各 a^{ik} は $(\hat{A}_0')_r$ 上で実定数である．$\hat{A}_0'$ 上の微分作用素 L' を

$$L'=\sum_{1\leq i,k\leq l'}a^{ik}\frac{\partial^2}{\partial x^i\partial x^k}$$

によって定義すれば，定理3.3，系1と定理10.2, (2) より

$$L'=\lambda_{\hat{A}_0}(q(p'))$$

がなりたつ．ただし，ここでも $\mathrm{Diff}(\hat{A}_0')\subset\mathrm{Diff}(\hat{A}_0)$ とみなした．したがって，$L'\in\mathscr{L}(\hat{A}_0')_{W(G,K)}$ である．定理10.2, (4) を合わせれば，$\hat{F}(G_0', K_0')$ 上の微分作用素 $\mathring{D}'$ に，補題3を適用できることがわかる．したがって，$\hat{F}(G_0', K_0')$ 上の実数値 C^∞ 関数 a が存在して，任意の $f\in C^\infty(\hat{F}(G_0', K_0'))$ に対して

$$\mathring{D}'f=\frac{1}{j}\sum_{1\leq i,k\leq l'}a^{ik}\frac{\partial^2(jf)}{\partial x^i\partial x^k}+af=\frac{1}{j}L'(jf)+af$$

がなりたつ．a を $(\hat{A}_0')_r$ 上の $W(G,K)$ で不変な実数値 C^∞ 関数に拡張したものも a で表わすことにすれば，$L'\in\mathscr{L}(\hat{A}_0')_{W(G,K)}$ より，上の式は任意の $f\in C^\infty((\hat{A}_0')_r)$ に対してもなりたつ．

以上によって，ある $a\in C^\infty((\hat{A}_0)_r)_{W(G,K)}$ が存在して，各 $f\in C^\infty((\hat{A}_0)_r)$ に対して

$$\mathring{D}f=\lambda_{\hat{A}_0}(q(p_{\mathfrak{c}}))f+\frac{1}{j}\lambda_{\hat{A}_0}(q(p'))(jf)+af=\frac{1}{j}L(jf)+af$$

となることがわかる．この式でとくに $f=1$ ととれば，$\mathring{D}1=0$ であるから，$a=-\dfrac{1}{j}Lj$ を得る．∎

系 1 コンパクト対称空間 G/K の Laplace-Beltrami 作用素 Δ に対して

$$\mathring{\Delta} = \sum_{i=1}^{l}\left(\frac{\partial^2}{\partial x^{i2}} + \frac{2}{j}\frac{\partial j}{\partial x^i}\frac{\partial}{\partial x^i}\right)$$

がなりたつ．ここで，$(x^1, \cdots, x^l)$ は $\mathfrak{a}$ の正規直交線形座標である．

証明 $\mathfrak{a}$ の内積 $(\ ,\ )$ に関する正規直交基底 $\{H_1, \cdots, H_l\}$ によって線形座標 $(x^1, \cdots, x^l)$ が定まっているとする．$X_{l+1}, \cdots, X_n \in \mathfrak{m}$ を $\{H_1, \cdots, H_l, X_{l+1}, \cdots, X_n\}$ が $\mathfrak{m}$ の内積 $(\ ,\ )$ に関する正規直交基底であるようにとる．

$$p = \sum_{i=1}^{l} H_i \otimes H_i + \sum_{j=l+1}^{n} X_j \otimes X_j \in S_2(\mathfrak{m})_K$$

とおけば，定理 5.2 より $\Delta = \hat{\lambda}(p)$ である．また

$$q(p) = \sum_{i=1}^{l} H_i \otimes H_i$$

であるから

$$L = \lambda_{\hat{A}}(q(p)) = \sum_{i=1}^{l}\frac{\partial^2}{\partial x^{i2}},$$

$$a = -\frac{1}{j}Lj = -\frac{1}{j}\sum_{i=1}^{l}\frac{\partial^2 j}{\partial x^{i2}}$$

となる．これらと定理より系 1 を得る．∎

つぎの系は定理より明らかであろう．

系 2 $p \in S_2(\mathfrak{m})_K{}^C$ に対して，ある $a \in \boldsymbol{C}$ が存在して，$(\hat{A}_0)_r$ 上で

$$\lambda_{\hat{A}_0}(q(p))j = -aj$$

がなりたつとする．このとき，

$$D = \hat{\lambda}(p) \in \mathscr{L}_2(G/K),$$
$$L = \lambda_{\hat{A}}(q(p)) + a1 \in \mathscr{L}_2(\hat{A})_{W(G,K)}$$

(ここで 1 は $C^\infty(\hat{A})$ の恒等自己同形を表わす) とおけば，各 $f \in C^\infty(\hat{A}_r)$ に対して

$$\mathring{D}f = \frac{1}{j}L(jf)$$

がなりたつ．

定理 10.4 M^* をコンパクト連結 C^∞ Lie 群，$(\ ,\ )$ を M^* の Lie 代数 $\mathfrak{m}^*$

上の M^* 不変な内積，$\mathfrak{a}^*$ を $\mathfrak{m}^*$ の極大可換部分代数，A^* を $\mathfrak{a}^*$ で生成される M^* の極大輪環部分群とする．$\mathfrak{a}^*$ の正規直交線形座標 $(x^1, \cdots, x^l)$ を1つとって，Weyl 群 $W(M^*)$ の作用と可換な A^* 上の不変微分作用素 L_Δ を

$$L_\Delta f = \sum_{i=1}^{l} \frac{\partial^2 f}{\partial x^{i2}} + 4\pi^2(\delta(M^*), \delta(M^*))f \qquad f \in C^\infty(A^*)$$

によって定義する．(,) から定まる M^* 上の両側不変 Riemann 計量に関する Laplace-Beltrami 作用素を Δ とする．このとき，各 $f \in C^\infty(A^*{}_r)$ に対して

$$\mathring{\Delta} f = \frac{1}{j_{M^*}} L_\Delta (j_{M^*} f)$$

がなりたつ．

証明　第6節，例の記法を用いよう．ただし，$\mathfrak{g}$ 上の内積は $\mathfrak{m}^*$ 上の内積の直和の2倍を採用する．第5節の最後で注意したように，根，重みなどは線形形式としては第6節，例のものと変らない．このとき，同一視 $G/K = M^*$ は Riemann 計量を保ち，コンパクト対称空間 G/K の Laplace-Beltrami 作用素を M^* 上の Δ に移す．したがって，$A^*{}_0$ 上で

$$\sum_{i=1}^{l} \frac{\partial^2}{\partial x^{i2}} j_{M^*} = -4\pi(\delta(M^*), \delta(M^*)) j_{M^*}$$

がなりたつことを示せば，定理10.3，系2より定理が得られる．ところが，第7節，例1で示したように

$$j_{M^*} = \frac{1}{(\sqrt{-1})^N} \xi_{\delta(M^*)} \qquad \text{ここで } N \text{ は } M^* \text{ の正根の数}$$

であったから，これは補題4より明らかである．∎

注意　定理10.4はつぎのように一般化されている (Berezin [1] を参照)：

任意の $D \in \mathfrak{Z}(M^*)$ に対して，$W(M^*)$ の作用と可換な A^* 上の不変微分作用素 L_D が一意的に定まって，各 $f \in C^\infty(A^*{}_r)$ に対して

$$\mathring{D} f = \frac{1}{j_{M^*}} L_D (j_{M^*} f)$$

がなりたつ．

この結果と定理10.1を用いて M^* に付属する対称対 (G, K) の $\Omega(G, K)$ の元をすべて具体的に求めることができて，第1節で述べた $\Omega(G, K)$ と $\mathcal{D}(M^*)$ との対応と合わせて，Cartan-Weyl の定理(定理7.3)の別証明を与えることができる(Sugiura [24] を参照).

一般に，G を C^∞ Lie 群，B を G の Lie 代数 $\mathfrak{g}$ 上の G 不変な非退化対称双1次形式とする．

$$\rho: G \to GL(V)$$

を G の表現とし，その微分も

$$\rho: \mathfrak{g} \to \mathfrak{gl}(V)$$

で表わす．$\mathfrak{g}$ の基底 $\{X_1, \cdots, X_n\}$ を1つとって，行列 $(B(X_i, X_j))_{1 \leq i, j \leq n}$ の逆行列 $(b^{ij})_{1 \leq i, j \leq n}$ を用いて $C_\rho \in \mathrm{End}(V)$ を

$$C_\rho = \sum_{1 \leq i, j \leq n} b^{ij} \rho(X_i) \rho(X_j)$$

によって定義する．C_ρ は基底のとり方によらない．C_ρ を B に関する表現 ρ の **Casimir 作用素**とよぶ．B の G 不変性より，各 $x \in G$ に対して

$$\rho(x) C_\rho = C_\rho \rho(x)$$

がなりたつ．したがって，ρ が既約ならば，Schur の補題より，C_ρ はスカラー作用素 $a_\rho 1$ (1 は V の恒等自己同形を表わす) である．定数 $a_\rho \in \boldsymbol{C}$ を Casimir 作用素 C_ρ の**固有値**という．固有値 a_ρ は ρ の同値類 $[\rho]$ のみで定まるから，これを $a_{[\rho]}$ とも表わす．

定理 10.5 (Freudenthal の公式) G をコンパクト連結 C^∞ Lie 群，$(\ ,\ )$ を G の Lie 代数 $\mathfrak{g}$ 上の G 不変な内積とする．$\mathfrak{g}$ の極大可換部分代数 $\mathfrak{t}$ とその上の線形順序を1つとる．

$$\rho: G \to GL(V)$$

を G の既約表現，λ を ρ の $\mathfrak{t}$ に関する最高の重みとする．このとき，内積 $(\ ,\ )$ に関する ρ の Casimir 作用素 C_ρ の固有値 a_ρ は

$$a_\rho = -4\pi^2 (\lambda + 2\delta(G), \lambda)$$

によって与えられる．

証明　$\mathfrak{g}$ の基底 $\{X_1, \cdots, X_n\}$ を1つとって，$((X_i, X_j))_{1\leqq i,j\leqq n}$ の逆行列を $(b^{ij})_{1\leqq i,j\leqq n}$ とする．内積(，)から定まる G 上の両側不変 Riemann 計量から定義される Laplace-Beltrami 作用素を $\varDelta$，内積(，)に付属する G の Casimir 作用素を C_G とすれば，第3節，例1で示したように

$$\varDelta = C_G = \sum_{1\leqq i,j\leqq n} b^{ij}\tilde{X}_i\tilde{X}_j$$

であった．ここで，$\tilde{X}_i$ は G 上の右不変ベクトル場で，その単位元 e における値 $(\tilde{X}_i)_e$ が X_i の e における値 $(X_i)_e$ に等しいものを表わす．いま，$C^\infty(G)$ を $L_x(x\in G)$ によって G 空間とみなして，V' を V と G 同形な $C^\infty(G)$ の G 部分空間とする．$x\in G$ に対して $\rho'(x)\in \mathrm{End}(V')$ を

$$L_x f = \rho'(x)f \qquad f\in V'$$

によって定義すれば，G の表現

$$\rho' : G \to GL(V')$$

は ρ と同値である．ρ' の微分も ρ' で表わせば，$f\in V'$ に対して

$$\tilde{X}_i f = -\rho'(X_i)f \qquad 1\leqq i\leqq n$$

となるから，$f\in V'$ に対して

$$\varDelta f = \sum_{1\leqq i,j\leqq n} b^{ij}\rho'(X_j)\rho'(X_i)f = C_{\rho'}f$$

がなりたつ．したがって，Laplace-Beltrami 作用素 $\varDelta$ の V' 上の固有値を求めれば a_ρ が得られる．

さて，第1節の記法を用いると，定理1.1(Peter-Weyl の定理)より $C^\infty(G)$ の G 部分空間 $\mathfrak{o}_{[\rho]}(G)$ は G 空間として V の d_ρ 個の直和に同形である．したがって，$\mathfrak{o}_{[\rho]}(G)$ は V と G 同形な G 部分空間 V' を含む．一方，G に付属する対称対に関して，$\mathfrak{o}_{[\rho]}(G)$ は $G\times G$ の既約表現 $\rho\boxtimes\rho^*$ の同値類に付属する球関数全体の空間に一致するから，定理4.8より，$\varDelta$ は $\mathfrak{o}_{[\rho]}(G)$ 上でスカラー作用素である．とくに $\overline{\chi}_\rho$ は $\mathfrak{o}_{[\rho]}(G)$ に属するから

$$\varDelta\overline{\chi}_\rho = a_\rho\overline{\chi}_\rho$$

がなりたつ．したがって，定理7.3(Cartan-Weyl の定理)より，T_r 上で

$$\mathring{\Delta}\overline{\chi}_\lambda = a_\rho \overline{\chi}_\lambda \qquad \text{ここで} \quad \chi_\lambda = \frac{\xi_{\lambda+\delta(G)}}{\xi_{\delta(G)}}$$

がなりたつ．ところが，定理10.4より，T_r 上で

$$\mathring{\Delta}\chi_\lambda = \frac{1}{j_G} L_\Delta(j_G \chi_\lambda) = \frac{1}{\xi_{\delta(G)}} L_\Delta(\xi_{\delta(G)}\chi_\lambda) = \frac{1}{\xi_{\delta(G)}} L_\Delta \xi_{\lambda+\delta(G)}$$

がなりたつ．ここで L_Δ は $\mathfrak{t}$ の正規直交線形座標 $(x^1, \cdots, x^l)$ に関して

$$L_\Delta f = \sum_{i=1}^{l} \frac{\partial^2 f}{\partial x^{i2}} + 4\pi^2(\delta(G), \delta(G))f \qquad f \in C^\infty(T)$$

で定義される T 上の微分作用素である．したがって，補題4より，T_r 上で

$$\begin{aligned} \mathring{\Delta}\chi_\lambda &= \{-4\pi^2(\lambda+\delta(G), \lambda+\delta(G)) + 4\pi^2(\delta(G), \delta(G))\} \frac{\xi_{\lambda+\delta(G)}}{\xi_{\delta(G)}} \\ &= -4\pi^2(\lambda+2\delta(G), \lambda)\chi_\lambda \end{aligned}$$

となる．$\mathring{\Delta}$ は実微分作用素であるから，T_r 上で

$$\mathring{\Delta}\overline{\chi}_\lambda = -4\pi^2(\lambda+2\delta(G), \lambda)\overline{\chi}_\lambda$$

がなりたつ．したがって

$$a_\rho = -4\pi^2(\lambda+2\delta(G), \lambda)$$

を得る．▮

上の証明から同時につぎの系1もわかった．

系1 内積(,)より定まる G 上の両側不変 Riemann 計量より定義される G の Laplace-Beltrami 作用素を Δ_G とすれば，任意の $\rho \in \mathcal{D}(G)$ に対して，Δ_G は $\mathfrak{o}_\rho(G)$ 上でスカラー作用素 $a_\rho 1$ (1 は $\mathfrak{o}_\rho(G)$ の恒等自己同形を表わす)に等しい．ここで，定数 a_ρ は ρ に属する表現の Casimir 作用素の固有値

$$a_\rho = -4\pi^2(\lambda(\rho)+2\delta(G), \lambda(\rho))$$

である．

系2 (G, K) をコンパクト対称対，コンパクト対称空間 G/K の Laplace-Beltrami 作用素を Δ とする．このとき，任意の $\rho \in \mathcal{D}(G, K)$ に対して，$\omega_\rho \in \Omega(G, K)$ に付属する球関数の空間 $S_{\omega_\rho}(G/K)$ の上で Δ はスカラー作用素 $a_\rho 1$ (1 は $S_{\omega_\rho}(G/K)$ の恒等自己同形を表わす)に等しく，定数 a_ρ は ρ に属する表現の Casimir 作用素の固有値

$$a_\rho = -4\pi^2(\lambda(\rho)+2\delta(G), \lambda(\rho))$$

によって与えられる．

証明 第3節，例1と定理5.2より，$C^\infty(G)$の部分空間$C^\infty(G/K)$の上でΔとΔ_Gは一致する．$\mathfrak{D}_\rho(G/K)\subset\mathfrak{D}_\rho(G)$であって，定理4.8より$S_{\omega_\rho}(G/K)=\mathfrak{D}_\rho(G/K)$であるから，系1より系2が得られる．▌

第3章　球面と複素射影空間の球関数

§11　Gegenbauer の関数

この節では，Gegenbauer の関数を定義し，その基本的性質を述べる．Gegenbauer の関数の特別の場合として Legendre の関数が得られる．Gegenbauer の関数はつぎの節で球面の球関数を表示するのに用いられる．

まず，われわれは超幾何関数を定義する．超幾何関数は以下にわれわれが述べるものよりももっと一般に定義されるのであるが，ここでは本書で必要なだけの狭い意味の定義を与えよう．

実数 α と非負整数 n に対して，記号

$$(\alpha)_n = \begin{cases} \alpha(\alpha+1)(\alpha+2)\cdots(\alpha+n-1) & n \geqq 1 \\ 1 & n=0 \end{cases}$$

を導入する．実数 a, b と非正整数でない実数 c に対して，実開区間

$$(-1, 1) = \{x \in \boldsymbol{R}\,;\, |x| < 1\}$$

における巾級数

$$F(a, b\,; c\,; x) = \sum_{n=0}^{\infty} \frac{(a)_n (b)_n}{n!\,(c)_n} x^n \qquad |x| < 1$$

を考えよう．a または b が非正整数であるときは，右辺は有限巾級数である．a, b がともに非正整数でないときは，第 $(n+1)$ 係数と第 n 係数の比は

$$\frac{(a)_{n+1}(b)_{n+1}}{(n+1)!\,(c)_{n+1}} \Big/ \frac{(a)_n (b)_n}{n!\,(c)_n} = \frac{(a+n)(b+n)}{(n+1)(c+n)} \to 1 \qquad (n \to \infty)$$

をみたすから，右辺の巾級数は閉区間 $[-r,r]$ $(0<r<1)$ において絶対一様収束する．したがって，いずれの場合にも $F(a,b;c;x)$ は開区間 $(-1,1)$ 上の実解析関数となる．$F(a,b;c;x)$ を**超幾何関数**とよぶ．a または b が非正整数であるとき，上式の右辺は $\boldsymbol{R}$ 全体の上の多項式関数を定義するが，これも同じ記号 $F(a,b;c;x)$ で表わすことにしよう．定義から

$$F(a,b;c;x)=F(b,a;c;x)$$

がなりたつ．

定理 11.1　超幾何関数 $F(a,b;c;x)$ は常微分方程式

$$(11.1)\qquad x(1-x)\frac{d^2y}{dx^2}+\{c-(a+b+1)x\}\frac{dy}{dx}-aby=0\qquad |x|<1$$

の初期条件

$$y(0)=1$$

をみたすただ1つの実解析的解である．微分方程式(11.1)を**超幾何微分方程式**という．

証明　形式的巾級数

$$y(x)=\sum_{n=0}^{\infty}\alpha_n x^n,\qquad \alpha_0=1$$

が(11.1)の解であるための必要十分条件を求めると

$$(n+1)(c+n)\alpha_{n+1}=(a+n)(b+n)\alpha_n\qquad n\in\boldsymbol{Z},\ n\geqq 0$$

が得られるから，定理は上の議論より明らかである．▌

注意　上の定理は y が実数値関数であっても複素数値関数であってもよい．以下で考える微分方程式に関する定理はみなこの性質をもっているが，いちいち断らない．

実数 ν で 2ν が整数であるものを**半整数**とよぶ．正の半整数 ν と非負整数 l に対して，実係数 l 次多項式関数 $C_l^\nu(x)$ を

$$C_l^\nu(x)=\frac{(l+2\nu-1)!}{l!(2\nu-1)!}F\left(l+2\nu,-l;\nu+\frac{1}{2};\frac{1-x}{2}\right)$$

によって定義する．これを **Gegenbauer の多項式**という．

$l \geqq m \geqq 0$ をみたす整数 l, m と正の半整数 ν に対して，開区間$(-1,1)$上の実解析関数 $C_l^{\nu,m}(x)$ を

$$C_l^{\nu,m}(x) = (1-x^2)^{m/2}\frac{d^m}{dx^m}C_l^{\nu}(x) \qquad |x|<1$$

によって定義する．これらを **Gegenbauer の同伴関数**とよぶことにしよう．とくに，$C_l^{\nu,0}(x)=C_l^{\nu}(x)$ である．

非負整数 l に対して，実係数 l 次多項式関数 $P_l(x)$ を

$$P_l(x) = C_l^{1/2}(x)$$

によって定義する．これを **Legendre の多項式**という．

$l \geqq m \geqq 0$ をみたす整数 l, m に対して，開区間$(-1,1)$上の実解析関数 $P_l^m(x)$ を

$$P_l^m(x) = C_l^{1/2,m}(x) \qquad |x|<1$$

によって定義する．さらに，便宜上

$$P_l^{-m}(x) = P_l^m(x), \qquad C_l^{1/2,-m}(x) = C_l^{1/2,m}(x)$$

と定義しておく．これらを **Legendre の同伴関数**という．とくに，$P_l^0(x)=P_l(x)$ である．

定理 11.2　(1)　Gegenbauer の多項式 $C_l^{\nu}(x)$ は常微分方程式

$$(11.2) \qquad (1-x^2)\frac{d^2y}{dx^2}-(2\nu+1)x\frac{dy}{dx}+l(l+2\nu)y = 0 \qquad x \in \boldsymbol{R}$$

の，初期条件

$$y(1) = \frac{(l+2\nu-1)!}{l!\,(2\nu-1)!}$$

をみたすただ1つの実解析的解である．とくに，Legendre の多項式 $P_l(x)$ は常微分方程式

$$(11.2)' \qquad (1-x^2)\frac{d^2y}{dx^2}-2x\frac{dy}{dx}+l(l+1)y = 0 \qquad x \in \boldsymbol{R}$$

の，初期条件

$$y(1) = 1$$

をみたすただ1つの実解析的解である．

(2)　正の半整数 ν と $l \geqq m \geqq 0$ をみたす整数 l, m に対して

$$\frac{d^m}{dx^m} C_l^{\nu}(x) = 2^m (\nu)_m C_{l-m}{}^{\nu+m}(x) \qquad x \in \boldsymbol{R}$$

がなりたつ．

(3)　Gegenbauer の同伴関数 $C_l^{\nu,m}(x)$ は常微分方程式

$$(11.3) \qquad (1-x^2)\frac{d^2y}{dx^2} - (2\nu+1)x\frac{dy}{dx} + \left\{l(l+2\nu) - \frac{m(m+2\nu-1)}{1-x^2}\right\}y = 0 \qquad |x| < 1$$

の実解析的解 $y(x)$ で $(1-x^2)^{-m/2}y(x)$ が有界となるもので，ほかのこのような解は $C_l^{\nu,m}(x)$ の定数倍である．とくに，Legendre の同伴関数 $P_l{}^m(x)$ は常微分方程式

$$(11.3)' \qquad (1-x^2)\frac{d^2y}{dx^2} - 2x\frac{dy}{dx} + \left\{l(l+1) - \frac{m^2}{1-x^2}\right\}y = 0 \qquad |x| < 1$$

の実解析的解 $y(x)$ で $(1-x^2)^{-m/2}y(x)$ が有界となるもので，ほかのこのような解は $P_l{}^m(x)$ の定数倍である．

常微分方程式(11.2)′ は **Legendre の微分方程式**，(11.3)′ は **Legendre の同伴微分方程式**とよばれる．

証明　(1)　　$a = l+2\nu, \quad b = -l, \quad c = \nu + \frac{1}{2}$

に対する超幾何微分方程式(11.1)は

$$z(1-z)\frac{d^2y}{dz^2} + \left\{\nu + \frac{1}{2} - (2\nu+1)z\right\}\frac{dy}{dz} + l(l+2\nu)y = 0$$

となる．変数変換 $z = \frac{1}{2}(1-x)$ をおこなえば，$1-z = \frac{1}{2}(1+x)$, $z(1-z) = \frac{1}{4}(1-x^2)$, $\frac{d}{dz} = -2\frac{d}{dx}$ となるから

$$\frac{1}{4}(1-x^2)\cdot 4\frac{d^2y}{dx^2} - 2\left\{\nu + \frac{1}{2} - \frac{1}{2}(2\nu+1)(1-x)\right\}\frac{dy}{dx} + l(l+2\nu)y = 0,$$

したがって

$$(1-x^2)\frac{d^2y}{dx^2} - (2\nu+1)x\frac{dy}{dx} + l(l+2\nu)y = 0$$

を得る．$C_l^\nu(1)=(l+2\nu-1)!/l!(2\nu-1)!$ であるから，定理 11.1 より (1) を得る．

(2) まず，y が微分方程式 (11.2) の解であるならば，y の第 m 次導関数 $y^{(m)}=\dfrac{d^m y}{dx^m}$ は

$$(1-x^2)\frac{d^2y^{(m)}}{dx^2}-(2m+2\nu+1)x\frac{dy^{(m)}}{dx}+(l-m)(l+m+2\nu)y^{(m)}=0$$

をみたすことを，m に関する帰納法で証明しよう．$m=0$ の場合は (11.2) である．m まではなりたつとする．上の微分方程式を x で微分すれば

$$-2x\frac{dy^{(m+1)}}{dx}+(1-x^2)\frac{d^2y^{(m+1)}}{dx^2}-(2m+2\nu-1)y^{(m+1)}$$
$$-(2m+2\nu+1)x\frac{dy^{(m+1)}}{dx}+(l-m)(l+m+2\nu)y^{(m+1)}=0,$$

したがって

$$(1-x^2)\frac{d^2y^{(m+1)}}{dx^2}-\{2(m+1)+2\nu+1\}x\frac{dy^{(m+1)}}{dx}$$
$$+(l-m-1)(l+m+1+2\nu)y^{(m+1)}=0$$

を得るから，$m+1$ についてもなりたつ．

さて，この微分方程式は

$$(1-x^2)\frac{d^2y^{(m)}}{dx^2}-\{2(m+\nu)+1\}x\frac{dy^{(m)}}{dx}+(l-m)\{l-m+2(m+\nu)\}y^{(m)}=0$$

と書きなおせる．したがって，(1) より，正の半整数 ν と $l\geqq m\geqq 0$ をみたす整数 l,m に対して，$\dfrac{d^m}{dx^m}C_l^\nu(x)$ は定数倍を除いて $C_{l-m}{}^{\nu+m}(x)$ に等しい．そこで

$$\frac{d^m}{dx^m}C_l^\nu(1)=\frac{(l+2\nu-1)!}{l!(2\nu-1)!}\left(\frac{-1}{2}\right)^m\frac{(l+2\nu)_m(-l)_m}{\left(\nu+\dfrac{1}{2}\right)_m},$$

$$C_{l-m}{}^{\nu+m}(1)=\frac{(l+2\nu+m-1)!}{(l-m)!(2\nu+2m-1)!}$$

の比を計算すれば (2) が得られる．

(3) $(-1,1)$ 上の実解析関数 $y(x)$ に対して，

$$z(x)=(1-x^2)^{-m/2}y(x) \qquad |x|<1$$

によって，$(-1,1)$ 上の実解析関数 $z(x)$ を定義する．このとき

(11.4)

$$(1-x^2)^{-m/2}\left[(1-x^2)\frac{d^2y}{dx^2}-(2\nu+1)x\frac{dy}{dx}+\left\{l(l+2\nu)-\frac{m(m+2\nu-1)}{1-x^2}\right\}y\right]$$

$$=(1-x^2)\frac{d^2z}{dx^2}-\{2(m+\nu)+1\}x\frac{dz}{dx}+(l-m)\{l-m+2(m+\nu)\}z$$

$$|x|<1$$

がなりたつことを示そう．そのために $y, \dfrac{dy}{dx}, \dfrac{d^2y}{dx^2}$ を計算すれば

$$y=(1-x^2)^{m/2}z,$$

$$\frac{dy}{dx}=-m(1-x^2)^{m/2-1}xz+(1-x^2)^{m/2}\frac{dz}{dx}$$

$$=(1-x^2)^{m/2}\left\{-m(1-x^2)^{-1}xz+\frac{dz}{dx}\right\},$$

$$\frac{d^2y}{dx^2}=2m\left(\frac{m}{2}-1\right)(1-x^2)^{m/2-2}x^2z-m(1-x^2)^{m/2-1}z-2m(1-x^2)^{m/2-1}x\frac{dz}{dx}$$

$$+(1-x^2)^{m/2}\frac{d^2z}{dx^2}$$

$$=(1-x^2)^{m/2-1}\left[\{m(m-2)(1-x^2)^{-1}x^2-m\}z-2mx\frac{dz}{dx}+(1-x^2)\frac{d^2z}{dx^2}\right]$$

を得る．したがって，(11.4)の左辺は

$$\{m(m-2)(1-x^2)^{-1}x^2-m\}z-2mx\frac{dz}{dx}+(1-x^2)\frac{d^2z}{dx^2}+(2\nu+1)m(1-x^2)^{-1}x^2z$$

$$-(2\nu+1)x\frac{dz}{dx}+l(l+2\nu)z-m(m+2\nu-1)(1-x^2)^{-1}z$$

$$=(1-x^2)\frac{d^2z}{dx^2}-(2m+2\nu+1)x\frac{dz}{dx}$$

$$+[m(1-x^2)^{-1}\{(m-2)x^2+(2\nu+1)x^2-(m+2\nu-1)\}-m+l(l+2\nu)]z$$

$$=(1-x^2)\frac{d^2z}{dx^2}-(2m+2\nu+1)x\frac{dz}{dx}+\{-m(m+2\nu-1)-m+l(l+2\nu)\}z$$

$$=(1-x^2)\frac{d^2z}{dx^2}-\{2(m+\nu)+1\}x\frac{dz}{dx}+(l-m)\{l-m+2(m+\nu)\}z$$

となり，(11.4)がなりたつ．

さて，(3)の証明をしよう．(11.4)と(1)，(2)より $y(x)=C_l^{\nu,m}(x)$ は微分方程式(11.3)の実解析的解で

$$z(x)=(1-x^2)^{-m/2}y(x)\quad |x|<1$$

は有界である．逆に $y(x)$ が(11.3)のこのような解ならば，(11.4)より $z(x)$ は

$$(11.5)\qquad (1-x^2)\frac{d^2z}{dx^2}-(2m+2\nu+1)x\frac{dz}{dx}+(l-m)(l+m+2\nu)z=0 \qquad |x|<1$$

の有界な実解析的解である．このような関数 $z(x)$ は多項式関数であることを示せば，(1)，(2)より $y(x)$ が $C_l^{\nu,m}(x)$ の定数倍になることがわかる．さて，$z(x)$ がこのような性質をもてば，$z(-x)$ もこのような性質をもつから，$z(x)+z(-x)$ と $z(x)-z(-x)$ も同じ性質をもつ．したがって，はじめから $z(x)$ は偶関数または奇関数であるとしてよい．奇関数の場合も同様に証明されるから，以下 $z(x)$ は偶関数であるとしよう．さらに，$z(x)$ は恒等的に0ではないとしてよい．

$$z(x)=\sum_{n=0}^{\infty}a_nx^{2n}$$

を $z(x)$ の $x=0$ における巾級数展開とする．$z(x)$ が(11.5)をみたすことから

$$(2n+2)(2n+1)a_{n+1}-\{2n(2n-1)+2n(2m+2\nu+1)-(l-m)(l+m+2\nu)\}a_n=0\qquad n\geqq 0$$

を得る．したがって

$$a_{n+1}=\frac{2n(2n+2m+2\nu)-(l-m)(l+m+2\nu)}{(2n+2)(2n+1)}a_n$$

$$=\frac{\{2n-(l-m)\}(2n+l+m+2\nu)}{(2n+2)(2n+1)}a_n\qquad n\geqq 0$$

となる．$l-m$ が偶数ならば，この巾級数は有限巾級数で $z(x)$ は多項式関数

である．$l-m$ が奇数ならば，これは無限巾級数になるが，超幾何関数の場合と同様に，これは $|x|<1$ の範囲で収束する．上の式は

$$a_{n+1}=\frac{2n}{2n+2}\left\{1+\frac{2n(2m+2\nu-1)-(l-m)(l+m+2\nu)}{2n(2n+1)}\right\}a_n \qquad n\geqq 0$$

と書きなおせるから

$$a_h=\frac{2k}{2h}a_k\prod_{n=k}^{h-1}\left(1+\frac{2n(2m+2\nu-1)-(l-m)(l+m+2\nu)}{2n(2n+1)}\right) \qquad h>k\geqq 0$$

となる．十分大きい k をとって固定する．$a_k>0$ であると仮定してさしつかえない．まず $2m+2\nu-1=0$ のときには

$$\prod_{n=k}^{\infty}\left(1-\frac{(l-m)(l+m+2\nu)}{2n(2n+1)}\right)$$

は，周知の無限積に関する定理から，ある正数に収束する．したがって，ある定数 $c>0$ が存在して，$h>k$ なる h に対して

$$a_h>\frac{c}{h}$$

となる．容易にわかるように，この不等式は $2m+2\nu-1>0$ のときにもなりたつ．したがって

$$\lim_{x\to 1}z(x)=\infty$$

となる．これは仮定に反するから，$l-m$ が奇数の場合はおこらず，$z(x)$ はつねに多項式関数である．▌

系 (Rodorigues の公式) 非負整数 l に対して

$$P_l(x)=\frac{1}{2^l l!}\frac{d^l}{dx^l}(x^2-1)^l \qquad x\in \boldsymbol{R}$$

がなりたつ．

証明 $$z(x)=(x^2-1)^l \qquad x\in\boldsymbol{R}$$

とおいて，z の第 m 次導関数を $z^{(m)}$ で表わす．z は

$$(x^2-1)\frac{dz}{dx}-2lxz=0$$

をみたす．この式を $(l+1)$ 回微分すれば，Leibniz の公式より

$$(x^2-1)z^{(l+2)}+2(l+1)xz^{(l+1)}+(l+1)lz^{(l)}-2lxz^{(l+1)}-2l(l+1)z^{(l)}=0$$

となる．したがって

$$(1-x^2)\frac{dz^{(l)}}{dx^2}-2x\frac{dz^{(l)}}{dx}+l(l+1)z^{(l)}=0 \qquad x\in \boldsymbol{R}$$

を得る．すなわち，$z^{(l)}$ は Legendre の微分方程式 (11.2)′ をみたす．したがって

$$z^{(l)}(1)=2^l l!$$

がなりたつことを示せば，定理 11.2, (1) より系が得られる．Leibniz の公式より

$$\begin{aligned} z^{(l)}(x) &= \frac{d^l}{dx^l}\{(x-1)^l(x+1)^l\} \\ &= \frac{d^l(x-1)^l}{dx^l}(x+1)^l+l\frac{d^{l-1}(x-1)^l}{dx^{l-1}}\frac{d(x+1)^l}{dx}+\cdots+(x-1)^l\frac{d^l(x+1)^l}{dx^l} \end{aligned}$$

となるから，ある多項式関数 $f(x)$ が存在して

$$z^{(l)}(x)=l!(x+1)^l+l!(x-1)^l+(x-1)(x+1)f(x)$$

となる．したがって求める等式 $z^{(l)}(1)=2^l l!$ が得られる．▌

最後に，複素射影空間の帯球関数を求めるときに必要になる関数を定義しておこう．

正の整数 n と非負整数 l に対して，実係数 l 次多項式関数 $G_l{}^n(x)$ を

$$G_l{}^n(x)=F\left(l+n, -l\,; n\,; \frac{1-x}{2}\right)$$

によって定義する．これは **Jacobi の多項式**とよばれているものの特別の場合である．とくに，$G_l{}^1(x)=P_l(x)$ である．定理 11.2 と同様にして，つぎの定理が得られる．

定理 11.3 (1) Jacobi の多項式 $G_l{}^n(x)$ は $\boldsymbol{R}$ 上の常微分方程式

$$(1-x^2)\frac{d^2y}{dx^2}-\{(n+1)x+n-1\}\frac{dy}{dx}+l(l+n)y=0 \tag{11.6}$$

の，初期条件

$$y(1)=1$$

をみたすただ1つの実解析的解である.

(2) $|x|<1$ における常微分方程式(11.6)の有界な実解析的解は $G_l^n(x)$ の定数倍である.

§12 球面の球関数

この節では，第1章，第2章の結果を用いて，n 次元単位球面 S^n の球関数を求める．S^n の球関数の空間の基底が Gegenbauer の関数を用いて構成される．この節で，古典的な球関数の理論が現代的な群論的方法によっていかに美しく統制されるかが明らかになるであろう．

n を正の整数とする．n 次実(または複素)正方行列全体のなす実(または複素)線形空間を $M_n(\boldsymbol{R})$ (または $M_n(\boldsymbol{C})$) で表わし，n 次単位行列を 1_n で表わす．$M_n(\boldsymbol{R})$ は自然な C^∞ 多様体の構造をもつ．

$$SO(n) = \{x \in M_n(\boldsymbol{R})\,;\, {}^t xx = 1_n, \det x = 1\}$$

($\det x$ は x の行列式を表わす) とおけば，$SO(n)$ は $M_n(\boldsymbol{R})$ の正則部分多様体の構造をもち，この微分構造と行列の積に関してコンパクト連結 C^∞ Lie 群になる．行列 x, y の積の各成分は x, y の成分に関する2次式で，x^{-1} の各成分は x の成分に関する1次式であるから，じつは $SO(n)$ は実解析 Lie 群である．Lie 群 $SO(n)$ を n 次の**特殊直交群**という．以後，$1 \leqq k \leqq n$ をみたす整数 k に対して，$SO(k)$ から $SO(n)$ への単射準同形

$$x \mapsto \begin{pmatrix} 1_{n-k} & 0 \\ 0 & x \end{pmatrix} \qquad x \in SO(k)$$

によって，$SO(k)$ を $SO(n)$ の閉部分群とみなすことにする．$SO(n)$ の Lie 代数は

$$\mathfrak{o}(n) = \{X \in M_n(\boldsymbol{R})\,;\, {}^t X + X = 0\}, \qquad [X, Y] = XY - YX$$

と同一視され，$SO(k)\,(1 \leqq k \leqq n)$ の Lie 代数は $\mathfrak{o}(n)$ の部分代数

$$\mathfrak{o}(k)=\left\{\begin{pmatrix}0 & 0\\ 0 & X\end{pmatrix}\begin{matrix}\}n-k\\ \}k\end{matrix};X\in M_k(\boldsymbol{R}),\ {}^tX+X=0\right\}$$

と同一視される.

n 次元実数ベクトル空間を $\boldsymbol{R}^n$ とし，$\boldsymbol{R}^n$ の標準的内積を

$$\langle x, y\rangle=\sum_{i=1}^{n}x^iy^i \qquad ここで\quad x=\begin{pmatrix}x^1\\ \vdots\\ x^n\end{pmatrix},\ y=\begin{pmatrix}y^1\\ \vdots\\ y^n\end{pmatrix}\in\boldsymbol{R}^n$$

で表わす．$\boldsymbol{R}^n$ は自然な C^∞ 微分多様体の構造をもち，内積 $\langle\ ,\ \rangle$ より引きおこされる自然な Riemann 計量によって C^∞ Riemann 多様体の構造をもつ．C^∞ Riemann 多様体 $\boldsymbol{R}^n$ を n 次元 **Euclid 空間**という.

$$S^{n-1}=\{x\in\boldsymbol{R}^n;\langle x, x\rangle=1\}$$

とおけば，S^{n-1} は $\boldsymbol{R}^n$ の $(n-1)$ 次元正則部分多様体の構造をもち，$\boldsymbol{R}^n$ の Riemann 計量より引きおこされる Riemann 計量によって，C^∞ Riemann 多様体の構造をもつ．C^∞ Riemann 多様体 S^{n-1} を $(n-1)$ 次元**単位球面**とよぶ．S^{n-1} は $n\geqq 2$ ならば連結で，$n\geqq 3$ ならば単連結である．$SO(n)$ は自然な仕方で，S^{n-1} の等長変換全体のなす C^∞ Lie 群の単位元を含む連結成分と同一視される.

さて，正の整数 n に対して

$$G=SO(n+1),\qquad K=SO(n),$$
$$\nu=\frac{1}{2}(n-1)$$

とおく．商多様体 G/K の原点を o とする．G/K の点 $xo\,(x\in G)$ に対して，行列 x の第1列のなす $(n+1)$ 次元実数ベクトルを対応させることによって，G/K と S^n は，G の作用を込めて C^∞ 同相になる．この対応によって，G/K の原点 o は $\boldsymbol{R}^{n+1}$ の単位ベクトル

$$e_1=\begin{pmatrix}1\\ 0\\ \vdots\\ 0\end{pmatrix}$$

に移る．以後，この対応で

$$G/K = S^n$$

と同一視しよう．

G の位数2の C^∞ 自己同形 θ を

$$\theta(x) = sxs^{-1} \qquad x \in G, \qquad ここで \quad s = \begin{pmatrix} 1 & 0 \\ 0 & -1_n \end{pmatrix}$$

によって定義すると，

$$G_\theta = \left\{ \begin{pmatrix} \varepsilon & 0 \\ 0 & x \end{pmatrix}; \varepsilon = \pm 1, x \in M_n(\boldsymbol{R}), {}^t xx = 1_n, \varepsilon \det x = 1 \right\}$$

となるから，G_θ の単位元 e を含む連結成分 $G_\theta{}^0$ は K に一致する．したがって，対 (G, K) はコンパクト対称対である．G, K の Lie 代数，(G, K) の標準補空間をそれぞれ $\mathfrak{g}, \mathfrak{k}, \mathfrak{m}$ とすれば

$$\mathfrak{g} = \mathfrak{o}(n+1), \qquad \mathfrak{k} = \mathfrak{o}(n),$$
$$\mathfrak{m} = \left\{ \begin{pmatrix} 0 & -{}^t x \\ x & 0 \end{pmatrix}; x \in \boldsymbol{R}^n \right\}$$

となる．G の階数は

$$m = [(n+1)/2]$$

([ ] は整数部分を表わす)に等しい．G の随伴表現 Ad，θ の微分 θ はそれぞれ

$$\mathrm{Ad}\, x X = xXx^{-1} \qquad x \in G, \ \ X \in \mathfrak{g}$$
$$\theta(X) = sXs^{-1} \qquad X \in \mathfrak{g}$$

となる．$\mathfrak{g}$ 上の内積 (,) を

$$(X, Y) = -\frac{1}{2} \operatorname{tr} XY \qquad X, Y \in \mathfrak{g}$$

(ここで，tr はトレースを表わす)によって定義すれば，これは G の随伴表現と θ で不変である．ここで，$\mathfrak{o}(k)$ $(1 \leq k \leq n)$ に対して $\mathfrak{o}(k) \subset M_k(\boldsymbol{R})$ として同じ式で定義される内積は，さきのように $\mathfrak{o}(k) \subset \mathfrak{g}$ とみなして $\mathfrak{g}$ の内積 (,) を $\mathfrak{o}(k)$ に制限して得られる内積と一致することに注意しておこう．$\mathfrak{g}$ 上の内積 (,) から定まる G/K 上の G 不変 Riemann 計量 g によってコンパクト対称空間 G/K の Riemann 計量を定める．g から定義される G/K の Laplace-

Beltrami 作用素を Δ で表わす．$\mathfrak{m}$ の任意の元

$$X=\begin{pmatrix}0 & -{}^t x\\ x & 0\end{pmatrix}\qquad x\in \boldsymbol{R}^n$$

に対して，$(X,X)=\langle x,x\rangle$ がなりたつから，さきの同一視 $G/K=S^n$ は Riemann 多様体の構造を込めた同一視になっている．われわれは球関数の空間 $S(G/K)$ を調べたいのであるが，第4節でみたように，$S(G/K)$ は $\mathcal{L}(G/K)$ の同時固有関数で張られるから，とくに Δ の固有関数で張られる．

$x\in\boldsymbol{R}$ に対して $R(x), r(x)\in M_2(\boldsymbol{R})$ を

$$R(x)=\begin{pmatrix}0 & -2\pi x\\ 2\pi x & 0\end{pmatrix},\qquad r(x)=\begin{pmatrix}\cos 2\pi x & -\sin 2\pi x\\ \sin 2\pi x & \cos 2\pi x\end{pmatrix}=\exp R(x)$$

によって定義し，$x_1,\cdots,x_m\in\boldsymbol{R}$ に対して $H(x_1,\cdots,x_m)\in\mathfrak{g}$ を

$$H(x_1,\cdots,x_m)=\begin{cases}\begin{pmatrix}R(x_1) & & \\ & \ddots & \\ & & R(x_m) & \\ & & & 0\end{pmatrix} & n+1:\ \text{奇数}\\[2ex] \begin{pmatrix}R(x_1) & & \\ & \ddots & \\ & & R(x_m)\end{pmatrix} & n+1:\ \text{偶数}\end{cases}$$

によって定義する．ただし，なにも書かれていない部分は 0 であるとする．以後にもこのような記法を用いる．

$$\mathfrak{a}=\{H(x,0,\cdots,0)\,;\,x\in\boldsymbol{R}\}$$

とおけば，$\mathfrak{a}$ はコンパクト対称対 (G,K) の 1 つの Cartan 部分代数である．したがって，(G,K) の階数は 1 である．$\mathfrak{a}$ で生成される G の輪環部分群

$$A=\left\{\begin{pmatrix}r(x) & 0\\ 0 & 1_{n-2}\end{pmatrix};\,x\in\boldsymbol{R}\right\}$$

は (G,K) の 1 つの Cartan 部分群である．

$$H_1=\frac{1}{2\pi}H(1,0,\cdots,0)$$

とおけば $(H_1,H_1)=1$ であるから，$\mathfrak{a}$ の線形座標

$$\theta: H(x,0,\cdots,0)\mapsto 2\pi x\qquad x\in\boldsymbol{R}$$

は $\mathfrak{a}$ の正規直交線形座標である．（ここで C^∞ 自己同形 θ と同じ記号を用いたが，以下に示すようにこの θ はある角度を表わしているから，混同のおそれはないであろう．） $\mathfrak{a}$ から定まる (G, K) の極大輪環群 $\hat{A}$ は

$$\hat{A} = \{\hat{a}_\theta\,;\,\theta \in \boldsymbol{R}\}, \qquad \text{ここで} \quad \hat{a}_\theta = \begin{pmatrix} \cos\theta \\ \sin\theta \\ 0 \\ \vdots \\ 0 \end{pmatrix} = (\exp\theta H_1)e_1 \in S^n$$

で与えられる．とくに，$n=1$ のときは

$$\hat{A} = G/K = S^1$$

である．輪環群 $\hat{A}$ の群構造は

$$\hat{a}_\theta \hat{a}_{\theta'} = \hat{a}_{\theta+\theta'} \qquad \theta, \theta' \in \boldsymbol{R}$$

によって与えられる．以後，$\hat{A}$ の局所座標としては θ を用いることにする．このとき，$\hat{A}$ の正規化された Haar 測度 $d\hat{a}$ は

$$d\hat{a} = \frac{1}{2\pi} d\theta$$

で与えられる．

$$\mathfrak{t} = \{H(x_1, \cdots, x_m)\,;\, x_1, \cdots, x_m \in \boldsymbol{R}\}$$

とおけば，$\mathfrak{t}$ は $\mathfrak{a}$ を含む $\mathfrak{g}$ の極大可換部分代数である．したがって，$\mathfrak{t}$ で生成される G の輪環部分群

$$T = \left\{ \begin{pmatrix} r(x_1) & & & \\ & \ddots & & \\ & & r(x_m) & \\ & & & 1 \end{pmatrix} ; x_1, \cdots, x_m \in \boldsymbol{R} \right\} \quad \text{または}$$

$$\left\{ \begin{pmatrix} r(x_1) & & \\ & \ddots & \\ & & r(x_m) \end{pmatrix} ; x_1, \cdots, x_m \in \boldsymbol{R} \right\}$$

は G の1つの極大輪環部分群である．第5節で定義した $\sigma \in O(\mathfrak{t})$ と $\mathfrak{a}$ の上への直交射影 $H \mapsto \bar{H}$ は

$$\sigma H(x_1, x_2, \cdots, x_m) = H(x_1, -x_2, \cdots, -x_m) \qquad x_1, \cdots, x_m \in \boldsymbol{R},$$
$$\overline{H(x_1, x_2, \cdots, x_m)} = H(x_1, 0, \cdots, 0) \qquad x_1, \cdots, x_m \in \boldsymbol{R}$$

で与えられる.

$$\lambda_i = \frac{1}{4\pi^2} H(0, \cdots, \overset{i}{\breve{1}}, \cdots, 0) \qquad 1 \leqq i \leqq m$$

とおくと, $\{\lambda_1, \cdots, \lambda_m\}$ は $\mathfrak{t}$ の1つの基底であって,

$$(\lambda_i, H(x_1, \cdots, x_m)) = x_i \qquad 1 \leqq i \leqq m,$$

$$(\lambda_i, \lambda_j) = \frac{1}{4\pi^2}\delta_{ij} \qquad 1 \leqq i, j \leqq m,$$

$$\bar{\lambda}_1 = \lambda_1, \qquad \bar{\lambda}_2 = \cdots = \bar{\lambda}_m = 0$$

がなりたつ. この基底を用いれば, G の $\mathfrak{t}$ に関する根系 $\Sigma(G)$ は

$$\Sigma(G) = \begin{cases} \{\pm(\lambda_i \pm \lambda_j)\,(1 \leqq i < j \leqq m),\ \pm\lambda_i\ (1 \leqq i \leqq m)\} & n+1:\text{奇数} \\ \{\pm(\lambda_i \pm \lambda_j)\,(1 \leqq i < j \leqq m)\} & n+1:\text{偶数} \end{cases}$$

で与えられる. ただし, $n=1$ のときは $\Sigma(G)=\phi$ である. Weyl 群 $W(G)$ の元を基底 $\{\lambda_1, \cdots, \lambda_m\}$ を用いて表わせば, $W(G)$ は

$$s\lambda_i = \varepsilon_i \lambda_{p(i)} \qquad 1 \leqq i \leqq m$$

のような形の $s \in O(\mathfrak{t})$ 全体のなす群である. ここで, p は m 文字 $\{1, 2, \cdots, m\}$ の任意の置換, $n+1$ が奇数のときは $\varepsilon_i = \pm 1$, $n+1$ が偶数のときは $\varepsilon_i = \pm 1$ であって, さらに

$$\prod_{i=1}^{m} \varepsilon_i = 1$$

をみたす. $n \geqq 2$ のとき

$$\Sigma_0(G) =$$
$$\begin{cases} \{\pm(\lambda_i \pm \lambda_j)\,(2 \leqq i < j \leqq m),\ \pm\lambda_i\ (2 \leqq i \leqq m)\} & n+1:\text{奇数} \\ \{\pm(\lambda_i \pm \lambda_j)\,(2 \leqq i < j \leqq m)\} & n+1:\text{偶数} \end{cases}$$

となる. したがって, (G, K) の $\mathfrak{a}$ に関する根系 $\Sigma(G, K) = \{\bar{\alpha}\,; \alpha \in \Sigma(G) - \Sigma_0(G)\}$ は

$$\Sigma(G, K) = \begin{cases} \{\pm\lambda_1\} & n \geqq 2\text{ のとき} \\ \phi & n = 1\text{ のとき} \end{cases}$$

で与えられる．Weyl 群 $W(G,K)$ は $\Sigma(G,K)$ の元に関する鏡映で生成されるから

$$W(G,K)=\begin{cases}\{\pm 1\} & n\geqq 2 \text{ のとき}\\ \{1\} & n=1 \text{ のとき}\end{cases}$$

(1 は $\mathfrak{a}$ の恒等自己同形を表わす) となる．したがって，$n\geqq 2$ のときは，$S(\mathfrak{a})_{W(G,K)}{}^{\boldsymbol{C}}$ は $H_1\otimes H_1\in S_2(\mathfrak{a})_{W(G,K)}{}^{\boldsymbol{C}}$ で生成されるから，定理 5.3 と定理 5.2 より，不変微分作用素の代数 $\mathcal{L}(G/K)$ は Laplace-Beltrami 作用素 $\varDelta$ で生成される 1 変数多項式代数となることがわかる．$n=1$ のときは，容易にわかるように，$\mathcal{L}(G/K)$ は $\dfrac{\partial}{\partial\theta}$ で生成される 1 変数多項式代数である．したがって，第 4 節で定義した $\mathcal{S}(G/K)$ は $\varDelta$ または $\dfrac{\partial}{\partial\theta}$ の固有値を並べることによって $\boldsymbol{C}$ の部分集合と同一視される．図式 $\boldsymbol{D}(G,K)$ は

$$\boldsymbol{D}(G,K)=\begin{cases}\left\{H(x,0,\cdots,0)\,;\,x\in\dfrac{1}{2}\boldsymbol{Z}\right\} & n\geqq 2 \text{ のとき}\\ \phi & n=1 \text{ のとき}\end{cases}$$

となる．したがって，$\hat{A}$ の正則元全体の集合 $\hat{A}_r$ は

$$\hat{A}_r=\begin{cases}\{\hat{a}_\theta\,;\,\theta\notin\pi\boldsymbol{Z}\} & n\geqq 2 \text{ のとき}\\ \{\hat{a}_\theta\,;\,\theta\in\boldsymbol{R}\}=\hat{A}=\hat{F}(G,K)=S^1 & n=1 \text{ のとき}\end{cases}$$

となる．$G/K=S^n$ の正則元全体を $S^n{}_r$，特異元全体を $S^n{}_s$ で表わせば，$n\geqq 2$ のときは

$$S^n{}_s=\left\{\begin{pmatrix}x^1\\ \vdots\\ x^{n+1}\end{pmatrix}\in S^n\,;\,x^1=\pm 1\right\},\qquad S^n{}_r=\left\{\begin{pmatrix}x^1\\ \vdots\\ x^{n+1}\end{pmatrix}\in S^n\,;\,|x^1|<1\right\},$$

$n=1$ のときは

$$S^1{}_s=\phi,\qquad S^1{}_r=S^1$$

である．

$\mathfrak{t}$ 上の線形順序 $>$ を

$$\lambda_1>\lambda_2>\cdots>\lambda_m>0$$

をみたすようにとると，$>$ は σ 順序である．$n\geqq 2$ のとき，

$$\alpha_i = \lambda_i - \lambda_{i+1} \qquad 1 \leqq i \leqq m-1,$$

$$\alpha_m = \begin{cases} \lambda_m & n+1\text{: 奇数} \\ \lambda_{m-1}+\lambda_m & n+1\text{: 偶数} \end{cases}$$

とおけば，この σ 順序 $>$ に関する $\Sigma(G)$ の σ 基本系 $\Pi(G)$ は

$$\Pi(G) = \begin{cases} \{\alpha_1, \cdots, \alpha_m\} & n \geqq 2 \text{ のとき} \\ \phi & n = 1 \text{ のとき} \end{cases}$$

で与えられる．したがって，$n \geqq 2$ のとき，$\mathfrak{g}$ の基本の重み $\{\Lambda_1, \cdots, \Lambda_m\}$ は

$$\Lambda_i = \lambda_1 + \cdots + \lambda_i \qquad 1 \leqq i \leqq m-2,$$

$$\Lambda_{m-1} = \lambda_1 + \cdots + \lambda_{m-1},\ \Lambda_m = \frac{1}{2}(\lambda_1 + \cdots + \lambda_m) \qquad n+1\text{: 奇数}$$

$$\Lambda_{m-1} = \frac{1}{2}(\lambda_1 + \cdots + \lambda_{m-1} - \lambda_m),\ \Lambda_m = \frac{1}{2}(\lambda_1 + \cdots + \lambda_{m-1} + \lambda_m) \qquad n+1\text{: 偶数}$$

で与えられる．$n \geqq 2$ のとき，$\delta(G) = \Lambda_1 + \cdots + \Lambda_m$ であったから

$$\delta(G) = \begin{cases} \sum_{i=1}^{m}\left(m-i+\frac{1}{2}\right)\lambda_i & n+1\text{: 奇数} \\ \sum_{i=1}^{m}(m-i)\lambda_i & n+1\text{: 偶数} \end{cases}$$

となる．

以下しばらく $n \geqq 2$ とする．α_i $(1 \leqq i \leqq m)$ の間の内積が容易に求められて，

$$\Pi_0(G) = \{\alpha_2, \cdots, \alpha_m\},$$

$$\sigma\alpha_1 = \begin{cases} \alpha_1 + 2\alpha_2 + \cdots + 2\alpha_m & n+1\text{: 奇数} \\ \alpha_1 + 2\alpha_2 + \cdots + 2\alpha_{m-2} + \alpha_{m-1} + \alpha_m & n+1\text{: 偶数},\ n \geqq 5 \\ \alpha_2 & n = 3 \end{cases}$$

となることから，(G, K) の佐武図形が得られる．すなわち

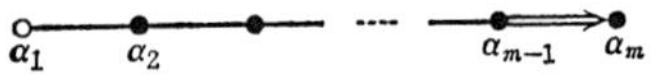

$n+1$: 奇数

$n+1$: 偶数, $n \geqq 5$

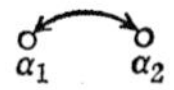

$n = 3$

となる．したがって$(\mathfrak{g}, \mathfrak{k})$の基本の重み M_1 は

$$M_1 = \lambda_1$$

となる．順序 $>$ に関して

$$\Sigma^+(G) = \begin{cases} \{\lambda_i \pm \lambda_j \,(1 \leqq i < j \leqq m),\ \ \lambda_i\ \ (1 \leqq i \leqq m)\} & n+1:\ \text{奇数} \\ \{\lambda_i \pm \lambda_j \,(1 \leqq i < j \leqq m)\} & n+1:\ \text{偶数}, \end{cases}$$

$$\Sigma^+(G) - \Sigma_0(G) = \begin{cases} \{\lambda_1 \pm \lambda_j \,(2 \leqq j \leqq m), \lambda_1\} & n+1:\ \text{奇数} \\ \{\lambda_1 \pm \lambda_j \,(2 \leqq j \leqq m)\} & n+1:\ \text{偶数} \end{cases}$$

となる．したがって

$$\Sigma^+(G, K) = \{\lambda_1\}$$

であって，λ_1 の重複度は $n-1$ である．$\Sigma(G, K)$ の順序 $>$ に関する基本系 $\Pi(G, K)$ は

$$\Pi(G, K) = \{\gamma_1\}, \qquad \text{ここで} \quad \gamma_1 = \lambda_1$$

で与えられる．したがって

$$\hat{F}(G, K) = \{\hat{a}_\theta\,;\, 0 < \theta < \pi\},$$

$$D(\hat{a}_\theta) = 2^{n-1}\,|\sin^{n-1}\theta| \qquad \theta \in \boldsymbol{R},$$

$$j(\hat{a}_\theta) = 2^\nu \sin^\nu \theta \qquad 0 < \theta < \pi$$

がなりたつ．周知の定積分

$$\int_0^{\pi/2} \sin^p \theta d\theta = \frac{\sqrt{\pi}}{2}\frac{\Gamma\left(\frac{p+1}{2}\right)}{\Gamma\left(\frac{p}{2}+1\right)} \qquad p \in \boldsymbol{Z},\ p \geqq 0$$

($\Gamma(z)$ は Γ 関数を表わす)より

$$\frac{1}{c(G,K)} = \frac{1}{|W(G,K)|}\int_{\hat{A}} D(\hat{a})d\hat{a} = \frac{1}{4\pi}\int_0^{2\pi} 2^{n-1}|\sin^{n-1}\theta|d\theta$$

$$= \frac{2^{n-1}}{\pi}\int_0^{\pi/2} \sin^{n-1}\theta d\theta = \frac{2^{2\nu-1}}{\sqrt{\pi}}\frac{\Gamma\left(\nu+\frac{1}{2}\right)}{\Gamma(\nu+1)}$$

を得る．ここで，Γ 関数の関数等式

$$\Gamma(z+1) = z\Gamma(z)$$

と $\Gamma\left(\frac{1}{2}\right)=\sqrt{\pi}$，$\Gamma(1)=1$ を用いれば，容易に

$$\frac{\Gamma\left(\nu+\frac{1}{2}\right)}{\Gamma(\nu+1)} = \frac{(2\nu-1)!\sqrt{\pi}}{2^{2\nu-1}\nu\Gamma(\nu)^2} \tag{12.1}$$

が得られるから，

$$c(G,K) = \frac{\sqrt{\pi}\,\Gamma(\nu+1)}{2^{2\nu-1}\Gamma\left(\nu+\frac{1}{2}\right)} = \frac{\nu\Gamma(\nu)^2}{(2\nu-1)!}$$

となる．したがって，第10節で定義した $\hat{F}(G,K)$ 上の正値 C^∞ 測度 $d\hat{f}$ は

$$d\hat{f} = \frac{\Gamma(\nu+1)}{\sqrt{\pi}\,\Gamma\left(\nu+\frac{1}{2}\right)}\sin^{2\nu}\theta d\theta = \frac{2^{2\nu-1}\nu\Gamma(\nu)^2}{\pi(2\nu-1)!}\sin^{2\nu} d\theta \qquad 0<\theta<\pi \tag{12.2}$$

で与えられる．さらに変数変換 $t=\cos\theta\ (0<\theta<\pi)$ をおこなって，$\hat{F}(G,K)$ を実開区間 $(-1,1)$ と同一視すれば

$$d\hat{f} = \frac{2^{2\nu-1}\nu\Gamma(\nu)^2}{\pi(2\nu-1)!}(1-t^2)^{\nu-1/2}dt \qquad |t|<1 \tag{12.3}$$

となる．

$n=1$ のときは，佐武図形，$\Sigma^+(G)-\Sigma_0(G)$ などはすべて空集合であり，j, D はともに定数関数 1 である．したがって，$c(G,K)=1$，$d\hat{f}=\frac{1}{2\pi}d\theta$ となる．

さて，n を一般の正の整数として，G の T 上の支配的指標と，(G, K) の $\hat{A}$ 上の支配的指標を求めよう．

$$\Gamma(G) = \{H(x_1, \cdots, x_m)\,;\, x_1, \cdots, x_m \in \boldsymbol{Z}\},$$

$$Z(G) = \sum_{i=1}^{m} \boldsymbol{Z}\lambda_i$$

となるから

$$D(G) = \begin{cases} \left\{\sum_{i=1}^{m} l_i\lambda_i\,;\, l_1, \cdots, l_m \in \boldsymbol{Z},\ \ l_1 \geqq l_2 \geqq \cdots \geqq l_m \geqq 0\right\} & n+1:\ \text{奇数} \\ \left\{\sum_{i=1}^{m} l_i\lambda_i\,;\, l_1, \cdots, l_m \in \boldsymbol{Z},\ \ l_1 \geqq l_2 \geqq \cdots \geqq l_{m-1} \geqq |l_m|\right\} & n+1:\ \text{偶数} \end{cases}$$

を得る．また

$$\Gamma(G, K) = \{H(x, 0, \cdots, 0)\,;\, x \in \boldsymbol{Z}\},$$

$$Z(G, K) = \boldsymbol{Z}\lambda_1$$

となるから

$$D(G, K) = \begin{cases} \{l\lambda_1\,;\, l \in \boldsymbol{Z},\ \ l \geqq 0\} & n \geqq 2\ \text{のとき} \\ \{l\lambda_1\,;\, l \in \boldsymbol{Z}\} = Z(G, K) & n = 1\ \text{のとき} \end{cases}$$

を得る．これは，$n \geqq 2$ の場合は，$M_1 = \lambda_1$ であることと定理6.1からもわかる．$D(G)$ と $D(G, K)$ とを比較すれば，$\mathcal{D}(G)$ と $\mathcal{D}(G, K)$ が一致するのは $n=1, 2$ の場合に限ることがわかる．とくに，$SO(3)$ の既約表現はすべて S^2 上の C^∞ 関数の空間で実現されることがわかる(定理1.2(Frobenius の相互律)を参照)．

$l\lambda_1 \in D(G, K)$ を最高の重みにもつ G の既約表現の同値類を $\rho_l \in \mathcal{D}(G, K)$ で表わし，ρ_l に属する G の既約表現の Casimir 作用素の固有値を a_l で表わそう．$\delta(G)$ が求められているから，a_l は定理10.5(Freudenthal の公式)から計算されて

$$a_l = -l(l+n-1) = -l(l+2\nu) \tag{12.4}$$

となる．このことから，$\rho_l \in \mathcal{D}(G, K)$ は $\mathfrak{a}, \mathfrak{t}, \sigma$ 順序 $>$ のとり方によらず，整数 l のみで定まることがわかる．実際，$n \geqq 2$ のときは，上式より $\rho_l(l \in \boldsymbol{Z},$

$l \geqq 0$) は $\mathcal{D}(G, K)$ のなかでその Casimir 作用素の固有値で特徴づけられ，$n=1$ のときは，$\rho_l (l \in \boldsymbol{Z})$ は

$$\xi_l(r(x)) = \exp(2\pi\sqrt{-1}\,lx) \qquad x \in \boldsymbol{R}$$

で定義される 1 次元輪環群 $SO(2)$ の指標 ξ_l にほかならないからである．ρ_l を対 (G, K) の**第 l の球表現類**とよぶことにしよう．ρ_l に付属する帯球関数を ω_l で表わす．定理 10.5，系 2 より，a_l は ω_l に付属する球関数の空間 $S_{\omega_l}(G/K) = \mathfrak{o}_{\rho_l}(G/K)$ の上の $\varDelta$ の固有値にも等しい．ρ_l の次数を d_l で表わせば，d_l は定理 7.3，系 3 (Weyl の次数公式) より計算されて

$$(12.5) \qquad d_l = \begin{cases} \dfrac{l+\nu}{\nu}\dfrac{(l+2\nu-1)\,!}{l\,!\,(2\nu-1)\,!} & n \geqq 2 \text{ のとき} \\ 1 & n = 1 \text{ のとき} \end{cases}$$

となる．

補題 1　$n \geqq 2$ のとき，$\rho_l \in \mathcal{D}(SO(n+1), SO(n))\,(l \geqq 0)$ に属する $SO(n+1)$ の既約表現の表現空間 V は，$SO(n)$ の表現空間としてつぎのように一意的に分解される：

$$V = \begin{cases} V_0 + V_1 + \cdots + V_l & n \geqq 3 \text{ のとき} \\ V_{-l} + V_{-l+1} + \cdots + V_0 + V_1 + \cdots + V_l & n = 2 \text{ のとき}. \end{cases}$$

ここで，対 $(SO(n), SO(n-1))$ の第 l' の球表現類を $\rho'_{l'}$ で表わせば，各 $l'(0 \leqq l' \leqq l$ または $|l'| \leqq l)$ に対して，$SO(n)$ が $V_{l'}$ に引きおこす表現は既約で同値類 $\rho'_{l'}$ に属する．とくに，$\langle\ ,\ \rangle$ を V 上の $SO(n+1)$ で不変な内積とすれば，これらの分解は $\langle\ ,\ \rangle$ に関する直交直和分解である．

証明　まず，$n+1$ は奇数で $n+1 \geqq 5$ であるとしよう．

$$H'(x_1, \cdots, x_m) = \begin{pmatrix} 0 & & & \\ & R(x_1) & & \\ & & \ddots & \\ & & & R(x_m) \end{pmatrix} \qquad x_1, \cdots, x_m \in \boldsymbol{R},$$

$$\mathfrak{t}' = \{H'(x_1, \cdots, x_m)\,;\, x_1, \cdots, x_m \in \boldsymbol{R}\}$$

とおけば，$\mathfrak{t}'$ は $\mathfrak{o}(n+1)$ の極大可換部分代数で，しかも $\mathfrak{o}(n)$ に含まれる．したがって，$\mathfrak{t}'$ で生成される $SO(n)$ の輪環部分群 T' は $SO(n+1)$ と $SO(n)$ の

両方の極大輪環部分群である．$\mathfrak{t}$ の場合とまったく同様に，$\lambda_i' \in \mathfrak{t}'(1 \leqq i \leqq m)$ と $\mathfrak{t}'$ 上の順序 $>'$ が定義される．

$$a = \begin{pmatrix} 0 & & & & 1 \\ 1 & 0 & & & \\ & 1 & \ddots & & \\ & & \ddots & \ddots & \\ & & & 1 & 0 \end{pmatrix} \in SO(n+1)$$

とおくと

$$\mathrm{Ad}\,a\,H(x_1, \cdots, x_m) = H'(x_1, \cdots, x_m) \qquad x_1, \cdots, x_m \in \boldsymbol{R},$$

$$\mathrm{Ad}\,a\,\lambda_i = \lambda_i' \qquad 1 \leqq i \leqq m$$

となる．したがって，$\mathrm{Ad}\,a\,\mathfrak{t} = \mathfrak{t}'$ であって，$\mathrm{Ad}\,a$ は $\mathfrak{t}$ 上の順序 $>$ を $\mathfrak{t}'$ 上の順序 $>'$ に移す．以後，T' の上で順序 $>'$ にもとづいて議論することにしよう．定理7.3の後に注意したように，このようにしても差し支えないからである．$\lambda' \in D(SO(n))$ に付属する T' の $(SO(n)$ に関する) 主対称指標を $\chi'_{\lambda'}$ で表わすことにしよう．すると，$l\lambda_1' \in D(SO(n+1))$ に付属する T' の $(SO(n+1)$ に関する) 主対称指標 $\chi_{l\lambda_1'}$ は

$$\chi_{l\lambda_1'} = \sum_{0 \leqq l' \leqq l} \chi'_{l'\lambda_1'}$$

と表わせることが計算により確かめられる．定理7.3(Cartan-Weyl の定理) より，これは V が上のような分解をもつことを示している．

$n+1$ が偶数であるときも，$n=2$ のときも，同様にして証明される．直交性は Schur の補題から導かれる．∎

さて，容易にわかるように

$$Z_K(A) = SO(n-1)$$

となる．$n \geqq 2$ としよう．このときは，G/K の場合と同様にして $K/Z_K(A)$ は S^{n-1} と同一視されるが，この S^{n-1} を

$$S^{n-1} = \left\{ \begin{pmatrix} x^1 \\ \vdots \\ x^{n+1} \end{pmatrix} \in S^n ; x^1 = 0 \right\}$$

として S^n に埋めこんでおこう．このとき，K の $K/Z_K(A)$ への自然な作用は，G の部分群 K の S^n への自然な作用から引きおこされる，部分多様体 S^{n-1} への作用と一致する．この同一視のもとで，第7節の C^∞ 写像 ψ は

$$\psi : S^{n-1}\times\hat{A}\to S^n \tag{12.6}$$

$$\psi\left(\begin{pmatrix}0\\x^2\\\vdots\\x^{n+1}\end{pmatrix}, \hat{a}_\theta\right)=\begin{pmatrix}\cos\theta\\x^2\sin\theta\\\vdots\\x^{n+1}\sin\theta\end{pmatrix}\qquad\begin{pmatrix}0\\x^2\\\vdots\\x^{n+1}\end{pmatrix}\in S^{n-1},\ \ \theta\in\boldsymbol{R}$$

となる．定理9.2，系より ψ は K の作用(左辺では，第1成分 S^{n-1} にだけ自然に作用する)と可換な C^∞ 同相

$$\psi : S^{n-1}\times\hat{F}(G,K)\to S^n{}_r \tag{12.6$'$}$$

を引きおこす．この C^∞ 同相によって $S^{n-1}\times\hat{F}(G,K)$ と $S^n{}_r$ を同一視すれば，定理7.2(積分公式)より，S^n の正規化された $SO(n+1)$ 不変正値 C^∞ 測度 dx は，S^{n-1} の正規化された $SO(n)$ 不変正値 C^∞ 測度 dx' と $\hat{F}(G,K)$ の正値 C^∞ 測度 $d\hat{f}$ との直積

$$dx=dx'd\hat{f}$$

となる．(12.6)$'$ の ψ による直積分解によって，第2節の最後に述べたように $\mathrm{Diff}(S^{n-1})\subset\mathrm{Diff}(S^n{}_r)$ とみなして，S^{n-1} の Laplace-Beltrami 作用素 Δ' を $S^n{}_r$ 上の微分作用素と同一視しよう．このとき，つぎの補題がなりたつ．

補題2 $n\geqq 2$ のとき，$\hat{F}(G,K)$ の座標 θ に関して，つぎの式がなりたつ．

$$\Delta=\frac{\partial^2}{\partial\theta^2}+(n-1)\cot\theta\frac{\partial}{\partial\theta}+\frac{1}{\sin^2\theta}\Delta'\qquad 0<\theta<\pi$$

証明 S^n の極座標 $(\theta_1,\cdots,\theta_n)$ $(0\leqq\theta_1,\cdots,\theta_{n-1}<\pi,\ 0\leqq\theta_n<2\pi)$：

$$\left\{\begin{aligned}x^1&=\cos\theta_1\\x^2&=\sin\theta_1\cos\theta_2\\x^3&=\sin\theta_1\sin\theta_2\cos\theta_3\\&\cdots\\x^n&=\sin\theta_1\sin\theta_2\cdots\sin\theta_{n-1}\cos\theta_n\\x^{n+1}&=\sin\theta_1\sin\theta_2\cdots\sin\theta_{n-1}\sin\theta_n\end{aligned}\right. \tag{12.7}$$

と，S^{n-1} の極座標 $(\theta_2, \cdots, \theta_n)\,(0\leqq\theta_2, \cdots, \theta_{n-1}<\pi, 0\leqq\theta_n<2\pi)$：

$$\begin{cases} x^2 = \cos\theta_2 \\ x^3 = \sin\theta_2\cos\theta_3 \\ \qquad\cdots \\ x^n = \sin\theta_2\cdots\sin\theta_{n-1}\cos\theta_n \\ x^{n+1} = \sin\theta_2\cdots\sin\theta_{n-1}\sin\theta_n \end{cases}$$

を用いよう．$0<\theta_1, \cdots, \theta_{n-1}<\pi$，または $0<\theta_2, \cdots, \theta_{n-1}<\pi$ の範囲ではこれらはそれぞれ S^n, S^{n-1} の局所座標になる（ただし $\theta_n=0$ の近傍では θ_n の適当な分枝をとる）．(12.6) より，$S^{n-1}\times\hat{F}(G, K)$ と $S^n{}_r$ との同一視 ψ は，これらの局所座標に関して

$$\psi((\theta_2, \cdots, \theta_n), \theta) = (\theta, \theta_2, \cdots, \theta_n) \tag{12.8}$$

で与えられる．

S^n の局所座標 $(\theta_1, \cdots, \theta_n)\,(0<\theta_1, \cdots, \theta_{n-1}<\pi)$ に関して Laplace-Beltrami 作用素 $\varDelta$ を計算しよう．$(\theta_1, \cdots, \theta_n)$ に関する S^n の Riemann 計量の成分 g_{ij} $(1\leqq i, j\leqq n)$ は容易に計算されて

$$g_{ij} = \delta_{ij}\sin^2\theta_1\sin^2\theta_2\cdots\sin^2\theta_{i-1} \qquad 1\leqq i,\ j\leqq n,$$

$$\text{とくに}\quad g_{11} = 1$$

となる．したがって $\boldsymbol{g} = |\det(g_{ij})_{1\leqq i, j\leqq n}|$ は

$$\boldsymbol{g} = (\sin^{n-1}\theta_1\sin^{n-2}\theta_2\cdots\sin\theta_{n-1})^2$$

となる．

$$g_{ij}' = \delta_{ij}\sin^2\theta_2\cdots\sin^2\theta_{i-1} = \frac{1}{\sin^2\theta_1}g_{ij} \qquad 2\leqq i,\ j\leqq n$$

$$\boldsymbol{g}' = (\sin^{n-2}\theta_2\sin^{n-3}\theta_3\cdots\sin\theta_{n-1})^2 = \frac{1}{(\sin^{n-1}\theta_1)^2}\boldsymbol{g}$$

とおく．行列 $(g_{ij})_{1\leqq i, j\leqq n}$ の逆行列を $(g^{ij})_{1\leqq i, j\leqq n}$，行列 $(g_{ij}')_{2\leqq i, j\leqq n}$ の逆行列を $(g'^{ij})_{2\leqq i, j\leqq n}$ とすれば

$$g^{11} = 1, \qquad g^{ij} = \frac{1}{\sin^2\theta_1}g'^{ij} \qquad 2\leqq i,\ j\leqq n$$

となる．第1節，例1の Δ の局所表示から

$$\begin{aligned}\Delta &= \frac{1}{\sqrt{\boldsymbol{g}}}\sum_{i=1}^{n}\frac{\partial}{\partial\theta_i}\left(g^{ii}\sqrt{\boldsymbol{g}}\frac{\partial}{\partial\theta_i}\right)\\ &= \frac{1}{\sin^{n-1}\theta_1\sqrt{\boldsymbol{g}'}}\frac{\partial}{\partial\theta_1}\left(\sin^{n-1}\theta_1\sqrt{\boldsymbol{g}'}\frac{\partial}{\partial\theta^1}\right)\\ &\quad+\frac{1}{\sin^{n-1}\theta_1\sqrt{\boldsymbol{g}'}}\sum_{i=2}^{n}\frac{\partial}{\partial\theta^i}\left(\frac{1}{\sin^2\theta_1}g'^{ii}\sin^{n-1}\theta_1\sqrt{\boldsymbol{g}'}\frac{\partial}{\partial\theta_i}\right)\\ &= \frac{1}{\sin^{n-1}\theta_1}\left\{(n-1)\sin^{n-2}\theta_1\cos\theta_1\frac{\partial}{\partial\theta_1}+\sin^{n-1}\theta_1\frac{\partial^2}{\partial{\theta_1}^2}\right\}\\ &\quad+\frac{1}{\sin^2\theta_1}\frac{1}{\sqrt{\boldsymbol{g}'}}\sum_{i=2}^{n}\frac{\partial}{\partial\theta_i}\left(g'^{ii}\sqrt{\boldsymbol{g}'}\frac{\partial}{\partial\theta_i}\right)\\ &= \frac{\partial^2}{\partial{\theta_1}^2}+(n-1)\cot\theta_1\frac{\partial}{\partial\theta_1}+\frac{1}{\sin^2\theta_1}\frac{1}{\sqrt{\boldsymbol{g}'}}\sum_{i=2}^{n}\frac{\partial}{\partial\theta^i}\left(g'^{ii}\sqrt{\boldsymbol{g}'}\frac{\partial}{\partial\theta_i}\right)\end{aligned}$$

を得る．したがって，(12.8) より，$S^{n-1}\times\hat{F}(G,K)$ の $0<\theta_2,\cdots,\theta_{n-1}<\pi$, $0<\theta<\pi$ の範囲では求める関係がなりたつ．ところが Δ,Δ' の係数は連続であるから，この関係は $S^{n-1}\times\hat{F}(G,K)$ 全体の上でなりたつ．∎

$n=1$ のときは，$S^1=\hat{A}$ において，局所座標 θ に関して

$$\Delta=\frac{d^2}{d\theta^2}$$

と表わされる．補題2より，Δ の動径部分 $\mathring{\Delta}$ は

$$\mathring{\Delta}=\begin{cases}\dfrac{d^2}{d\theta^2}+(n-1)\cot\theta\dfrac{d}{d\theta} & \theta\notin\pi\boldsymbol{Z},\quad n\geqq 2\text{ のとき}\\[2ex] \dfrac{d^2}{d\theta^2} & \theta\in\boldsymbol{R},\quad n=1\text{ のとき}\end{cases}$$

で与えられることがわかる．これらの式はさきに述べた $\hat{A}_r$ 上の関数 j の具体的な形と定理10.3，系1からも確かめられる．

さて，さきの S^{n-1} のように，$2\leqq k\leqq n-1$ に対しても，S^{n-k} を

$$S^{n-k}=\left\{\begin{pmatrix}x^1\\ \vdots\\ x^{n+1}\end{pmatrix}\in S^n\,;\,x^1=\cdots=x^k=0\right\}$$

として S^n に埋めこんでおこう．$1\leqq k\leqq n$ に対して

$$\nu_k = \frac{1}{2}(n-k) \qquad (したがって\ \nu_1 = \nu)$$

とおく．$0 \leqq k \leqq n-1$ に対して，S^n の部分多様体 S^{n-k} は $\boldsymbol{R}^{n+1}$ の単位ベクトル

$$e_{k+1} = \begin{pmatrix} 0 \\ \vdots \\ 1 \\ \vdots \\ 0 \end{pmatrix} (k+1$$

を通る $SO(n+1-k)$ の軌道で，$SO(n+1-k)$ における e_{k+1} の等方性部分群は $SO(n-k)$ であるから，

$$SO(n+1-k)/SO(n-k) = S^{n-k}$$

と同一視される．この同一視は対 (G, K) に対する同一視 $G/K=S^n$ と同じ仕方であるから，対 $(SO(n+1-k), SO(n-k))$ に対しても (G, K) に対するものと同じものがすべて定義される．対 $(SO(n+2-k), SO(n+1-k))$ $(1 \leqq k \leqq n)$ に対する $\hat{F}(G, K)$ を簡単のために $\hat{F}_k$ で表わし，その正値 C^∞ 測度 $d\hat{f}$，局所座標 θ をそれぞれ $d\hat{f}_k, \theta_k$ で表わす．(12. 2) から，$d\hat{f}_k$ は

$$d\hat{f}_k = \frac{\Gamma(\nu_k+1)}{\sqrt{\pi}\,\Gamma\left(\nu_k+\dfrac{1}{2}\right)} \sin^{2\nu_k}\theta_k d\theta_k = \frac{2^{2\nu_k-1}\nu_k \Gamma(\nu_k)^2}{\pi(2\nu_k-1)!}\sin^{2\nu_k}\theta_k d\theta_k$$

$$1 \leqq k \leqq n-1,$$

$$d\hat{f}_n = \frac{1}{2\pi} d\theta_n$$

で与えられる．対 $(SO(k+1), SO(k))$ $(2 \leqq k \leqq n)$ に対する (12. 6) の C^∞ 写像の $S^{k-1} \times \hat{F}_{n+1-k}$ への制限を

$$\psi_k : S^{k-1} \times \hat{F}_{n+1-k} \to S^k$$

で表わす．$1 \leqq k \leqq n$ に対して，C^∞ 写像

$$\psi^k : S^{n+1-k} \times \hat{F}_{k-1} \times \cdots \times \hat{F}_1 \to S^n$$

をつぎのように帰納的に定義する：S^n の恒等写像を ψ^1 とする；ψ^k が定義できたとき，$\hat{F}_{k-1} \times \cdots \times \hat{F}_1$ の恒等写像を 1 で表わして，$\psi^{k+1} = \psi^k \circ (\psi_{n+1-k} \times 1)$

と定義する．各 $k(1\leqq k\leqq n)$ に対して，ψ^k の像を $S^n{}_{(k)}$ で表わせば，$S^n{}_{(k)}$ は S^n の稠密な開集合である．ψ^k は $SO(n+2-k)$ の作用(左辺では，第1成分 S^{n+1-k} にだけ自然に作用する)と可換で，$S^n{}_{(k)}$ の上への C^∞ 同相である．補題2の S^{n-1} の場合と同様に，S^n の極座標(12.7)と S^{n+1-k} の極座標 $(\theta_k, \cdots, \theta_n)$ をとれば，ψ^k は

$$\psi^k((\theta_k, \cdots, \theta_n), \theta_{k-1}, \cdots, \theta_1) = (\theta_1, \theta_2, \cdots, \theta_n)$$

で与えられる．$S^n{}_{(n)}\subset S^n{}_{(n-1)}\subset\cdots\subset S^n{}_{(1)}=S^n$ がなりたつ．とくに

$$\psi^n : \hat{F}_n\times\hat{F}_{n-1}\times\cdots\times\hat{F}_1\to S^n \qquad (\hat{F}_n = S^1)$$

の場合には，$S^n{}_{(n)}$ は極座標(12.7)で $0<\theta_1, \cdots, \theta_{n-1}<\pi$ をみたす点全体に一致し，ψ^n によって $\hat{F}_k$ の座標 θ_k には極座標の θ_k が対応している．直積分解(12.6)′ は測度の直積分解を引きおこしたから，ψ^n は S^n の正規化された G 不変 C^∞ 測度 dx の直積分解

$$dx = d\hat{f}_1\cdots d\hat{f}_n$$

を引きおこす．したがって，さきに記した $d\hat{f}_k$ の形から，極座標(12.7)に関する dx の局所表示が求められて

$$(12.9)\qquad dx = \frac{\Gamma\left(\dfrac{n+1}{2}\right)}{2\pi^{(n+1)/2}}\sin^{n-1}\theta_1 \sin^{n-2}\theta_2\cdots\sin\theta_{n-1}d\theta_1\cdots d\theta_n$$

となる．直積分解 $\psi^k(1\leqq k\leqq n)$ によって単位球面 S^{n+1-k} の Laplace-Beltrami 作用素 $\varDelta^{(n+1-k)}$ を $S^n{}_{(k)}$ の微分作用素とみなして，これも $\varDelta^{(n+1-k)}$ で表わすことにしよう．また，対 $(SO(k), SO(k-1))\ (2\leqq k\leqq n+1)$ の第 l の球表現類を $\rho_l{}^{(k)}$ で表わそう．とくに $\varDelta^{(n)}=\varDelta$, $\rho_l{}^{(n+1)}=\rho_l$ である．

定理 12.1 $\qquad \rho : G\to GL(V)$

を第 l の球表現類 $\rho_l\in\mathcal{D}(G, K)$ に属する G の既約表現，$\langle\ ,\ \rangle$ を V 上の G 不変な内積とする．このとき

(1) つぎのような性質をもつ V の正規直交基底

$$\{u_{l_1, l_2, \cdots, l_n}; l_1, \cdots, l_n\in \boldsymbol{Z},\ l = l_1\geqq l_2\geqq\cdots\geqq l_{n-1}\geqq |l_n|\}$$

が存在する：$l_1, \cdots, l_k(1\leqq k\leqq n)$ を固定して，$\{u_{l_1, \cdots, l_n}; l_k\geqq l_{k+1}\geqq\cdots\geqq l_{n-1}\geqq |l_n|\}$

で $\boldsymbol{C}$ 上張られる V の部分空間を $V_{l_1,\cdots,l_k}$ とすれば，$V_{l_1,\cdots,l_k}$ は $SO(n+2-k)$ で不変で，この上に引きおこされる $SO(n+2-k)$ の表現は既約で球表現類 $\rho_{l_k}{}^{(n+2-k)}\in\mathcal{D}(SO(n+2-k), SO(n+1-k))$ に属する．

(2) $l_1,\cdots,l_n\in\boldsymbol{Z}$, $l=l_1\geqq l_2\geqq\cdots\geqq l_{n-1}\geqq|l_n|$, に対して，$\varphi_{l_1,\cdots,l_n}\in C^\infty(G)$ を

$$\varphi_{l_1,\cdots,l_n}(x)=\langle u_{l_1,\cdots,l_n}, \rho(x)u_{l,0,\cdots,0}\rangle \qquad x\in G$$

によって定義すれば，これらは ω_l に付属する球関数の空間 $S_{\omega_l}(G/K)$ の基底をなす．とくに

$$\omega_l=\varphi_{l,0,\cdots,0}$$

がなりたつ．

(3) 各 $k(1\leqq k\leqq n)$ に対し，$S^n{}_{(k)}$ 上で

$$\Delta^{(n+1-k)}\varphi_{l_1,\cdots,l_n}=-l_k(l_k+2\nu_k)\varphi_{l_1,\cdots,l_n}$$

がなりたつ．とくに S^n 上で

$$\Delta\varphi_{l_1,\cdots,l_n}=-l(l+2\nu)\varphi_{l_1,\cdots,l_n}, \qquad l=l_1$$

がなりたつ．

証明 (1) 補題1をくり返し用いれば，このような基底をとることができる．

(2) $w=u_{l,0,\cdots,0}$ とおけば，w は K 不変で $\langle w,w\rangle=1$ をみたす．$v\in V$ に対して

$$\Phi_w{}^\rho(v)(x)=\langle v, \rho(x)w\rangle \qquad x\in G$$

とおけば，第1節で示したように

$$\Phi_w{}^\rho: V\to\mathfrak{o}_{\rho_l}(G/K)$$

は G 同形で，とくに $\Phi_w{}^\rho(w)$ は ρ_l に付属する帯球関数 ω_l であった．また，定理4.8より $\mathfrak{o}_{\rho_l}(G/K)=S_{\omega_l}(G/K)$ であるから，(2)は明らかである．

(3) 簡単のため，$\varphi=\varphi_{l_1,\cdots,l_n}$ とおく．直積分解

$$\psi^k: S^{n+1-k}\times(\hat{F}_{k-1}\times\cdots\times\hat{F}_1)\to S^n{}_{(k)}$$

を用いて，$y\in\hat{F}_{k-1}\times\cdots\times\hat{F}_1$ に対して $\varphi_y\in C^\infty(S^{n+1-k})$ を

$$\varphi_y(x)=\varphi(x,y) \qquad x\in S^{n+1-k}$$

によって定義する．ψ^k は $SO(n+2-k)$ の作用と可換で，$\Phi_w{}^\rho$ は G 同形(した

がって $SO(n+2-k)$ 同形) であるから, (1)より

$$\varphi_y \in \mathfrak{D}_{\rho_{l_k}{}^{(n+2-k)}}(SO(n+2-k)/SO(n+1-k))$$

を得る. したがって, (12.4)より

$$\Delta^{(n+1-k)}\varphi_y = -l_k(l_k+2\nu_k)\varphi_y$$

となる. $y \in \hat{F}_{k-1}\times\cdots\times\hat{F}_1$ は任意であるから, (3)が得られる. ▮

定理 12.2 S^n の球関数 $\varphi_{l_1,\cdots,l_n}(l_1,\cdots,l_n \in \boldsymbol{Z}, l_1 \geqq l_2 \geqq \cdots \geqq l_{n-1} \geqq |l_n|)$ は極座標(12.7)に関して

$$\varphi_{l_1,\cdots,l_n}(\theta_1,\cdots,\theta_n) = c_{l_1,\cdots,l_n}C_{l_1}{}^{\nu_1,l_2}(\cos\theta_1)C_{l_2}{}^{\nu_2,l_3}(\cos\theta_2)\cdots$$
$$\cdots C_{l_{n-1}}{}^{\nu_{n-1},l_n}(\cos\theta_{n-1})\exp(-\sqrt{-1}\,l_n\theta_n)$$

と表わされる. ここで, $\nu_k(1\leqq k\leqq n-1)$ は

$$\nu_k = \frac{1}{2}(n-k) \qquad (\nu_1 = \nu)$$

で与えられる半整数である. $c_{l_1,\cdots,l_n}$ は定数で, $n=1$ のときは

$$c_{l_1} = 1 \qquad l_1 \in \boldsymbol{Z}$$

であって, $n \geqq 2$ のときは

$$b_{l_1,\cdots,l_n} = \frac{2^{n-1}(n-2)!(n-3)!\cdots 1!}{(n-1)!}\left(\prod_{k=1}^{n-2}\frac{(l_k-l_{k+1})!(l_k+\nu_k)}{(2\nu_k-1+l_k+l_{k+1})!}\right)$$
$$\times\frac{(l_{n-1}-|l_n|)!(2l_{n-1}+1)}{2(l_{n-1}+|l_n|)!}$$

とおけば

$$d_{l_1}|c_{l_1,\cdots,l_n}|^2 = b_{l_1,\cdots,l_n}$$

をみたす. d_{l_1} は(12.5)で与えられている. ただし, 一般に Gegenbauer の同伴関数 $C_l{}^{\nu,m}(x)\,(m>0)$ に対して, $C_l{}^{\nu,m}(1)=0$ と約束する. とくに, ρ_l に付属する帯球関数 ω_l は

$$\omega_l(\theta_1,\cdots,\theta_n) = \begin{cases} \dfrac{l!(2\nu-1)!}{(l+2\nu-1)!}C_l{}^{\nu}(\cos\theta_1) & n \geqq 2 \text{ のとき} \\ \exp(-\sqrt{-1}\,l\theta_1) & n = 1 \text{ のとき} \end{cases}$$

で与えられる.

証明 簡単のために, $\varphi=\varphi_{l_1,\cdots,l_n}$ とおく. まず, $S^n{}_{(n)}$ の上で, すなわち

$0<\theta_1, \cdots, \theta_{n-1}<\pi$ の範囲で考える．補題2と定理12.1, (3) より

$$(12.10)\qquad \frac{\partial^2\varphi}{\partial\theta_k{}^2}+2\nu_k\cot\theta_k\frac{\partial\varphi}{\partial\theta_k}+\left\{l_k(l_k+2\nu_k)-\frac{l_{k+1}(l_{k+1}+2\nu_{k+1})}{\sin^2\theta_k}\right\}\varphi=0$$

$$1\leqq k\leqq n-1,$$

$$(12.11)\qquad \frac{\partial^2\varphi}{\partial\theta_n{}^2}+l_n^2\varphi=0$$

がなりたつ．これらの微分方程式の係数は実解析的であるから，$\varphi(\theta_1, \cdots, \theta_n)$ は実解析的である．(このことは，最初に注意したように $SO(n+1)$ は実解析 Lie 群であるから $\varDelta$ は実解析的であることからもわかる．) まず，$l_n\neq 0$ の場合は(12.11)より，$0<\theta_1, \cdots, \theta_{n-1}<\pi$ における複素数値実解析関数 $\Psi(\theta_1, \cdots, \theta_{n-1})$ および $\Phi(\theta_1, \cdots, \theta_{n-1})$ が存在して

$$\varphi(\theta_1, \cdots, \theta_n)=\Psi(\theta_1, \cdots, \theta_{n-1})\exp(\sqrt{-1}\,l_n\theta_n)$$
$$+\Phi(\theta_1, \cdots, \theta_{n-1})\exp(-\sqrt{-1}\,l_n\theta_n)$$

となる．ところが，$SO(2)$ は φ に指標 ξ_{l_n} で作用するから，$\Psi=0$, すなわち

$$\varphi(\theta_1, \cdots, \theta_n)=\Phi(\theta_1, \cdots, \theta_{n-1})\exp(-\sqrt{-1}\,l_n\theta_n)$$

でなければならない．Φ は微分方程式(12.10)をみたす．$l_n=0$ の場合も同じ形になる．ここで，$1\leqq k\leqq n-1$ に対して，変数変換

$$t_k=\cos\theta_k \qquad 0<\theta_k<\pi$$

をおこなえば，$\Phi(t_1, \cdots, t_{n-1})$ は $-1<t_1, \cdots, t_{n-1}<1$ における複素数値実解析関数となる．

$$\cot\theta_k\frac{\partial}{\partial\theta_k}=-t_k\frac{\partial}{\partial t_k}, \qquad \frac{\partial^2}{\partial\theta_k{}^2}=-t_k\frac{\partial}{\partial t_k}+(1-t_k{}^2)\frac{\partial^2}{\partial t_k{}^2}$$

となるから，$\Phi(t_1, \cdots, t_{n-1})$ は

$$(12.10)'\qquad (1-t_k{}^2)\frac{\partial^2\Phi}{\partial t_k{}^2}-(2\nu_k+1)t_k\frac{\partial\Phi}{\partial t_k}$$
$$+\left\{l_k(l_k+2\nu_k)-\frac{l_{k+1}(l_{k+1}+2\nu_k-1)}{1-t_k{}^2}\right\}\Phi=0$$

$$1\leqq k\leqq n-1$$

をみたす．したがって，定理11.2より，ある $c_{l_1,\cdots,l_n}\in \boldsymbol{C}$ が存在して

$$\Phi(t_1, \cdots, t_{n-1}) = c_{l_1, \cdots, l_n} C_{l_1}^{\nu_1, l_2}(t_1) C_{l_2}^{\nu_2, l_3}(t_2) \cdots C_{l_{n-1}}^{\nu_{n-1}, l_n}(t_{n-1})$$

となるから

$$\Phi(\theta_1, \cdots, \theta_{n-1}) = c_{l_1, \cdots, l_n} C_{l_1}^{\nu_1, l_2}(\cos\theta_1) C_{l_2}^{\nu_2, l_3}(\cos\theta_2) \cdots C_{l_{n-1}}^{\nu_{n-1}, l_n}(\cos\theta_{n-1})$$

となる．したがって，φ は $0<\theta_1, \cdots, \theta_{n-1}<\pi$ の範囲では定理のような形をしている．ところが φ は連続だから，これは S^n 全体でなりたつ．

つぎに定数 $c_{l_1, \cdots, l_n}$ を求めよう．$l=l_1$ とおく．まず $c_{l, 0, \cdots, 0}$ を求めよう．$n\geqq 2$ のときには

$$\omega_l(\theta_1, \cdots, \theta_n) = c_{l, 0, \cdots, 0} C_l^{\nu}(\cos\theta_1)$$

である．G の単位元 e に対して $\omega_l(e)=1$ であるから

$$1 = \omega_l(0, \cdots, 0) = c_{l, 0, \cdots, 0} C_l^{\nu}(1) = c_{l, 0, \cdots, 0} \frac{(l+2\nu-1)!}{l!(2\nu-1)!}$$

となる．したがって

$$c_{l, 0, \cdots, 0} = \frac{l!(2\nu-1)!}{(l+2\nu-1)!}$$

を得る．$n=1$ のときには $c_l=1\,(l\in \boldsymbol{Z})$ となることは $\omega_l(e)=1$ より明らかである．つぎに一般の $c_{l_1, \cdots, l_n}$ を求めるが，$n=1$ の場合はいま述べたから，$n\geqq 2$ としよう．まず

$$I_l^{\nu} = \int_0^{\pi} C_l^{\nu}(\cos\theta)^2 \sin^{2\nu}\theta d\theta = \frac{\pi(2\nu+l-1)!}{2^{2\nu-1} l!(l+\nu)\Gamma(\nu)^2}$$

がなりたつことを示そう．(12.5) より

$$\omega_l(\theta_1, \cdots, \theta_n) = \frac{1}{d_l}\frac{l+\nu}{\nu} C_l^{\nu}(\cos\theta_1)$$

がなりたつことに注意する．S^n は単連結であるから，第10節の測度 $d\hat{f}$ に関する注意で述べたように

$$\int_{\hat{F}(G, K)} |\sqrt{d_l}\omega_l(\hat{f})|^2 d\hat{f} = 1$$

がなりたつ．この式をさきに記した $d\hat{f}$ の第2の形を用いて書き表わせば

$$\frac{1}{d_l}\left(\frac{l+\nu}{\nu}\right)^2 \frac{2^{2\nu-1}\nu\Gamma(\nu)^2}{\pi(2\nu-1)!} \int_0^{\pi} C_l^{\nu}(\cos\theta)^2 \sin^{2\nu}\theta d\theta = 1$$

となる．したがって，(12.5)より

$$I_l^{\nu}=\frac{l+\nu}{\nu}\frac{(l+2\nu-1)!}{l!(2\nu-1)!}\left(\frac{\nu}{l+\nu}\right)^2\frac{\pi(2\nu-1)!}{2^{2\nu-1}\nu\Gamma(\nu)^2}$$

となり，求める式が得られる．これを用いて，一般の $\nu\in\frac{1}{2}\boldsymbol{Z}\,(\nu>0),\ l,m\in\boldsymbol{Z}$ $(l\geqq m\geqq 0)$ に対する積分公式

$$I_l^{\nu,m}=\int_0^{\pi}C_l^{\nu,m}(\cos\theta)^2\sin^{2\nu}\theta d\theta=\frac{\pi(2\nu-1+l+m)!}{2^{2\nu-1}(l-m)!(l+\nu)\Gamma(\nu)^2}$$

を証明することができる．実際，定理11.2,(2)より

$$C_l^{\nu,m}(\cos\theta)^2=\sin^{2m}\theta\left(2^m\frac{\Gamma(\nu+m)}{\Gamma(\nu)}\right)^2C_{l-m}{}^{\nu+m}(\cos\theta)^2\qquad 0<\theta<\pi$$

であるから

$$C_l^{\nu,m}(\cos\theta)^2\sin^{2\nu}\theta=2^{2m}\frac{\Gamma(\nu+m)^2}{\Gamma(\nu)^2}C_{l-m}{}^{\nu+m}(\cos\theta)^2\sin^{2(m+\nu)}\theta$$

$$0<\theta<\pi$$

を得る．したがって

$$I_l^{\nu,m}=2^{2m}\frac{\Gamma(\nu+m)^2}{\Gamma(\nu)^2}I_{l-m}{}^{\nu+m}=2^{2m}\frac{\Gamma(\nu+m)^2}{\Gamma(\nu)^2}\frac{\pi(2\nu+m+l-1)!}{2^{2\nu+2m-1}(l-m)!(l+\nu)\Gamma(\nu+m)^2}$$

となって，求める公式が得られる．

さて，行列要素の直交関係より

$$\int_{S^n}|\varphi(x)|^2dx=\frac{1}{d_{l_1}}$$

であるから，dx の表示(12.9)を用いて

$$\frac{1}{d_{l_1}}=|c_{l_1,\cdots,l_n}|^2\frac{\Gamma(\nu+1)}{2\pi^{\nu+1}}\int_0^{\pi}\cdots\int_0^{\pi}\int_0^{2\pi}C_{l_1}{}^{\nu_1,l_2}(\cos\theta_1)^2\cdots$$

$$\cdots C_{l_{n-1}}{}^{\nu_{n-1},l_n}(\cos\theta_{n-1})^2\sin^{2\nu_1}\theta_1\cdots\sin^{2\nu_{n-1}}\theta_{n-1}d\theta_1\cdots d\theta_n$$

$$=|c_{l_1,\cdots,l_n}|^2\frac{\Gamma(\nu+1)}{\pi^{\nu}}I_{l_1}{}^{\nu_1,l_2}\cdots I_{l_{n-2}}{}^{\nu_{n-2},l_{n-1}}I_{l_{n-1}}{}^{\nu_{n-1},|l_n|}$$

を得る．したがって

$$d_{l_1}|c_{l_1,\cdots,l_n}|^2=\frac{\pi^{\nu}}{\Gamma(\nu+1)}\left(\prod_{k=1}^{n-2}\frac{2^{2\nu_k-1}(l_k-l_{k+1})!(l_k+\nu_k)\Gamma(\nu_k)^2}{\pi(2\nu_k-1+l_k+l_{k+1})!}\right)$$

$$\times\frac{2^{2\nu_{n-1}-1}(l_{n-1}-|l_n|)!\left(l_{n-1}+\frac{1}{2}\right)\Gamma(\nu_{n-1})^2}{\pi(l_{n-1}+|l_n|)!}$$

$$=\frac{1}{\Gamma(\nu+1)}\left(\prod_{k=1}^{n-1}\frac{2^{2\nu_k-1}\Gamma(\nu_k)^2}{\sqrt{\pi}}\right)\left(\prod_{k=1}^{n-2}\frac{(l_k-l_{k+1})!(l_k+\nu_k)}{(2\nu_k-1+l_k+l_{k+1})!}\right)$$

$$\times\frac{(l_{n-1}-|l_n|)!(2l_{n-1}+1)}{2(l_{n-1}+|l_n|)!}$$

となる．ここで，(12.1)より

$$\frac{2^{2\nu_k-1}\Gamma(\nu_k)^2}{\sqrt{\pi}}=\frac{(2\nu_k-1)!\Gamma(\nu_k+1)}{\nu_k\Gamma\left(\nu_k+\frac{1}{2}\right)}\qquad 1\leqq k\leqq n-1$$

がなりたつから，上式の第2因子は

$$\frac{(2\nu-1)!(2\nu-2)!\cdots 1!\Gamma(\nu+1)}{\nu\left(\nu-\frac{1}{2}\right)(\nu-1)\cdots\frac{1}{2}}=\frac{2^{n-1}(n-2)!(n-3)!\cdots 1!}{(n-1)!}\Gamma(\nu+1)$$

となる．したがって

$$d_{l_1}|c_{l_1,\cdots,l_n}|^2=b_{l_1,\cdots,l_n}$$

が得られた．▌

系として，つぎのように，古典的な直交多項式の積分公式が得られる．

系1 (1) $\nu\in\frac{1}{2}\boldsymbol{Z}(\nu>0)$, $l, m\in\boldsymbol{Z}(l\geqq m\geqq 0)$に対して

$$\int_{-1}^{1}C_l^{\nu,m}(t)^2(1-t^2)^{\nu-1/2}dt=\frac{\pi(2\nu-1+l+m)!}{2^{2\nu-1}(l-m)!(l+\nu)\Gamma(\nu)^2}$$

がなりたつ．

(2) $\nu\in\frac{1}{2}\boldsymbol{Z}(\nu>0)$, $l, l'\in\boldsymbol{Z}(l, l'\geqq 0)$に対して

$$\int_{-1}^{1}C_l^{\nu}(t)C_{l'}^{\nu}(t)(1-t^2)^{\nu-1/2}dt=\frac{\pi(2\nu-1+l)!}{2^{2\nu-1}l!(l+\nu)\Gamma(\nu)^2}\delta_{l,l'}$$

がなりたつ．Gegenbauer の多項式$\{C_l^{\nu}(t)\,;\,l\geqq 0\}$は実開区間$(-1, 1)$上の測度$(1-t^2)^{\nu-1/2}dt$に関する(実あるいは複素)$L_2$空間$L_2((-1,1),(1-t^2)^{\nu-1/2}dt)$の完全直交系をなす．

(3) $l, l'\in\boldsymbol{Z}(l, l'\geqq 0)$に対して

$$\int_{-1}^{1} P_l(t) P_{l'}(t)\,dt = \frac{2}{2l+1}\delta_{l,l'}$$

がなりたつ．Legendre の多項式 $\{P_l(t)\,;\,l \geqq 0\}$ は実開区間 $(-1,1)$ 上の測度 dt に関する(実あるいは複素) L_2 空間 $L_2((-1,1),dt)$ の完全直交系をなす．

証明 (1) $t=\cos\theta\,(0<\theta<\pi)$ と変数変換すれば，これは定理の証明のなかの $I_l{}^{\nu,m}$ の公式にほかならない．

(2) $l=l'$ のときは(1)より明らかである．第10節の測度 $d\hat{f}$ に関する注意で述べたように，$n=2\nu+1 \geqq 2$ のとき

$$\{\sqrt{d_l}\,j_{\hat{F}(G,K)}{}^*\omega_l\,;\,l \geqq 0\}$$

は，(12.3)の測度 $d\hat{f}$ に関する複素 L_2 空間 $L_2(\hat{F}(G,K),d\hat{f})$ の完全正規直交系である．$\omega_l\,(l \geqq 0)$ はすべて実数値であるから，これらは $\hat{F}(G,K)$ 上の $d\hat{f}$ に関する実 L_2 空間の完全正規直交系でもある．よって，残りの主張が得られる．

(3)は(2)において $\nu=1/2$ とした特別の場合であるから明らかである．∎

また，定理1.3と合わせてつぎの系が得られる．

系2 $l_1,\cdots,l_n \in \boldsymbol{Z}$, $l_1 \geqq l_2 \geqq \cdots \geqq l_{n-1} \geqq |l_n|$ に対して

$$Y_{l_1,\cdots,l_n}(\theta_1,\cdots,\theta_n) = \sqrt{b_{l_1,\cdots,l_n}}\,C_{l_1}{}^{\nu_1,l_2}(\cos\theta_1)\,C_{l_2}{}^{\nu_2,l_3}(\cos\theta_2)\cdots$$
$$\cdots C_{l_{n-1}}{}^{\nu_{n-1},l_n}(\cos\theta_{n-1})\exp(-\sqrt{-1}\,l_n\theta_n)$$

(ただし，$n=1$ のときは $b_{l_1}=1\,(l_1 \in \boldsymbol{Z})$ と定義しておく)とおけば

$$\{Y_{l_1,\cdots,l_n}\,;\,l_1,\cdots,l_n \in \boldsymbol{Z},\ l_1 \geqq l_2 \geqq \cdots \geqq l_{n-1} \geqq |l_n|\}$$

は球関数の空間 $S(SO(n+1)/SO(n))$ の基底で，S^n 上の任意の複素数値連続関数はこれらの1次結合で一様に近似される．さらに，これは S^n の正規化された不変正値 C^∞ 測度に関する L_2 空間 $L_2(S^n)$ の完全正規直交系をなす．

注意 第4節で注意したように，S^n 上の C^∞ 関数 f に対して，$\{Y_{l_1,\cdots,l_n}\}$ に関する f の Fourier 展開は f に絶対一様収束する．

さきに述べた仕方で $\mathcal{S}(G/K) \subset \boldsymbol{C}$ とみなせば，つぎの系が得られる．

系3 $n \geqq 2$ のとき

$$\mathcal{S}(G/K) = \{-l(l+n-1)\,;\,l \in \boldsymbol{Z}, l \geqq 0\},$$

$$-l(l+n-1)\text{ の重複度は }\quad \frac{l+\nu}{\nu}\frac{(l+2\nu-1)!}{l!(2\nu-1)!}.$$

$n=1$ のとき

$$\mathcal{S}(G/K)=\{-\sqrt{-1}\,l\,;\,l\in\boldsymbol{Z}\},$$

$$-\sqrt{-1}\,l\text{ の重複度はすべて }1.$$

例　S^2 の極座標を (θ_1, θ_2) とし，$l \geqq |m|$ をみたす整数 l, m に対して

$$Y_{l,m}(\theta_1,\theta_2)=\sqrt{\frac{(l-|m|)!(2l+1)}{(l+|m|)!}}P_l^m(\cos\theta_1)\exp(-\sqrt{-1}m\theta_2)$$

$$0\leqq\theta_1\leqq\pi,\ 0\leqq\theta_2<2\pi$$

とおくと，$\{Y_{l,m}\,;\,l\geqq|m|\}$ は $L_2(S^2)$ の完全正規直交系である．これらの $Y_{l,m}$ は **Laplace の球関数**とよばれている．

$l\geqq 0$ に対して，関数 $\{Y_{l,-l}, Y_{l,-l+1}, \cdots, Y_{l,0}, Y_{l,1}, \cdots, Y_{l,l}\}$ で $\boldsymbol{C}$ 上張られる $(2l+1)$ 次元の関数空間を V_l とする．V_l は S^2 の Laplace-Beltrami 作用素 $\varDelta$ の固有値 $-l(l+1)$ に属する固有空間として特徴づけられる．さきに注意したように，$SO(3)$ の既約表現はすべていずれかの V_l によって実現される．

注意　n 次元単位球面 S^n の対蹠点を同一視して得られる C^∞ 多様体を $P_n(\boldsymbol{R})$ で表わし，n 次元**実射影空間**という．自然な射影

$$\pi: S^n\to P_n(\boldsymbol{R})$$

は位数 2 の被覆写像になる．G, θ は S^n の場合と同じものをとり，

$$K=G_\theta$$

ととれば，対 (G, K) もコンパクト対称対で，商多様体 G/K は自然な仕方で $P_n(\boldsymbol{R})$ と同一視される．S^n の場合と同じ Cartan 部分代数とその上の順序を用いれば

$$D(G,K)=\begin{cases}\{l\lambda_1\,;\,l\in 2\boldsymbol{Z},\ l\geqq 0\} & n\geqq 2\text{ のとき}\\ \{l\lambda_1\,;\,l\in 2\boldsymbol{Z}\} & n=1\text{ のとき}\end{cases}$$

となる．したがって，球関数の空間 $S(G/K)$ は S^n の球関数の空間の‘半分’である．すなわち，射影 π によって

$$C^\infty(P_n(\boldsymbol{R}))\subset C^\infty(S^n)$$

とみなせば

$$\{Y_{l_1,\cdots,l_n}\,;\, l_1\in 2\boldsymbol{Z},\ l_2,\cdots,l_n\in\boldsymbol{Z},\ l_1\geqq l_2\geqq\cdots\geqq l_{n-1}\geqq|l_n|\}$$

は $S(G/K)$ の基底で，$L_2(P_n(\boldsymbol{R}))$ の完全正規直交系である．

§13　複素射影空間の球関数

この節では，前節と同様の方法で，複素射影空間の球関数を求める．複素射影空間の帯球関数は第11節で定義した Jacobi の多項式を用いて表わされる．

前節の議論は階数1のコンパクト対称空間に対してはほとんどすべて同様に適用される．ここでは，その1つである複素射影空間に対して同様の議論をおこない，その帯球関数を求める．

n を正の整数とする．$(n+1)$ 次元複素数ベクトル空間 $\boldsymbol{C}^{n+1}$ は自然な複素多様体の構造をもつ．0でない複素数全体のなす乗法群 $\boldsymbol{C}^*$ は，$\boldsymbol{C}^{n+1}$ の開集合 $\boldsymbol{C}^{n+1}-\{0\}$ の上に

$$\begin{pmatrix} z^1\\ \vdots\\ z^{n+1}\end{pmatrix}c=\begin{pmatrix} cz^1\\ \vdots\\ cz^{n+1}\end{pmatrix}\qquad \begin{pmatrix} z^1\\ \vdots\\ z^{n+1}\end{pmatrix}\in\boldsymbol{C}^{n+1},\ \ c\in\boldsymbol{C}^*$$

によって，右から正則に自由に作用する．複素商多様体 $(\boldsymbol{C}^{n+1}-\{0\})/\boldsymbol{C}^*$ を $P_n(\boldsymbol{C})$ で表わして，これを n 次元**複素射影空間**という．$P_n(\boldsymbol{C})$ は複素 n 次元のコンパクト単連結な複素多様体である．数ベクトル

$$z=\begin{pmatrix} z^1\\ \vdots\\ z^{n+1}\end{pmatrix}\in\boldsymbol{C}^{n+1}-\{0\}$$

に対して，z が代表する $P_n(\boldsymbol{C})$ の元を

$$[z]=\begin{bmatrix} z^1\\ \vdots\\ z^{n+1}\end{bmatrix}\in P_n(\boldsymbol{C})$$

で表わそう．$P_n(\boldsymbol{C})$ は C^∞ 多様体としては以下のように表わされる．$\boldsymbol{C}^{n+1}$ の標準的内積を

$$\langle z, w\rangle = \sum_{i=1}^{n+1} z^i \overline{w}^i \qquad z = \begin{pmatrix} z^1 \\ \vdots \\ z^{n+1} \end{pmatrix},\ w = \begin{pmatrix} w^1 \\ \vdots \\ w^{n+1} \end{pmatrix} \in \boldsymbol{C}^{n+1}$$

で表わして，

$$S^{2n+1} = \{z \in \boldsymbol{C}^{n+1}\,;\, \langle z, z\rangle = 1\}$$

とおく．S^{2n+1} は $(2n+1)$ 次元単位球面に C^∞ 同相である．$\boldsymbol{C}^*$ の 1 次元輪環部分群 $U(1)$ を

$$U(1) = \{z \in \boldsymbol{C}\,;\, |z| = 1\}$$

によって定義すれば，$U(1)$ の $\boldsymbol{C}^{n+1}-\{0\}$ への右からの作用は S^{2n+1} を不変にする．このとき，C^∞ 商多様体 $S^{2n+1}/U(1)$ は $P_n(\boldsymbol{C})$ に C^∞ 同相である．

$$SU(n+1) = \{x \in M_{n+1}(\boldsymbol{C})\,;\, {}^t\bar{x}x = 1_{n+1},\ \det x = 1\}$$

とおく．特殊直交群の場合と同様にして，$SU(n+1)$ はコンパクト連結実解析 Lie 群になる．Lie 群 $SU(n+1)$ は $(n+1)$ 次の**特殊ユニタリ群**とよばれる．$SU(n+1)$ の $\boldsymbol{C}^{n+1}$ への自然な作用は S^{2n+1} を不変にし，$U(1)$ の S^{2n+1} への右からの作用と可換であるから，$SU(n+1)$ は $P_n(\boldsymbol{C})$ に C^∞ 同相として作用する．さらに

$$S(U(1)\times U(n)) = \left\{\begin{pmatrix} \varepsilon & 0 \\ 0 & x \end{pmatrix};\ \begin{matrix} \varepsilon \in \boldsymbol{C},\ |\varepsilon| = 1, \\ x \in M_n(\boldsymbol{C}),\ {}^t\bar{x}x = 1_n, \end{matrix}\ \ \varepsilon \det x = 1\right\}$$

とおく．$S(U(1)\times U(n))$ は $SU(n+1)$ の閉部分群である．

$$G = SU(n+1), \qquad K = S(U(1)\times U(n))$$

とおく．G の位数 2 の C^∞ 自己同形 θ を

$$\theta(x) = sxs^{-1} \qquad x \in G, \qquad \text{ここで}\ \ s = \begin{pmatrix} 1 & 0 \\ 0 & -1_n \end{pmatrix}$$

によって定義すると，θ の固定元のなす部分群 G_θ は K に一致するから，対 (G, K) はコンパクト対称対である．商多様体 G/K の原点を o とする．G/K の点 $xo\,(x \in G)$ に対し，行列 x の第 1 列のなす数ベクトル z の類 $[z] \in P_n(\boldsymbol{C})$ を対応させることによって，G/K と $P_n(\boldsymbol{C})$ は，G の作用を込めて C^∞ 同相になる．この対応によって，G/K の原点 o は，$P_n(\boldsymbol{C})$ の点

$$\begin{bmatrix} 1 \\ 0 \\ \vdots \\ 0 \end{bmatrix}$$

に移る．以後，この対応によって

$$G/K = P_n(\boldsymbol{C})$$

と同一視しよう．

G, K の Lie 代数，(G, K) の標準補空間をそれぞれ $\mathfrak{g}, \mathfrak{k}, \mathfrak{m}$ とすれば

$$\mathfrak{g} = \{X \in M_{n+1}(\boldsymbol{C})\,;\, {}^t\bar{X}+X = 0,\ \mathrm{tr}\,X = 0\}, \qquad [X, Y] = XY - YX,$$

$$\mathfrak{k} = \left\{\begin{pmatrix} \sqrt{-1}a & 0 \\ 0 & X \end{pmatrix};\ \begin{matrix} a \in \boldsymbol{R}, \\ X \in M_n(\boldsymbol{C}),\ \ {}^t\bar{X}+X = 0, \end{matrix}\ \ \sqrt{-1}a + \mathrm{tr}\,X = 0\right\},$$

$$\mathfrak{m} = \left\{\begin{pmatrix} 0 & -{}^t\bar{z} \\ z & 0 \end{pmatrix};\ z \in \boldsymbol{C}^n\right\}$$

となる．G の階数は n に等しい．G の随伴表現 Ad と $\mathfrak{g}$ の自己同形 θ は前節の $SO(n+1)$ の場合と同じ形で与えられる．$\mathfrak{g}$ 上の内積 (,) を

$$(X, Y) = -2\,\mathrm{tr}\,XY \qquad X, Y \in \mathfrak{g}$$

によって定義する．これは G の随伴表現と θ で不変である．(,) から定まる G/K 上の G 不変 Riemann 計量 g によって，コンパクト対称空間 $P_n(\boldsymbol{C})$ の Riemann 計量を定める．g は複素多様体 $P_n(\boldsymbol{C})$ の Kähler 計量であって，$P_n(\boldsymbol{C})$ の **Fubini-Study 計量**といわれている．$SU(n+1)$ のその中心による商群を $PU(n+1)$ で表わすと，$PU(n+1)$ は自然な仕方で，C^∞ Riemann 多様体 $P_n(\boldsymbol{C})$ の等長変換全体のなす C^∞ Lie 群の単位元を含む連結成分と同一視される．g から定義される $P_n(\boldsymbol{C})$ の Laplace-Beltrami 作用素を Δ で表わす．

$$2y_0 + x_2 + \cdots + x_n = 0$$

をみたす $x_0, y_0, x_2, \cdots, x_n \in \boldsymbol{R}$ に対して，$H(x_0, y_0, x_2, \cdots, x_n) \in \mathfrak{g}$ を

$$H(x_0, y_0, x_2, \cdots, x_n) = 2\pi\sqrt{-1}\left(\begin{array}{cc|ccc} y_0 & x_0 & & 0 & \\ x_0 & y_0 & & & \\ \hline & & x_2 & & \\ & 0 & & \ddots & \\ & & & & x_n \end{array}\right)$$

によって定義する.

$$\mathfrak{a} = \{H(x, 0, \cdots, 0) \,;\, x \in \boldsymbol{R}\}$$

とおくと，$\mathfrak{a}$ はコンパクト対称対 (G, K) の 1 つの Cartan 部分代数である．したがって，対 (G, K) の階数は 1 である．$\mathfrak{a}$ の生成する G の輪環部分群

$$A = \left\{\begin{pmatrix} r'(x) & 0 \\ 0 & 1_{n-1} \end{pmatrix} ; x \in \boldsymbol{R}\right\},\quad ここで\quad r'(x) = \begin{pmatrix} \cos 2\pi x & \sqrt{-1}\sin 2\pi x \\ \sqrt{-1}\sin 2\pi x & \cos 2\pi x \end{pmatrix}$$

は対称対 (G, K) の 1 つの Cartan 部分群である.

$$H_1 = \frac{1}{4\pi} H(1, 0, \cdots, 0)$$

とおけば，$(H_1, H_1) = 1$ であるから，$\mathfrak{a}$ の線形座標

$$\theta : H(x, 0, \cdots, 0) \mapsto 4\pi x \qquad x \in \boldsymbol{R}$$

は $\mathfrak{a}$ の正規直交線形座標である．$\mathfrak{a}$ から定まる対 (G, K) の極大輪環群 $\hat{A}$ は

$$\hat{A} = \{\hat{a}_\theta \,;\, \theta \in \boldsymbol{R}\}, \qquad ここで \quad \hat{a}_\theta = \begin{bmatrix} \cos\theta/2 \\ \sqrt{-1}\sin\theta/2 \\ 0 \\ \vdots \\ 0 \end{bmatrix} = (\exp\theta H_1)o,$$

$$\hat{a}_\theta \hat{a}_{\theta'} = \hat{a}_{\theta+\theta'}$$

で与えられる．$\hat{A}$ の局所座標 θ に関して，$\hat{A}$ の正規化された Haar 測度は $d\hat{a} = \frac{1}{2\pi} d\theta$ で与えられる.

$$\mathfrak{t} = \{H(x_0, y_0, x_2, \cdots, x_n) \,;\, x_0, y_0, x_2, \cdots, x_n \in \boldsymbol{R},\ 2y_0 + x_2 + \cdots + x_n = 0\}$$

とおけば，$\mathfrak{t}$ は $\mathfrak{a}$ を含む $\mathfrak{g}$ の極大可換部分代数で，$\mathfrak{t}$ から生成される G の輪環部分群 T は G の 1 つの極大輪環部分群である.

$$\sigma H(x_0, y_0, x_2, \cdots, x_n) = H(x_0, -y_0, -x_2, \cdots, -x_n),$$
$$\overline{H(x_0, y_0, x_2, \cdots, x_n)} = H(x_0, 0, \cdots, 0)$$

がなりたつ．$\lambda_0, \lambda_1, \cdots, \lambda_{n+1} \in \mathfrak{t}$ を，すべての $H(x_0, y_0, x_2, \cdots, x_n)$ に対して

$$(\lambda_i, H(x_0, y_0, x_2, \cdots, x_n)) = x_i \qquad i = 0, 2, \cdots, n,$$
$$(\lambda_1, H(x_0, y_0, x_2, \cdots, x_n)) = x_0 + y_0,$$
$$(\lambda_{n+1}, H(x_0, y_0, x_2, \cdots, x_n)) = y_0 - x_0$$

をみたすものとして定義する．すると

$$\lambda_1+\cdots+\lambda_{n+1}=0, \qquad 2\lambda_0=\lambda_1-\lambda_{n+1},$$

$$\bar{\lambda}_0=\bar{\lambda}_1=\lambda_0, \qquad \bar{\lambda}_{n+1}=-\lambda_0, \qquad \bar{\lambda}_2=\cdots=\bar{\lambda}_n=0$$

がなりたつ．G の $\mathfrak{t}$ に関する根系 $\Sigma(G)$ は

$$\Sigma(G)=\{\pm(\lambda_i-\lambda_j)\,;\,1\leqq i<j\leqq n+1\}$$

によって与えられる．Weyl 群 $W(G)$ は

$$s\lambda_i=\lambda_{p(i)} \qquad 1\leqq i\leqq n+1$$

(p は $(n+1)$ 文字 $\{1,2,\cdots,n+1\}$ の置換) をみたす $s\in O(\mathfrak{t})$ 全体のなす群である．

$$\Sigma_0(G)=\{\pm(\lambda_i-\lambda_j)\,;\,2\leqq i<j\leqq n\}$$

となるから，

$$\Sigma(G,K)=\begin{cases}\{\pm\lambda_0,\pm 2\lambda_0\} & n\geqq 2\\ \{\pm 2\lambda_0\} & n=1,\end{cases}$$

$$W(G,K)=\{\pm 1\}, \qquad \text{ここで } 1 \text{ は } \mathfrak{a} \text{ の恒等自己同形},$$

$$\boldsymbol{D}(G,K)=\left\{H(x,0,\cdots,0)\,;\,x\in\frac{1}{4}\boldsymbol{Z}\right\}$$

となる．したがって，球面の場合と同様に，$\mathcal{L}(G/K)$ は Δ で生成される1変数多項式代数になることがわかる．$\hat{A}$ の正則元全体の集合 $\hat{A}_r$ は

$$\hat{A}_r=\{\hat{a}_\theta\,;\,\theta\notin\pi\boldsymbol{Z}\}$$

となる．$G/K=P_n(\boldsymbol{C})$ の特異元全体を $P_n(\boldsymbol{C})_s$ で表わし，$(n-1)$ 次元射影空間 $P_{n-1}(\boldsymbol{C})$ を

$$P_{n-1}(\boldsymbol{C})=\left\{\begin{bmatrix}0\\ z\end{bmatrix};\,z\in\boldsymbol{C}^n-\{0\}\right\}$$

として $P_n(\boldsymbol{C})$ に埋めこめば

$$P_n(\boldsymbol{C})_s=\{o\}\cup P_{n-1}(\boldsymbol{C})$$

となる．

$\mathfrak{t}$ 上の線形順序 $>$ を

$$\lambda_1>\lambda_2>\cdots>\lambda_n>0$$

をみたすようにとると，$>$ は σ 順序である．

$$\alpha_i=\lambda_i-\lambda_{i+1}\qquad 1\leqq i\leqq n$$

とおけば，$\Sigma(G)$ の $>$ に関する σ 基本系 $\Pi(G)$ は

$$\Pi(G)=\{\alpha_1,\cdots,\alpha_n\}$$

で与えられる．

$$(\alpha_i,\alpha_{i+1})=-\frac{1}{8\pi^2}\ (1\leqq i\leqq n-1),\qquad (\alpha_i,\alpha_i)=\frac{1}{4\pi^2}\ (1\leqq i\leqq n)$$

であって，$\Pi(G)$ の元の間のほかの内積は 0 である．

$$\Lambda_i=\lambda_1+\cdots+\lambda_i\qquad 1\leqq i\leqq n,$$

$$\delta(G)=\sum_{i=1}^{n}(n-i+1)\lambda_i$$

がなりたつ．また

$$\Pi_0(G)=\{\alpha_2,\cdots,\alpha_{n-1}\},$$

$$\begin{cases}\sigma\alpha_1=\alpha_n+\alpha_2+\cdots+\alpha_{n-1}, & \sigma\alpha_n=\alpha_1+\alpha_2+\cdots+\alpha_{n-1},\\ \sigma\alpha_i=-\alpha_i & 2\leqq i\leqq n-1\end{cases}$$

より，対 (G,K) の佐武図形は

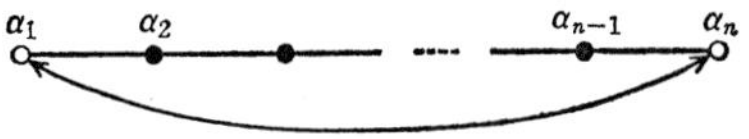

$n\geqq 2$

$n=1$

となる．対 $(\mathfrak{g},\mathfrak{k})$ の基本の重み M_1 は

$$M_1=\Lambda_1+\Lambda_n=2\lambda_0$$

で与えられる．

$$\Sigma^+(G)=\{\lambda_i-\lambda_j\,;1\leqq i<j\leqq n+1\},$$

$$\Sigma^+(G)-\Sigma_0(G)=\{\lambda_1-\lambda_j,\lambda_j-\lambda_{n+1}(2\leqq j\leqq n),\lambda_1-\lambda_{n+1}\}$$

より

$$\Sigma^+(G,K)=\begin{cases}\{\lambda_0, 2\lambda_0\} & n\geqq 2\\ \{2\lambda_0\} & n=1\end{cases}$$

を得る．ここで，$\lambda_0, 2\lambda_0$ の重複度はそれぞれ $2(n-1), 1$ である．$\Sigma(G,K)$ の基本系 $\Pi(G,K)$ は

$$\Pi(G,K)=\{\gamma_1\},\qquad ここで\quad \gamma_1=\begin{cases}\lambda_0 & n\geqq 2\\ 2\lambda_0 & n=1\end{cases}$$

で与えられる．したがって

$$\hat{F}(G,K)=\{\hat{a}_\theta\,;0<\theta<\pi\},$$

$$D(\hat{a}_\theta)=2^{2n-1}\left|\sin^{2(n-1)}\frac{\theta}{2}\sin\theta\right|\qquad \theta\in\boldsymbol{R},$$

(13.1) $$j(\hat{a}_\theta)=2^{(2n-1)/2}\sin^{n-1}\frac{\theta}{2}\sin^{1/2}\theta\qquad 0<\theta<\pi$$

を得る．変数変換 $t=\cos\theta\,(0<\theta<\pi)$ をおこない，$\hat{F}(G,K)$ を実開区間 $(-1,1)$ と同一視すれば，ある正の実数 c_n が存在して

(13.2) $$d\hat{f}=c_n(1-t)^{n-1}dt$$

となる．G の極大輪環部分群 T に関して

$$\Gamma(G)=\{H(x_0, y_0, x_2, \cdots, x_n)\,;x_0+y_0, x_2, \cdots, x_n\in\boldsymbol{Z},$$
$$2y_0+x_2+\cdots+x_n=0\},$$

$$Z(G)=\sum_{i=1}^{n}\boldsymbol{Z}\lambda_i,$$

$$D(G)=\left\{\sum_{i=1}^{n}m_i\Lambda_i\,;m_i\in\boldsymbol{Z},\ m_i\geqq 0\,(1\leqq i\leqq n)\right\}$$
$$=\left\{\sum_{i=1}^{n}m_i\lambda_i\,;m_i\in\boldsymbol{Z}\,(1\leqq i\leqq n),\ m_1\geqq m_2\geqq\cdots\geqq m_n\geqq 0\right\}$$

となる．対 (G,K) の極大輪環群 $\hat{A}$ に関しては

$$\Gamma(G,K)=\{H(x,0,\cdots,0)\,;2x\in\boldsymbol{Z}\},$$

$$Z(G,K)=\boldsymbol{Z}(2\lambda_0),$$

$$D(G,K)=\{2l\lambda_0\,;l\in\boldsymbol{Z}, l\geqq 0\}$$

となる．$2l\lambda_0 \in D(G, K)$ を最高の重みにもつ G の既約表現の同値類を $\rho_l \in \mathcal{D}(G, K)$ で表わし，これを対 (G, K) の**第 l の球表現類**とよぶ．定理10.5と定理7.3，系3より，ρ_l に属する表現の Casimir 作用素の固有値 a_l と ρ_l の次数 d_l がと求められて

$$(13.3)\qquad a_l = -l(l+n),$$

$$(13.4)\qquad d_l = \frac{2l+n}{n}\left(\frac{(l+n-1)\,!}{l!\,(n-1)\,!}\right)^2$$

となる．

補題　$P_n(\boldsymbol{C})$ の Laplace-Beltrami 作用素 $\varDelta$ の動径部分 $\mathring{\varDelta}$ は，$\hat{A}_r$ の局所座標 θ に関して

$$(13.5)\qquad \mathring{\varDelta} = \frac{d^2}{d\theta^2} + \left\{(n-1)\cot\frac{\theta}{2} + \cot\theta\right\}\frac{d}{d\theta} \qquad \theta \notin \pi\boldsymbol{Z}$$

で与えられる．

証明　(13.5)の右辺は $W(G, K)$ の作用と可換な $\hat{A}_r$ 上の微分作用素であるから，(13.5)が $0<\theta<\pi$ の範囲でなりたつことを示せば十分である．定理10.3，系1より

$$\mathring{\varDelta} = \frac{d^2}{d\theta^2} + \frac{2}{j}\frac{dj}{d\theta}\frac{d}{d\theta} \qquad 0<\theta<\pi$$

がなりたつ．(13.1)より，$0<\theta<\pi$ において

$$2^{-(2n-1)/2}\frac{dj}{d\theta} = \frac{1}{2}(n-1)\sin^{n-2}\frac{\theta}{2}\cos\frac{\theta}{2}\sin^{1/2}\theta + \frac{1}{2}\sin^{n-1}\frac{\theta}{2}\sin^{-(1/2)}\theta\cos\theta$$

であるから

$$\frac{2}{j}\frac{dj}{d\theta} = (n-1)\cot\frac{\theta}{2} + \cot\theta \qquad 0<\theta<\pi$$

を得る．したがって，$0<\theta<\pi$ において(13.5)がなりたつ．▌

定理 13.1　第 $l\,(l\geqq 0)$ の球表現類 $\rho_l \in \mathcal{D}(G, K)$ に付属する帯球関数を ω_l とする．このとき

(1)　$\varDelta f = -l(l+n)f \qquad f \in S_{\omega_l}(G/K),$

(2)　$\dim S_{\omega_l}(G/K) = \dfrac{2l+n}{n}\left(\dfrac{(l+n-1)\,!}{l\,!\,(n-1)\,!}\right)^2,$

(3)　$\omega_l(\hat{a}_\theta) = G_l^n(\cos\theta) \qquad \theta \in \boldsymbol{R}$

がなりたつ．ここで，$G_l^n(x)$ は第11節で定義した Jacobi の多項式である．

証明　(1), (2) は (13.3), (13.4) より明らかである．

(3)　まず，$0<\theta<\pi$ の範囲で考えよう．$t=\cos\theta\ (0<\theta<\pi)$ と変数変換すれば，定理12.2の証明で述べたように

$$\cot\theta\frac{d}{d\theta} = -t\frac{d}{dt}, \qquad \frac{d^2}{d\theta^2} = -t\frac{d}{dt}+(1-t^2)\frac{d^2}{dt^2}$$

となる．さらに

$$\cot^2\frac{\theta}{2}\sin^2\theta = \frac{1+\cos\theta}{1-\cos\theta}(1-\cos^2\theta) = (1+\cos\theta)^2 = (1+t)^2$$

より

$$\cot\frac{\theta}{2}\frac{d}{d\theta} = -\cot\frac{\theta}{2}\sin\theta\frac{d}{dt} = -(1+t)\frac{d}{dt}$$

となるから，補題より

$$\begin{aligned}\mathring{\Delta} &= (1-t^2)\frac{d^2}{dt^2} - \{(n-1)(1+t)+2t\}\frac{d}{dt}\\ &= (1-t^2)\frac{d^2}{dt^2} - \{(n+1)t+n-1\}\frac{d}{dt} \qquad |t|<1\end{aligned}$$

を得る．したがって，(1) と定理10.1，系より

$$(1-t^2)\frac{d^2\omega_l}{dt^2} - \{(n+1)t+n-1\}\frac{d\omega_l}{dt} + l(l+n)\omega_l = 0 \qquad |t|<1$$

がなりたつ．したがって，定理11.3より，ある $c\in\boldsymbol{C}$ が存在して，$0<\theta<\pi$ に対して

$$\omega_l(\hat{a}_\theta) = cG_l^n(\cos\theta)$$

がなりたつ．ω_l は $\hat{A}$ 上で連続で $W(G,K)$ で不変であるから，この式はすべての $\theta\in\boldsymbol{R}$ に対してなりたつ．$\omega_l(\hat{a}_0)=\omega_l(e)=1$, $G_l^n(1)=1$ であるから，$c=1$ が得られる．これで (3) の証明が得られた．▌

定理12.2と同様にして，(13.2) よりつぎの系が得られる．

系 正の整数 n に対し，Jacobi の多項式 $\{G_l{}^n(x)\,;\,l \geqq 0\}$ は実開区間 $(-1,1)$ 上の測度 $(1-t)^{n-1}dt$ に関する L_2 空間 $L_2((-1,1),(1-t)^{n-1}dt)$ の完全直交系をなす.

§14 調和多項式

この節では，$\boldsymbol{R}^{n+1}$ 上の調和多項式の概念を定義し，調和多項式を単位球面 S^n へ制限することによって S^n の球関数がすべて得られることを示す．同様に，$\boldsymbol{C}^{n+1}$ 上の調和多項式を定義し，この一部分から複素射影空間 $P_n(\boldsymbol{C})$ の球関数がすべて得られることを示す.

n を正の整数とする．第2節のように，C^∞ 多様体 $\boldsymbol{R}^{n+1}$ 上の複素数値 C^∞ 関数全体のなす $\boldsymbol{C}$ 上の代数を $C^\infty(\boldsymbol{R}^{n+1})$ で表わす．$\boldsymbol{R}^{n+1}$ 上の実係数多項式関数全体のなす $\boldsymbol{R}$ 上の代数を $S^*(\boldsymbol{R}^{n+1})$ で表わす．非負整数 l に対して，$\boldsymbol{R}^{n+1}$ 上の l 次同次の実係数多項式関数全体のなす $S^*(\boldsymbol{R}^{n+1})$ の部分空間を $S^l(\boldsymbol{R}^{n+1})$ で表わせば，

$$S^*(\boldsymbol{R}^{n+1}) = \sum_{l \geqq 0} S^l(\boldsymbol{R}^{n+1}) \qquad \text{(直和)}$$

がなりたつ．$S^*(\boldsymbol{R}^{n+1}), S^l(\boldsymbol{R}^{n+1})$ のそれぞれの複素化 $S^*(\boldsymbol{R}^{n+1})^{\boldsymbol{C}}, S^l(\boldsymbol{R}^{n+1})^{\boldsymbol{C}}$ についても，やはり

$$S^*(\boldsymbol{R}^{n+1})^{\boldsymbol{C}} = \sum_{l \geqq 0} S^l(\boldsymbol{R}^{n+1})^{\boldsymbol{C}} \qquad \text{(直和)}$$

がなりたつ．$S^*(\boldsymbol{R}^{n+1})^{\boldsymbol{C}}$ の各元を自然な仕方で $\boldsymbol{R}^{n+1}$ 上の複素数値 C^∞ 関数とみなし，以後 $S^*(\boldsymbol{R}^{n+1})^{\boldsymbol{C}}$ を $C^\infty(\boldsymbol{R}^{n+1})$ の部分代数と同一視しよう．$SO(n+1)$ の $\boldsymbol{R}^{n+1}$ への自然な作用から

$$(sf)(x) = f(s^{-1}x) \qquad s \in SO(n+1),\ f \in C^\infty(\boldsymbol{R}^{n+1}),\ x \in \boldsymbol{R}^{n+1}$$

によって $SO(n+1)$ の $C^\infty(\boldsymbol{R}^{n+1})$ への作用が引きおこされるが，このとき，$SO(n+1)$ は $S^*(\boldsymbol{R}^{n+1}), S^*(\boldsymbol{R}^{n+1})^{\boldsymbol{C}}$ を（さらに詳しく，各 $S^l(\boldsymbol{R}^{n+1}), S^l(\boldsymbol{R}^{n+1})^{\boldsymbol{C}}$ を）不変にする.

Euclid 空間 $\boldsymbol{R}^{n+1}$ の Laplace-Beltrami 作用素を $\boldsymbol{\Delta}$ で表わそう．数ベクトルの成分として定義される $\boldsymbol{R}^{n+1}$ の座標$(x^1, \cdots, x^{n+1})$に関して，$\boldsymbol{\Delta}$ は

$$\boldsymbol{\Delta} = \sum_{i=1}^{n+1} \frac{\partial^2}{\partial x^{i2}}$$

と表わされる．$\boldsymbol{\Delta}$ は $SO(n+1)$ の $C^\infty(\boldsymbol{R}^{n+1})$ への作用と可換である．また，$\boldsymbol{\Delta}$ は $S^*(\boldsymbol{R}^{n+1}), S^*(\boldsymbol{R}^{n+1})^{\boldsymbol{C}}$ をそれぞれ不変にする．

$$H(\boldsymbol{R}^{n+1}) = \{f \in S^*(\boldsymbol{R}^{n+1})\,;\boldsymbol{\Delta} f = 0\},$$
$$H^l(\boldsymbol{R}^{n+1}) = H(\boldsymbol{R}^{n+1}) \cap S^l(\boldsymbol{R}^{n+1}) \qquad l \geqq 0$$

とおくと

$$H(\boldsymbol{R}^{n+1}) = \sum_{l\geqq 0} H^l(\boldsymbol{R}^{n+1}) \qquad (\text{直和})$$

となる．$H(\boldsymbol{R}^{n+1}), H^l(\boldsymbol{R}^{n+1})$ のそれぞれの複素化 $H(\boldsymbol{R}^{n+1})^{\boldsymbol{C}}, H^l(\boldsymbol{R}^{n+1})^{\boldsymbol{C}}$ は

$$H(\boldsymbol{R}^{n+1})^{\boldsymbol{C}} = \{f \in S^*(\boldsymbol{R}^{n+1})^{\boldsymbol{C}}\,;\boldsymbol{\Delta} f = 0\},$$
$$H^l(\boldsymbol{R}^{n+1})^{\boldsymbol{C}} = H(\boldsymbol{R}^{n+1})^{\boldsymbol{C}} \cap S^l(\boldsymbol{R}^{n+1})^{\boldsymbol{C}} \qquad l \geqq 0,$$
$$H(\boldsymbol{R}^{n+1})^{\boldsymbol{C}} = \sum_{l\geqq 0} H^l(\boldsymbol{R}^{n+1})^{\boldsymbol{C}} \qquad (\text{直和})$$

をみたす．$H(\boldsymbol{R}^{n+1})^{\boldsymbol{C}}$ の元を $\boldsymbol{R}^{n+1}$ 上の**調和多項式**という．$SO(n+1)$ は部分空間 $H(\boldsymbol{R}^{n+1}), H^l(\boldsymbol{R}^{n+1}), H(\boldsymbol{R}^{n+1})^{\boldsymbol{C}}, H^l(\boldsymbol{R}^{n+1})^{\boldsymbol{C}}$ をそれぞれ不変にする．

さて，調和多項式の空間 $H(\boldsymbol{R}^{n+1})^{\boldsymbol{C}}$ を $SO(n+1)$ 空間として既約成分の和に分解することを考えよう．$r^2 \in S^2(\boldsymbol{R}^{n+1})$ を

$$r^2(x) = \langle x, x \rangle = \sum_{i=1}^{n+1} (x^i)^2 \qquad x = \begin{pmatrix} x^1 \\ \vdots \\ x^{n+1} \end{pmatrix} \in \boldsymbol{R}^{n+1}$$

によって定義して，非負整数 k に対して $(r^2)^k$ を r^{2k} で表わす．このとき，つぎの補題がなりたつ．

補題 1 k, l を $1 \leqq k \leqq [l/2]$ をみたす整数とするとき，任意の $f \in S^{l-2k}(\boldsymbol{R}^{n+1})$ に対して

$$(14.1) \qquad \boldsymbol{\Delta}(r^{2k}f) = 2k(n+2l-2k-1)r^{2(k-1)}f + r^{2k}\boldsymbol{\Delta} f$$

がなりたつ．

証明 k に関する帰納法で証明する．$l \geqq 2$ として，$f \in S^{l-2}(\boldsymbol{R}^{n+1})$ に対して

$$\frac{\partial^2}{\partial x^{i2}}(r^2 f) = 2f+4x^i\frac{\partial f}{\partial x^i}+r^2\frac{\partial^2 f}{\partial x^{i2}} \qquad 1 \leqq i \leqq n+1$$

であるから，

$$\Delta(r^2 f) = 2(n+1)f+4\sum_{i=1}^{n+1} x^i\frac{\partial f}{\partial x^i}+r^2\Delta f$$

となる．Euler の公式より，右辺の第 2 項は $4(l-2)f$ に等しいから

$$\Delta(r^2 f) = 2(n+2l-3)f+r^2\Delta f$$

を得る．したがって，$k=1$ の場合は(14.1)がなりたつ．

(14.1)が k までなりたつとしよう．$2(k+1)\leqq l$ として，$f\in S^{l-2(k+1)}(\boldsymbol{R}^{n+1})$ を任意にとる．$f'=r^2 f$ とおけば，$f'\in S^{l-2k}(\boldsymbol{R}^{n+1})$ であるから，帰納法の仮定より

$$\begin{aligned}\Delta(r^{2(k+1)}f) &= \Delta(r^{2k}f')\\ &= 2k(n+2l-2k-1)r^{2(k-1)}f'+r^{2k}\Delta f'\\ &= 2k(n+2l-2k-1)r^{2k}f+r^{2k}\Delta(r^2 f)\end{aligned}$$

となる．$k=1$ の場合の (14.1) より得られる

$$\Delta(r^2 f) = 2\{n+2(l-2k)-3\}f+r^2\Delta f$$

を右辺に代入すれば

$$\Delta(r^{2(k+1)}f) = 2(k+1)\{n+2l-2(k+1)-1\}r^{2k}f+r^{2(k+1)}\Delta f$$

を得る．したがって，$k+1$ の場合にも (14.1) がなりたつ． ▌

定理 14.1 $\quad S^l(\boldsymbol{R}^{n+1}) = H^l(\boldsymbol{R}^{n+1}) \qquad l=0,1$

$$S^l(\boldsymbol{R}^{n+1}) = H^l(\boldsymbol{R}^{n+1})+r^2 S^{l-2}(\boldsymbol{R}^{n+1}) \qquad (\text{直和}) \qquad l\geqq 2$$

がなりたつ．いいかえれば，r^2 で生成される $S^*(\boldsymbol{R}^{n+1})$ のイデアルを $J(\boldsymbol{R}^{n+1})$ で表わせば

$$S^*(\boldsymbol{R}^{n+1}) = H(\boldsymbol{R}^{n+1})+J(\boldsymbol{R}^{n+1}) \qquad (\text{直和})$$

がなりたつ．

証明 $l=0,1$ のときは明らかであるから，$l\geqq 2$ としよう．まず

(14.2) $$H^l(\boldsymbol{R}^{n+1})\cap r^2 S^{l-2}(\boldsymbol{R}^{n+1}) = \{0\}$$

を示そう．そのためには，任意の $g\in S^{l-2}(\boldsymbol{R}^{n+1})$，$g\neq 0$，に対して $\Delta(r^2 g)\neq 0$

であることを示せば十分である．r^2g が r^{2k} で割りきれるような非負整数 k のうち最大のものを k とすれば，$1\leqq k\leqq[l/2]$ である．さらに，r^2 で割りきれない $f\in S^{l-2k}(\boldsymbol{R}^{n+1})$ が存在して $r^2g=r^{2k}f$ と書ける．$\Delta(r^2g)=0$ であると仮定すると，補題1より

$$2k(n+2l-2k-1)r^{2(k-1)}f+r^{2k}\Delta f=0$$

となる．ところが，$r^{2(k-1)}f$ の係数は $2k\{n-1+l+(l-2k)\}$ に等しく，正であるから，f は $r^2\Delta f$ の倍数である．これは f が r^2 で割りきれないことに矛盾する．したがって $\Delta(r^2g)\neq 0$ でなければならない．

さて，Δ は線形写像

$$\Delta: S^l(\boldsymbol{R}^{n+1})\to S^{l-2}(\boldsymbol{R}^{n+1})$$

を引きおこすから

$$\dim H^l(\boldsymbol{R}^{n+1})+\dim S^{l-2}(\boldsymbol{R}^{n+1})\geqq \dim S^l(\boldsymbol{R}^{n+1})$$

がなりたつ．したがって，(14.2)と合わせて定理がなりたつ．▌

系　l を非負整数とし，コンパクト対称対$(SO(n+1), SO(n))$の第 l の球表現類 ρ_l の次数を d_l とすれば

$$\dim H^l(\boldsymbol{R}^{n+1})=\begin{cases}2 & n=1,\ l\geqq 1 \text{ のとき}\\ d_l & \text{そのほかのとき}\end{cases}$$

がなりたつ．

証明　$l\geqq 2$ のときは，定理より

$$\begin{aligned}\dim H^l(\boldsymbol{R}^{n+1})&=\dim S^l(\boldsymbol{R}^{n+1})-\dim S^{l-2}(\boldsymbol{R}^{n+1})\\&=\frac{(n+l)!}{l!n!}-\frac{(n+l-2)!}{(l-2)!n!}=\frac{(l+n-2)!(2l+n-1)}{l!(n-1)!}\end{aligned}$$

となる．これは，$n\geqq 2$ のときは(12.5)より d_l に等しく，$n=1$ のときは2である．$l=0,1$ のときは

$$\dim H^l(\boldsymbol{R}^{n+1})=\dim S^l(\boldsymbol{R}^{n+1})=\begin{cases}1 & l=0 \text{ のとき}\\ n+1 & l=1 \text{ のとき}\end{cases}$$

であるから，やはり系の式がなりたつ．▌

注意　証明からわかるように(あるいは直接にも確かめられるように)，補題1

と定理 14.1 は $n=0$ の場合でもなりたつ.

$\boldsymbol{R}^{n+1}$ の標準的内積 $\langle\ ,\ \rangle$ の $\boldsymbol{C}^{n+1}$ への $\boldsymbol{C}$ 線形な拡張も同じ $\langle\ ,\ \rangle$ で表わす. $\langle a, a\rangle=0$ をみたす $a\in\boldsymbol{C}^{n+1}$ に対して, $h_a\in S^1(\boldsymbol{R}^{n+1})^{\boldsymbol{C}}$ を

$$(14.3)\qquad h_a(x)=\langle a, x\rangle \qquad x\in\boldsymbol{R}^{n+1}$$

によって定義する. このとき, 非負整数 l に対して, $h_a{}^l\in H^l(\boldsymbol{R}^{n+1})^{\boldsymbol{C}}$ となる. 実際

$$(\Delta h_a{}^l)(x)=l(l-1)\langle a, x\rangle^{l-2}\langle a, a\rangle=0 \qquad x\in\boldsymbol{R}^{n+1},\ l\geqq 2$$

となるからである. さらに, $\boldsymbol{C}^{n+1}$ 上の双1次形式 $\langle\ ,\ \rangle$ が $SO(n+1)$ で不変であることから, 各 $s\in SO(n+1)$ に対して

$$(14.4)\qquad sh_a=h_{sa}$$

がなりたつ.

$l\geqq 1$ のとき, $H^l(\boldsymbol{R}^2)^{\boldsymbol{C}}$ は $SO(2)$ の表現空間として可約で, $SO(2)$ がそれぞれ指標 ξ_l, ξ_{-l} (第12節を参照) で作用する $SO(2)$ 不変な1次元部分空間 $\mathcal{H}^l(\boldsymbol{R}^2), \mathcal{H}^{-l}(\boldsymbol{R}^2)$ の直和

$$H^l(\boldsymbol{R}^2)^{\boldsymbol{C}}=\mathcal{H}^l(\boldsymbol{R}^2)+\mathcal{H}^{-l}(\boldsymbol{R}^2)$$

となる. 実際,

$$a=\begin{pmatrix}1\\ -\sqrt{-1}\end{pmatrix}, \qquad \bar{a}=\begin{pmatrix}1\\ \sqrt{-1}\end{pmatrix}\in\boldsymbol{C}^2$$

とおくと, $\langle a, a\rangle=\langle\bar{a}, \bar{a}\rangle=0$ であって, $h_a{}^l, h_{\bar{a}}{}^l$ がそれぞれ $\mathcal{H}^l(\boldsymbol{R}^2), \mathcal{H}^{-l}(\boldsymbol{R}^2)$ の基底になっていることが(14.4)より確かめられる. さらに

$$\mathcal{H}^0(\boldsymbol{R}^2)=H^0(\boldsymbol{R}^2)^{\boldsymbol{C}}$$

とおく. $n\geqq 2$ のときは

$$\mathcal{H}^l(\boldsymbol{R}^{n+1})=H^l(\boldsymbol{R}^{n+1})^{\boldsymbol{C}} \qquad l\geqq 0$$

とおく. このときは, 定理 14.1, 系より $\dim\mathcal{H}^l(\boldsymbol{R}^{n+1})=d_l$ となっている.

つぎに, 各 $\mathcal{H}^l(\boldsymbol{R}^{n+1})$ に対して, $SO(n+1)$ で不変な部分空間 $\mathcal{H}'^l(\boldsymbol{R}^{n+1})$ をつぎのように定義する. $n=1$ のときは

$$\mathcal{H}'^l(\boldsymbol{R}^2)=\mathcal{H}^l(\boldsymbol{R}^2) \qquad l\in\boldsymbol{Z}$$

とし, $n\geqq 2$ のときは, 集合 $\{h_a{}^l\,;\,a\in\boldsymbol{C}^{n+1}, \langle a, a\rangle=0\}$ で $\boldsymbol{C}$ 上張られる部分空

間を $\mathcal{H}'^l(\boldsymbol{R}^{n+1})$ とする．(14.4) より $\mathcal{H}'^l(\boldsymbol{R}^{n+1})$ は $SO(n+1)$ で不変である．このとき，つぎの定理がなりたつ．

定理 14.2　(1)　調和多項式の空間 $H(\boldsymbol{R}^{n+1})^{\boldsymbol{C}}$ の $SO(n+1)$ 空間としての分解は

$$H(\boldsymbol{R}^{n+1})^{\boldsymbol{C}} = \sum_l \mathcal{H}^l(\boldsymbol{R}^{n+1}) \qquad \text{ここで} \quad \begin{cases} l \in \boldsymbol{Z} & n=1 \text{ のとき} \\ l \in \boldsymbol{Z},\ l \geqq 0 & n \geqq 2 \text{ のとき} \end{cases}$$

で与えられる．ここで，$SO(n+1)$ が $\mathcal{H}^l(\boldsymbol{R}^{n+1})$ の上に引きおこす表現は既約でコンパクト対称対 $(SO(n+1), SO(n))$ の第 l の球表現類 ρ_l に属する．

(2)　各 l に対して

$$\mathcal{H}'^l(\boldsymbol{R}^{n+1}) = \mathcal{H}^l(\boldsymbol{R}^{n+1})$$

がなりたつ．とくに，任意の l 次同次 $(l \geqq 0)$ の調和多項式は $h_a{}^l (a \in \boldsymbol{C}^{n+1}, \langle a, a \rangle = 0)$ の形の調和多項式の1次結合で表わされる．

証明　$n=1$ のときは明らかであるから，$n \geqq 2$ とし，第12節の記法を用いよう．$SO(n+1)$ の $S^1(\boldsymbol{R}^{n+1})^{\boldsymbol{C}}$ 上の表現は既約で，その最高の重みは λ_1 である．これの l 個のテンソル積 $\otimes^l S^1(\boldsymbol{R}^{n+1})^{\boldsymbol{C}}$ の最高成分を V_l で表わす．定理7.3の後の注意2で述べたように，$SO(n+1)$ の V_l 上の表現は ρ_l に属する．自然な仕方で，$S^l(\boldsymbol{R}^{n+1})^{\boldsymbol{C}}$ を $\otimes^l S^1(\boldsymbol{R}^{n+1})^{\boldsymbol{C}}$ の $SO(n+1)$ で不変な部分空間とみなそう．

$$a = \begin{pmatrix} 1 \\ -\sqrt{-1} \\ 0 \\ \vdots \\ 0 \end{pmatrix} \in \boldsymbol{C}^{n+1}$$

とおけば，$\langle a, a \rangle = 0$ であって，(14.4) より各 $H \in \mathfrak{t}$ に対して

$$(\exp H) h_a{}^l = \exp(2\pi\sqrt{-1}(l\lambda_1, H)) h_a{}^l$$

がなりたつから，$h_a{}^l \in V_l$ となる．したがって

$$V_l \subset \mathcal{H}'^l(\boldsymbol{R}^{n+1}) \subset \mathcal{H}^l(\boldsymbol{R}^{n+1})$$

となる．ところが，$\dim \mathcal{H}^l(\boldsymbol{R}^{n+1}) = d_l = \dim V_l$ であったから，この3つの空

間は一致する．したがって定理がなりたつ．▌

系 包含写像

$$\iota : S^n \to \boldsymbol{R}^{n+1}$$

より引きおこされる制限写像

(14.5) $$\iota^* : C^\infty(\boldsymbol{R}^{n+1}) \to C^\infty(S^n)$$

は，調和多項式の空間 $H(\boldsymbol{R}^{n+1})^{\boldsymbol{C}}$ から S^n の球関数の空間 $S(SO(n+1)/SO(n))$ の上への $SO(n+1)$ 同形

(14.6) $$\iota^* : H(\boldsymbol{R}^{n+1})^{\boldsymbol{C}} \to S(SO(n+1)/SO(n))$$

を引きおこす．さらに，各 $\rho_l \in \mathscr{D}(SO(n+1), SO(n))$ に対し，ι^* は $SO(n+1)$ 同形

$$\iota^* : \mathscr{H}^l(\boldsymbol{R}^{n+1}) \to S_{\omega_l}(SO(n+1)/SO(n))$$

を引きおこす．

証明 (14.5) は $SO(n+1)$ 準同形であるから，(14.6) も $SO(n+1)$ 準同形で，その像は $S(SO(n+1)/SO(n)) = \mathfrak{o}(SO(n+1)/SO(n))$ に含まれる．また，(14.5) は各 $S^l(\boldsymbol{R}^{n+1})^{\boldsymbol{C}}$ の上で単射である．したがって，第12節の議論と定理から系が得られる．▌

注意 1 正の実数全体を $\boldsymbol{R}^+$ で表わして，

$$\psi((r, s)) = rs \qquad r \in \boldsymbol{R}^+,\ s \in S^n$$

によって定義される C^∞ 同相

$$\psi : \boldsymbol{R}^+ \times S^n \to \boldsymbol{R}^{n+1} - \{0\}$$

によって $\boldsymbol{R}^+ \times S^n$ を $\boldsymbol{R}^{n+1} - \{0\}$ と同一視する．第2節の最後に述べたようにして，S^n の Laplace-Beltrami 作用素 $\varDelta$ を $\boldsymbol{R}^{n+1} - \{0\}$ の微分作用素とみなすと，$\boldsymbol{R}^{n+1} - \{0\}$ において

$$\boldsymbol{\Delta} = \frac{\partial^2}{\partial r^2} + \frac{n}{r}\frac{\partial}{\partial r} + \frac{1}{r^2}\varDelta$$

がなりたつ．これから，任意の $f \in S^l(\boldsymbol{R}^{n+1})^{\boldsymbol{C}}$ に対して

$$(\boldsymbol{\Delta} f)(rs) = r^{l-2}\{l(l+n-1)f(s) + (\varDelta f)(s)\} \qquad r \in \boldsymbol{R}^+,\ s \in S^n$$

がなりたつことがわかる．したがって，この関係から，$\iota^* H^l(\boldsymbol{R}^{n+1})^{\boldsymbol{C}}$ が $\varDelta$ の

固有値 $-l(l+n-1)$ に属する固有空間に含まれることだけは容易にわかる.

注意2　定理14.1, 定理14.2とその系は以下に述べる調和多項式に関する一般的な理論の特別な場合としても得られる.

(G,K) をコンパクト対称対とし, 第2章の記法を用いる. $K^{\boldsymbol{C}}$ を(第1節の定理1.3の後の注意の意味の) K の複素化とする. (G,K) の標準補空間 $\mathfrak{m}$ への K の随伴作用は $\mathfrak{m}$ の複素化 $\mathfrak{m}^{\boldsymbol{C}}$ への $K^{\boldsymbol{C}}$ の有理的作用に一意的に拡張される. $\mathfrak{m}$ の元 X_0 を1つとって固定し, X_0 を通る $K^{\boldsymbol{C}}$ 軌道を $M^{\boldsymbol{C}}\subset\mathfrak{m}^{\boldsymbol{C}}$, X_0 を通る K 軌道を $M\subset\mathfrak{m}$ で表わす. X_0 における $K^{\boldsymbol{C}}$ の等方性部分群を $L^{\boldsymbol{C}}$ とし, $L=K\cap L^{\boldsymbol{C}}$ とおく. このとき, $L^{\boldsymbol{C}}$ は L の(第1節の意味の)複素化であって,

$$M^{\boldsymbol{C}}=K^{\boldsymbol{C}}/L^{\boldsymbol{C}},\qquad M=K/L$$

と同一視される. このようにして得られる等質空間 $M=K/L$ は R **空間**とよばれる(R 空間については Takeuchi [25] を参照). $M^{\boldsymbol{C}}$ は $\mathfrak{m}^{\boldsymbol{C}}$ のなかの $\boldsymbol{R}$ 上定義された複素アフィン代数多様体で, (第1節の意味の) K/L の複素化 $(K/L)^{\boldsymbol{C}}$ と同一視される.

$\mathfrak{m}$ 上の複素数値多項式関数全体のなす $\boldsymbol{C}$ 上の代数を $S^*(\mathfrak{m})$ で表わす. $S^*(\mathfrak{m})$ は自然な仕方で $\mathfrak{m}^{\boldsymbol{C}}$ 上の複素係数多項式関数全体のなす $\boldsymbol{C}$ 上の代数と同一視される. 代数多様体 $M^{\boldsymbol{C}}$ 上の多項式関数のなす代数は等質空間 K/L の広義の球関数のなす代数 $\mathfrak{o}(K/L)$ と一致していたから, 包含写像

$$\iota: K/L\to\mathfrak{m}$$

は全射 K 準同形

$$\iota^*: S^*(\mathfrak{m})\to\mathfrak{o}(K/L)$$

を引きおこす.

$\mathfrak{m}$ を可換な C^∞ Lie 群とみなして, その対称化写像を $\lambda_{\mathfrak{m}}$ で表わし, $\mathfrak{m}$ 上の複素数値 C^∞ 関数全体のなす代数を $C^\infty(\mathfrak{m})$ で表わす. K の $\mathfrak{m}$ への随伴作用は K の $C^\infty(\mathfrak{m})$ への自然な作用を引きおこす. $S^*(\mathfrak{m})$ は $C^\infty(\mathfrak{m})$ の K 不変な部分代数である. $f\in S^*(\mathfrak{m})$ が各 $p\in S(\mathfrak{m})_K$ に対して

$$\lambda_{\mathfrak{m}}(p)f=0$$

をみたすとき，f を対 (G, K) の**調和多項式**とよぶ．調和多項式全体のなす $S^*(\mathfrak{m})$ の部分空間を $H(\mathfrak{m})$ で表わす．$H(\mathfrak{m})$ は K 不変である．K で不変な $S^*(\mathfrak{m})$ の元でその 0 次同次成分が 0 であるもの全体で生成される $S^*(\mathfrak{m})$ のイデアルを $J(\mathfrak{m})$ で表わす．$a \in \mathfrak{m}^C$ を，任意の $f \in J(\mathfrak{m})$ に対して（f を $\mathfrak{m}^C$ 上の多項式関数とみて）$f(a)=0$ となるものとする．a に対して，$h_a \in S^*(\mathfrak{m})$ を

$$h_a(x) = (a, x) \qquad x \in \mathfrak{m}$$

によって定義する．ここで，$\mathfrak{m}$ 上の K 不変な内積 $(\ ,\ )$ の $\mathfrak{m}^C$ への $\boldsymbol{C}$ 線形な拡張も $(\ ,\ )$ で表わした．このような h_a の巾乗 $h_a{}^l (l \geqq 0)$ 全体によって $\boldsymbol{C}$ 上張られる $S^*(\mathfrak{m})$ の部分空間を $H'(\mathfrak{m})$ で表わす．$H'(\mathfrak{m})$ も K 不変である．このとき，つぎのことがなりたつ（Kostant-Rallis [15] を参照）．

（I） $S^*(\mathfrak{m}) = H(\mathfrak{m}) + J(\mathfrak{m})$ （直和）．

（II） X_0 が $\mathfrak{a}$ の正則元と K に関して共役ならば，制限写像 ι^* は K 同形

$$\iota^* : H(\mathfrak{m}) \to \mathfrak{o}(K/L)$$

を引きおこす．したがって，（定理 4.8 より）各 $\rho \in \mathcal{D}(K, L)$ に対して $m_\rho = 1$ であるならば，制限写像 ι^* は K 同形

$$\iota^* : H(\mathfrak{m}) \to S(K/L)$$

を引きおこす．

（III） $H(\mathfrak{m}) = H'(\mathfrak{m})$．

さて，対 (G, K) として $(SO(n+2), SO(n+1))$ をとる．$\mathfrak{m}$ は対応

$$\begin{pmatrix} 0 & -{}^t x \\ x & 0 \end{pmatrix} \mapsto x \qquad x \in \boldsymbol{R}^{n+1}$$

によって内積を込めて $\boldsymbol{R}^{n+1}$ と同一視され，$\mathfrak{m}^C$ は $\boldsymbol{C}^{n+1}$ と同一視される．

$$X_0 = \frac{1}{2\pi} H(1, 0, \cdots, 0)$$

ととれば，X_0 は $\mathfrak{a}$ の正則元であって，上の対応で $\boldsymbol{R}^{n+1}$ の単位ベクトル e_1 に移る．K^C は $(n+1)$ 次の**複素特殊直交群**

$$SO(n+1, \boldsymbol{C}) = \{x \in M_{n+1}(\boldsymbol{C})\,;\, {}^t x x = 1_{n+1}, \det x = 1\}$$

と同一視され，$K^C = SO(n+1, \boldsymbol{C})$ の $\mathfrak{m}^C = \boldsymbol{C}^{n+1}$ への作用は自然な作用である．

L^C は $SO(n+1, \boldsymbol{C})$ に(特殊直交群の場合のように)埋めこまれた $SO(n, \boldsymbol{C})$ に一致し，$L=SO(n)$ となる．したがって

$$M = SO(n+1)/SO(n) = S^n,$$
$$M^C = SO(n+1, \boldsymbol{C})/SO(n, \boldsymbol{C}) = \{z \in \boldsymbol{C}^{n+1}\,;\,(z^1)^2+\cdots+(z^{n+1})^2 = 1\}$$

(ここで $z^1, \cdots, z^{n+1}$ は z の成分を表わす)となる．$S(\mathfrak{m})_K$ は

$$p = \sum_{i=1}^{n+1} e_i \otimes e_i \in S_2(\mathfrak{m})_K$$

(ここで $\{e_1, \cdots, e_{n+1}\}$ は $\boldsymbol{R}^{n+1}$ の標準的正規直交基底である)で生成され，$\lambda_{\mathfrak{m}}(p)=\Delta$ となるから，対 $(SO(n+2), SO(n+1))$ の調和多項式と $\boldsymbol{R}^{n+1}$ 上の調和多項式とは一致する．また，$J(\mathfrak{m})$ は r^2 で生成される $S^*(\mathfrak{m})$ のイデアルになる．したがって $H'(\mathfrak{m})$ は，$\langle a, a\rangle=0$ をみたす $a \in \boldsymbol{C}^{n+1}$ から (14.3) で定義した h_a の巾乗によって $\boldsymbol{C}$ 上張られる．これらのことと(I), (II), (III)より定理 14.1, 定理 14.2 とその系が得られる．

つぎに，複素射影空間に対して同様な議論をおこなおう．n を正の整数とする．$\boldsymbol{C}^{n+1}$ を C^∞ 多様体とみて，$\boldsymbol{C}^{n+1}$ 上の複素数値 C^∞ 関数全体のなす $\boldsymbol{C}$ 上の代数を $C^\infty(\boldsymbol{C}^{n+1})$ で表わす．$\boldsymbol{C}^{n+1}$ を $\boldsymbol{R}$ 上の線形空間とみて，$\boldsymbol{C}^{n+1}$ 上の複素数値多項式関数全体のなす $\boldsymbol{C}$ 上の代数を $S^*(\boldsymbol{C}^{n+1})$ で表わす．$S^*(\boldsymbol{C}^{n+1})$ は $C^\infty(\boldsymbol{C}^{n+1})$ の部分代数である．非負整数 p, q に対して

$$f(cz) = c^p\bar{c}^q f(z) \qquad c \in \boldsymbol{C}^*,\ \ z \in \boldsymbol{C}^{n+1}$$

をみたす $f \in S^*(\boldsymbol{C}^{n+1})$ 全体のなす $S^*(\boldsymbol{C}^{n+1})$ の部分空間を $S^{p,q}(\boldsymbol{C}^{n+1})$ で表わして，$S^{p,q}(\boldsymbol{C}^{n+1})$ の元を (p, q) 型の多項式関数とよぶ．

$$S^*(\boldsymbol{C}^{n+1}) = \sum_{p,q\geqq 0} S^{p,q}(\boldsymbol{C}^{n+1}) \qquad (\text{直和})$$

がなりたつ．$SU(n+1)$ の $\boldsymbol{C}^{n+1}$ への自然な作用から $SU(n+1)$ の $C^\infty(\boldsymbol{C}^{n+1})$ への作用が引きおこされて，この作用は $S^*(\boldsymbol{C}^{n+1})$ を(さらに詳しく，各部分空間 $S^{p,q}(\boldsymbol{C}^{n+1})$ を)不変にする．$z \in \boldsymbol{C}^{n+1}$ の成分 $z^i (1\leqq i\leqq n+1)$ の実部，虚部をそれぞれ x^i, y^i として，C^∞ 多様体 $\boldsymbol{C}^{n+1}$ の微分作用素 Δ を

$$\Delta = \sum_{i=1}^{n+1} \frac{\partial^2}{\partial z^i \partial \bar{z}^i}$$

ここで $\dfrac{\partial}{\partial z^i}=\dfrac{1}{2}\left(\dfrac{\partial}{\partial x^i}-\sqrt{-1}\dfrac{\partial}{\partial y^i}\right)$, $\dfrac{\partial}{\partial \bar{z}^i}=\dfrac{1}{2}\left(\dfrac{\partial}{\partial x^i}+\sqrt{-1}\dfrac{\partial}{\partial y^i}\right)$

$$1\leqq \imath \leqq n+1$$

によって定義する．$\boldsymbol{\Delta}$ は $\boldsymbol{C}^{n+1}$ の標準的 Kähler 計量に関する Laplace-Beltrami 作用素の $\dfrac{1}{4}$ 倍にほかならない．$\boldsymbol{\Delta}$ は $SU(n+1)$ の $C^\infty(\boldsymbol{C}^{n+1})$ への作用と可換で，$S^*(\boldsymbol{C}^{n+1})$ を不変にする．

$$H(\boldsymbol{C}^{n+1})=\{f\in S^*(\boldsymbol{C}^{n+1})\,;\boldsymbol{\Delta}f=0\},$$
$$H^{p,q}(\boldsymbol{C}^{n+1})=H(\boldsymbol{C}^{n+1})\cap S^{p,q}(\boldsymbol{C}^{n+1}) \qquad p,q\geqq 0$$

とおくと

$$H(\boldsymbol{C}^{n+1})=\sum_{p,q\geqq 0}H^{p,q}(\boldsymbol{C}^{n+1}) \qquad (\text{直和})$$

がなりたつ．$H(\boldsymbol{C}^{n+1})$ の元を $\boldsymbol{C}^{n+1}$ 上の**調和多項式**とよぶ．$SU(n+1)$ は $S^*(\boldsymbol{C}^{n+1})$ の部分空間 $H(\boldsymbol{C}^{n+1}), H^{p,q}(\boldsymbol{C}^{n+1})$ $(p,q\geqq 0)$ をそれぞれ不変にする．$\boldsymbol{R}^{n+1}$ の場合と同様に，$H(\boldsymbol{C}^{n+1})$ を $SU(n+1)$ 空間として既約成分に分解することを考えよう．$r^2\in S^{1,1}(\boldsymbol{C}^{n+1})$ を

$$r^2(z)=\sum_{i=1}^{n+1}z^i\bar{z}^i \qquad z=\begin{pmatrix}z^1\\ \vdots\\ z^{n+1}\end{pmatrix}\in\boldsymbol{C}^{n+1}$$

によって定義し，非負整数 k に対して，$(r^2)^k$ を r^{2k} で表わす．このとき，$\boldsymbol{R}^{n+1}$ の場合と同様にして，つぎの補題が証明される．

補題 2 p,q,k を $1\leqq k\leqq p,q$ をみたす整数とするとき，$f\in S^{p-k,q-k}(\boldsymbol{C}^{n+1})$ に対して

$$\boldsymbol{\Delta}(r^{2k}f)=k(n+p+q-k)r^{2(k-1)}f+r^{2k}\boldsymbol{\Delta}f$$

がなりたつ．

この補題を用いて，定理 14.1 の証明と同様にして，つぎの定理が証明される．

定理 14.3 r^2 で生成される $S^*(\boldsymbol{C}^{n+1})$ のイデアルを $J(\boldsymbol{C}^{n+1})$ で表わせば

$$S^*(\boldsymbol{C}^{n+1})=H(\boldsymbol{C}^{n+1})+J(\boldsymbol{C}^{n+1}) \qquad (\text{直和})$$

がなりたつ．

系　第13節の記法を用いて，非負整数 p, q に対して，$q\Lambda_1+p\Lambda_n=q\lambda_1-p\lambda_{n+1}$ を最高の重みにもつ $SU(n+1)$ の既約表現の同値類を $\rho_{p,q}$ で表わし，その次数を $d_{p,q}$ で表わす．このとき

$$\dim H^{p,q}(\boldsymbol{C}^{n+1}) = d_{p,q} = \frac{n+p+q}{n}\frac{(p+n-1)!\,(q+n-1)!}{((n-1)!)^2 p!\,q!}$$

がなりたつ．

証明　$\boldsymbol{R}^{n+1}$ の場合と同様に，定理14.3より，$p, q \geqq 1$ に対しては

$$\begin{aligned}\dim H^{p,q}(\boldsymbol{C}^{n+1}) &= \dim S^{p,q}(\boldsymbol{C}^{n+1}) - \dim S^{p-1,q-1}(\boldsymbol{C}^{n+1}) \\ &= \frac{(n+p)!}{p!n!}\frac{(n+q)!}{q!n!} - \frac{(n+p-1)!}{(p-1)!n!}\frac{(n+q-1)!}{(q-1)!n!} \\ &= \frac{n+p+q}{n}\frac{(n+p-1)!\,(n+q-1)!}{((n-1)!)^2 p!q!}\end{aligned}$$

を得る．また

$$\dim H^{p,q}(\boldsymbol{C}^{n+1}) = \begin{cases} n+1 & p=1,\ q=0 \quad \text{または} \quad p=0,\ q=1 \text{ のとき} \\ 1 & p=q=0 \text{ のとき} \end{cases}$$

であるから，結局，すべての $p, q \geqq 0$ に対して

$$\dim H^{p,q}(\boldsymbol{C}^{n+1}) = \frac{n+p+q}{n}\frac{(n+p-1)!\,(n+q-1)!}{((n-1)!)^2 p!q!}$$

を得る．一方，第13節で求めた，$SU(n+1)$ に対する $\delta(G), \Sigma(G)$ の具体的な形と，定理7.3，系3(Weyl の次数公式)より $d_{p,q}$ を計算すれば，$d_{p,q}$ は上式の右辺に一致することがわかる．▌

複素線形空間 $\boldsymbol{C}^{n+1}$ 上の非退化対称双1次形式 $\langle\ ,\ \rangle$ を

$$\langle z, w\rangle = \sum_{i=1}^{n+1} z^i w^i \qquad z = \begin{pmatrix} z^1 \\ \vdots \\ z^{n+1} \end{pmatrix},\ w = \begin{pmatrix} w^1 \\ \vdots \\ w^{n+1} \end{pmatrix} \in \boldsymbol{C}^{n+1}$$

によって定義する．$\langle a, b\rangle = 0$ をみたす $a, b \in \boldsymbol{C}^{n+1}$ と非負整数 p, q に対して，$h_{a,b}{}^{p,q} \in S^{p,q}(\boldsymbol{C}^{n+1})$ を

$$h_{a,b}{}^{p,q}(z) = \langle a, z\rangle^p \langle b, \bar{z}\rangle^q \qquad z \in \boldsymbol{C}^{n+1}$$

によって定義する．このとき，$h_{a,b}{}^{p,q} \in H^{p,q}(\boldsymbol{C}^{n+1})$ となる．実際，各 $z \in \boldsymbol{C}^{n+1}$

に対して

$$(\Delta h_{a,b}{}^{p,q})(z) = pq\langle a, z\rangle^{p-1}\langle b, \bar{z}\rangle^{q-1}\langle a, b\rangle = 0 \qquad p, q \geqq 1$$

がなりたつからである．容易に，各 $s \in SU(n+1)$ に対して

$$sh_{a,b}{}^{p,q} = h_{{}^t s^{-1}a,\, sb}{}^{p,q} \tag{14.7}$$

がなりたつことが確かめられる．集合 $\{h_{a,b}{}^{p,q}; a, b \in \boldsymbol{C}^{n+1}, \langle a, b\rangle = 0\}$ で $\boldsymbol{C}$ 上張られる $H^{p,q}(\boldsymbol{C}^{n+1})$ の部分空間を $H'^{p,q}(\boldsymbol{C}^{n+1})$ で表わす．このとき，つぎの定理がなりたつ．

定理 14.4 (1) 調和多項式の空間 $H(\boldsymbol{C}^{n+1})$ の $SU(n+1)$ 空間としての分解は

$$H(\boldsymbol{C}^{n+1}) = \sum_{p,q\geqq 0} H^{p,q}(\boldsymbol{C}^{n+1})$$

で与えられる．ここで，$SU(n+1)$ が $H^{p,q}(\boldsymbol{C}^{n+1})$ の上に引きおこす表現は $\rho_{p,q}$ に属する．

(2)
$$H'^{p,q}(\boldsymbol{C}^{n+1}) = H^{p,q}(\boldsymbol{C}^{n+1}) \qquad p, q \geqq 0$$

がなりたつ．とくに，任意の (p, q) 型の調和多項式は $h_{a,b}{}^{p,q}$ $(a, b \in \boldsymbol{C}^{n+1}, \langle a, b\rangle = 0)$ の形の調和多項式の 1 次結合で表わされる．

証明 第 13 節の記法を用いる．$SU(n+1)$ の $S^{1,0}(\boldsymbol{C}^{n+1}), S^{0,1}(\boldsymbol{C}^{n+1})$ の上の表現はともに既約で，その最高の重みはそれぞれ $\Lambda_n = -\lambda_{n+1}$, $\Lambda_1 = \lambda_1$ である．$S^{p,q}(\boldsymbol{C}^{n+1})$ をテンソル積 $(\otimes^p S^{1,0}(\boldsymbol{C}^{n+1})) \otimes (\otimes^q S^{0,1}(\boldsymbol{C}^{n+1}))$ の $SU(n+1)$ 不変部分空間とみなそう．このテンソル積の最高成分を $V_{p,q}$ で表わす．$V_{p,q}$ 上の $SU(n+1)$ の表現は同値類 $\rho_{p,q}$ に属する．

$$a = \begin{pmatrix} 1 \\ -1 \\ 0 \\ \vdots \\ 0 \end{pmatrix}, \qquad b = \begin{pmatrix} 1 \\ 1 \\ 0 \\ \vdots \\ 0 \end{pmatrix} \in \boldsymbol{C}^{n+1}$$

とおけば，$\langle a, b\rangle = 0$ である．(14.7) より，各 $H \in \mathfrak{t}$ に対して

$$(\exp H) h_{a,b}{}^{p,q} = \exp(2\pi\sqrt{-1}(q\lambda_1 - p\lambda_{n+1}, H)) h_{a,b}{}^{p,q}$$

がなりたつことがわかる．後は定理 14.2 とまったく同様にして，(1), (2) が示

される．∎

$$\mathcal{H}^l(\boldsymbol{C}^{n+1})=H^{l,l}(\boldsymbol{C}^{n+1})\qquad l\geqq 0$$

とおく．第13節の用語を用いれば，$\mathcal{H}^l(\boldsymbol{C}^{n+1})$ の上に $SU(n+1)$ が引きおこす表現は対 $(SU(n+1), S(U(1)\times U(n)))$ の第 l の球表現類 ρ_l に属する．調和多項式の空間 $H(\boldsymbol{C}^{n+1})$ の $SU(n+1)$ 不変な部分空間 $\mathcal{H}(\boldsymbol{C}^{n+1})$ を

$$\mathcal{H}(\boldsymbol{C}^{n+1})=\sum_{l\geqq 0}\mathcal{H}^l(\boldsymbol{C}^{n+1})$$

によって定義しよう．$\mathcal{H}^l(\boldsymbol{C}^{n+1})$ の元を S^{2n+1} に制限して得られる S^{2n+1} 上の C^∞ 関数は，$U(1)$ の S^{2n+1} への右からの作用で不変であるから，$P_n(\boldsymbol{C})$ 上の C^∞ 関数を定める．この対応によって線形写像

$$j^*:\mathcal{H}(\boldsymbol{C}^{n+1})\to C^\infty(P_n(\boldsymbol{C}))$$

が定義される．j^* は $SU(n+1)$ 準同形になるから，j^* の像は球関数の空間 $S(SU(n+1)/S(U(1)\times U(n)))$ に含まれる．これに対して，球面の場合と同様にしてつぎの系が得られる．

系　$$j^*:\mathcal{H}(\boldsymbol{C}^{n+1})\to S(SU(n+1)/S(U(1)\times U(n)))$$

は $SU(n+1)$ 同形であって，各 $l\,(l\geqq 0)$ に対して，$SU(n+1)$ 同形

$$j^*:\mathcal{H}^l(\boldsymbol{C}^{n+1})\to S_{\omega_l}(SU(n+1)/S(U(1)\times U(n)))$$

を引きおこす．

注意　定理14.2の後の注意2と同様に，定理14.3と定理14.4はコンパクト対称対 $(SU(n+2), S(U(1)\times U(n+1)))$ に Kostant-Rallis の結果(I)，(II)，(III)を適用することによっても得られる．

附　　録

1　多様体と Lie 群論の基礎事項については松島 [16]，村上 [18], [19] にわかりやすく書かれている．

2　群の作用

群 G と集合 X に対して，写像

$$\psi : G\times X \to X \qquad \psi(g, x) = gx$$

は

(1)　単位元 $e\in G$ に対して　$ex=x \qquad x\in X$

(2)　$(gh)x = g(hx) \qquad g, h\in G,\ x\in X$

をみたしているとき，G の X への(**左**)**作用**といわれる．G の X への作用が存在するとき，G は X に(左から)**作用する**という．

G が X に作用しているとする．$g\in G$ を固定したとき，対応 $x\mapsto gx$ によって定義される X から自身への写像 $\hat{g}$ は X から自身への全単射である．各 $\hat{g}(g\in G)$ が X の恒等写像になっているとき，G は X に**自明に**作用しているという．$\hat{g}$ が X の恒等写像になるのは $g=e$ の場合に限るとき，この作用は**効果的**であるといわれる．任意の $x, y\in X$ に対して，$gx=y$ となる $g\in G$ が存在するとき，この作用は**可移的**であるといわれる．例えば，K を G の部分群とするとき，G は右剰余類全体の集合 G/K に，写像

$$\psi : G\times G/K \to G/K \qquad \psi(g, hK) = (gh)K$$

によって可移的に作用する．一般に，$x\in X$ に対して，X の部分集合 $Gx=\{gx\,;\,g\in G\}$ を x を通る G **軌道**という．

G, X に何らかの構造が与えられているときには，作用がその構造を保つこ

とを要求することが多い．例えば，G が位相群で X が位相空間であるときは作用が連続であることを要求し，このような作用を**連続な作用**という．また，G が C^∞ Lie 群で X が C^∞ 多様体であるときは作用が C^∞ 写像であることを要求し，このような作用を **C^∞ 作用**という．さらにこの作用が効果的であるとき，G は X の **C^∞ Lie 変換群**であるといわれる．例えば，C^∞ Lie 群 G とその閉部分群 K が与えられたとき，集合 G/K 上には C^∞ 多様体の構造で，G/K 上の C^∞ 関数全体が，G 上の C^∞ 関数 f で $f(gk)=f(g)\,(g\in G, k\in K)$ をみたすもの全体と標準的な仕方で同一視されるようなものが一意的に存在する（松島 [16] を参照）．この構造に関して，さきに述べた作用 ψ は C^∞ 作用である．

もう 1 つ作用の例をあげよう．G が X に作用しているとする．X 上の複素数値関数全体を $F(X)$ で表わすと，G は

$$(gf)(x)=f(g^{-1}x) \qquad g\in G,\ f\in F(X),\ x\in X$$

によって $F(X)$ に作用する．普通，G が作用している X 上の関数の空間に G を作用させるときは，断らない限りこの仕方でおこなわれることが多い．

同様にして，**右作用** $X\times G\to X$ が $xe=x$, $x(gh)=(xg)h$ をみたすものとして定義されて，いろいろの概念が同様に定義される．例えば主束への構造群の作用は普通右作用の形で表わされる．

3 不変測度

X を局所コンパクトな Hausdorff 空間，$\mathfrak{B}$ を X の部分集合からなる完全加法族で，X のコンパクト部分集合をすべて含む最小のものとする．$\mathfrak{B}$ 上で定義された正則測度 μ で，すべてのコンパクト部分集合 C に対して $\mu(C)<\infty$，すべての空でない開部分集合 $U\in\mathfrak{B}$ に対して $\mu(U)>0$ となる，ようなものの全体を $\mathfrak{M}(X)$ で表わす．群 G が X に，各 $\hat{g}\,(g\in G)$ が X の同相写像であるように作用しているものとする．このとき，$g\in G, \mu\in\mathfrak{M}(X)$ に対して

$$(g\mu)(A)=\mu(g^{-1}A) \qquad A\in\mathfrak{B}$$

と定義すれば，$g\mu\in\mathfrak{M}(X)$ であって，この仕方で G は $\mathfrak{M}(X)$ に作用する．$\mu\in\mathfrak{M}(X)$ はすべての $g\in G$ に対して $g\mu=\mu$ であるとき **G 不変**であるといわれる．とくに，G が局所コンパクト位相群，$X=G$, G の X への作用が左移動

$(g,h)\mapsto gh$ であるとき，G 不変な測度 $\mu\in\mathfrak{M}(G)$ を G の**左不変 Haar 測度**という．同様に右移動を用いて G の**右不変 Haar 測度**が定義される．局所コンパクト位相群には左不変(および右不変) Haar 測度が正の定数倍を除いてただ1つ存在する．

左不変 Haar 測度が右不変でもあるとき，局所コンパクト位相群 G は**ユニモジュラー**といわれる．コンパクト位相群はユニモジュラーである．一般に，X の同相写像 φ があれば，上の定義と同様にして $\mu\in\mathfrak{M}(X)$ に対して $\varphi\mu\in\mathfrak{M}(X)$ が定義されるが，ユニモジュラー局所コンパクト位相群 G に対して，対応 $g\mapsto g^{-1}$ で定義される G の同相写像 φ に関して Haar 測度は不変である．とくに G が C^∞ Lie 群である場合，Haar 測度の一意性からすぐわかるように，左不変(または右不変) Haar 測度は最高次の左不変(または右不変) C^∞ 微分形式から定まる正値 C^∞ 測度(第2節を参照)であるから，G がユニモジュラーであるための条件は，すべての $g\in G$ に対して $|\det(\mathrm{Ad}\,g)|=1$ となることである．したがって，連結 C^∞ Lie 群 G に対しては，G がユニモジュラーであるための条件は，G の Lie 代数 $\mathfrak{g}$ の任意の元 X に対して $\mathrm{tr}(\mathrm{ad}\,X)=0$ となることである．このことから，半単純または巾零な連結 C^∞ Lie 群はユニモジュラーであることが導かれる(**7** を参照)．

不変測度に関しては Halmos [7] を参照されたい．

4　G 空　間

2 で述べた群 G の集合 X への作用において，X が体 k 上の線形空間 V であって，各 $\hat{g}\,(g\in G)$ が V の線形自己同形である場合，G は V に**線形に作用する**といわれ，V は k 上の G **空間**とよばれる．

2つの G 空間 V_1, V_2 に対して，V_1 から V_2 への線形写像 φ は，すべての $g\in G, x\in V$ に対して $g\varphi(x)=\varphi(gx)$ をみたすとき，G **線形写像**，または G **準同形**とよばれる．とくに φ が線形同形であるとき，φ は G **同形**とよばれる．V_1 と V_2 の間に G 同形が存在するとき，V_1 と V_2 は G **同形**であるといわれる．G 空間 V の部分空間 U は，それが G の作用で不変であるとき，G **部分空間**とよばれる．このとき，U 自身がまた G 空間である．G 空間 V は，$\{0\}$

または V 以外の G 部分空間を含まないとき，**既約 G 空間**とよばれる．G 空間 V は，それが G 部分空間の族 $\{V_\lambda\}_{\lambda\in\Lambda}$ の直和になっているとき，G 空間として $\{V_\lambda\}_{\lambda\in\Lambda}$ の**直和**であるといわれる．

G が線形空間 V に線形に作用しているとき，G は V の双対空間 V^* に

$$(g\xi)(x) = \xi(g^{-1}x) \qquad g \in G,\ \xi \in V^*,\ x \in V$$

によって線形に作用する．この作用をもとの作用の**反傾作用**という．V_1, V_2 を 2 つの G 空間とするとき，G のテンソル積 $V_1 \otimes V_2$ への作用が

$$g(x_1 \otimes x_2) = gx_1 \otimes gx_2 \qquad g \in G,\ x_1 \in V_1,\ x_2 \in V_2$$

によって定義される．G 空間 $V_1 \otimes V_2$ を V_1 と V_2 の**テンソル積**という．G_1, G_2 を 2 つの群，V_1 を G_1 空間，V_2 を G_2 空間とするとき，直積 $G_1 \times G_2$ の $V_1 \otimes V_2$ への作用が

$$(g_1, g_2)(x_1 \otimes x_2) = g_1x_1 \otimes g_2x_2 \qquad g_i \in G_i,\ x_i \in V_i \quad (i = 1, 2)$$

によって定義される．$G_1 \times G_2$ 空間 $V_1 \otimes V_2$ を V_1 と V_2 の**外部テンソル積**という．

5　位相群の表現

G を位相群とする．有限次元複素線形空間 V に対して，連続な準同形

$$\rho : G \to GL(V)$$

を G の**表現**とよぶ．ρ に対して，V を ρ の**表現空間**，V の次元を ρ の**次数**という．表現 ρ から

$$gx = \rho(g)x \qquad g \in G,\ x \in V$$

によって G の V への (V の自然な位相に関して) 連続な線形作用が定義され，V は G 空間になる．逆に，G の有限次元複素線形空間 V への連続な線形作用が与えられれば，上の関係によって G の表現 ρ が定まる．

G の表現 ρ は，その表現空間に G が自明に作用しているとき，**自明な表現**といわれる．G の 2 つの表現 ρ_1, ρ_2 は，それぞれの表現空間 V_1 と V_2 が G 同形であるとき，**同値**であるといわれる．G の表現 ρ の表現空間 V の G 部分空間 U に対して，G 空間 U から定まる G の表現を ρ の**部分表現**という．G の表現 ρ の表現空間が既約 G 空間であるとき，ρ を**既約表現**という．ρ_1, ρ_2

を G の 2 つの既約表現とすると，ρ_1 の表現空間 V_1 から ρ_2 の表現空間 V_2 への G 準同形全体のなす線形空間の次元は，ρ_1 と ρ_2 が同値でなければ 0，同値ならば 1 である (Schur の補題)．G の表現 ρ は，その表現空間が G 空間としていくつかの G 部分空間 $V_i(1\leqq i\leqq n)$ の直和であるとき，V_i の定める部分表現 $\rho_i(1\leqq i\leqq n)$ の**直和**であるといい，$\rho=\rho_1\oplus\cdots\oplus\rho_n$ と表わす．同様に，表現の**反傾表現**，**テンソル積**，**外部テンソル積**の概念が対応する G 空間の概念を用いて定義される．これらにはそれぞれ $\rho^*, \rho_1\otimes\rho_2, \rho_1\boxtimes\rho_2$ の記号が用いられる．G の表現 ρ に対して，ρ の**指標**とよばれる G 上の複素数値連続関数 χ_ρ が

$$\chi_\rho(g)=\mathrm{tr}\,\rho(g) \qquad g\in G$$

によって定義される．χ_ρ は G 上の類関数，すなわち G の各共役類の上で一定の値をとる関数である．指標については

(1)　ρ_1 と ρ_2 が同値ならば　　$\chi_{\rho_1}=\chi_{\rho_2}$,

(2)　$\chi_{\rho^*}(g)=\chi_\rho(g^{-1}) \qquad g\in G$,

(3)　$\chi_{\rho_1\oplus\rho_2}=\chi_{\rho_1}+\chi_{\rho_2}$,

(4)　$\chi_{\rho_1\otimes\rho_2}=\chi_{\rho_1}\chi_{\rho_2}$,

(5)　G_1 の表現 ρ_1 と G_2 の表現 ρ_2 に対して

$$\chi_{\rho_1\boxtimes\rho_2}(g_1, g_2)=\chi_{\rho_1}(g_1)\chi_{\rho_2}(g_2) \qquad g_1\in G_1,\ g_2\in G_2$$

がなりたつ．

以下，G はコンパクト位相群とする．dg を G の両側不変 Haar 測度で

$$\int_G dg=1$$

と正規化されているものとする．G の任意の表現 ρ に対して，その表現空間 V 上に G **不変な内積**(,)，すなわち

$$(\rho(g)x, \rho(g)y)=(x, y) \qquad g\in G,\ x, y\in V$$

をみたすものが存在する．実際，V 上に 1 つの内積 $(\ ,\ )_0$ をとって

$$(x, y)=\int_G(\rho(g)x, \rho(g)y)_0\,dg \qquad x, y\in V$$

とおけばよい．ρ が既約ならば，このような内積は正数倍を除いて一意的であ

る．不変な内積の存在から，G がコンパクトである場合には，指標の性質(2)は

(2)′ $\chi_{\rho^*}(g)=\overline{\chi_\rho(g)} \qquad g\in G$

とも書けることがわかる．また，同じ事実を用いて，G の任意の表現 ρ は**完全可約**である，すなわち，ρ の表現空間 V の任意の G 部分空間 U に対して G 部分空間 W で $V=U+W$(直和)となるものが存在することがわかる．実際，G 不変な内積(,)に関する U の直交補空間を W としてとれば十分である．

注意 複素線形空間の代りに実線形空間 V をとって，位相群 G から $GL(V)$ への連続な準同形 ρ を考えれば，**実表現**の概念が得られる．これについてもいろいろの概念が複素表現の場合と同様に定義される．とくに G がコンパクトであるとき，V が不変な内積をもつこと，これは ρ が既約であるときは正数倍を除いて一意的であること，ρ は完全可約であることなどは実表現についてもなりたつ．

G 上の複素数値連続関数 f_1, f_2 に対して

$$\langle f_1, f_2\rangle=\int_G f_1(g)\overline{f_2(g)}dg$$

とおく．ρ を G の既約表現とする．ρ の表現空間 V 上の G 不変な内積(,)をとって，$\{x_1,\cdots,x_d\}$ をこれに関する V の1つの正規直交基底とする．G 上の複素数値連続関数 ${\rho_j}^i(1\leqq i,j\leqq d)$ を

$${\rho_j}^i(g)=(\rho(g)x_j, x_i) \qquad g\in G$$

によって定義する．${\rho_j}^i$ は ρ の**行列要素**といわれる．ρ' をもう1つの G の既約表現で ρ と同値でないものとし，その行列要素を ${\rho'_l}^k(1\leqq k,l\leqq d')$ とする．このとき，つぎの**行列要素の直交関係**がなりたつ．

(1) $\langle {\rho_j}^i, {\rho_l}^k\rangle=\dfrac{1}{d}\delta_{ik}\delta_{jl} \qquad 1\leqq i,j,k,l\leqq d,$

(2) $\langle {\rho_j}^i, {\rho'_l}^k\rangle=0 \qquad 1\leqq i,j\leqq d,\ 1\leqq k,l\leqq d'.$

これらは Schur の補題から証明される．(1), (2) から**指標の直交関係**

(1)′ $\langle\chi_\rho, \chi_\rho\rangle=1,$

(2)′ $\langle\chi_\rho, \chi_{\rho'}\rangle=0$

が導かれる．表現の完全可約性と指標の直交関係から，G の 2 つの表現 ρ_1, ρ_2 に対して，ρ_1 と ρ_2 が同値であるための必要十分条件は $\chi_{\rho_1}=\chi_{\rho_2}$ であることが導かれる．

これらの証明については横田 [29] を参照されたい．

6 代　数

体 k 上の線形空間 A に積 $(a,b)\mapsto ab$ が定義されていて

$$a(b+c)=ab+ac,\quad (b+c)a=ba+ca \qquad a,b,c\in A,$$

$$a(bc)=(ab)c \qquad a,b,c\in A,$$

$$\lambda(ab)=(\lambda a)b=a(\lambda b) \qquad \lambda\in k,\ \ a,b\in A$$

がみたされているとき，A を k 上の**代数**という．各 $a\in A$ に対して $ea=ae=a$ をみたす $e\in A$ が存在するとき，e を A の**単位元**といい，1 で表わす．各 a, $b\in A$ に対して $ab=ba$ がなりたつとき，A は**可換**であるといわれる．例えば，体 k を係数とする n 変数の多項式全体 $k[X_1,\cdots,X_n]$ は k 上の単位元をもつ可換代数をなす．

A を k 上の代数とする．A の部分集合 B,C に対して，$\{bc\,;b\in B,c\in C\}$ で k 上張られる部分空間を BC で表わす．A の部分空間 B は $BB\subset B$ をみたすとき，A の**部分代数**といわれる．部分代数 B はそれ自身代数になる．部分代数 B はさらに $AB\subset B$ または $BA\subset B$ をみたすとき，それぞれ**左イデアル**，**右イデアル**といわれる．左イデアルはそれが右イデアルでもあるとき**両側イデアル**とよばれる．A の部分集合 S に対して，S を含む最小の部分代数 B を **S で生成された部分代数**という．ただし，A が単位元 1 をもつときには B も 1 を含むことを要求する．同様に，S を含む最小の（右，左または両側）イデアルを **S で生成されたイデアル**という．部分代数（またはイデアル）B は，それが S で生成された部分代数（またはイデアル）に一致するとき，**S で生成されている**といわれ，S はその 1 つの**生成系**とよばれる．部分代数（またはイデアル）B は有限集合で生成されているとき**有限生成**といわれる．例えば，多項式代数 $k[X_1,\cdots,X_n]$ の任意のイデアルは有限生成である（Hilbert の基底定理；例えば Van der Waerden [27] を参照）．B を A の両側イデアルとするとき，

商線形空間 A/B は自然な仕方でまた k 上の代数になる．これを**商代数**とよぶ．

代数 A_1, A_2 に対して，A_1 から A_2 への線形写像 φ は，各 $a, b \in A_1$ に対して $\varphi(ab)=\varphi(a)\varphi(b)$ をみたすとき，**(代数)準同形**とよばれる．ただし，A_1, A_2 がともに単位元をもつときは $\varphi(1)=1$ をもみたすことを要求する．さらに φ が線形同形であるとき，φ は**(代数)同形**とよばれる．代数 A の自身への(準)同形は**自己(準)同形**とよばれる．代数 A の線形自己準同形 D は，各 $a, b \in A$ に対して $D(ab)=(Da)b+a(Db)$ をみたすとき，A の**微分**といわれる．

例をあげよう．

(i)　X を位相空間とし，X 上の複素数値連続関数全体を $C(X)$ とする．

$$(f+g)(x) = f(x)+g(x) \qquad f, g \in C(X),\ x \in X,$$

$$(\lambda f)(x) = \lambda f(x) \qquad \lambda \in \boldsymbol{C},\ f \in C(X),\ x \in X,$$

$$(fg)(x) = f(x)g(x) \qquad f, g \in C(X),\ x \in X$$

と定義することによって，$C(X)$ は $\boldsymbol{C}$ 上の可換代数になる．

(ii)　V を $\boldsymbol{R}$ 上の n 次元線形空間とする．V から $\boldsymbol{R}$ (または $\boldsymbol{C}$) への写像 f は，V の双対空間の基底 $\xi^1, \cdots, \xi^n$ と n 変数の $\boldsymbol{R}$ (または $\boldsymbol{C}$) 係数の多項式 F が存在して

$$f(x) = F(\xi^1(x), \cdots, \xi^n(x)) \qquad x \in V$$

と表わせるとき，$\boldsymbol{R}$ (または $\boldsymbol{C}$) に値をもつ V 上の**多項式関数**，あるいは単に**多項式**といわれる．多項式関数は V の自然な位相に関して連続である．$\boldsymbol{C}$ に値をもつ V 上の多項式関数の全体は，(i) の $X=V$ である場合の代数 $C(V)$ の部分代数であって，多項式代数 $\boldsymbol{C}[X_1, \cdots, X_n]$ に同形である．

線形空間 A は，部分空間の族 $A_k (k \in \boldsymbol{Z})$ が存在して

$$A = \sum_k A_k \qquad (\text{直和})$$

となるとき，**次数つき線形空間**といわれ，A は部分空間 $A_k (k \in \boldsymbol{Z})$ によって**次数づけられている**といわれる．2つの次数つき線形空間

$$A = \sum_k A_k, \qquad A' = \sum_k A_k'$$

に対して，A から A' への線形写像 φ は，各 $k \in \boldsymbol{Z}$ に対して $\varphi A_k \subset A_k'$ をみ

たすとき，**次数を保つ**といわれる．部分空間 $A_k(k\in\boldsymbol{Z})$ によって次数づけられた線形空間 A が代数であって，各 $k,l\in\boldsymbol{Z}$ に対して $A_kA_l\subset A_{k+l}$ をみたすとき，A は**次数つき代数**といわれる．

線形空間 A は，部分空間の族 $A_k(k\in\boldsymbol{Z})$ で，$k\leqq l$ ならば $A_k\subset A_l$ となるものが存在して，

$$A=\bigcup_k A_k$$

であるとき，**フィルターづけられた線形空間**といわれる．このとき，A は部分空間 $A_k(k\in\boldsymbol{Z})$ によって**フィルターづけられている**といわれる．2つのフィルターづけられた線形空間

$$A=\bigcup_k A_k,\qquad A'=\bigcup_k A_k'$$

に対して，A から A' への線形写像(または線形同形)φ は，各 $k\in\boldsymbol{Z}$ に対して $\varphi A_k\subset A_k'$ (または $\varphi A_k=A_k'$) をみたすとき，**フィルターづけを保つ**線形写像(または線形同形)といわれる．部分空間 $A_k(k\in\boldsymbol{Z})$ によってフィルターづけられた線形空間 A が代数であって，各 $k,l\in\boldsymbol{Z}$ に対して $A_kA_l\subset A_{k+l}$ をみたすとき，A は**フィルターづけられた代数**といわれる．2つのフィルターづけられた代数の間の代数準同形(または代数同形)は，それがフィルターづけを保つ線形写像(または線形同形)であるとき，**フィルターづけを保つ**代数準同形(または代数同形)といわれる．

7　Lie 群と Lie 代数

G を C^∞ Lie 群，$\mathfrak{g}$ を G の(左不変ベクトル場全体のなす)Lie 代数とする．

$$\rho: G\to GL(V)$$

を G の位相群としての表現とすれば，ρ は C^∞ 準同形になる．したがって，ρ の微分をとることによって Lie 代数 $\mathfrak{g}$ の表現

$$d\rho:\mathfrak{g}\to\mathfrak{gl}(V)$$

が引きおこされる．(実 Lie 代数の表現は本書のはじめに述べたようにつねに有限次元複素表現を考える．) これを ρ の**微分表現**とよぶ．例えば G の随伴表現 Ad の微分表現は $\mathfrak{g}$ の随伴表現 ad である．一般には $\mathfrak{g}$ の表現は G の表

現から微分表現をとって得られるとは限らないが，G が単連結である場合には，$\mathfrak{g}$ のすべての表現は G の表現から得られる．したがって G の表現と $\mathfrak{g}$ の表現は1対1に対応する．これはより一般的な以下の事実からの帰結である：G を単連結 C^∞ Lie 群，H を C^∞ Lie 群，$\mathfrak{g}, \mathfrak{h}$ をそれぞれの Lie 代数とする．このとき，Lie 代数としての任意の準同形 $\Phi: \mathfrak{g} \to \mathfrak{h}$ に対して，C^∞ 準同形 $\varphi: G \to H$ で $d\varphi = \Phi$ となるものが一意的に存在する．このことから，単連結 C^∞ Lie 群 G に対して，G の Lie 代数 $\mathfrak{g}$ の自己同形と G の C^∞ 自己同形は1対1に対応することがわかる．これらについては松島 [16] を参照されたい．

$\mathfrak{g}$ を有限次元の $\boldsymbol{R}$ または $\boldsymbol{C}$ 上の Lie 代数とする．$\mathfrak{g}$ の部分集合 $\mathfrak{a}, \mathfrak{b}$ に対して，$\{[X, Y]; X \in \mathfrak{a}, Y \in \mathfrak{b}\}$ で張られる $\mathfrak{g}$ の部分空間を $[\mathfrak{a}, \mathfrak{b}]$ で表わす．$[\mathfrak{a}, \mathfrak{a}] \subset \mathfrak{a}$（または $[\mathfrak{g}, \mathfrak{a}] \subset \mathfrak{a}$）をみたす $\mathfrak{g}$ の部分空間 $\mathfrak{a}$ は**部分代数**（または**イデアル**）といわれる．$[\mathfrak{g}, \mathfrak{g}]$ は $\mathfrak{g}$ のイデアルであって，$\mathfrak{g}$ の**交換子代数**とよばれる．$[\mathfrak{g}, \mathfrak{g}] = \{0\}$ のとき $\mathfrak{g}$ は**可換**であるといわれる．

$$\mathfrak{c} = \{X \in \mathfrak{g}; [X, \mathfrak{g}] = \{0\}\}$$

を $\mathfrak{g}$ の**中心**という．$\mathfrak{g}$ は $\{0\}$ 以外には可換なイデアルを含まないとき，**半単純**であるといわれる．$\mathfrak{g}$ が半単純であるとき，$\mathfrak{g}$ はその交換子代数に一致する．したがって，各元 $X \in \mathfrak{g}$ に対して $\mathrm{tr}(\mathrm{ad} X) = 0$ となる．$\mathfrak{g}$ はその次元が1より大きく，$\{0\}$ と自身以外にイデアルを含まないとき，**単純**であるといわれる．単純な Lie 代数の直和は半単純である．各元 $X \in \mathfrak{g}$ に対して $\mathrm{ad}\, X$ が $\mathfrak{g}$ の巾零な線形自己準同形であるとき，$\mathfrak{g}$ は**巾零**であるといわれる．このとき，各元 $X \in \mathfrak{g}$ に対して $\mathrm{tr}(\mathrm{ad}\, X) = 0$ となる．C^∞ Lie 群 G は，その Lie 代数が半単純，単純，巾零であるとき，それぞれ**半単純**，**単純**，**巾零**であるといわれる．これらについては松島 [17] を参照されたい．

$\boldsymbol{R}$ 上の半単純 Lie 代数 $\mathfrak{g}$ は，その上に $\mathfrak{g}$ 不変な内積 $(\ ,\ )$，すなわち

$$([X, Y], Z) + (Y, [X, Z]) = 0 \qquad X, Y, Z \in \mathfrak{g}$$

をみたすものが存在するとき，**コンパクト半単純**であるといわれる．コンパクト半単純 Lie 代数を Lie 代数としてもつような連結 C^∞ Lie 群はすべてコンパクトである．このことの証明はいろいろあるが，例えば Kobayashi-Nomizu

[14] にその 1 つの証明が述べられている．

8 Banach 空間と Hilbert 空間

X を $\boldsymbol{R}$ (または $\boldsymbol{C}$) 上の線形空間とする．X 上の実数値関数 $x \mapsto \|x\|$ は

(1) $\|x\| \geqq 0$ であって，$\|x\|=0$ となるのは $x=0$ に限る，

(2) $\lambda \in \boldsymbol{R}$ (または $\boldsymbol{C}$) に対して　$\|\lambda x\|=|\lambda|\|x\|$,

(3) $\|x+y\| \leqq \|x\|+\|y\|$

をみたすとき，X の**ノルム**といわれる．X にノルムを与えたとき，X を**ノルム空間**という．ノルム空間 X の 2 点 x, y に対して $d(x, y)=\|x-y\|$ と定めれば，d は距離の公理をみたす．距離空間 (X, d) が完備であるとき，ノルム空間 X を **Banach 空間**という．Banach 空間 X の部分空間は，距離 d から定まる位相に関して X の閉集合であるとき，**閉部分空間**であるといわれる．Banach 空間 X は代数であって，各 $x, y \in X$ に対して $\|xy\| \leqq \|x\|\|y\|$ をみたすとき，**Banach 代数**といわれる．例えば，コンパクト位相空間 E 上の複素数値連続関数全体のなす $\boldsymbol{C}$ 上の代数 $C(E)$ はノルム

$$\|f\|_\infty = \max_{x \in E} |f(x)| \qquad f \in C(E)$$

によって $\boldsymbol{C}$ 上の Banach 代数になる．Banach 代数の部分代数は，それが閉部分空間であるとき，**閉部分代数**といわれる．

Banach 空間 X の線形自己準同形 φ は (距離 d に関する) 有界な集合を (距離 d から定まる位相に関する) 相対コンパクトな集合に移すとき，X の**コンパクト作用素**とよばれる．例えば，上に述べた Banach 空間 $C(E)$ において，$E \times E$ 上の複素数値連続関数 k を核とする積分作用素 K:

$$(Kf)(x) = \int_E k(x, y) f(y) d\mu(y) \qquad x \in E,\ f \in C(E)$$

(ここで μ は E 上の有界測度) は $C(E)$ のコンパクト作用素である．$\boldsymbol{C}$ 上の Banach 空間 X のコンパクト作用素 φ に対して，$\lambda \in \boldsymbol{C}, \lambda \neq 0$, に付属する φ の固有空間の次元はつねに有限である．

X を $\boldsymbol{R}$ (または $\boldsymbol{C}$) 上の内積 (,) をもった線形空間とする．$x \in X$ に対して $\|x\|=\sqrt{(x, x)}$ とおけば，$x \mapsto \|x\|$ は X のノルムになる．このノルムに関して

X が Banach 空間であるとき，X を **Hilbert 空間**という．Hilbert 空間 X の部分空間は，Banach 空間としての閉部分空間であるとき，X の**閉部分空間**といわれる．Hilbert 空間 X_1, X_2 に対して，X_1 から X_2 への線形同形 φ は，各 $x, y \in X_1$ に対して $(\varphi(x), \varphi(y)) = (x, y)$ をみたすとき，Hilbert 空間としての**同形写像**といわれる．とくに，Hilbert 空間 X から自身への同形写像を X の**ユニタリ作用素**という．Hilbert 空間 X に対して，内積(,)に関してたがいに直交する閉部分空間の可算族 $\{X_\lambda\}_{\lambda \in \Lambda}$ が存在して，各 $x \in X$ に対して，$x_\lambda \in X_\lambda (\lambda \in \Lambda)$ で

$$\sum_\lambda \|x_\lambda\|^2 < \infty, \qquad \sum_\lambda x_\lambda = x$$

(ここで第2の式はノルム $\| \ \|$ に関して和が収束して x に一致することを意味する)をみたすものが一意的に定まるとき，X は Hilbert 空間として $\{X_\lambda\}_{\lambda \in \Lambda}$ の**直和**であるといい，

$$X = \sum_{\lambda \in \Lambda} \oplus X_\lambda$$

と表わす．

Hilbert 空間 X の部分集合 S は，任意の異なる2つの元 $x, y \in S$ に対して $(x, y)=0$ であるとき，X の**直交系**といわれる．さらに各 $x \in S$ が $(x, x)=1$ をみたすとき，S は X の**正規直交系**といわれる．X の極大な(正規)直交系を X の**完全(正規)直交系**という．

Hilbert 空間の例としては以下に述べる **L_2 空間**がある．$(X, \mathfrak{B}, \mu)$ を測度空間とする．すなわち，$\mathfrak{B}$ は X の部分集合よりなる完全加法族で，μ は $\mathfrak{B}$ 上で定義された測度とする．X 上の複素数値 $\mathfrak{B}$ 可測関数 f で μ に関して2乗可積分，すなわち

$$\|f\|_2 = \left(\int_X |f(x)|^2 d\mu(x) \right)^{1/2} < \infty$$

をみたすもの($\|f-g\|_2=0$ をみたす f と g を同一視して)全体のなす複素線形空間を $L_2(X, \mathfrak{B}, \mu)$，あるいは単に $L_2(X)$ と表わす．$L_2(X)$ は内積

$$\langle f, g \rangle = \int_X f(x)\overline{g(x)} d\mu(x) \qquad f, g \in L_2(X)$$

によって $\boldsymbol{C}$ 上の Hilbert 空間になる．$L_2(X)$ が可算完全正規直交系 $\{\varphi_\lambda\}_{\lambda\in\Lambda}$ をもつとき，任意の $f\in L_2(X)$ は，ノルム $\|\ \|_2$ に関する収束の意味で

$$f=\sum_\lambda\langle f,\varphi_\lambda\rangle\varphi_\lambda$$

と展開される．これを f の **Fourier 展開**，$\langle f,\varphi_\lambda\rangle$ を **Fourier 係数**とよぶことがある．例えば，局所コンパクト位相群 G の Haar 測度に関する $L_2(G)$ はつねに可算完全正規直交系をもつ．

これらについては Yosida [30] を参照されたい．

9　Riemann 幾何

M を n 次元 C^∞ 多様体とする．$x\in M$ に対して，$\boldsymbol{R}^n$ から接空間 $T_x(M)$ の上への線形同形を x における M の**枠**という．M の枠全体 $L(M)$ は一般線形群 $GL(\boldsymbol{R}^n)$ を構造群とする C^∞ 主束の構造をもつ．$u\in L(M)$ に対して，u を通る $L(M)$ のファイバーの u における接空間を G_u で表わす．$L(M)$ 上の n 次元 C^∞ 分布 $\Gamma: u\mapsto\Gamma_u$ は，$GL(\boldsymbol{R}^n)$ の $L(M)$ への右作用で不変で，各点 $u\in L(M)$ において $\Gamma_u\cap G_u=\{0\}$ をみたすとき，M の C^∞ **線形接続**といわれる．C^∞ 線形接続はつねに存在する．

Γ を M の C^∞ 線形接続とする．$L(M)$ から M への射影を π で表わす．M の C^∞ 曲線 $x_t(0\leqq t\leqq a)$ に対して，$\pi(u_0)=x_0$ となる $u_0\in L(M)$ を1つとれば，u_0 を始点とする $L(M)$ の C^∞ 曲線 $u_t(0\leqq t\leqq a)$ で，いたるところ C^∞ 分布 Γ に接し，$\pi(u_t)=x_t$ をみたすものがただ1つ存在する．$T_{x_0}(M)$ から $T_{x_t}(M)$ への線形同形 τ_t を $\tau_t=u_tu_0^{-1}$ によって定義すると，τ_t は C^∞ 曲線 $\{x_t\}$ のみによって，u_0 のとり方によらない．τ_t の引きおこすテンソル空間の間の線形同形

$$(\otimes^r\tau_t)\otimes(\otimes^s\tau_t{}^*):(\otimes^rT_{x_0}(M))\otimes(\otimes^sT_{x_0}(M)^*)$$
$$\to(\otimes^rT_{x_t}(M))\otimes(\otimes^sT_{x_t}(M)^*)$$

(ここで $\tau_t{}^*$ は $\tau_t: T_{x_0}(M)\to T_{x_t}(M)$ から定まる双対空間の転置写像 $T_{x_t}(M)^*\to T_{x_0}(M)^*$ の逆写像 $T_{x_0}(M)^*\to T_{x_t}(M)^*$ を表わす) も同じ文字 τ_t で表わして，これを C^∞ 曲線 $\{x_t\}$ に沿っての (線形接続 Γ に関する) **平行移動**という．

X を M 上の C^∞ ベクトル場，S を M 上の (r,s) 型の C^∞ テンソル場とする．$x_0 \in M$ を任意にとる．x_0 を始点とする C^∞ 曲線 x_t で，x_0 における接ベクトル $\dot{x}_0$ が X_{x_0} であるものを1つとって

$$(\nabla_X S)_{x_0} = \lim_{t\to 0} \frac{1}{t}(\tau_t{}^{-1} S_{x_t} - S_{x_0})$$

と定義すると，$(\nabla_X S)_{x_0}$ は X_{x_0} のみによって x_t のとり方によらない．x_0 を任意に動かすことによって，M 上の (r,s) 型の C^∞ テンソル場 $\nabla_X S$ が得られる．$\nabla_X S$ は S の X による**共変微分係数**または**共変微分**といわれる．対応 $X \mapsto \nabla_X S$ は M 上の $(r,s+1)$ 型の C^∞ テンソル場を定める．このテンソル場を ∇S で表わし，S の**共変微分**という．この'微分作用素' ∇ を線形接続とよぶこともある．

$(x^1, \cdots, x^n)$ を M の開集合 U 上の局所座標とする．

$$\nabla_{\partial/\partial x^i} \frac{\partial}{\partial x^j} = \sum_{k=1}^n \Gamma_{ij}{}^k \frac{\partial}{\partial x^k}$$

によって定義される U 上の C^∞ 関数の系 $\{\Gamma_{jk}{}^i\}$ を Γ の局所座標 $(x^1, \cdots, x^n)$ に関する**成分**あるいは**局所表示**という．$\{\Gamma_{jk}{}^i\}$ は座標変換に関して変換則

$$\bar{\Gamma}_{\alpha\beta}{}^\gamma = \sum_{i=1}^n \frac{\partial^2 x^i}{\partial \bar{x}^\alpha \partial \bar{x}^\beta} \frac{\partial \bar{x}^\gamma}{\partial x^i} + \sum_{i,j,k=1}^n \Gamma_{ij}{}^k \frac{\partial x^i}{\partial \bar{x}^\alpha} \frac{\partial x^j}{\partial \bar{x}^\beta} \frac{\partial \bar{x}^\gamma}{\partial x^k}$$

をみたす．例えば，s 次 C^∞ 共変テンソル場 S の共変微分 ∇S は

$$(\nabla S)_{i_1 \cdots i_s k} = \frac{\partial S_{i_1 \cdots i_s}}{\partial x^k} - \sum_{\mu=1}^s \sum_{h=1}^n \Gamma_{k i_\mu}{}^h S_{i_1 \cdots i_{\mu-1} h i_{\mu+1} \cdots i_s}$$

のように局所表示される．

各 C^∞ ベクトル場 X, Y に対して

$$T(X, Y) = \nabla_X Y - \nabla_Y X - [X, Y]$$

と定義することによって，$(1,2)$ 型の C^∞ テンソル場 T が定義される．また，各 C^∞ ベクトル場 X, Y, Z に対して

$$R(X, Y)Z = \nabla_X \nabla_Y Z - \nabla_Y \nabla_X Z - \nabla_{[X,Y]} Z$$

と定義することによって，$(1,3)$ 型の C^∞ テンソル場 R が定義される．T, R をそれぞれ（Γ に関する）**捩率テンソル場**，**曲率テンソル場**という．

$\{x_t\}$ を M の C^∞ 曲線とする．さきの共変微分の定義からわかるように，

$\{x_t\}$ 上に助変数 t に関して滑らかなベクトル場 $\{X_t\}$ が与えられていれば，x_t の接ベクトル $\dot{x}_t$ による共変微分 $\nabla_{\dot{x}_t}X_t$ が定義できる．X_t として $\dot{x}_t$ 自身をとって，いたるところ $\nabla_{\dot{x}_t}\dot{x}_t=0$ がなりたつような C^∞ 曲線 $\{x_t\}$ を（Γ に関する）**測地線**という．点 $x_0 \in M$ の周りの局所座標 $(x^1, \cdots, x^n)$ は，$x^i(x_0)=0$ $(1 \leqq i \leqq n)$ であって，$x_t{}^i = a_i t$ $(1 \leqq i \leqq n)$ で定まる曲線 $\{x_t\}$ がどのような $a_1, \cdots, a_n \in \boldsymbol{R}$ に対してもつねに測地線であるとき，（Γ に関する）**正規座標**であるといわれる．正規座標はつねに存在する．

以下，M 上に C^∞ **擬 Riemann 計量** g が与えられているとする．すなわち，M の各接空間 $T_x(M)$ 上に非退化対称双1次形式 g_x が滑らかに与えられているとする．このとき，M は**擬 Riemann 多様体**とよばれる．M には

$$\nabla g = 0, \qquad T = 0$$

をみたす C^∞ 線形接続が一意的に存在する．これを g から定まる **Levi-Civita の接続**という．g から定まる Levi-Civita の接続 Γ の局所表示 $\{\Gamma_{jk}{}^i\}$ は

$$\Gamma_{jk}{}^i = \frac{1}{2}\sum_{h=1}^{n} g^{ih}\left(\frac{\partial g_{hj}}{\partial x^k} + \frac{\partial g_{hk}}{\partial x^j} - \frac{\partial g_{jk}}{\partial x^h}\right)$$

で与えられる．ここで，$(g^{ij})_{1 \leqq i, j \leqq n}$ は g の局所表示 $\{g_{ij}\}$ の行列 $(g_{ij})_{1 \leqq i, j \leqq n}$ の逆行列を表わす．Γ に関する正規座標 $(x^1, \cdots, x^n)$ に関しては

$$\frac{\partial g_{ij}}{\partial x^k}(0) = 0 \qquad 1 \leqq i, j, k \leqq n$$

がなりたつ．

f を M 上の C^∞ 関数とする．C^∞ ベクトル場 $\operatorname{grad} f$ が，各 C^∞ ベクトル場 X に対して $g(\operatorname{grad} f, X) = Xf$ をみたすものとして定義される．これを f の（g に関する）**勾配**という．X を M 上の C^∞ ベクトル場とする．$(x^1, \cdots, x^n)$ を M の開集合 U 上の局所座標，この座標に関する g の成分を $\{g_{ij}\}$ とすると，U 上の n 次 C^∞ 微分形式

$$v = \sqrt{\boldsymbol{g}}\, dx^1 \wedge \cdots \wedge dx^n, \qquad \boldsymbol{g} = |\det(g_{ij})_{1 \leqq i, j \leqq n}|$$

は U 上いたるところ0でないから，関係 $\theta(X)v = (\operatorname{div} X)v$（ここで $\theta(X)$ は Lie 微分を表わす）によって U 上の C^∞ 関数 $\operatorname{div} X$ が定まる．$\operatorname{div} X$ は局所座

標のとり方によらず定まり，M 上の C^∞ 関数 div X が定義される．これを X の (g に関する) **発散**という．

さらに g は **Riemann 計量**である，すなわち g_x はいたるところ正定値であるとしよう．このとき，M は **Riemann 多様体**とよばれる．以下 M は連結であるとする．$x, y \in M$ に対して，x と y を結ぶ区分的に滑らかな曲線をすべて考えたときの，その長さの下限を $d(x, y)$ と定めれば，d は距離の公理をみたし，d から定まる M の位相は M のもとの位相と一致する．距離空間 (M, d) が完備であるとき，Riemann 多様体 M は**完備**であるといわれる．M が完備であれば，M の任意の 2 点は (g から定まる Levi-Civita の接続に関する) 測地線で結ばれる．M の**等長変換**(g を不変にする M の C^∞ 同相)全体のなす群 $I(M)$ はコンパクト開位相に関して C^∞ Lie 変換群になる．$I(M)$ が M に可移的に作用しているとき，M は完備である．

これらについては Kobayashi-Nomizu [14] を参照されたい．

10　そのほか，半単純 Lie 代数の根系，表現の重みなどの基礎的事項については松島 [17] を，基本群，ファイバー束，その被覆ホモトピー定理，ホモトピー完全系列などについては Steenrod [23] を参照されたい．

参考文献

この文献表は本書に引用したものだけを記したものであって，球関数に関するおもな文献をまとめたというものではない．

[1] F. A. Berezin: Laplace operators on semi-simple Lie groups, A. M. S. Transl. (2), **21** (1962), 239–339.

[2] E. Cartan: Sur la détermination d'un système orthogonal complet dans un espace de Riemann symmétrique clos, Rend. Circ. Mat. Palermo, **53** (1929), 217–252.

[3] C. Chevalley: Theory of Lie Groups I, Princeton, Princeton Univ. Press, 1946.

[4] ——: Invariants of finite groups generated by reflections, Amer. J. Math. **77** (1955), 778–782.

[5] G. de Rham: Variétés Différentiables, Paris, Hermann, 1960.

[6] R. Godement: Introduction aux travaux de A. Selberg, Sém. Bourbaki, 1956–57, No. 144.

[7] P. R. Halmos: Measure Theory, New York, D. van Nostrand, 1954.

[8] Harish-Chandra: On a lemma of F. Bruhat, J. Math. Pure Appl. **35** (1956), 203–210.

[9] S. Helgason: Differential Geometry and Symmetric Spaces, New York, Academic Press, 1962.

[10] ——: A duality for symmetric spaces with applications to group representations, Adv. in Math. **5** (1970), 1–154.

[11] G. Hochschild: The Structure of Lie Groups, San Francisco, Holden-Day, 1965.

[12] N. Iwahori–M. Sugiura: A duality theorem for homogeneous manifolds of compact Lie groups, Osaka J. Math. **3** (1956), 139–153.

[13] F. John: The fundamental solution of linear elliptic differential equations with analytic coefficients, Comm. Pure Appl. Math. **3** (1950), 273–304.

[14] S. Kobayashi–K. Nomizu: Foundations of Differential Geometry, New York, Interscience, 1963, 1969.

[15] B. Kostant–S. Rallis: Orbits and representations associated with symmetric spaces, Amer. J. Math. **93** (1971), 753–809.

[16] 松島与三：多様体入門，裳華房，1965.

[17] ——：Lie 環論，共立出版，1956.

[18] 村上信吾：多様体，共立出版，1969.

[19] ——: 連続群論の基礎, 朝倉書店, 1973.

[20] A. Orihara: Bessel functions and the Euclidean motion groups, Tohoku Math. J. **13** (1961), 66–74.

[21] I. Satake: On representations and compactifications of symmetric Riemannian spaces, Ann. of Math. **71** (1960), 77–110.

[22] A. Selberg: Harmonic analysis and discontinuous groups in weakly symmetric Riemannian spaces with applications to Dirichlet series, J. Ind. Math. Soc. **20** (1956), 47–87.

[23] N. Steenrod: The Topology of Fibre Bundles, Princeton, Princeton Univ. Press, 1951.

[24] M. Sugiura: Spherical functions and representation theory of compact Lie groups, Sci. Papers Coll. Gen. Ed. Univ. Tokyo, **10** (1960), 187–193.

[25] M. Takeuchi: Cell decompositions and Morse equalities on certain symmetric spaces, J. Fac. Sci. Univ. Tokyo, I, **12** (1965), 81–192.

[26] ——: On the fundamental group of a simple Lie group, Nagoya Math. J. **40** (1970), 147–159.

[27] B. L. van der Waerden: Algebra, Berlin, Springer-Verlag, 1955.

[28] G. Warner: Harmonic Analysis on Semi-simple Lie Groups, Berlin, Springer-Verlag, 1972.

[29] 横田一郎: 群と表現, 裳華房, 1973.

[30] K. Yosida: Functional Analysis, Berlin, Springer-Verlag, 1968.

[31] M. Takeuchi : Modern Spherical Functions, Transl. Math. Monogr. 135, Providence, Amer. Math. Soc., 1993.

索　　引

A

A_r, A_s　145, 144
$\hat{A}_r, \hat{A}_s$　145
$A_s^{\gamma}, \hat{A}_s^{\gamma}$　146

B

Banach 代数　277
Banach 空間　277
巾零 Lie 代数　276
巾零 Lie 群　276
微分
　代数の——　274
　指標の——　114
微分表現　275
微分作用素　31
微分作用素
　次数高々 k の——　30
Birkhoff-Witt の定理　46
Bruhat 分解　162
部分代数
　代数の——　273
　Lie 代数の——　276
部分表現　271

C

Cartan 部分代数　88
Cartan 部分群　88
Cartan-Weyl の定理　153
Casimir 作用素
　G の——　51
　G/K の——　56
　表現の——　205
Casimir 作用素の固有値　205
$C^\infty(\hat{A})_{W(G,K)}$, $C^\infty(\hat{A}_r)_{W(G,K)}$　142, 149
$C(G)$, $C(G/K)$, $C(G,K)$　13, 16, 23
$C^\infty(G)$, $C^\infty(G/K)$, $C^\infty(G,K)$　30, 42, 59
$C^+(G)$, $C^+(G,K)$　99
$C^\infty((G/K)_r)_K$　149
$C^\infty(M)$　30
C^∞ 作用　268

D

楕円型微分作用素　38
第 l の球表現類
　複素射影空間の——　251
　球面の——　229
代数　273
代数同形，代数準同形　274
$\mathcal{D}(G)$　14
$\boldsymbol{D}(G)$　149, 174
$D(G)$, $D_0(G)$　136
$\mathcal{D}(G,K)$　16
$\boldsymbol{D}(G,K)$, $\boldsymbol{D}_\gamma(G,K)$　144, 146
$D(G,K)$, $D_0(G,K)$, $D_0'(G,K)$
　115, 117
Diff(M), Diff$_k(M)$　31
Diff$(\hat{A}_r)_{W(G,K)}$, Diff$_k(\hat{A}_r)_{W(G,K)}$　194
同形
　Lie 代数の対の——　84

(G, K) の—— 94
根空間への分解
G の—— 94
(G, K) の—— 95
コンパクト半単純 Lie 代数 276
コンパクト連結 Lie 群に付属する
コンパクト対称対 137
コンパクト作用素 277
コンパクト対称空間 88
コンパクト対称対 88
交代指標 128, 136
高次の複素接ベクトル 39
鏡映
根に関する—— 93
超平面に関する—— 177
共変微分 280
極大輪環群
コンパクト対称対の—— 115
局所微分作用素 39
局所同形
Riemann 対称対の—— 84
局所不変微分作用素 44
局所表示
微分作用素の—— 31
共変微分の—— 280
正値 C^∞ 測度の—— 32
線形接続の—— 280
球表現 16
球関数
G/K の—— 24, 63
(左)球関数
(G, K) の—— 24, 63

L

$L_2(\hat{A}, d\mu(\hat{a}))$ 151
Laplace-Beltrami 作用素 34
Laplace の球関数 243
Laplace 作用素 43
$\mathcal{L}(\hat{A})_{W(G,K)}, \mathcal{L}_k(\hat{A})_{W(G,K)}$ 199
Legendre の微分方程式 212
Legendre の同伴微分方程式 212
Legendre の同伴関数 211
Legendre の多項式 211
Levi-Civita の接続 281
$L_2(\hat{F}(G, K), d\hat{f})$ 193
$L_2(\hat{F}(G, K), d\hat{f})_{W_*(G,K)}$ 193
$L_2(\hat{F}(G_0, K_0), d\hat{f}_0)$ 193
$L_2(G), L_2(G/K), L_2(G, K)$ 14, 16, 23, 60
$\mathcal{L}(G), \mathcal{L}_k(G)$ 43
$\mathcal{L}(G/K), \mathcal{L}_k(G/K)$ 43
$\mathcal{L}(G)_K, \mathcal{L}_k(G)_K$ 52
$L^\infty(G), L^\infty(G/K), L^\infty(G, K)$ 59, 60, 61
Lie 変換群 268
L_2 空間 278
$L^\infty(M)$ 30

M

右作用 268
密度関数 141
持上げ
不変微分作用素の—— 191
連続曲線の—— 184

N

ノルム 277
ノルム空間 277

O

$\mathfrak{o}(G), \mathfrak{o}_\rho(G)$ 14
$\mathfrak{o}(G/K), \mathfrak{o}_\rho(G/K)$ 19
$\mathfrak{o}(G, K), \mathfrak{o}_\rho(G, K)$ 23

$\Omega(G, K)$　25, 63
$\Omega^+(G, K)$　80
ω に付属する球関数　63
重み　102
重み空間　102
重み λ の α 列　103

P

Peter-Weyl の定理
　G に対する——　15
　G/K に対する——　20
$\Pi(G), \Pi_0(G)$　96
$\Pi(G, K)$　96
$\Pi_*(G, K)$　118
Plancherel の公式
　(G, K) に対する——　26, 80
　$\boldsymbol{R}^n$ に対する——　81
　$K_2(G)$ に対する——　30

R

$\mathcal{R}(\hat{A}), \mathcal{R}(\hat{A}_0)$　124
$\mathcal{R}(\hat{A})^{\boldsymbol{C}}, \mathcal{R}(\hat{A}_0)^{\boldsymbol{C}}$　124
Radon 測度　80
$\mathcal{R}(\hat{A})_{W(G,K)}, \mathcal{R}(\hat{A}_0)_{W(G,K)}$　124
$\mathcal{R}(\hat{A})^{\boldsymbol{C}}{}_{W(G,K)}, \mathcal{R}(\hat{A}_0)^{\boldsymbol{C}}{}_{W(G,K)}$　124
捩率テンソル場　280
連続な作用　268
Riemann 計量　282
Riemann 対称空間　85
Riemann 対称対　83
Riemann 多様体　282
R 空間　260
Rodorigues の公式　216
ρ に付属する広義の球関数　19
ρ に付属する広義の帯球関数　23
ρ に付属する球関数　24
ρ に付属する帯球関数　25
類関数　28

S

最高の根　173
最高の重み　103
最高成分
　指標の——　128
　テンソル積の——　156
佐武の対合　97
佐武図形　97
$S(\mathfrak{a})_{W(G,K)}, S_k(\mathfrak{a})_{W(G,K)}$　90, 91
作用　267
Schur の補題　271
正規化された不変正値 C^∞ 測度　71
正規化された両側不変 Haar 測度　13
正規直交線形座標　196
正規座標　281
正則元
　Cartan 部分代数の——　99
　Cartan 部分群の——　145
　G/K の——　146
　極大輪環群の——　145
正定値連続関数　80
正値 C^∞ 測度　31
線形作用　269
線形接続　279
線形等方性表現　43
線形座標　196
線形順序　95
$S(\mathfrak{g})_{G^{\boldsymbol{C}}}, S_k(\mathfrak{g})_{G^{\boldsymbol{C}}}$　50, 51
$S(\mathfrak{g})_{K^{\boldsymbol{C}}}, S_k(\mathfrak{g})_{K^{\boldsymbol{C}}}$　52
$S(G/K)$　63
$\mathcal{S}(G/K)$　71
$\Sigma(G), \Sigma^+(G)$　93, 98
$\Sigma_0(G)$　96

W

Y

Z

■岩波オンデマンドブックス■

現代の球関数

1975年5月10日　第1刷発行
2000年9月21日　第2刷発行
2017年11月10日　オンデマンド版発行

著　者　竹内　勝（たけうち　まさる）

発行者　岡本　厚

発行所　株式会社　岩波書店
〒101-8002　東京都千代田区一ツ橋2-5-5
電話案内　03-5210-4000
http://www.iwanami.co.jp/

印刷／製本・法令印刷

ISBN 978-4-00-730694-5　　Printed in Japan